激光光谱技术原理及应用

（第二版）

陆同兴　路轶群　编著

U0284501

中国科学技术大学出版社

2021·合肥

内 容 简 介

本书全面系统地阐述了激光光谱技术原理及其各种应用技术,是激光光谱技术的一本引论性专业图书。

全书共分 8 章。第 1 章、第 2 章分别论述了激光光谱学基础知识和光谱停留与弱信号检测停留技术;第 3 章阐述了光谱技术中的激光光源;第 4～8 章分别论述了激光吸收光谱、发射光谱、无多普勒展宽光谱、激光拉曼光谱、光电离光谱等技术应用和方法。

本书不仅可作为高等院校光学及相关专业本科生、研究生教科书,也可作为从事环保、化工、医药、冶金、轻工、汽车、微电子等技术领域的科技人员、实验人员及科技管理人员的专业参考书。

图书在版编目(CIP)数据

激光光谱技术原理及应用/陆同兴,路轶群编著. —2 版. —合肥:中国科学技术大学出版社,2009.7(2021.1 重印)

ISBN 978-7-312-02474-0

Ⅰ. 激…　Ⅱ.①陆…②路…　Ⅲ. 激光光谱学　Ⅳ.O433.5

中国版本图书馆 CIP 数据核字(2009)第 060686 号

出版	中国科学技术大学出版社
	安徽省合肥市金寨路 96 号,230026
	http://press.ustc.edu.cn
	https://zgkxjsdxcbs.tmall.com
印刷	合肥华星印务有限责任公司
发行	中国科学技术大学出版社
经销	全国新华书店
开本	787mm×960mm　1/16
印张	20.5
字数	430 千
版次	2006 年 9 月第 1 版　2009 年 7 月第 2 版
印次	2021 年 1 月第 6 次印刷
定价	40.00 元

前　言

　　光谱学是通过物质(原子、分子、团族等)对光的吸收与发射,研究光与物质相互作用的一门学科。它起源于 17 世纪牛顿(I. Newton)进行的色散实验,但是此后一百余年,其发展一直是很缓慢的。1814 年夫琅和费(J. Franunhofer)用棱镜在太阳光谱中观察到 576 条吸收线,1860 年,基尔霍夫(G. R. Kirchhoff)用自己创制的分光仪发现了铯和铷元素,奠定了光谱化学的基础,从此光谱学逐步地进入了实质性的发展阶段。一方面,光谱学本身的原理与定律建立起来了,另一方面对近代物理学的建立与发展起了极为重要的推动作用,可以说没有光谱学的成就,也就没有物理学、化学的今天。光谱学的深入发展与实际应用,从 20 世纪开始,光谱分析逐渐成为在冶金、电子、化工、医药、轻工、食品等工业部门重要的分析手段。

　　激光的出现给光谱学赋予了新的生命力,特别是可调谐激光器的出现和发展,使光谱学发生了革命性的变化,使它发展成为一门新的学科——激光光谱学。激光光谱学既是传统基础学科(物理、化学、生物、天文学等)的重要研究手段,又是许多在应用学科中不可缺少的探测与分析方法。因此,激光光谱学不仅是光谱专业工作者应该掌握的,而且也是许多应用专业的科技工作者所必须熟悉的。

　　根据多年教学与科研工作的实践,在 1999 年第 1 版和 2006 年修订版的基础上,重新编写了这本以广大的理工科大学生、研究生以及科技工作者为读者对象的引论性读物。

　　读者对象决定了本书的结构与内容。本书还适用于具有大学工科的高等数学与普通物理学水平,但没有修学过激光原理及光学专业课程的生化、环保测试等专业的大学本科毕业生、在读研究生和实验技术人员。

　　全书共 8 章,第 1~3 章为基础部分,其中第 1 章为光谱学基础知识;第 2 章为光谱仪与弱信号检测仪;第 3 章为激光的基本原理及光谱学中常用的激光器与激光技术。第 4~8 章为介绍各种激光光谱学的新方法部分,遵循物质吸收与发射思路,其中第 4 章介绍以物质的吸收为基础的各种吸收光谱技术;第 5 章介绍原子分子的激光诱导荧光与激光等离子体光谱技术;第 6 章介绍各种无多普勒展宽光谱技术,包括非线性无多普勒技术与激光引入后的线性技术;第 7 章为激光拉曼光谱技术,这是激光使传统面貌变化最大的一种光谱技术;第 8 章介绍与原子分子电离相关的几种光谱技术,包括里德伯光谱、光电流光谱与激光质谱检测,其中后者是将光谱与质谱联用的新型二维光谱技术。最后,还集中介绍了零动能光谱技术这一前沿研究领域的发展动向。

　　在写作过程中，中国科学院院士、华南师范大学教授刘颂豪先生，中国科学院激光光谱学开放实验研究室张冰研究员，安徽师范大学物理系赵献章教授、崔执风教授，山东海洋大学郑荣儿教授等对本书的编写都提出了不少好的建议和意见，在此一并表示感谢！

　　限于作者水平，错误和不当之处难免，敬请广大读者批评指正。

作　　者
2008 年 12 月

目　　录

第一章　光谱学基础知识

第一节　光

一、电磁波

　　1865 年,麦克斯韦建立了著名的电磁场方程组——麦克斯韦方程组,预言了电磁波的存在,并把光波包括进电磁场方程。1888 年,赫兹通过实验不仅证明了电磁波的存在,而且证实电磁波具有光波的各种的物理性质,从而论证了光波与电磁波的同一性。

　　光波与无线电波、微波、X 射线、γ 射线等一样,都是以光速在空间传播的电磁振动。如图 1-1 所示,电磁振动中的电场矢量 E 和磁场矢量 B 相互垂直,并与传播方向 z 构成右手坐标系。

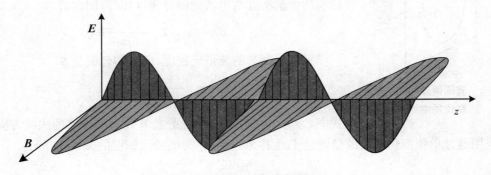

图 1-1　在空间传播的电磁振动

　　一束沿 z 方向传播的单色平面波,对应着作正弦振动的电场 E 和磁场 B,它们可以写为

$$E = E_0\cos(2\pi\nu t - 2\pi z/\lambda) = E_0\cos(\omega t - kz)$$
$$B = B_0\cos(\omega t - kz) \tag{1-1}$$

其中 E_0,B_0 分别为电场与磁场的振幅,ν 为振动频率,$\omega = 2\pi\nu$ 为角频率,λ 是介质中的波长,它与真空中的波长 λ_0 的关系为 $\lambda = \lambda_0/n_r$,n_r 为介质的相对折射率,k 称波矢量。有时电磁振动用波数 $\bar{\nu}$ 表示,$\bar{\nu} = |k|/(2\pi) = 1/\lambda$ 为单位长度上波长的数目。在真空中电磁波的传播速度

$$c = 299729.458 \text{ m/s}$$

光与物质的相互作用主要是电场 E 的作用,所以常把电场 E 的振动方向定义为光的偏振方向。式(1-1)所描述的光为线偏振光,此时电场在场强 E 和传播方向 z 所构成的平面内振动。在一般情况下,E 可以分解为直角坐标系中的两个分量

$$E = E_x \boldsymbol{x} + E_y \boldsymbol{y} \tag{1-2}$$

当 E_x 和 E_y 同相时为线偏振光,当 E_x 和 E_y 之间有相位差时,如

$$E_x = E_{0x} \cos(\omega t - \boldsymbol{k}z)$$

$$E_y = E_{0y} \cos(\omega t - \boldsymbol{k}z + \varphi)$$

且 $E_x \neq E_y$ 时为椭圆偏振光。如图 1-2 所示,在 x-y 平面上矢量 E 端点的轨迹是一椭圆。当 $E_x = E_y$ 和 $\varphi = \pi/2$ 时为右旋圆偏振,在 x-y 平面上 E 端点是沿顺时针方向旋转。当 $E_x = E_y$ 和 $\varphi = -\pi/2$ 时为左旋圆偏振,此时 E 端点沿反时针方向旋转。

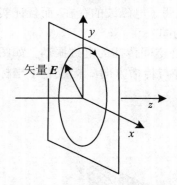

电磁场具有能量。电磁场的能量密度 ρ 为

$$\rho = \frac{1}{2} \left(\varepsilon_r \varepsilon_0 \boldsymbol{E}^2 + \frac{1}{\mu_r \mu_0} \boldsymbol{B}^2 \right) \tag{1-3}$$

式中 ε_0 与 ε_r 分别为真空介电常数和介质的相对介电常数,μ_0 与 μ_r 分别为真空导磁率与介质的相对导磁率。对平面单色波,磁场的能量密度与电场的能量密度相等,因此有

$$\rho = \varepsilon_r \varepsilon_0 \boldsymbol{E}^2 = \frac{1}{\mu_r \mu_0} \boldsymbol{B}^2$$

图 1-2 椭圆偏振光的电矢量
在传播中的变化

平面电磁波的能量流密度,即坡印廷矢量 S

$$\boldsymbol{S} = \boldsymbol{E} \times \boldsymbol{H} = \frac{1}{\sqrt{\mu_r \mu_0 \varepsilon_r \varepsilon_0}} \rho \boldsymbol{n} = \frac{c}{\sqrt{\mu_r \varepsilon_r}} \rho \boldsymbol{n} \tag{1-4}$$

式中 $c = 1/\sqrt{\mu_0 \varepsilon_0}$ 为真空中光速,$\boldsymbol{n}$ 代表波传播的法线方向。上式也可用通过单位面积的光通量密度 I,也称为光强,它与能量流密度的关系为

$$I = \rho c / n_r$$

式中 $n_r = \sqrt{\mu_r \varepsilon_r}$ 为相对折射率,c/n_r 为介质中的光速。

电磁波具有动量。实验表明,当电磁波照射到金属表面时,导体会受到辐射压力,这是因为在电磁波的电场作下,导体中的带电载流子因位移而产生传导电流 $\boldsymbol{j}$

$$\boldsymbol{j} = \sigma \boldsymbol{E}$$

电磁波的磁场分量对该电流施加洛仑兹力 $\boldsymbol{f}$

$$\boldsymbol{f} = \boldsymbol{j} \times \boldsymbol{B} \tag{1-5}$$

其方向与波的传播方向一致。与此相应的电磁波的动量流密度 $\boldsymbol{g}$ 为

$$g = \frac{1}{c^2}S = \frac{\rho}{c}n \tag{1-6}$$

二、光子

利用光的波动理论可以成功的解释光的干涉、衍射、折射、反射、散射等许多光学现象,然而用光的波动性却无法解释光电效应。光照射到金属表面会发射电子,但实验发现只有当光的频率超过一定值以后才有这种效应,用光的波动性难以理解这种现象。为了解释光电效应,1905 年爱因斯坦大胆地提出了光量子的概念。根据光量子假设,光具有某些粒子的性质,它是一个与频率相关的光的最小能量单位,简称为光子。从光量子的观点看,光束是一束光子流。一个光子的能量 ε_{ph} 为

$$\varepsilon_{ph} = h\nu \tag{1-7}$$

式中 h 为普朗克常数,$h = 6.62620 \times 10^{-34}$ 焦耳·秒(J·s)。当把光场看做由光子组成时,电磁场的能量密度 ρ 和光子数 n 的关系为

$$\rho = nh\nu \tag{1-8}$$

而光强 I 为

$$I = \rho c/n_r = nh\nu c/n_r \tag{1-9}$$

光子没有静止质量。但是按照相对论原理,一个粒子的质量 m 与它的能量 ε 有如下关系:

$$\varepsilon = mc^2$$

式中 c 为光速。因此以光速运动的光子应有与其能量相对应的质量 m_{ph}

$$m_{ph} = \varepsilon_{ph}/c^2 = h\nu/c^2 \tag{1-10}$$

由光子的质量 m_{ph} 可以求出它的动量 p

$$p = m_{ph}n = \frac{h\nu}{c}n = \frac{h}{\lambda}n = \hbar k \tag{1-11}$$

式中波矢 $k = (2\pi/\lambda)n$。光子的固有角动量为 $\hbar$,可见,光子的自旋量子数为整数,$\sigma = 1$。它在特殊方向上的投影用量子数 μ 表示,$\mu = 0, \pm 1$ 它们对应于线偏振光、左旋和右旋偏振光。

由于光子具有角动量,在光与物质相互作用时要遵守角动量守恒定律。当用特殊的偏振光与原子或分子相互作用时,要用相应的选择定则去分析。在量子统计中,将整数自旋量子数的粒子称为玻色子,玻色子不受泡利不相容原理的约束。光子的自旋量子数为整数 1,是玻色子,因此允许多个光子数处于同一状态,或称处于同一模式。因此,用玻色子的观点可以很好地解释激光的高亮度问题。

三、光的相干性

所谓光的相干性,是指在不同空间点上和不同时刻的光波波场之间的相关性。光波相干性可以用图 1-3 来演示。考察图中光屏上一点 C 的光场,由光源 O 发出的光照射 S_1 和 S_2 两个小孔光阑,从 S_1、S_2 发出的光波通过不同路程 r_1 和 r_2 分别以不同的时刻 t_1 与 t_2 到达光屏的 C 点。设 S_1 处的光场为 $\boldsymbol{E}_1(t)$,S_2 的光场为 $\boldsymbol{E}_2(t)$,在 C 点的送加光场为 $\boldsymbol{E}(t)$。则 $\boldsymbol{E}(t)$ 可以写为

$$\boldsymbol{E}(t) = A_1\boldsymbol{E}_1(t-t_1) + A_2\boldsymbol{E}_2(t-t_2) \tag{1-12}$$

式中 A_1、A_2 为由传播引起的光场振幅变化的几何因子。在观察时间 T 内,C 点光强的平均值为

$$I(t) = \frac{1}{T}\int_0^T \boldsymbol{E}(t)\boldsymbol{E}^*(t)\mathrm{d}t = \{\boldsymbol{E}(t)\boldsymbol{E}^*(t)\} \tag{1-13}$$

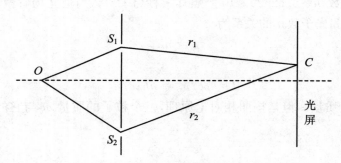

图 1-3　光的相干性实验

为简单起见,设光源 O 是单色光源,并且 S_1、S_2 发出的光波 $\boldsymbol{E}_1(t)$ 和 $\boldsymbol{E}_2(t)$ 振幅 E_0 相等,并有 $A_1 \approx A_2$,它们的相位分别为 φ_1 与 φ_2,即

$$\boldsymbol{E}_t(t) = E_0\exp(\mathrm{i}2\pi\nu t + \mathrm{i}\varphi_1 t)$$

$$\boldsymbol{E}_2(t) = E_0\exp(\mathrm{i}2\pi\nu t + \mathrm{i}\varphi_2 t)$$

于是 C 点的光强可以写为

$$I = \{\boldsymbol{E}(t)\boldsymbol{E}^*(t)\} = 2E_0^2[1 + \{\cos(\Delta\varphi_t + \Delta\varphi_s\}] \tag{1-14}$$

式中 $\Delta\varphi_t = \varphi_1 - \varphi_2$ 为 $\boldsymbol{E}_1(t)$ 和 $\boldsymbol{E}_2(t)$ 间的相位差,$\Delta\varphi_s = \frac{2\pi}{\lambda}(r_2 - r_1)$ 为两光波在空间传播引起的相位差。如果相位差 $\Delta\varphi_t$ 在足够长的观察时间内维持不变,则光强可以写成

$$I = 2E_0^2[1 + \cos(\Delta\varphi_t + \Delta\varphi_s)] \tag{1-15}$$

于是 C 点形成干涉条纹,其光强将随 $\Delta\varphi_t$ 的变化而在一极大值 $I_{\max}$ 与极小值 $I_{\min}$ 之间变化

$$I_{\min} = 0; \quad I_{\max} = 4E_0^2$$

在这种情况下,称从 S_1、S_2 发出的光波 $E_1(t)$ 和 $E_2(t)$ 是完全相干光。如果情况相反,在观察时间内 $\Delta\varphi_t$ 将随机变化,则因子 $\{\cos(\Delta\varphi_t + \Delta\varphi_s)\} = 0$,$I = 2E_0^2 = $ 常数,屏幕上不出现干涉条纹,$E_1(t)$ 与 $E_2(t)$ 间是非相干的。

光的相干性还经常分为空间相干性和时间相干性。时间相干性指在同一空间点上,两个不同时刻 t_1 与 t_2 的光场之间的相干性。时间相干性常用相干时间 τ_c 来描述,因为处在时间间隔 $|t_1 - t_2| < \tau_c$ 内的光场肯定是相干的。在相干时间 τ_c 内光波传播的距离称为相干长度 l_c。空间相干性指在同一时刻,两个不同空间点上光场之间的相干性。空间相干性说明在一个空间区域内光场的相干性,因此可以用一个相干面积 A_c 来描述。相干长度 l_c 与相干面积 A_c 的乘积称为相干体积 V_c

$$V_c = A_c \times l_c \tag{1-16}$$

在相干体积 V_c 内的光场具有明显的相干性。

四、空腔中电磁场

1. 电磁场的模密度

前面我们讨论了自由空间中电磁场,其电场的方程为

$$\nabla^2 \boldsymbol{E} - \frac{1}{c^2}\frac{\partial^2 \boldsymbol{E}}{\partial t^2} = 0 \tag{1-17}$$

$$\nabla \boldsymbol{E} = 0$$

现在考察封闭在一个空腔中的电磁场。为简单起见,我们研究一个由理想导体构成的矩形空腔,其坐标为 $x=0, x=L_1; y=0\ y=L_2; z=0, z=L_3$。根据电动力学原理,在理想导体的腔壁上不会出现电场的切向分量,即应满足边界条件

$$\nabla \times \boldsymbol{E} = 0 \tag{1-18}$$

根据边界条件,角频率为 ω 的电磁场在腔内存在如下的电场分量

$$E_x = E_{0x}\cos\frac{n_x\pi x}{L_1}\sin\frac{n_y\pi y}{L_2}\sin\frac{n_z\pi z}{L_3}\cos(\omega t - \alpha) \tag{1-19}$$

$$E_y = E_{0y}\sin\frac{n_x\pi x}{L_1}\cos\frac{n_y\pi y}{L_2}\sin\frac{n_z\pi z}{L_3}\cos(\omega t - \alpha) \tag{1-20}$$

$$E_z = E_{0z}\sin\frac{n_x\pi x}{L_1}\cos\frac{n_y\pi y}{L_2}\cos\frac{n_z\pi z}{L_3}\cos(\omega t - \alpha) \tag{1-21}$$

这里 n_x, n_y, n_z 取整数。其矢量形式为

$$\boldsymbol{E} = \boldsymbol{E}_0\exp(\mathrm{i}\omega t - \alpha - \boldsymbol{k}\boldsymbol{r}) \tag{1-22}$$

式中矢径 $\boldsymbol{r} = x\boldsymbol{e}_x + y\boldsymbol{e}_y + z\boldsymbol{e}_z$,波矢

$$k = \frac{n_x \pi}{L_1} e_x + \frac{n_y \pi}{L_2} e_y + \frac{n_z \pi}{L_3} e_z \tag{1-23}$$

由于波在腔壁上的反射,波矢为 $k = (k_x, k_y, k_z)$ 的波有六种可能的组合

$$k = (\pm k_x, \pm k_y, \pm k_z)$$

所以(1-19)～(1-21)式驻波解是六个行波的组合。由边界条件得

$$E_{0x} k_x + E_{0y} k_y + E_{0z} k_z = 0 \tag{1-24}$$

即 E 与 k 相垂直,表示波是横波。一组确定的 n_x, n_y, n_z 代表了腔内可能存在的一种波型,每种振荡波型是腔的一个本征振荡,也称为模。

关于模的概念,可以用力学中弦的振动来类比。一根长 L 两端固定的弦可以有各种波动的振动,如各波长满足如下条件

$$L = n\lambda_n/2 \qquad n = 1, 2, \cdots$$

则弦上可以形成一种驻波。当 $n=1$,形成驻波的波长为 $\lambda_1 = 2L$,称为基波,也称基模。$n \geqslant 2$,称为高次谐波的驻波,或称高阶模。

一个空腔模的本征频率由 $|k| = \omega/c$ 给出

$$\nu = \frac{c}{2} \sqrt{\left(\frac{n_x}{L_1}\right)^2 + \left(\frac{n_y}{L_2}\right)^2 + \left(\frac{n_z}{L_3}\right)^2} \tag{1-25}$$

由于 n_x, n_y, n_z 可以取任意的整数,所以腔内可以存在无限多个模。对一组给定的 n_x, n_y, n_z,有两独立的偏振状态,即对应于两个模。如果以 n_x, n_y, n_z 为变数,则(1-25)是一个椭球方程。

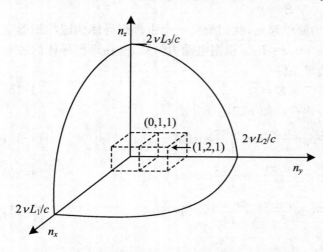

图 1-4　空腔中电磁场模的 1/8 椭球

椭球面的三个半径分别为

$$2L_1 \nu/c, \quad 2L_2 \nu/c, \quad 2L_3 \nu/c$$

每个模相应于一组 n_x, n_y, n_z,即椭球内的一个点,如图 1-4 所示。通过求椭球的体积就可以计算出在给定频率下腔内的模数。由于一组 n_x, n_y, n_z 的正值或负值都对应于同一个模,所以腔内的模数只是椭球面包围的体积的八分之一。

$$N(\nu) = \frac{1}{4} \frac{4\pi}{3} \frac{8L_1 L_2 L_3}{c^3} \nu^3 = \frac{8\pi \nu^3}{3c^3} V \tag{1-26}$$

式中 $V = L_1 L_2 L_3$ 为空腔的体积。频率小于 ν 的单位体积内的模数为

$$n(\nu) = \frac{8\pi\nu^3}{3c_3} \tag{1-27}$$

频率在 $\nu \sim \nu + \mathrm{d}\nu$ 之间的模数为

$$\mathrm{d}n = \frac{8\pi\nu^2}{c^3}\mathrm{d}\nu \tag{1-28}$$

需要注意,上式虽是从矩形腔的特殊情况推出来的,但是只要腔的尺寸比辐射场的波长大得多,即 $L_i \gg \lambda, i = 1,2,3$,则对于其它任意形状的腔该式也是成立的。

2. 热辐射的能量密度

假定空腔内的电磁场是由腔壁的原子所发射的,而腔内的总辐射能则分配到各个不同的模上。一个含有 q 个光子的模所具有的能量为 $qh\nu$。假定原子与腔内的辐射场间达到一种热平衡状态,这时腔内的总辐射能对各个模的分布满足麦克斯韦—玻耳兹曼分布,即一个含有能量为 $qh\nu$ 的几率 $p(q)$ 为

$$p(q) = \frac{1}{z}\exp(-qh\nu/k_B T) \tag{1-29}$$

式中,T 为热平衡时的绝对温度;k_B 为玻耳兹曼常数。z 为对全部模求和的配分函数

$$z = \sum_q \exp(-qh\nu/k_B T)$$

并且 z 起着归一化因子作用

$$\sum_q p(q) = 1$$

因此,每个模的平均能量为

$$\bar{\varepsilon} = \sum_{q=0}^{\infty} p(q)qh\nu = \frac{1}{z}\sum_{q=0}^{\infty} qh\nu\exp(-qh\nu/k_B T) \tag{1-30}$$

对上式进行求和计算得

$$\bar{\varepsilon} = \frac{h\nu}{\exp(h\nu/k_B T) - 1} \tag{1-31}$$

在 ν 到 $\nu + \mathrm{d}\nu$ 的频率间隔内辐射场的能量密度 $\rho(\nu)\mathrm{d}\nu$ 应等于 $\mathrm{d}\nu$ 模数 $n(\nu)\mathrm{d}\nu$ 乘以每个模的平均能量。由式(1-27)和(1-31)得著名的普朗克辐射定律

$$\rho(\nu)\mathrm{d}\nu = \frac{8\pi\nu^2}{c^3}\frac{h\nu}{\exp(h\nu/k_B T) - 1}\mathrm{d}\nu \tag{1-32}$$

热辐射的能量密度

$$\rho(\nu) = \frac{8\pi\nu^2}{c^3}\frac{h\nu}{\exp(h\nu/k_B T) - 1} \tag{1-33}$$

第二节　光在介质中的传播

一、经典原子的振荡

　　光在介质中的传播是电磁波与原子、分子间的相互作用问题。在经典理论中,将原子看成为一个外层价电子绕原子实转动的系统,原子实由内层电子与原子核组成。原子实的质量很大,所以将电子的转动看做为绕固定中心的振动。在不考虑阻尼的情况下,电子的运动方程可以写为

$$m_e \ddot{\boldsymbol{r}} = -k_e \boldsymbol{r} \tag{1-34}$$

式中,k_e 为弹性恢复系数,由正负电荷间的库仑力决定,m_e 为电子的质量,$\boldsymbol{r}$ 为电子与原子实重心间的距离。上式的解为

$$\boldsymbol{r} = \boldsymbol{r}_0 e^{-i(\omega_0 t + \varphi)} \tag{1-35}$$

$\boldsymbol{r}_0$ 为振幅,$\omega_0 = \sqrt{k_e/m_e}$ 为振动频率,φ 为初相角。该式说明,电子以固有频率 ω_0 作简谐运动。然而,阻尼总是存在的,虽然它不是通常力学中的摩擦阻尼,而是电磁辐射阻尼。因为电子带负电,原子实带正电,电子-原子实系统构成一个电偶极子,μ 为电偶极矩,

$$\mu = e\boldsymbol{r} \tag{1-36}$$

式中 e 为电子电量。由于正负电荷之间的距离 r 在随时间变化,因而这是一个振动电偶极子。按电动力学原理,振动电偶极子要向其周围发射电磁波。电偶振子发射电磁波就要损失其能量,于是振动幅度会越来越小。在形式上可以认为振子受到了阻尼力的作用,称辐射阻尼。

　　按照电动力学原理,一个振动偶极子辐射的功率 P 为

$$P = \frac{1}{4\pi\varepsilon_0} \frac{2}{3c^2} (\ddot{\mu})^2 \tag{1-37}$$

式中 $\ddot{\mu} = e\ddot{\boldsymbol{r}} = e\dot{\boldsymbol{v}}$,这里 $\dot{\boldsymbol{v}}$ 为电子运动的加速度。于是(1-37)式变为

$$P = \frac{1}{4\pi\varepsilon_0} \frac{2e^2}{3c^3} (\dot{\boldsymbol{v}})^2 \tag{1-38}$$

式(1-38)说明,由于电子运动有加速度 $\dot{\boldsymbol{v}}$,所以向空间发射电磁波。从力学的观点来看,辐射场对电子运动有辐射阻尼力 $\boldsymbol{F}_s$。在 dt 的时间内,辐射场对电偶极子所作的功为

$$\boldsymbol{F}_s \boldsymbol{v} dt = \frac{1}{4\pi\varepsilon_0} \frac{2e^2}{3c^3} (\dot{\boldsymbol{v}})^2 dt \tag{1-39}$$

在 t_1 到 t_2 期间内,$\boldsymbol{F}_s$ 对原子体系所作的功为

$$\int_{t_1}^{t_2} \boldsymbol{F}_s \boldsymbol{v} dt = -\frac{1}{4\pi\varepsilon_0} \frac{2e^2}{3c^3} \int_{t_1}^{t_2} (\dot{\boldsymbol{v}})^2 dt$$

利用分部积分得

$$\int_{t_2}^{t_1} \boldsymbol{F}_s \boldsymbol{v} \, \mathrm{d}t = -\frac{1}{4\pi\varepsilon_0} \frac{2e^2}{3c^3} \int_{t_1}^{t_2} (\dot{\boldsymbol{v}})(\boldsymbol{v}) \, \mathrm{d}t$$

比较上式的两边可得辐射阻尼力 $\boldsymbol{F}_s$ 为

$$\boldsymbol{F}_s = \frac{1}{4\pi\varepsilon_0} \frac{2e^2}{3c^2} \ddot{\boldsymbol{v}} = \frac{1}{4\pi\boldsymbol{\varepsilon}_0} \frac{2\boldsymbol{e}^2}{3\boldsymbol{c}^2} \dddot{\boldsymbol{r}} \tag{1-40}$$

式中 $\dddot{\boldsymbol{r}}$ 为矢径 $\boldsymbol{r}$ 的三次导数。

现在需要把阻尼力加进方程(1-34)。不失一般性,我们把偶极子看做沿坐标轴 x 作一维振动,把矢径 $\boldsymbol{r}$ 用标量 x 替代,于是电子的运动方程变为

$$n_e \ddot{x} = -k_e x + \frac{1}{4\pi\varepsilon_0} \frac{2e^2}{3c^3} \dddot{x}$$

或者

$$\ddot{x} + \omega_0^2 x - \frac{1}{4\pi\varepsilon_0} \frac{2e^2}{3m_e c^3} \dddot{x} = 0 \tag{1-41}$$

假定阻尼力很小,电子仍将维持近似的简谐运动。利用无阻尼近似 $\ddot{x} + \omega_0^2 x = 0$,得 $\dddot{x} = -\omega_0^2 \dot{x}$,电子的运动方程(1-41)可以写为

$$\ddot{x} + \gamma\dot{x} + \omega_0^2 x = 0 \tag{1-42}$$

式中 γ 为阻尼系数

$$\gamma = -\frac{1}{4\pi\varepsilon_0} \frac{2e^2 \omega_0^2}{3m_e c^3}$$

式(1-42)的解为

$$x = x_0 \exp[-\gamma t/2] \exp\left\{ \mathrm{i}\omega_0 \left[1 - \frac{1}{2}\left(\frac{\gamma}{2\omega_0}\right)^2 \right] t \right\} \tag{1-43}$$

式中 x_0 为初始振幅。注意到场强 E 与 x 成正比,即有

$$E = E_0 \exp[-\gamma t/2] \exp\left\{ \mathrm{i}\omega_0 \left[1 - \frac{1}{2}\left(\frac{\gamma}{2\omega_0}\right)^2 \right] t \right\} \tag{1-44}$$

由式(1-44)可见,辐射场的振幅随时间 t 逐渐衰减,衰减常数为 $2/\gamma$,如图 1-5 所示。由于阻尼,振动频率 ω 为

$$\omega = \omega_0 \left[1 - \frac{1}{2}\left(\frac{\gamma}{2\omega_0}\right)^2 \right] \tag{1-45}$$

将偏离本征频率 ω_0,此频移称为辐射频移,其相对值近似为

$$\frac{\omega - \omega_0}{\omega_0} = -\frac{\gamma^2}{8\omega_0^2}$$

实际上,原子因辐射产生的相对频移是很小的,例如,对于 $\lambda = 500\ \mathrm{nm}$ 的辐射,如果 $\gamma = 10^8/\mathrm{s}$,

$(\omega-\omega_0)/\omega_0\approx10^{-16}$，一般可以忽略。辐射场强衰减，势必辐射功率也是衰减的，它可表示为

$$P = \frac{1}{4\pi\varepsilon_0}\frac{1}{3c^2}\omega_0^4 e^2 x^2 e^{-\gamma\cdot t} = \frac{1}{4\pi\varepsilon_0}\frac{1}{3c^2}\omega_0^4\mid\mu\mid^2 e^{-\gamma\cdot t} \tag{1-46}$$

式中，$\mu=e\cdot x$ 为原子的偶极矩。由式(1-46)可见，γ 是辐射能量的时间衰减常数。

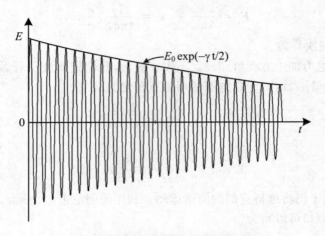

$E_0\exp(-\gamma t/2)$

图 1-5　原子发射的电磁波振幅随时间衰减

二、原子系统的吸收与色散

在外加光场的作用下原子将作受迫振荡。忽略衰减，如式(1-34)，原子电偶极子以固有频率 ω_0 作简谐振动，取 x 方向，

$$x = x_0 e^{-i(\omega_0 t+\varphi)}$$

φ 为其初相角。假定在时刻 $t=0$ 有一外来正弦的线偏振光场到原子上，光场的频率为 ω，电场振幅为 E_0

$$E(t) = E_0 e^{i\omega t} \tag{1-47}$$

在电场的驱动力作用下，电子的运动方程为

$$\ddot{x} + \gamma\dot{x} + \omega_0^2 x = \frac{eE_0}{m_e}e^{-i\omega t} \tag{1-48}$$

这是一个非齐次方程，它的通解为

$$x(t) = \frac{eE_0}{m_e}\frac{e^{-i\omega t}}{\omega_0^2-\omega^2-i\omega\gamma} + e^{-\frac{\gamma}{2}}(C_1 e^{i\omega_0 t}+C_2 e^{-i\omega_0 t}) \tag{1-49}$$

这个解分成两项，第一项称稳态解，第二项称瞬态解，后者以时间常数 $\gamma/2$ 很快衰减掉。稳态解部分可以改写为

$$x = \frac{eE_0}{m_e} \frac{e^{-i(\omega t + \delta)}}{\sqrt{(\omega_0^2 - \omega^2)^2 - \omega^2 \gamma^2}} \tag{1-50}$$

其中 δ 为振子振动与外光场之间的相位差

$$\delta = \mathrm{tg}^{-1} \frac{\omega \gamma}{\omega^2 - \omega_0^2} \tag{1-51}$$

当 $\omega = \omega_0$ 时,振动幅度最大,此时的相位差为 $\delta = \pi/2$,是振子与光场发生共振情况。当 ω 远离 ω_0 时,振幅很小,但这是一个稳定的振幅,只要外场存在,它就不消失,它是靠吸收外场而存在的。偶极子的振荡将产生辐射场,它是靠吸收外光场后的再发射,称为散射光场。

当频率为 ω 的光波通过一种介质时,会产生极化现象。引起极化的原因有两种:第一种是光波的电场使原子或分子的电荷分布发生改变,即正负电荷的中心发生位移,形成诱导偶极矩;第二种是一些极性分子(如 HCl 和 NO_2)在电场力的作用下,由无规的取向变成沿电场方向优势取向,从而在原子系统中形成电极化矢量 $\boldsymbol{P}$。在光强不是很强的情况下,介质的诱导极化强度 $\boldsymbol{P}$ 与电场强度 $\boldsymbol{E}$ 成正比。

$$\boldsymbol{P} = \chi \boldsymbol{E} \tag{1-52}$$

式中,χ 称为介质的电极化率。我们考虑一个由 N 个原子组成的系统,在原子作一维振动情况下,利用式(1-50),我们得

$$\boldsymbol{P} = \frac{Ne^2}{m_e} \frac{e^{-i\omega t}}{\omega_0^2 - \omega^2 - i\omega\gamma} \boldsymbol{E} \tag{1-53}$$

所以极化率 χ 为

$$\chi = \frac{Ne^2}{m_e} \frac{1}{\omega_0^2 - \omega^2 - i\omega\gamma} \tag{1-54}$$

把复极化率 χ 分为实部与虚部

$$\chi = \chi' + i\chi''$$

$$\chi' = \frac{Ne^2}{m_e} \frac{\omega_0^2 - \omega^2}{(\omega_0^2 - \omega^2)^2 - \omega^2 \gamma^2} \tag{1-55}$$

$$\chi'' = \frac{Ne^2}{m_e} \frac{\gamma\omega}{(\omega_0^2 - \omega^2)^2 - \omega^2 \gamma^2)} \tag{1-56}$$

在 $\omega \approx \omega_0$ 的近共振情况下,有 $\omega_0^2 - \omega^2 \approx 2\omega_0(\omega_0 - \omega)$,于是上两式可以改写为

$$\chi' = \frac{Ne^2}{m_e \omega_0} \frac{\omega_0 - \omega}{(\omega_0 - \omega)^2 + (\gamma/2)^2} \tag{1-57}$$

$$\chi'' = \frac{Ne^2}{m_e \omega_0} \frac{\gamma/2}{(\omega_0 - \omega)^2 + (\gamma/2)^2} \tag{1-58}$$

χ' 与 χ'' 之间存在着一种普遍关系,称为克朗尼格-克喇末(Kroning-Kramers)关系

$$\chi'(\omega) = \frac{1}{\pi} \int_{-\infty}^{\infty} \frac{\chi''(\omega')}{\omega' - \omega} \mathrm{d}\omega' \tag{1-59}$$

$$\chi''(\omega) = \frac{1}{\pi} \int_{-\infty}^{\infty} \frac{\chi'(\omega')}{\omega' - \omega} \mathrm{d}\omega' \tag{1-60}$$

式中积分号取积分主值。

由介质的折射率 $n_r = \sqrt{\varepsilon_r \mu_r}$，可以得到 n_r 与极化率 χ 间的关系。一般情况，介质的折射率应为复数，$\mu_r = 1$，即

$$n_r = \sqrt{\varepsilon_r} = n_r' - \mathrm{i}\kappa \tag{1-61}$$

介质介电常数 ε_r 与 χ 与的关系为 $\varepsilon_r = 1 + 4\pi\chi$。对于气体，$n_r \approx 1$，所以 χ 很小，n_r 可以写为

$$n_r \approx 1 + 2\pi\chi = 1 + 2\pi\chi' + \mathrm{i}2\pi\chi'' \tag{1-62}$$

利用式(1-57)和(1-58)，介质的折射率的实部与虚部可以写为

$$n_r' = 1 + \frac{\pi N e^2}{m_e \omega_0} \frac{\omega_0 - \omega}{(\omega_0 - \omega)^2 + (\gamma/2)^2} \tag{1-63}$$

$$\kappa = \frac{\pi N e^2}{m_e \omega_0} \frac{\gamma/2}{(\omega_0 - \omega)^2 + (\gamma/2)^2} \tag{1-64}$$

式(1-63)和(1-64)反映了折射率随频率的变化。折射率的实部 n_r' 称为色散，虚部 κ 称为吸收。

在介质中，波矢量 $\boldsymbol{k}$ 也是复数

$$|\boldsymbol{k}| = \frac{\omega n_r}{c} = \frac{\omega}{c}(n_r' - \mathrm{i}\kappa)$$

介质中光波的电场 $\boldsymbol{E}$ 为

$$\begin{aligned}
\boldsymbol{E} &= \boldsymbol{E}_0 \exp[\mathrm{i}(\omega t - \kappa z)] \\
&= \boldsymbol{E}_0 \exp\left[\mathrm{i}\left(\omega t - \frac{\omega}{c}n_r z + \mathrm{i}\frac{\omega}{c}\kappa z\right)\right] \\
&= \boldsymbol{E}_0 \exp\left(-\frac{\omega}{c}\kappa z\right) \exp\left[\mathrm{i}\left(\omega t - \frac{\omega}{c}n_r' z\right)\right] \quad (1\text{-}65)
\end{aligned}$$

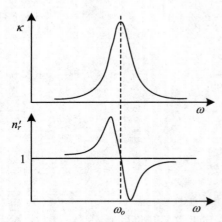

图 1-6　光在介质中传播的吸收与色散曲线

由式(1-65)可见，折射率的虚部 κ 导致电波在传播中的衰减，也即被介质所吸收，而实部 n_r' 使电波的相速度 $u = c/n_r'$ 发生变化，由式(1-63)可知与频率有关，所以称色散。图 1-6 给出了在 $\omega = \omega_0$ 附近的吸收曲线与色散曲线。由图可见，κ 与 n_r' 在 $\omega = \omega_0$ 附近的变化很大。在共振区以外，折射率 n_r' 随频率的升高而升高，对应的 $\mathrm{d}n_r'/\mathrm{d}\lambda$ 为负数，称正常色散，而在共振区附近，色散改变符号，称为反常色散。在反常色散区($\omega = \omega_0$)，也是产生吸收的

极大区。

式(1-50)是原子具有一个共振频率时的极化率 χ 表达式。如果原子有数个共振激发频率，则一个原子体系的极化率 χ 便是各个共振频率 ω_i 上的极化率之和。

$$\chi(\omega) = \frac{Ne^2}{m_e} \sum_i \frac{f_i}{\omega_0^2 - \omega_i^2 - i\omega_i\gamma} \tag{1-66}$$

式中，f_i 是表示谱线强度的经典计算量，称为振子强度，$\sum_i f_i = 1$。把一个原子系统看做为 N 个振子，在频率为 ν，能量密度为 $\rho(\nu)$ 的光场中，原子对于光的吸收可以表达为

$$I_a = \frac{\pi c^2}{m_e} \rho(\nu) N = \frac{\pi c^2}{m_e} \rho(\nu) N_m f_{mn} \tag{1-67}$$

式中 N_m 为参加单个原子跃迁 $m \to n$ 的振子数。f_{mn} 与用量子力学计算的偶极极矩阵元 $\boldsymbol{R}_{nm}$ 相对应，

$$f_{mn} = \frac{8\pi^2}{3} \frac{m_e \nu}{h} |\boldsymbol{R}_{nm}|^2 \tag{1-68}$$

$$\boldsymbol{R}_{mn} = \int \varphi_n^* \boldsymbol{R}(t) \varphi_m \mathrm{d}\nu \tag{1-69}$$

式中 φ_n, φ_m 分别是原子高态与低态的波函数。图 1-7 为钠蒸汽的两个频率上的吸收与色散曲线。

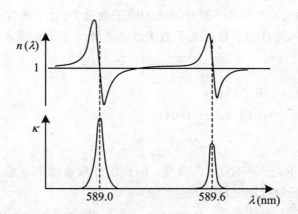

图 1-7　纳蒸汽的两个频率的吸收与色散曲线

第三节　能级跃迁

一、能级的布居

从量子角度看,原子(分子或离子)具有一系列分立的运动状态。每一运动状态对应一定的能量值。这种分立的、具有不同能量的运动状态称为能级。按能量大小排列,能量最低的状态称为基态,其他能量较高的能级称为激发态。常态下原子总是优先处于(称为布居)最低能量的状态,即基态。然而,通常我们要处理的是一个由大量原子(或分子)组成的系统,而不是个别的孤立的原子。原子体系中原子处于热运动状态中,诸原子之间或原子与器壁之间要发生不断的碰撞,因此不可能所有的原子都处于基态,有一定数量的原子会布居到能量较高的激发态。各个激发态上原子的布居状况要由统计规律决定。

根据统计规律,处在热平衡状态的原子体系,原子数按能级的分布服从玻耳兹曼分布。能级 i 上原子的布居数 N_i 为

$$N_i \propto g_i \exp(-\varepsilon_i/k_B T) \tag{1-70}$$

式中,g_i 是统计权重因子,称为能级 i 的简并度,它描述有多少个不同状态对应一个确定的能级,通常 $g_i = 1$,这时该能级与一种状态相对应。

按照玻耳兹曼分布,在热平衡下处于基态的原子数最多,处于激发态的原子数较少,而且能级越高,原子数越少,并且和绝对温度 T 有关。高能级 m 和低能级 n 上的原子数之比为

$$\frac{N_m}{N_n} = \frac{g_m}{g_n} \exp\left(-\frac{\varepsilon_m - \varepsilon_n}{k_B T}\right) \tag{1-71}$$

按式(1-71),可以得出如下几点结论:

(1) 一般情况下 $T > 0$,由于 $\varepsilon_m > \varepsilon_n$,则有

$$\Delta N = \frac{N_m}{g_m} - \frac{N_n}{g_n} < 0$$

在 $g_n = g_m = g$ 的条件下,$\Delta N = (N_m - N_n)/g < 0$,而统计权重因子 g 总是正数,所以较高能级 m 上的原子数总是小于较低能级 n 上的原子数。

(2) 如果 m 和 n 能量间隔很大,$\Delta \varepsilon = \varepsilon_m - \varepsilon_n \gg k_B T$,则 $N_m/N_n \to 0$,说明绝大多数的原子处于基态,激发态 n 上的布居可以少到可以忽略。

例如,氢原子第一激发态($n=2$)与基态($n=1$)之间的能量差 $\Delta \varepsilon$ 约为 1.6×10^{-18} J,室温(T 约为 300K)下 $k_B T = 4.2 \times 10^{-21}$ J,$N_2/N_1 = 10^{-21}$,可见这种情况下能级 m 的布居数少到可以忽略,绝大部分原子处于基态。

（3）如果 m 和 n 的能量间隔很小，或温度很高，以致 $\Delta E = \varepsilon_m - \varepsilon_n \ll k_B T$，在 $g_n = g_m$ 的条件下则有

$$\frac{N_m}{N_n} = \frac{g_m}{g_n} \exp\left(-\frac{\varepsilon_m - \varepsilon_n}{k_B T}\right) \approx 1$$

说明 m 和 n 两能级上的原子布居数接近相等。

二、爱因斯坦跃迁几率

早在 1905 年，爱因斯坦提出了光量子假设。根据这种假设，设想有一个原子体系处在光场中，光与原子体系间的相互作用有三种过程。

1. 自发发射过程

处于激发态的原子在没有外界的影响下，以辐射的方式返回基态的过程称为自发发射过程。考虑原子的两个能级 1 与 2，1 为基态，2 为激发态，自发发射过程是发射一个频率为 ν 的光子：

$$\nu = \frac{\varepsilon_2 - \varepsilon_1}{h}$$

设原子的跃迁几率为 A_{21}，它表示处于激发态 2 的原子在单位时间内通过自发发射返回到基态 1 的次数。A_{21} 也称为爱因斯坦自发发射系数。设一个原子系统，在 t 时刻处于能级 2 的原子数为 N_2，由于自发发射，单位时间内能级 2 上原子的损失率为

$$\frac{dN_2}{dt} = -A_{21} N_2$$

此式积分得

$$N_2(t) = N_{20} e^{-A_{21} t} \tag{1-72}$$

式中 N_{20} 为 $t = 0$ 时能级 2 上的布居数。由此推得能级 2 的平均自发发射寿命 τ_2 为

$$\tau_2 = 1/A_{21}$$

2. 受激发射与吸收过程

与自发发射不同，受激发射是在外界辐射场的激发下产生的发射过程。考虑一个二能级的原子体系，当外界辐射场的频率 ν 和相应的跃迁能级间距相等时，$h\nu = \Delta\varepsilon$，便发生高能级对低能级的跃迁，并发射一个与激发辐射场属同一模式的光子，即受激发射光子与激发辐射场光子具有相同的频率、相位、偏振方向和传播方向。受激发射几率 $W_{21}(\nu)$ 与外辐射场的能量密度 $\rho(\nu)$ 有关

$$W_{21}(\nu) = B_{21} \rho(\nu) \tag{1-73}$$

系数 $B_{21}(\nu)$ 称为爱因斯坦受激发射系数。

吸收是与受激发射相反的过程。当外界辐射场频率和相应的跃迁能间距相等时,处于低能级的原子会吸收外界辐射场的一个光子而从低能级跃迁到高能级。这个过程可由吸收跃迁几率 $W_{12}(\nu)$ 描述

$$W_{12}(\nu) = B_{12}(\nu)\rho(\nu) \tag{1-74}$$

$B_{12}(\nu)$ 称为爱因斯坦吸收系数。图 1-8(a) 与 (b) 分别给出了原子在两个能级间的吸收与受激发射过程。

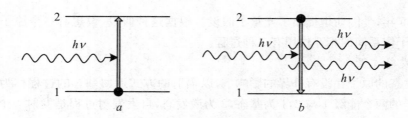

图 1-8 原子的吸收与受激发射

3. 爱因斯坦跃迁系数间的关系

从辐射场与原子作为一个统一体系来看,原子的三个跃迁过程间存在某种关系。我们仍从简单的二能级的原子体系为例进行讨论。我们注意到,一方面原子因吸收辐射场能量而从低能级跃迁到较高能级,单位时间内跃迁到高能级的原子数为

$$N_{10}W_{12}(\nu) = N_{10}B_{12}(\nu)\rho(\nu) \tag{1-75}$$

另一方面,原子通过自发发射和受激发射而交出能量,单位时间内从高能级跃迁到较低能级的原子数为

$$N_{20}(A_{21} + W_{21}) = N_{20}[A_{21} + B_{21}\rho(\nu)] \tag{1-76}$$

显然,原子在能级间的布居与辐射场之间可以处在一种平衡状态:单位时间内因吸收光子而从能级 1 上升到能级 2 的原子数正好等于因发射光子而从能级 2 跃迁到能级 1 的原子数,即

$$N_{10}B_{12}(\nu)\rho(\nu) = N_{20}[A_{21} + B_{21}\rho(\nu)] \tag{1-77}$$

利用(1-71),由此式可求得

$$\rho(\nu) = \frac{A_{21}}{B_{21}}\left(\frac{g_1 B_{12}}{g_2 B_{21}}e^{h\nu/k_{\mathrm{B}}T} - 1\right)^{-1} \tag{1-78}$$

由于当温度 $T \to \infty$ 时,应有 $\rho(\nu) \to \infty$。根据式(1-78),必有 $g_1 B_{12} = g_2 B_{21}$,在上下能级有相同简并的情况下,$g_1 = g_2$,于是有 $B_{12} = B_{21}$。即受激发射系数与吸收系数相等。

由式(1-73)与(1-74)可见,在同一辐射场作用下,向上与向下两个跃迁几率相等 $W_{12} = W_{21}$。这样式(1-79)变为

$$\rho(\nu) = \frac{A_{21}}{B_{21}} \frac{1}{e^{h\nu/k_B T} - 1} \tag{1-79}$$

另外,式(1-79)应与普朗克平衡辐射公式(1-33)相一致。与式(1-33)相比较可得

$$A_{21} = \frac{8\pi h\nu^3}{c^3} B_{21} \tag{1-80}$$

在光谱学上自发发射的光称为荧光。由式(1-80)可得出结论如下:自发发射几率与发射频率的三次方成正比,即随发射频率的增加,自发发射几率快速的增加。应用量子力学中微扰理论,可以计算出受激发射爱因斯坦系数 B_{21}

$$B_{21} = \frac{2\pi^2 e^2}{3\varepsilon_0 h^2} \mid \boldsymbol{R}_{21} \mid^2 \tag{1-81}$$

式中 e 为电子电量,$\boldsymbol{R}_{21}$ 为跃迁矩阵元

$$\boldsymbol{R}_{21} = \int \varphi_1^* \, \boldsymbol{r}(t) \varphi_2 \, \mathrm{d}\nu$$

式中 φ_1,φ_2 分别是原子能级 1 与能级 2 的波函数。由式(1-80)和(1-81),得自发发射爱因斯坦系数为

$$A_{21} = \frac{16\pi^3 e^2 \nu^3}{3\varepsilon_0 h^2 c^3} \mid \boldsymbol{R}_{21} \mid^2 \tag{1-82}$$

第四节　光　谱

一、光谱特征

将电磁波按其频率(或波长)的高低为序排列,称为电磁波谱。光波是整个电磁波谱中的一个特殊波段,其长波段与微波段相接,短波段与 X 射线部分重叠。整个光波段还分为红外、可见、紫外波段。在红外波段中,大约在 $10\sim1000 \ \mu\mathrm{m}$ 波段称为远红外,这部分主要是分子的转动光谱区。在 $1.5\sim10 \ \mu\mathrm{m}$ 波长部分称中红外,在可见光的红限(~750 nm)到 $1.5 \ \mu\mathrm{m}$ 的范围称为近红外。从中红外到近红外区主要是分子的振动光谱区。在紫外部分,波长短于 200 nm 部分称为真空紫外,因为大气中的氧会对这部分的电磁波产生强烈吸收,需要在真空室中进行测量。从可见光到紫外光波段是原子外层电子跃迁的光谱区。真空紫外的短波部分地与软 X 射线($1\sim30$ nm)相重叠,这部分相应于原子内层电子的跃迁。

光谱按其特征可分为分立谱与连续谱。分立谱由一些线光谱组成,线光谱是在某些频率上出现极大值分布的光强分布形式。从量子的观点来看,原子的束缚能级之间的跃迁产生分立的线光谱。按爱因斯坦跃迁理论,当原子从布居的高能级 k 跃迁到低能级 i 时,发射频率为

$\nu_{ki} = (\varepsilon_k - \varepsilon_i)/h$ 的光谱线。同样地当原子从入射光中吸收了频率为 $\nu_{ik} = (\varepsilon_k - \varepsilon_i)/h$ 的光子后，它从低能级 i 跃迁到高能级 k，如图 1-9 所示。由于原子的吸收，当一束白光通过一原子系统时，在透射光中将出现吸收谱线。

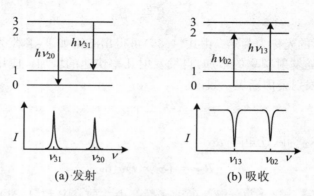

图 1-9 分立能级间的跃迁产生线光谱

连续谱是在一段光谱区上光强为连续过渡而无法分离的光谱。一般热辐射所产生的光谱是连续谱。当原子或分子在辐射的激发下电离时，能形成连续的吸收光谱。在等离子体中，电子的韧致辐射或电子与离子的复合会产生连续的发射光谱。

1. 分子光谱特征

分子是由原子组成的，依靠原子间的相互作用力形成化学键，并把原子结合在一起。参与化学键的主要是原子的外层电子，即价电子。形成分子后价电子的运动状态会发生很大的变化。分子内部存在着下列三种运动：① 价电子在键连着的原子间运动；② 各原子间的相对运动——振动；③ 分子作为一个整体的转动。分子内部的三种运动并不是互相独立的，而是互相影响的，不能严格加以区分。但是三种运动的快慢有明显不同，其中价电子的运动比原子间的振动快得多，因此在价电子运动的时候可以认为原子是不动的；而在研究原子的振动时，可以认为分子不在转动。这样，一个分子的总能量可以近似地写成三种能量之和：

$$\varepsilon = \varepsilon_e + \varepsilon_\nu + \varepsilon_J$$

式中，ε_e，ε_ν，ε_J 分别代表分子的电子、振动与转动能量。

分子的三种运动状态都有与之相应的振荡偶极矩，因而产生的分子光谱可以分为电子、振动与转动光谱。由于分子的结构比原子复杂，运动自由度的数目比原子的多得多，因而与原子光谱相比，分子光谱要复杂得多，主要特点是能级的数目和可能跃迁的谱线数目很多，有许多谱线密集地连在一起形成带状光谱。

图 1-10 画出了几个分子能级间的跃迁，可以看出分子光谱分成不同的带系。例如，(a) 和

(b)同是($n=2\to1$)电子能级间的跃迁,但相应不同的($\nu'=0\to\nu=0$ 和 $\nu'=1\to\nu=0$)振动能级;
(c)和(d)同是($n=3\to1$)电子能级间的跃迁,但相应不同的($\nu=0\to2$ 和 $\nu=0\to0$)振动能级。
在同一振动能级间的跃迁中,包含有若干条密集的分立谱线,这些谱线对应着不同转动能级间的跃迁。分子光谱线的特征可以归纳如下:

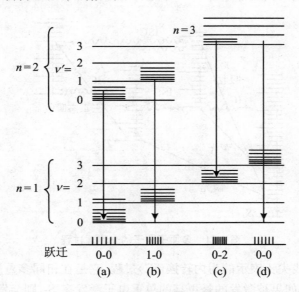

图 1-10　分子的一些可能的跃迁能级

电子光谱:紫外与可见区域,ε_e,ε_ν,ε_J 都发生改变(能量范围:$1\sim20$ eV);
振动光谱:近红外区域,ε_e,ε_J 发生改变(能量范围:$0.05\sim1$ eV);
转动光谱:远红外至微波区域,ε_J 发生改变(能量范围:$10^{-4}\sim0.05$ eV)。

2. 多原子分子中的能级跃迁

多原子分子的能级的数目随分子中原子数的增加变得非常之多,因此具有很复杂的能级结构。它们的谱线不再有线系的外观,也没有规整的吸收轮廓线。典型的大分子在每 cm^{-1} 上有上千条不同的跃迁,典型的转动结构的线宽为 0.03 cm^{-1}。因此在线宽范围内重叠了 30 个以上的不同的跃迁。这些线挤压在一片形成一个准连续的轮廓线。

在多原子分子中发生的光物理过程可以大致作如下描述。在受到光激发之后,分子跃迁到单重电子激发态的某个振动能级上。处于高能级的分子基本上通过辐射的、非辐射的或振动弛豫三条途径耗散其能量。三条能量耗散途径相应着不同的光物理过程,它们之间存在着竞争。

图 1-11 中用向下的虚线尖头表示的为**振动弛豫**过程。当用可调谐激光可将分子从 S_0 基态激发跃迁到激发单重态 S_1 的某个振态 ν'。由于振动态之间的能级间距很小,辐射跃迁的几率是很小的。分子之间的碰撞将振动能耗散,并迅速弛豫到振动态 $\nu'=0$。因此在气压较高或者在液相体系中所检测到荧光都来自 $\nu'=0$ 的振动态。

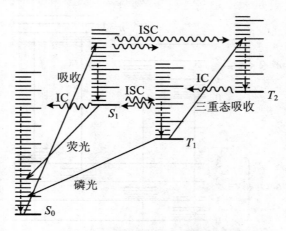

图 1-11　多原子分子的光物理过程

图中用水平波浪线尖头表示的为**内转换**(IC)过程,它是在相同多重度($S_1 \rightarrow S_0$ 态)态间布居转换。一般情况下,如果被激发的是更高的单重电子激发态 S_i,则会发生 $S_i \rightarrow S_j(i>j)$ 态间的内转换。$S_i \rightarrow S_j$ 态间的内转换的速率很高,达 10^{-12} s。内转换速率与分子间的碰撞无关,因为它是不同电子激发单重态的势能面交叉的结果,它必须在 S_i 与 S_j 的相同能量的振动态之间发生。除了 $S_i \rightarrow S_j$ 态间的内转换外,在三重态之间也会发生内转换。

系间交叉(ISC)是分子在不同多重度的态(如 S_1 与 T_1 态)间的布居转换。系间交叉发生的原因是电子激发单重态 S_1 与三重态 T_1 间的势能面的交叉引起的,因此 ISC 过程也是发生在相同能量的振动态之间。系间交叉因要涉及一个自旋取向的倒转过程,其速率要比内转换慢得多,约 $10^8 \sim 10^9$ s^{-1}。

当分子通过振动弛豫下降到单重电子激发态 S_1 的最低振动态 $\nu'=0$ 之后,就从这里向基态 S_0 跃迁**发射荧光**,因为 $S_1 \rightarrow S_0$ 态间的内转换是很慢的,而荧光发射则有很高的速率,约为 $k_f = 10^8 \sim 10^9$ s^{-1}。因为荧光发射是从振动弛豫后的振动态 $\nu'=0$ 出发的,因此荧光波长要比激发波长长。当从 $S_0(\nu=0) \rightarrow S_1(\nu'=0)$ 间发生激发跃迁,则荧光的发射波长将与激发波长相同,被称为共振荧光。但是共振荧光一般只在低气压的小分子中能观察到,在多原子分子中很少见到。

　　三重激发态 T_1 对基态 S_0 的辐射跃迁为**磷光跃迁**。磷光跃迁是在偶极跃迁禁止的 T_1 与 S_0 态间发生的，当 T_1 与 S_0 态间存在耦合，在三重态的波函数包含了单重态的成分，从而导致 $T_1 \rightarrow S_0$ 跃迁的可能。

　　3. 等离子体的光谱发射机制

　　等离子体是原子分子集团处于高度电离的状态，它是物质存在的第四种形式。在等离子体的高温与高度电离状态下，原子的发射光谱具有许多新的特点。这些新特点要用等离子体状态下的能级图来分析。图 1-12 是等离子体条件下类氢离子的能级图。由图可见，与常态的原子能级图不同，在正常原子的离化限 ε_i 附近，存在着一片能级的准连续区。一方面这个区域是常态原子能级的密集区，另一方面高密度电子与离子的电场与高温使能级大大展宽，以致在某一个能级 k 以上，各个挨得很近的能级出现了重叠，于是形成了这种准连续区。等离子体的温度与电离的程度越高，准连续区越向基态扩展，以致出现电子在受束缚的全部范围内都没有分立能级了。分析这些能级之间的各种可能跃迁就可看到等离子体发射光谱的各种特征。

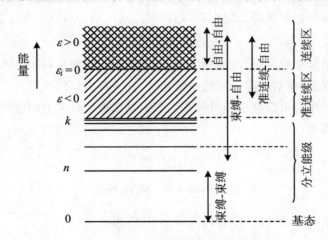

图 1-12　等离子体中的一些可能跃迁能级

等离子体中可能产生的跃迁光谱有：

　　(1) 分立谱：与常态下原子跃迁相同，在原子的束缚能级之间的跃迁给出分立谱；

　　(2) 韧致辐射：发生在离化限以上的连续区中，这里也是自由电子区，高温下的自由电子可能会具有很高的动能，电子在运动中当发生动能降低时，就会伴随产生辐射，称为韧致辐射，韧致辐射是连续谱；

　　(3) 自由-束缚跃迁：由于自由区中辐射的波长可以连续改变，所以给出连续谱；

　　(4 自由-准连续态跃迁：与自由-束缚跃迁类似，也给出连续谱。

由此可见,在等离子体的发射光谱中总会伴有大量的连续光谱。而且由于准连续区的存在,实际的产生连续跃迁的能量范围是很大的,因此它的连续光谱区很宽,从紫外到红外都有。

第五节　谱线宽度与线型

光谱测量表明,每条光谱线在其中心频率 ω_0 附近都有一定的固有频率分布。通常将谱线强度下降到一半时相应的两个频率之间的间隔 $\Delta\omega$ 定义为一条光谱线的频率宽度,常称半宽度,简称线宽,用 FWHM(Full width at half maximum intensity)表示。

一、自然线宽

如上所述,经典理论把一个原子看做为一个振荡电偶极子。电偶极子的振荡向其周围空间发射电磁场,而电磁场发射将使振子的能量耗散,于是振荡幅度逐步衰减下来,发射的电磁场强度也因此逐步减弱。如果略去很小的辐射频移,式(1-44)可以写为

$$E(t) = E_0 e^{-\frac{\gamma}{2}t} e^{-i\omega_0 t} \tag{1-83}$$

如果从频谱的角度来看,尽管电偶极子具有固有振荡频率 ω_0,但辐射场随时间的衰减表明它不是纯的正弦振荡,而对应着一定的频带宽度,它被称为自然线宽。

电偶极子的自然线宽可以利用傅里叶变换方法来获得。数学上傅立叶变换把两个时域函数与频域函数联系起来:

$$E(t) = \int_{-\infty}^{\infty} E(\omega) e^{-i\omega t} d\omega \tag{1-84}$$

$$E(\omega) = \frac{1}{2\pi} \int_{-\infty}^{\infty} E(t) e^{i\omega t} dt \tag{1-85}$$

注意到式(1-83)是个时域表达式,把它代入(1-85)式,得

$$E(\omega) = \frac{1}{2\pi} \int_{0}^{\infty} E_0 e^{-i(\omega_0 - \omega)t} e^{-\gamma t/2} dt$$

积分以后得到

$$E(\omega) = \frac{1}{2\pi} \frac{E_0}{i(\omega_0 - \omega) + \gamma/2} \tag{1-86}$$

由于光强度 $I(\omega) \propto E(\omega) E^*(\omega)$,所以有

$$I(\omega) = \frac{|E_0|^2}{4\pi^2} \frac{1}{(\omega_0 - \omega)^2 + \gamma^2/4} = I_0 \frac{\gamma/(2\pi)}{(\omega_0 - \omega)^2 + \gamma^2/4} \tag{1-87}$$

I_0 为辐射总强度

$$I_0 = \int_{-\infty}^{+\infty} I(\omega)\,\mathrm{d}\omega = E_0^2/(2\pi\gamma)$$

代入式(1-87),得

$$I(\omega) = I_0 \frac{\gamma/(2\pi)}{(\omega_0-\omega)^2 + \gamma^2/4} \tag{1-88}$$

频率分布函数

$$g(\omega) = \frac{\gamma/(2\pi)}{(\omega_0-\omega)^2 + \gamma^2/4} \tag{1-89}$$

为洛仑兹线型函数,也称洛仑兹轮廓线型。在 $\omega=\omega_0$ 处,它的强度最大,在 ω_0 的两侧,强度逐渐减小,如 1-13 图所示。

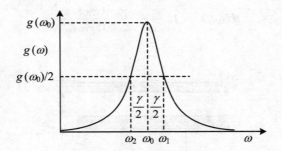

图 1-13　原子的洛仑兹自然线型

由式(1-89)知,当 $\omega=\omega_0$ 时,$g(\omega_0)=2/(\pi\gamma)$,当 $g(\omega_0-\omega)=g(\omega_0)/2$ 时可得 $\Delta\omega=\omega-\omega_0$ $=\pm\gamma/2$,故得自然线宽 $\Delta\omega_N$

$$\Delta\omega_N = \gamma/2 - (-\gamma/2) = \gamma \tag{1-90}$$

或

$$\Delta\nu_N = \gamma/2\pi = 1/\tau \tag{1-91}$$

式中 τ 称为能级的寿命。如用波长表示,$\mathrm{d}\lambda=-\dfrac{c}{\nu^2}\mathrm{d}\nu$,代入 $\gamma=\dfrac{2e^2\omega_0^2}{3m_e c^3}$ 后得

$$\Delta\lambda_N = \frac{e^2}{3\varepsilon_0 m_e c^2} = 1.17\times10^{-5}\ \mathrm{nm}$$

可见自然线宽很小,用一般的光谱方法很难测量出如此小的频率分布。

从量子的观点来看,电偶极子的振荡向其周围空间发射电磁场属于原子的自发发射。自发发射几率与能级的寿命与直接相关。设 A_{10} 为从激发态 1 到基态 0 之间的自发发射跃迁几率,则 $A_{10}=2\pi/\tau=\gamma_{10}$。如果从高能级 k 到低能级 i 存在多个跃迁,则有

$$\gamma_{ki} = \sum_i A_{ki}$$

对于寿命为 τ 的能级,按测不准关系能量只能确定到

$$\Delta\varepsilon = h/(2\pi\tau) = \hbar/\tau = \hbar\gamma/2\pi$$

式中 h 为普朗克常数。可见,能级的测不准量 $\Delta\varepsilon$ 导致了谱线的展宽,能级宽度越宽,寿命越短,谱线也越宽。原子基态的寿命看成无限长,可以不计其能级的宽度,当考察从激发态 i 对基态 0 的跃迁时,只要计及 i 的宽度 $\Delta\varepsilon_i$。当考察两个激发态 i 与 k 之间的跃迁时,能级宽度 $\Delta\varepsilon$ 应包括 i 的宽度 $\Delta\varepsilon_i$ 与 k 的宽度 $\Delta\varepsilon_k$,如图 1-14 所示,频率为 ν_{ki} 谱线的线宽由相应的宽度 $\Delta\varepsilon_i$ 与 $\Delta\varepsilon_k$ 决定,$\Delta\varepsilon = \Delta\varepsilon_i + \Delta\varepsilon_k$。用量子电动力学的方法可以算出与经典方法相同的线型表达式,

$$I(\omega_{ki}) = I_0 \frac{\gamma_{ki}/(2\pi)}{(\omega_0 - \omega_{ki})^2 + \gamma_{ki}{}^2/4} \tag{1-92}$$

式中:$\gamma_{ki} = \gamma_k + \gamma_i$。

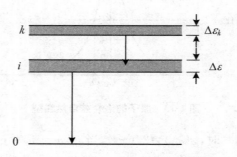

图 1-14   能级的有限寿命使能级跃迁展宽

二、多普勒展宽

1. 光学 Doppler 效应及光谱线的展宽

与声学中 Doppler 现象一样,在光学中也存在 Doppler 效应。这是由于发光原子相对于观察者(检测器)运动而产生的一种光波频移现象。设一个运动速度为 v_2 的原子处于较高能级 2,它在发射频率为 ν 的光波后下降到能量较低的能级 1,其速度变为 v_1。按照光的量子理论,光子具有动量 $\hbar k$,$|k| = 2\pi\nu/c$。由动量守恒定律

$$mv_2 = mv_1 + \hbar k \tag{1-93}$$

式中 m 为原子的质量。由能量守恒定律

$$\varepsilon_2 - \varepsilon_1 = \frac{1}{2}m(v_1{}^2 - v_2{}^2) + h\nu \tag{1-94}$$

由式(1-93)

$$m(v_1{}^2 - v_2{}^2) = -2v_1\hbar k - (\hbar k)^2/m$$

以及 $(\varepsilon_2 - \varepsilon_1) = h\nu_0$，$(\hbar k) = (h\nu)/c$，代入(1-94)式得

$$h\nu_0 = h\nu - h\nu v_1/c - (h\nu)^2/(2mc^2) \tag{1-95}$$

式右边的第二项为一级频移，来源于发光原子对探测器的相对运动；第三项为二级频移也称反冲频移，来源于光子动量给原子的反冲力。注意到(1-95)式中即第三项要比第二项小四个数量级，故可将其忽略，考虑光子沿 z 方向传播，于是由(1-95)式得

$$\nu = \frac{\nu_0}{1 - (v_z/c)} \approx \nu_0(1 + v_z/c) \tag{1-96}$$

式(1-96)表明，考虑到发光原子对探测器的相对运动，如 v_2 为正，即当发光原子相对探测器飞来时，则光波频率高于中心频率。

需要注意的是在气体中原子或分子处在无规的热运动状态下，不同原子的运动速度和方向是各不相同的，因而它们的 Doppler 效应所产生的频移也各不相同。然而，热平衡下气体分子的速度分布服从麦克斯韦分布，故我们可以计算出在总原子数中，速度在 $v_z \sim v_z + \mathrm{d}v_z$ 之间的原子数所占的比率，它等于

$$\rho(v_z)\mathrm{d}v_z = \sqrt{\frac{m}{2\pi k_\mathrm{B}T}}\exp\left(-\frac{mv_z^2}{2k_\mathrm{B}T}\right)\mathrm{d}v_z \tag{1-97}$$

式中 m 为原子的质量，k_B 为玻耳兹曼常数，T 为绝对温度。考虑到在频率 $\nu \sim \nu + \mathrm{d}\nu$ 之间测量得到的光强与总光强之比 $g(\nu)\mathrm{d}\nu$ 应等于在 $v_z \sim v_z + \mathrm{d}v_z$ 之间的原子数与总原子数之比 $\rho(v_z)\mathrm{d}v_z$，即有

$$g(\nu)\mathrm{d}\nu = \rho(v_z)\mathrm{d}v_z \tag{1-98}$$

此外，由(1-96)式，

$$v_z = -\frac{c}{\nu_0}(\nu_0 - \nu), \quad \mathrm{d}v_z = \frac{c}{\nu_0}\mathrm{d}\nu$$

由(1-97)与(1-98)式，

$$g(\nu') = \frac{c}{\nu_0'}\sqrt{\frac{m}{2\pi k_\mathrm{B}T}}\exp\left[-\frac{mc^2(\nu' - \nu_0')^2}{2k_\mathrm{B}T\nu_0}\right] \tag{1-99}$$

Doppler 展宽的光谱线的强度 $I_\mathrm{D}(\nu')$ 为

$$I_\mathrm{D}(\nu') = I(\nu_0)g_\mathrm{D}(\nu') = I(\nu_0)\exp\left[-\frac{mc^2(\nu_0' - \nu')^2}{2k_\mathrm{B}T\nu_0^2}\right]$$

$$g_\mathrm{D}(\nu') = \exp\left[-\frac{mc^2(\nu_0' - \nu')^2}{2k_\mathrm{B}T\nu_0'^2}\right] \tag{1-100}$$

$g_\mathrm{D}(\nu')$ 为一高斯函数，称高斯线型，也称 Doppler 线型函数。在中心频率 $\nu' = \nu_0'$ 处，

$$g(\nu_0') = \frac{c}{\nu_0'}\sqrt{\frac{m}{2\pi k_B T}}$$

由两侧强度下降到总强度的一半时的频率间隔得到它的线宽为

$$\Delta\nu_D = 2\nu_0\sqrt{\frac{2\ln 2 k_B T}{mc^2}} \tag{1-101}$$

用波长表示时

$$\Delta\lambda_D = 2\lambda_0\sqrt{\frac{2\ln 2 k_B T}{mc^2}}$$

可见原子质量越小,温度越高,Doppler 线宽越大。为了计算便利,常用原子量或分子量 $\mathscr{M}$ 来代替质量 m。由 $\mathscr{M}=\mathscr{N}_A m$,$\mathscr{N}_A$ 为阿佛加德罗常数,得

$$m = 1.66053 \times 10^{-27}\ \mathscr{M}(kg)$$

$$\Delta\nu_D = 7.16 \cdot \nu_0 \cdot 10^{-7} \cdot \sqrt{T/\mathscr{M}}\ (s^{-1})$$

$$\Delta\lambda_D = 7.16 \cdot \lambda_0 \cdot \sqrt{T/\mathscr{M}}\ (nm)$$

由此可见,光谱线的 Doppler 展宽与绝对温度的平方根成正比,与原子量的平方根成反比。例如,氖的原子量 $\mathscr{M}=20$,在 $T=400\ K$ 时,发射中心波长为 632.8 nm 的谱线的 Doppler 线宽 $\Delta\nu_D=1500\ MHz$。

2. 自然线宽与 Doppler 展宽的混合线宽

上面在讨论 Doppler 展宽时,未曾考虑自然线宽的影响。实际上,一条光谱线的实际线型是多种因素共同作用的结果。这里简单考虑原子自然线宽与 Doppler 展宽同时作用下的原子谱线的线型。由于展宽效应的存在,自然线型轮廓中每一个无限窄的频区都受到了 Doppler 效应的展宽;而 Doppler 线型轮廓中的每一个无限窄的频区具有自然衰减的展宽,如图 1-15。

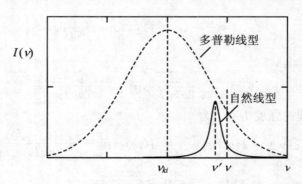

图 1-15   Doppler 效应与谱线自然衰减同时考虑时的线型

我们考察在一个自然线型轮廓中 ν 到 $\nu+\mathrm{d}\nu$ 的频率间区的强度 $I_{\mathrm{N}}(\nu)\mathrm{d}\nu$。考虑到 Doppler 效应的合并作用,这个谱线强度要对被 Doppler 展宽的自然线宽轮廓的全部频区求和。采用与频率 ν' 相重合的 Doppler 线型的中心为坐标,频率 ν 的线型的强度比例于

$$I(\nu)\mathrm{d}\nu = \frac{\exp\left[-\dfrac{mc^2}{2k_{\mathrm{B}}T}\left(\dfrac{\nu-\nu'}{\nu'}\right)^2\right]}{4\pi^2(\nu_{ki}-\nu')+(\gamma_{ki}/2)^2}\mathrm{d}\nu \tag{1-102}$$

频率为 ν 的总强度是 $I(\nu')\mathrm{d}\nu'$ 对全部频率 ν' 的积分

$$I(\nu) = C\int_{-\infty}^{+\infty} I_{\nu'}\mathrm{d}\nu'$$

式中 C 为比例常数。引进变数 $\xi=\nu-\nu'$

$$I(\nu)\mathrm{d}\nu = \frac{1}{\pi^2\Delta\nu_{\mathrm{N}}^2}\frac{\exp\left[-\left(\dfrac{2\sqrt{\ln2}}{\Delta\nu_{\mathrm{D}}}\xi\right)^2\right]}{1+\left[\dfrac{2}{\Delta\nu(\nu_{ki}-\nu-\xi)}\right]^2}\mathrm{d}\xi \tag{1-103}$$

对式(1-103)进行积分

$$I(\nu)\mathrm{d}\nu = \frac{1}{\pi^2\Delta\nu_{\mathrm{N}}^2}\int_{-\infty}^{+\infty}\frac{\exp\left[-\left(\dfrac{2\sqrt{\ln2}}{\Delta\nu_{\mathrm{D}}}\xi\right)^2\right]}{1+\left[\dfrac{2}{\Delta\nu(\nu_{ki}-\nu-\xi)}\right]^2}\mathrm{d}\xi \tag{1-104}$$

引进如下一些符号

$$\frac{\Delta\nu_{\mathrm{N}}}{\Delta\nu_{\mathrm{D}}}\sqrt{\ln2}=a, \quad \frac{2\sqrt{\ln2}}{\Delta\nu_{\mathrm{D}}}(\nu_{ki}-\nu)=\omega, \quad \frac{2\sqrt{\ln2}}{\Delta\nu_{\mathrm{D}}}\xi=y$$

则式(1-104)可以写为

$$I(\nu) = C'\int_{-\infty}^{+\infty}\frac{\exp(-y^2)\mathrm{d}y}{a^2+(\omega-y)^2}$$

常数 C' 由积分 $I=\int_{-\infty}^{\infty} I(\nu)\mathrm{d}\nu$ 的值确定。于是得到

$$I(\nu) = \frac{aI_0}{\pi}\int_{-\infty}^{\infty}\frac{\exp(-y^2)\mathrm{d}y}{a^2+(\omega-y)^2} \tag{1-105}$$

式中 I_0 为 $a=0$ 时的强度,上式称为伏格脱(Voigt)积分。人们常把下面函数称为伏格脱轮廓。

$$V(a,\omega) = \frac{a}{\pi}\int_{-\infty}^{\infty}\frac{\exp(-y^2)\mathrm{d}y}{a^2+(\omega-y)^2} \tag{1-106}$$

伏格脱轮廓没有解析解,但可以进行数值计算。

由式(1-105)可见,在 a 给定以后,强度 $I(\nu)$ 是频率的函数。系数 a 简单地是自然线宽与

Doppler 线宽之比。在一般情况下，$\Delta\nu_N \ll \Delta\nu_D$，$a$ 的量级在 $10^{-2} \sim 10^{-3}$，谱线轮廓是高斯型的。

三、碰撞展宽

1. 碰撞展宽模型

上面我们在讨论原子的自然线宽时认为原子是静止的与孤立的，多普勒展宽考虑了原子的运动对谱线线宽的影响，碰撞展宽则是由于原子间相互作用而导致谱线展宽。在实际的原子体系中，每个发射原子都要受到周围的原子、离子或电子的相互作用力。这种相互作用力将对发射原子的状态产生干扰。这种展宽不仅使谱线轮廓变宽，而且还会使谱线中心移动及线型发生变化。由于这类增宽是与干扰原子的密度有关的，即与气体的压力相关，所以也称为压力展宽。

与多普勒展宽情况不同，由于原子间相互作用的复杂性，对于碰撞展宽，从 1906 年洛仑兹提出碰撞展宽的理论开始，经 1933 年威斯科夫（Weisskopf）的统计理论，到 1941 年李特豪姆（Lindhom）和 1946 年福雷（Foley）的绝热碰撞理论，从最早的经典处理到近代量子力学处理，经历了一个漫长的发展过程，可是至今尚没有形成一套关于碰撞展宽的完整的理论。谱线碰撞展宽的复杂性反映了谱线中包含了关于原子间相互作用的十分丰富而有用的信息，例如我们可以从谱线的斯塔克展宽中计算出等离子体的电子温度与电子密度等等，这正说明了在漫长时间里许多作者一直对它保持浓厚兴趣的原因。尽管碰撞展宽很复杂性，但各种理论有一个共同的结论：原子碰撞结果的谱线轮廓基本上是洛仑兹型的。这里主要介绍碰撞引起展宽的经典处理方法。

设想一个原子正在发射频率为 ω_0 的光波。直到原子受到碰撞为止，发射出的光波是一条长长的波列。当有产生干扰的原子飞近正在发射光波的原子时，发射原子的能级因受外来原子的作用而发生移动，发射的波列也就中断了。这是 1906 年首次由洛仑兹提出的谱线碰撞展宽理论。这是非弹性碰撞的观点。根据这个观点，原子激发态的寿命因碰撞而缩短了，寿命缩短的结果是谱线的展宽。设两次非弹性碰撞之间的平均时间为原子的辐射寿命为 τ，根据气体动力学理论，τ 为

$$\tau = \frac{s}{\bar{v}} = \frac{1}{N_0 \sigma \bar{v}} \tag{1-107}$$

式中 s 为两次非弹性碰撞间的原子的平均自由程。

$$\bar{v} = \sqrt{\frac{8k_B T}{\pi m}} \tag{1-108}$$

为碰撞原子的平均速度，N_0 为单位体积中的原子数，σ 为碰撞截面。利用与处理原子自然线宽相同的傅立叶变换，可以计算出因碰撞而产生的谱线宽，其线型是洛仑兹型。根据式（1-

107)，由碰撞展宽的线宽为

$$\Delta\omega = 1/\tau = N_0\sigma\bar{v} \tag{1-109}$$

由式(1-109)和气体压强公式 $p = N_0 k_B T$ 可见，碰撞展宽随压力增加而增加，而增加后的线型是洛伦兹线型。

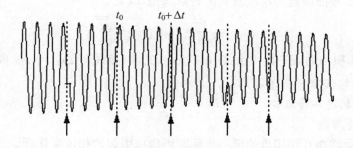

图 1-16　原子间的碰撞斩断了原子发射的波列

然而，并不是只有非弹性碰撞才会引起谱线的展宽，弹性碰撞同样可以导致谱线的展宽。这时碰撞并没有使原子发射中断，而是使电偶极矩振动的相位发生变化，使受碰撞后发射的光波与碰撞前的光波不再相干了。如图 1-16 所示，一条长波列由于在某些地方发生相位的突变而被切成长短不一的好几段，前后两次碰撞的时间间隔确定了一段波列的长度。根据气体分子运动论，原子在 $\tau - \tau + d\tau$ 之间自由飞行的时间的几率

$$\rho(\tau)dt = (1/\tau_0)\exp(-\tau/\tau_0)dt \tag{1-110}$$

τ_0 为平均飞行时间，它可表达为

$$\frac{1}{\tau_0} = \frac{4d^2 N}{v}\sqrt{\frac{k_B T \pi}{m}} \tag{1-111}$$

式中 d 为碰撞时两原子中心之间的距离。考虑图 1-16 中一个原子的自由飞行时间，它开始于时刻 t_0，持续时间为 Δt。如不考虑原子辐射的自然衰减与 Doppler 效应，场强可写为

$$E(t) = E_0\exp(-i\omega_0 t + i\varphi),\ (t_0 < t < t_0 + \Delta t)$$

利用傅立叶变换可得

$$E(\omega) = \frac{1}{2\pi}\int_0^{t_0+\tau} E_0\exp(-i\omega_0 t + i\varphi + i\omega t)dt$$

$$= \frac{E_0}{2\pi}\exp\{i(\omega-\omega_0)t + i\varphi\}\frac{\exp\{i(\omega-\omega_0)\tau\}-1}{i(\omega-\omega_0)} \tag{1-112}$$

在一个自由飞行周期内的平均光强度为

$$I(\omega) \propto |E(\omega)|^2 = \left(\frac{E_0}{\pi}\right)^2\frac{\sin^2[(\omega-\omega_0)\Delta t/2]}{(\omega-\omega_0)^2} \tag{1-113}$$

由于每个瞬间的总辐射强度是大量原子共同贡献的结果。不同原子的自由飞行时间的分布由式(1-110)决定。因此总的辐射强度是对 τ 的平均

$$I(\omega) \propto \frac{1}{t_0} \int_0^\infty \frac{\sin^2\left[(\omega_0 - \omega)\Delta t/2\right]}{(\omega_0 - \omega)^2} \exp(-\Delta t/t_0)\mathrm{d}\tau = \frac{1/2}{(\omega_0 - \omega)^2 + (1/t_0)^2} \quad (1\text{-}114)$$

由式(1-114)可见,碰撞展宽的谱线具有洛仑兹线型,线宽 $\Delta\nu_L$ 为

$$\Delta\nu_L = \frac{1}{\pi t_0} = 4d^2 N_0 \sqrt{\frac{k_B T}{\pi m}} \quad (1\text{-}115)$$

式中 N_0 为单位体积中的原子数。由式(1-115)可见,碰撞线宽 $\Delta\nu_L$ 与 N_0 成正比。在原子数一定的情况下,碰撞线宽比例于 $\sqrt{T/m}$。

2. 碰撞展宽的进一步理论

(1) 相位突变理论

现在用原子间的相互作用理论进一步阐明因碰撞引起的相位变化理论。设一个发射原子 A 受到原子 B 的干扰。原子 A 和 B 之间的相互作用可以用如图 1-17 所示的势能曲线来描述。随着原子 B 对 A 的靠近,原子 A 能级受到干扰,使原子 A 的跃迁频率 ν_0 发生变化,

$$\Delta\nu = C_n/r^n \quad (1\text{-}116)$$

式中 r 为两原子之间的距离,C_n 为一常数,n 为一指数,与相互作用的类型有关。由跃迁频率变化可求出相位的改变量 η

$$\eta = 2\pi \int_{-\infty}^{+\infty} \Delta\nu \mathrm{d}t \quad (1\text{-}117)$$

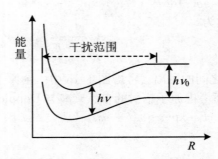

图 1-17 干扰原子对发射原子能级的影响

设原子 B 以速度 v 沿一经典轨道从发射原子 A 傍经过。如图 1-18,ρ_a 为原子 A 和 B 间的最近距离,则 $r = \sqrt{\rho_a^2 + u^2 t^2}$,以夹角 φ 为变量,η 为如下的积分

$$\eta = \frac{C_n}{v\rho^{n-1}} \int_{-\pi/2}^{+\pi/2} \cos^{n-2}\varphi \mathrm{d}\varphi = \frac{\sqrt{\pi}C_n a_n}{v\rho_a^{n-1}} \quad (1\text{-}118)$$

$$a_n = \int_{-\pi/2}^{+\pi/2} \cos^{n-2}\varphi \mathrm{d}\varphi$$

不同的 n 值相应不同的相互作用类型，几个重要的 a_n 值如下：

$$a_2 = \pi, \quad a_3 = 2, \quad a_4 = \pi/2, \quad a_6 = 3\pi/8$$

威斯科夫假定，当相位改变量 $\eta \geqslant 1$ 时，碰撞前后波列之间的相干性受到破坏。在这条件的 ρ_a 称光学碰撞半径 ρ_w

$$\rho_w = \left(\frac{\sqrt{\pi}C_n a_n}{v}\right)^{1/(n-1)} \tag{1-119}$$

实验表明，它要比分子运动的碰撞截面大得多。

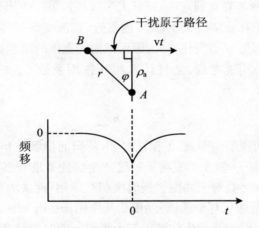

图 1-18 干扰原子飞越时原子发射频率发生变化

鉴于威斯科夫理论中相位突变条件 $\eta \geqslant 1$ 的任意性，以及它不能解释谱线展宽中谱线的位移，为此李特豪姆提出了修正。李特豪姆认为 $\eta \geqslant 1$ 的条件是不合理的。在对谱线展宽的影响中，不管是邻近的原子，还是离得较远的原子都对发光原子起一定的干扰作用。他提出了如下的谱线强度分布公式

$$I(\nu) = I_0 \frac{(N_0 v \sigma_r)^2}{[2\pi(\nu - \nu_0) - N_0 v \sigma_i]^2 + (N_0 v \sigma_r)^2} \tag{1-120}$$

式中 N_0 为单位体积中的原子数，v 为原子的相对速度。该公式与洛仑兹线轮廓公式(1-114)的主要差别在于引进了谱线的移动。谱线在因碰撞而展宽时，谱线的中心频率 ν_0 产生移动 $\delta\nu$：

$$\delta\nu = \frac{1}{2\pi} N_0 v \sigma_i \tag{1-121}$$

谱线的线宽为

$$\Delta\nu_c = \frac{1}{\pi}N_0 v \sigma_r \tag{1-122}$$

这里 σ_r 和 σ_i 称有效碰撞截面，σ_r 决定线的展宽，σ_i 决定线的频移，它们通过相位变化量 η 进行计算，

$$\sigma_r = 2\pi\int_0^\infty [1 - \cos\eta(\rho)]\rho \, \mathrm{d}\rho \tag{1-123}$$

$$\sigma_i = 2\pi\int_0^\infty \sin\eta(\rho)\rho \, \mathrm{d}\rho \tag{1-124}$$

从这两个积分式可见，当距离在 0 到 ρ_0（威斯科夫半径）时，第一个积分近似等于 $\pi\rho_0^2$，第二个积分为 0。因此，当干扰粒子在威斯科夫半径 ρ_0 内飞近时，谱线将有约 $2\pi\rho_0^2 N_0 v$ 的展宽，但没有线移。当距离 $\rho > \rho_0$ 时，相位 $\eta(\rho)$ 变化不大，因而对谱线宽度的影响很小，但会使谱线移动。

从原子之间的相互作用能考虑，通过计算相互作用系数 C_n 来计算谱线的展宽。按式 (1-116)，相互作用势能为

$$E_n = -h\frac{C_n}{r^n} \tag{1-125}$$

式中 h 为普朗克常数，r 为原子间距离，上面已提到，不同的指数 n 相应不同的相互作用类型。$n=2$，干扰粒子为电子或离子，氢及类氢离子谱线产生线性斯塔克展宽；氦及其他原子谱线产生平方斯塔克展宽，此时 $n=4$；对于共振偶极偶极相互作用（通常为原子共振谱线），此时 $n=3$。对于中性粒子之间的范德瓦耳斯偶极-偶极相互作用，$n=6$。$n=2$ 时，谱线轮廓是对称的，且没有线移；$n=4$ 和 $n=6$ 时谱线发生线移。三个不同 n 值时的线宽和线移如表 1-1 所列。

表 1-1　不同 n 值时的线宽和线移

n	$\Delta\nu$	$\delta\nu$
2	$\pi^2 C_2^2 N_0/\nu$	0
4	$1.82 C_4^{2/3} \nu^{1/3} N_0$	$1.56 C_4^{2/3} \nu^{1/3} N_0$
6	$1.30 C_6^{2/5} \nu^{3/5} N_0$	$0.47 C_6^{2/5} \nu^{3/5} N_0$

对不同的指数 n，系数 C_n 的确定的方法是不同的。在线性或平方斯塔克展宽时，C_2（$n=2$）和 C_4（$n=4$）由实验决定。对于 $n=6$，设干扰原子有一个价电子，相应的量子数为 n 和 l，则近似有

$$C_6 = \frac{1}{2}\frac{e^2 a_0}{h}\alpha\frac{n^2}{2}[5n^2 + 1 - 3l(l+1)] \tag{1-126}$$

式中，a_0 为氢原子的第一玻尔轨道半径，α 为干扰原子的极化率。

由表 1-1 可见，在 $n=4$ 时，线宽与线移之比 $\Delta\nu/\delta\nu=1.16$，说明平方斯塔克展宽时，线移有与线宽近似相等；$n=6$ 时，$\Delta\nu/\delta\nu=2.8$，说明中性原子的线移比线宽小。C_n 的符号可正可负视不同的粒子而定，它决定了线移的方向，一般来说红移为多。

（2）准静态理论

在低气压下，干扰原子从发光原子附近快速飞过，它们之间的相互作用时间很短，干扰原子对谱线的影响用上面的碰撞理论解释。但在比较稠密的介质中，特别是稠密的等离子体，这时干扰粒子（电子和离子等）与发光原子之间的相互作用时间将是很长的，需要用准静态理论解释谱线的展宽。准静态理论是利用统计方法计算众多干扰粒子对发光原子的作用。这些干扰粒子产生一个平均电场 $\bar{E}$，受这平均电场 $\bar{E}$ 的作用产生斯塔克效应。

准静态处理是认为场的变化是足够慢的，以致在 ν 到 $\nu+d\nu$ 的频率间隔内的强度 $I(\nu)d\nu$ 比例于干扰粒子存在的几率，这些干扰使原子以此频率间隔内的振动频率 ν 发射。因此为了计算 $I(\nu)$，需要计算距发光原子 $r\sim r+rdr$ 内最邻近粒子的几率 $P(r)dr$，它等于

$$dPdr = 4\pi r^2 N_0 \exp\left(-\frac{4}{3}\pi r^3 N_0\right)dr \tag{1-127}$$

考察相互作用的两个粒子，根据相互作用势能表示式（1-125），相互作用引起的频率变化等于

$$\nu - \nu_0 = \frac{C_n}{r^n} \tag{1-128}$$

用平均距离 $\bar{r}_n$ 表示这个变化的平均值 $\Delta\bar{\nu}$

$$\Delta\bar{\nu} = \frac{C_n}{\bar{r}^n} \tag{1-129}$$

如果单位体积中的原子数 N_0，则

$$\bar{r} = (3\pi N_0/4)^{1/3} \tag{1-130}$$

利用上面诸式最后得到

$$I(\nu) = \frac{4\pi N_0 C_n^{3/n}}{n(\nu-\nu_0)^{(n+3)/N}} \exp\left[\left(-\frac{\Delta\bar{\nu}}{\nu-\nu_0}\right)^{3/n}\right] \tag{1-131}$$

谱线的两线翼相应于频率变化 $\nu-\nu_0$ 的最大点，对这两线翼影响最大的是那些距离 r 最小的最近的粒子。这时，$\nu-\nu_0\gg\Delta\bar{\nu}$，(1-131)式中的指数因子近似等于 1，我们得到线翼处的强度

$$I(\nu) \approx \frac{1}{n(\nu-\nu_0)^{(n+3)/N}} \tag{1-132}$$

从上述可见，可以用统计的方法来描述一对很近的碰撞产生出的线翼。谱线轮廓的内部相应于相互作用比较弱的地方，可以用振动相位的突变 η，即碰撞理论来描述。由此可见，一条谱线轮廓的不同部分可用不同的理论来处理。

下面估算一下这种方法应用的判据。根据上述，干扰粒子在大于 ρ_0 半径上飞行将影响谱线轮廓的中心部分，而小于 ρ_0 飞近发射原子时，产生谱线的线翼。由此可见，谱线的两个区域的界线处的频率是由等式(1-128)决定的。设式中的 r 等于 ρ_0，则

$$\nu - \nu_0 = \frac{C_n}{\rho_0^n} \tag{1-133}$$

因为 ρ_0 等于

$$\rho_0 = \rho_w = \left(\frac{\sqrt{\pi}C_n a_n}{\upsilon}\right)^{1/(n-1)}$$

于是我们可以定出应用碰撞理论与准静态的界限处的频率为

$$\nu - \nu_0 \approx \left(\frac{\upsilon^n}{C_n \alpha_n^n}\right)^{1/n-1} \tag{1-134}$$

对于线性斯塔克效应，应用下式

$$\nu - \nu_0 = \frac{\upsilon^2}{4\pi^4 C_2} \tag{1-135}$$

对于平方斯塔克效应，界限处的频率为

$$\nu - \nu_0 = \left(\frac{\upsilon^4}{\pi^8 C_4}\right)^{1/3} \tag{1-136}$$

在小气压下，这时 $\rho_0 N_0^{1/3} \ll 1$，因而碰撞展宽起了主要的作用，统计线翼在总的线强度的份额中只占很少的份额。图 1-19 给出了存在碰撞展宽与统计线翼时的光谱线轮廓形状。

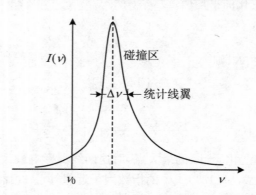

图 1-19　存在碰撞展宽与统计线翼时的光谱线轮廓

本章主要参考文献

［1］科尼 A. 原子光谱学与激光光谱学［M］. 邱元武，译. 北京：科学出版社，1984.

［2］RODNEY LOUDON. The quantum theory of light［M］. Oxford University Press，1978.

［3］ANNE P THORNE. Spectrophysics［M］. 2nd ed. London New York，Chapman and Hall，1988.

［4］DEMTRODER W. Laser spectroscopy. Berlin Heidelberg New York，Springer-Verlag，1981.

［5］伽本尼 M. 光学物理［M］. 北京大学激光教研室，译，北京：科学出版社，1976.

［6］亚里夫 A. 量子电子学［M］. 刘颂豪，译. 上海：上海科技出版社，1983.

［7］王义遒，王吉庆，傅济时，等. 量子频标原理［M］. 北京：科学出版社，1986.

［8］钟立晨，丁海曙. 分子光谱及激光［M］. 北京：电子工业出版社，1987.

［9］曾谨言. 量子力学［M］. 北京：科学出版社，1982.

［10］郭硕宏. 电动力学［M］. 北京：人民教育出版社，1979.

［11］С. Э. Фриш. Оптические спектры атомов. Госу［дарственное Издательство Физико-математической литературы，1963.

［12］И. И. Собльман. Введение в теорию атомных спектров. Химиздаты，1963.

［13］GRIEM H R. Plasma spectroscopy［M］. New York：McGraw-Hill，1964.

第二章　光谱仪与弱信号检测仪

第一节　光栅光谱仪

　　光谱仪是研究物质对光的吸收与发射,光与物质相互作用的基本设备。它的任务是分光,即将包含多种波长的复合光以波长(或频率)进行分解。通过分解,不同波长光强分布便以波长(或频率)为坐标进行排列。近代光谱仪在光谱记录与分光思想上已有了重要的发展。例如,有赖于探测器件与计算机技术的发展,将光谱的记录与处理结合起来,实现了高度的自动化,光学多道分析仪就是一例。在分光思想方面,制成了无色散元件的光谱仪,即将迈克耳孙干涉仪与计算机技术相结合的傅立叶变换光谱仪,它不仅不需色散元件,而且将测量的光谱区扩展到了远红外区。此外,利用单色性好的可调谐高强度激光,有可能在光谱的研究中不再使用光谱仪了。

　　按采用的色散元件不同,传统光谱仪分为棱镜光谱仪和光栅光谱仪,它们各有所长。光栅的光谱仪具有覆盖波段宽,分辨率高的特点,随着闪耀光栅的出现,光栅光谱仪逐渐取代了棱镜光谱仪,成为一种最常用的光谱仪。

一、衍射光栅

1. 光栅构型

　　所谓光栅,就是在一块板上制作许多与光的波长可比拟的等距的平行刻槽。因此,刻槽线的密度很高,通常在每毫米数百条到数千条。如一块有效宽度为 5 cm 的光栅,如果刻槽线的密度为 1200 条/mm,则刻槽线总数 N 达 6×10^4 条。

　　光栅分透射式与反射式,平面反射式光栅如图 2-1 所示,入射光束与衍射光束在光栅的同一侧。图 2-1(a)为槽面宽度为 s、槽距为 d(也称光栅常数)的平面光栅。图 2-1(b)为闪耀光栅,这种光栅的每个刻槽面与光栅平面成一定的角度 θ。在光谱仪中一般都使用闪耀光栅。除了平面反射光栅外,还有凹面光栅,这时将光栅刻在一块凹面反射镜上。

　　如图 2-1 所示,当一束平行光束以入射角 α 入射到光栅上时,从相邻两刻槽上衍射出来的两平行光束之间的光程差 Δ 为

$$\Delta = d(\sin\alpha + \sin\beta)$$

式中 α 是入射角，β 是衍射角，d 是刻线间距，如果入射角 α 与衍射角 β 在法线的同侧，两角均取正号，如在异侧，则 α 取正号，衍射角 β 取负号。

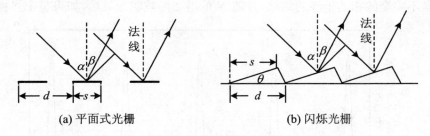

(a) 平面式光栅　　　　　　　　　(b) 闪烁光栅

图 2-1　平面反射光栅示意图

　　光栅上的刻槽制作是工艺极其复杂的精密加工过程，先要连续多天制作一块母光栅，再根据母板做出复制光栅。刻槽光栅在制作中的周期性误差会引起假谱线，即所谓鬼线。近年来利用激光全息术微电子技术制成的全息光栅，以其优良的性能和简单的工艺，已逐步取代传统的刻画光栅。全息光栅的刻槽近似正弦形，只有 0 级和 1 级光谱，它没有级的重叠问题。当在 $2/3<\lambda/d<2$ 范围内时，全息光栅的衍射效率与闪耀光栅相同。全息光栅还有条纹密度高、条纹间距均匀、没有周期误差的优点，现在许多大型光谱仪上都已采用高性能的全息光栅。

　　2. 平面光栅的光强分布

　　在某一波长 λ 上，当光程差 Δ 等于入射波长的整数倍时，即从所有刻槽在 β 方向上衍射来的光有相同的相位时，形成相长干涉

$$m\lambda = d(\sin\alpha + \sin\beta) \tag{2-1}$$

式中 $m=\pm1,\pm2,\cdots$ 称衍射级，式(2-1)称光栅方程。

　　我们讨论光从光栅上衍射后的光强分布。为讨论简单，设一个单色平面波 $E=A\mathrm{e}^{\mathrm{i}(\omega\cdot t-k\cdot z)}$ 正入射($\alpha=0$)到光栅上。这时，从相邻刻槽上衍射的光的光程差 $\Delta=d\sin\beta$，相应的相位差为

$$\delta = 2\pi d\sin\beta/\lambda \tag{2-2}$$

在 β 方向上总的反射幅度由光栅全部 N 个槽面衍射的振幅叠加求得

$$A_{\mathrm{R}} = \sqrt{R(\beta)}\sum_{m=0}^{N}A_g\mathrm{e}^{-\mathrm{i}m\delta} = \sqrt{R(\beta)}A_g\frac{1-\mathrm{e}^{-\mathrm{i}N\delta}}{1-\mathrm{e}^{-\mathrm{i}\delta}} \tag{2-3}$$

$R(\beta)$ 为与衍射角 β 有关的反射系数，A_g 为入射到每个刻槽的分波振幅。因为光强是振幅的平方，由式(2-3)得反射光强

$$I_{\mathrm{R}} = R(\beta)I_0\frac{\sin^2(N\delta/2)}{\sin^2(\delta/2)} \qquad I_0 = c\varepsilon_0 A_g A_g^* \tag{2-4}$$

按式(2-2)，当 $\delta=2m\pi$ 出现主极大，表明当相邻刻槽的分波光束的光程差是波长的整数倍时

出现极大值,整数 m 称为干涉级。图 2-2 给出了 $N=10$ 时的强度分布。如图,在相继两个主极大之间有 $I_R=0$ 的 $N-1$ 个极小点,它们出现在 $N\delta/2=p\pi,p=1,2,\cdots,N-1$ 有 $N-2$ 个次极大,它们是不完全的相消干涉的结果,并随 N 的增加而减弱。显然,如果整个光栅面上刻槽

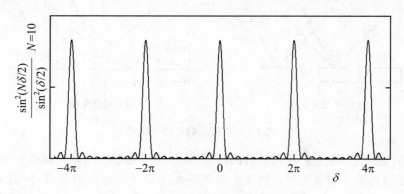

图 2-2　$N=10$ 时光栅的反射光的强度分布

间距 d 精确相等,在 N 值很大时,则那些次极大可以完全忽略。由于光栅的刻槽线数 N 值非常大,主极大 $I(\beta)$ 是以 β_0 为中心的一个尖锐分布。设 Δ 是 β_0 附近的一个小偏角,$\beta_0\gg\Delta$,将 $\beta=\beta_0+\Delta$ 代入式(2-1),利用三角关系式

$$\sin(\beta_0+\Delta)=\sin\beta_0\cos\Delta+\cos\beta_0\sin\Delta\approx\sin\beta_0+\Delta\cos\beta_0$$

因为 $(2\pi d/\lambda)\sin\beta_0=2m\pi$,由式(2-2)得

$$\delta=2m\pi+2\pi(d/\lambda)\Delta\cos\beta_0$$

再根据 $\Delta\ll1$ 时的三角公式的近似,由式(2-4),我们获得衍射光的强度分布

$$I_R=R(\beta)I_0N^2\frac{\sin^2(N\delta/2)}{(N\delta/2)^2} \tag{2-5}$$

式中 $N\delta/2=\pi N(d/\lambda)\Delta\cos\beta_0$。在 β_0 的中心极大值的两边的两个最近的极小值是位置为

$$N\delta=\pm2\pi-\Delta_{1,2}=\pm\lambda/(Nd\cos\beta_0)$$

第 m 阶的中心极大的半角宽度为

$$\Delta\beta=\lambda/(Nd\cos\beta_0) \tag{2-6}$$

由式(2-5)与(2-6)可见,因此,随着刻槽线数 N 的增加,中心极大值的强度迅速增加,而半角宽度 $\Delta\beta$ 则越来越小。

3. 光栅特性

(1) 色散

色散描述经分光后不同波长的光线的分开程度。将式(2-1)的光栅方程对 λ 微分,我们获

得给定角度 α 下的角色散。

$$d\beta/d\lambda = m/(d\cos\beta) \qquad (2\text{-}7)$$

角色散率单位为 rad/mm。从式(2-7)可见,角色散率与衍射级次 m 成正比,与光栅常数 d 和 $\cos\beta$ 成反比。利用高的光谱级次可使光栅的角色散率增大,例如当衍射角很小时,$\cos\beta$ 近于 1,此时二级光谱的角色散约是一级光谱的二倍;改变入射角能使衍射角 β 增大,也可使角色散率增大。对于给定的光谱级次,在光栅的法线方向处($\beta=0$ 附近)的角色散最小,离法线越远,角色散率越大。在光栅的法线方向附近,$\cos\beta$ 约为 1,这时的角色散率 $d\beta/d\lambda=m/d$,表明在衍射角 β 较小时,角色散率几乎不随波长而变。由式(2-1)知

$$m/d = (\sin\alpha \pm \sin\beta)/\lambda$$

得

$$d\beta/d\lambda = \frac{\sin\alpha \pm \sin\beta}{\lambda\cos\beta}$$

表明角色散只和 α 与 β 有关,而与刻槽的数目无关。

色散还常用线色散率 D_l 表示,这是波长差为 $\Delta\lambda$ 的两条光谱线在谱仪的成像平面上两个像之间的分开距离,其单位为 mm/nm。它定义为

$$D_l = \frac{dl}{d\lambda} = f\frac{d\beta}{d\lambda} = f\frac{m}{d \cdot \cos\beta} \qquad (2\text{-}8)$$

因此,线色散率 D_l 正比于聚焦成像系统的焦距和角色散率的大小。实际工作中还常用到线色散率的倒数 $d\lambda/dl$,其单位为 nm/mm,其数值越小,仪器的色散率越大。

衍射级次 m 的大小根据色散和分辨率的要求来选取,常选 $m=2$,以增加光谱分辨率。在紫外及可见光谱区,常用的 600 线/mm 光栅一级谱的角色散率约为 6×10^{-4} rad/nm,二级谱达 12×10^{-4} rad/nm,在一米光谱仪中一级线色散率为 6×10^{-1} mm/nm,其倒数为 1.6nm/mm。

（2）分辨本领

指分辨两条非常接近的谱线的能力。设 λ 和 $\lambda+\Delta\lambda$ 的两条谱线恰好能被分辨,则分辨本领 H 为

$$H = \lambda/\Delta\lambda = \nu/\Delta\nu \qquad (2\text{-}9)$$

光栅的分辨本领常按瑞利准则来定义的。根据瑞利准则,如果两条强度相等、波长差为 $\Delta\lambda$ 的谱线被光栅分开的角距 $d\beta$ 正好和光栅衍射后每一条谱线的角距 $d\beta'$ 相等,这时一条谱线的极大值正好落在另一条谱线的极小值上,则认为这两条谱线是可以分辨的,如图 2-3 所示。

经光栅色散后,波长差为 $\Delta\lambda$ 的两谱线分开的角距为

$$d\beta = \frac{m}{d\cos\beta} \qquad (2\text{-}10)$$

根据矩孔衍射理论,光栅衍射后每一条谱线的角半宽度为:

$$\mathrm{d}\beta' = \frac{\lambda}{Nd\cos\beta} \tag{2-11}$$

应用瑞利判据,分辨率直接由式(2-11)和主衍射极大值式(2-10)的基本带宽 $\mathrm{d}\beta = \lambda/(Nd\cos\beta_0)$ 推出。由条件 $(\mathrm{d}\beta/\mathrm{d}\lambda)\Delta\lambda = \lambda/(Nd\cos\beta)$ 得

$$\frac{\lambda}{\Delta\lambda} = \frac{Nd(\sin\alpha \pm \sin\beta)}{\lambda} \tag{2-12}$$

利用式(2-1)后简化得

$$H = \frac{\lambda}{\Delta\lambda} = mN \tag{2-13}$$

于是,光谱分辨本领是衍射级次与刻槽的总数 N 的乘积。由此可见,采用高的光谱级次 m 和增大光栅的刻线总数均可使光栅的分辨本领提高。根据此式,一块宽 10cm 的 1200 线/mm 的光栅,其一级光谱分辨本领是 1.2×10^5。

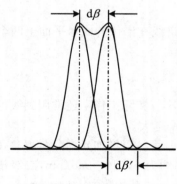

图 2-3　瑞利准则示意图

（3）光谱迭级和自由光谱区

从光栅方程可知,当不同级次与对应波长的乘积均满足式(2-1)时,即乘积 $m\lambda$ 可以有不同的 m 与 λ 相乘而得,$m_1\lambda_1 = m_2\lambda_2 = m_3\lambda_3 \cdots$,这时将出现光谱重叠。例如,波长为 600nm 的一级光谱会和 300nm 的一级光谱重叠到一起。光谱级次用得越高,产生的叠级越严重。设波长 λ 的第 $m+1$ 级与另一波长 $\lambda + \Delta\lambda$ 的第 m 级在某一位置重叠

$$(m+1)\lambda = m(\lambda + \Delta\lambda) \tag{2-14}$$

通常将没有叠级的区域称为自由光谱区。由式(2-14)可得自由光谱区 $\Delta\lambda$ 为

$$\Delta\lambda = \lambda/m \tag{2-15}$$

在光谱仪中,光谱级次的重叠与互相交错不利于光谱的测量,甚至会引起光谱分析的错误,应设法避免,经常采用的方法有:

（1）用滤光片滤去不需要的光谱级次;

（2）用棱镜或光栅作预置色散,使它的色散方向垂直于主仪器的色散方向,使不同级次的光谱沿高度方向拉开,达到分离光谱的目的。

二、闪耀光栅

光栅的衍射光的强度分布实际上是 N 个槽面的衍射光相干涉的结果。因此,$R(\beta)$ 与槽面宽度 s 有关。每一槽面的衍射等同于相同宽度的单缝衍射。根据宽度为 s 的单缝光强分布,在正入射的情况下,有

$$R(\beta) = \left(\frac{\sin u}{u}\right)^2 \qquad u = \frac{2\pi s \sin\beta}{\lambda}$$

因此式(2-4)可以写为

$$I_R = RI_0 \left(\frac{\sin u}{u}\right)^2 \left(\frac{\sin(N\delta/2)}{\sin(\delta/2)}\right)^2 \tag{2-16}$$

由此可见，光栅的衍射光强分布是由两项因子决定的，即槽面的衍射因子与 N 个衍射光束相干涉因子。两者相乘形成了前者对后者的调制，图 2-2 所示的光强分布经调制后成为图 2-4(a)所示的光强分布。

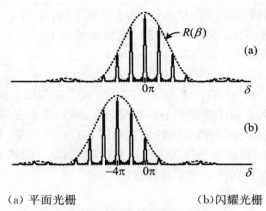

（a）平面光栅　　　　　　　（b）闪耀光栅

图 2-4　光栅的光强分布

由图可见，平面光栅零级衍射的能量最大，随着衍射级次的增高，衍射能量将逐渐减少。而在 $(\sin u/u)^2$ 处，原来的主极大值变为零，这种情况称为缺级。由于零级衍射没有色散，对分光无用，而色散高的二级、三级等强度较低，不利于使用光栅色散大的高级次。为了解决衍射能量的利用问题，现代光谱仪中经常采用闪耀光栅。它可使最大衍射能量集中在所需的级次上。

闪耀光栅也称为定向光栅，如图 2-5 所示，它的每个刻槽面与光栅平面成一定的角度 θ。如上所述，平面光栅的光栅法线与每个刻槽面的法线是一致的。但在闪耀光栅情况下，刻槽面法线将与光栅法线成 θ 角。因此式(2-3)中的反射系数 $R(\beta)$ 就与刻槽倾斜角 θ 有关。与平面光栅一样，衍射光强分布的干涉因子未变，仍为 $(\sin(N\delta/2)/\sin(\delta/2))^2$，

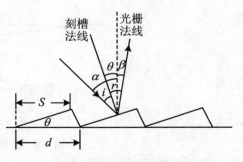

图 2-5　光栅的闪耀角示意图

但单缝衍射因子的极大值位置出现了变化。

如图 2-5,设槽面的镜面入射角为 i,反射角为 r,当衍射角 β 与 r 相重合时,$R(\beta,\theta)$ 达最大值。在镜面反射的情况下,$i=r,i=\alpha-\theta,r=\theta+\beta$,得闪耀角 θ 条件

$$\theta = (\alpha - \beta)/2 \tag{2-17}$$

由光波的衍射特性可知,由每个刻槽传出的衍射波分布在一个一定大小的衍射角度内,因此 $R(\beta)$ 也是围绕着衍射角

$$\beta = \alpha - 2\theta$$

为中心的最大值两侧有一个较宽的分布。因此由式(2-4)可知,反射光强分布 $I(\beta)$ 也将受到 $R(\beta)$ 分布的调制,$R(\beta)$ 为最大值时最大,$R(\beta)$ 减小时也下降,如图 2-4(b)所示。在该图中,中心极大现在已不是在零级,而是移到了 $m=2$ 的二级光谱上了。

与闪耀角 θ 对应的波长称为闪耀波长 λ_b,这时有:

$$m\lambda_b = 2d\sin\theta$$

通常在产品目录中给出了 $m=1$ 的一级光谱的闪耀波长。在闪耀方向上,闪耀波长 λ_b 的光强可以达到入射光强的 80%。由于单缝衍射函数是缓变函数,因而在闪耀波长 λ_b 两旁的光谱线强度也得到了加强。通常,闪耀光栅使用的波长范围在 $(2/3\sim2)\lambda_b$,超过此范围,谱线强度将变弱。与一般光栅一样,闪耀光栅也存在谱线重叠问题,例如一级的 600 nm 谱线有可能与二级的 300 nm 谱线发生重叠,在使用中需要注意。

三、光栅单色仪

按工作的光谱范围来分,单色仪可分可见、紫外和红外三类,图 2-6 是典型的光栅光谱仪的光路图,称为切尔尼-吐奈尔(Czerny-Turner)光栅单色仪。

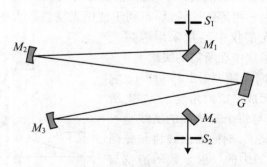

图 2-6　反射式平面光栅单色仪光路图

如图所示,光谱仪中采用了反射光栅 G。入射狭缝 S_1 处在凹面反射镜 M_2 的焦平面上。

透过狭缝 S_1 的入射光经反射镜 M_1 反射后投射到反射镜 M_2 上,经 M_2 反射后成平行光束投射到光栅 G,光栅 G 将入射光色散成许多平行的单色光射到凹面反射镜 M_3 上,M_3 将这许多单色光会聚。M_4 是使光束转向的平面反射镜。出射狭缝 S_2 位于 M_3 将的焦平面上。当光栅 G 绕其转动中心转动时,在出射狭缝处可以得到不同波长的出射光束。在出射狭缝后可以放置光电检测器以接收出射光束。

在单色仪的出射光中往往含有波长调定以外的光,称为杂散光。杂散光是影响测量精度的重要因素,它使信噪比降低,使一些弱谱线检测不到。例如对喇曼光谱线的测量,喇曼光谱线的强度只有激发光强的 10^{-7},而且与激发光波长又靠得很近,如激发光在出射光中很强,就很难检测到喇曼光谱线,这种时混入进来的激发光成为了杂散光。

杂散光的来源有两个,一是仪器本身的漫射光,如光栅的夫朗和费衍射产生的散射光、光栅装置没有消除的二次衍射及多次衍射光、光学元件表面不平度和表面灰尘引起的漫射等;二是光源照明系统调节不当引起的散射光,如一部分入射光照射到器壁上而引起的散射。减小杂散光的办法除正确的调整仪器以外,可以采用合适的滤光片来解决,但是最好的方法是采用双单色仪。

双单色仪是把两个单色仪组成整体使用。第一个单色仪的出射狭缝即为第二台单色仪入射狭缝。组成的方法有两种,即两台单色仪色散相加或色散相减。图 2-7 是一台色散相加型双单色仪的光路图。两个色散用的光栅以同方向转动。这种单色仪不仅色散增加,而且分辨本领也提高。在对称装置的情况下,分辨本领是单个单色仪的两倍。在色散相减型双单色仪中,两个色散用的光栅相反方向转动,它的优点是能有效地消除杂散光干扰,而色散率与分辨率均与单个单色仪相同。

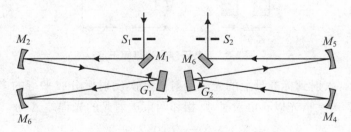

图 2-7　色散相加型双单色仪的光路图

当用凹面光栅组成光谱仪时,光束的准直、会聚与色散三种作用合在一起,不用反射镜,因此用凹面光栅的光谱仪的光路很简单。这种结构特别适合在真空紫外光谱仪上。因为所有光学材料对真空紫外区的吸收都很大,既没有用作透镜的材料,反射镜的反射率也很低,采用凹面光栅就可减小反射次数,提高光信号检测的信噪比。

第二节 干 涉 仪

一、法布里—珀罗干涉仪

1. F-P 干涉仪原理

法布里—珀罗（Fabry-Perot—F-P）干涉仪的核心部分是两片精确平行的玻璃（或石英）板。玻璃板磨成楔形，楔角约 $5'\sim30'$，它们的两个相对面有很高的平整度，一般达到 $\lambda/4\sim\lambda/100$，并且镀上高反射膜。为了保证两板的高平行度，在两板之间装置膨胀系数极小的石英或铟钢制成的间隔圈。间隔圈与板有三只螺钉，以微调板对圈的压力，使两板保持高度的平行。圈的高度常有几种规格，以便根据需要选取。两块平板间距固定的结构常称 F-P 标准具，有时也把两面镀了反射膜的平面玻璃板也称为标准具。两块平板的光学间距也可发生扫描变化，这时称为 F-P 扫描干涉仪。光学间距的扫描变化可以通过改变中间的介质的折射率（如气压），也可采用压电陶瓷杯，加上线性扫描的电压来实现。

F-P 干涉仪属多光束等倾干涉，如图 2-8 所示，入射到标准具上的光经反射镜多次反射后分成平行的多束光，透镜把透射光聚焦，在位于焦平面的屏上产生干涉条纹。

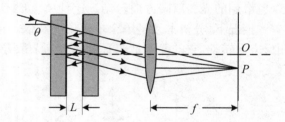

图 2-8　F-P 干涉仪的等倾干涉

如图 2-8 所示，入射到标准具上的光经反射镜多次反射后分成平行的多束光。设两块平板间的介质折射率 $n_r=1$，光以 θ 角入射，则相邻两束透射光的光程差 Δ 为

$$\Delta = 2L\cos\theta \tag{2-18}$$

如果 Δ 是波长的整数倍，即

$$2L\cos\theta = m\lambda \quad m = 1,2,3\cdots \tag{2-19}$$

m 称为干涉级次，透射光发生加强性干涉。如果 Δ 是 $\lambda/2$ 的奇数倍，则透射光发生相消性干涉。由于 Δ 随 θ 角而变化，若光以宽角度入射到标准具，则处在透镜焦平面的屏上出现同心干涉圆环，每一圆环对应一个与波长相应的入射角 θ。

　　根据式(2-18)，通过标准具的两相邻透射光束的相位差 δ 为

$$\delta = \frac{4\pi}{\lambda}\cos\theta \tag{2-20}$$

设入射光电矢量的振幅为 A_0，则光强为 $I_0 = A_0 A_0^*$。根据多光束干涉原理，透射光的总振幅为

$$A = A_0 T(1 + Re^{i\delta} + Re^{i2\delta} + Re^{i3\delta} + \cdots) = \frac{A_0 T}{1 - Re^{i\delta}}$$

式中 R、T 分别为反射面的反射率和透射率，如果忽略反射面的吸收，则 $T = 1 - R$。透射光强 I_T 为

$$I_T = AA^* = \frac{T^2}{(1 - Re^{i\delta})(1 - Re^{-i\delta})}A_0 A_0^* = \frac{I_0}{1 + \dfrac{4R}{(1-R)^2}\sin^2(\delta/2)} \tag{2-21}$$

式中 R、A、T 分别为反射面的反射率、吸收率和透射率，$R + A + T = 1$，可见当 R 与 L 确定后，I_T 是波长 λ 的单值函数。当 $\delta/(2\pi) = m$ 时，出现相应于波长 λ 的光谱峰，如图 2-9 所示。

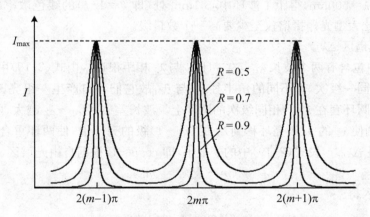

图 2-9　不同精细度时法布里—珀罗干涉仪的光谱峰

　　定义一个参数——精细度 F

$$F = \frac{4R}{(1-R)^2}$$

则式(2-21)写为

$$I_T = \frac{I_0}{1 + F\sin^2(\delta/2)} \tag{2-22}$$

　　如果忽略光在透射过程中的吸收($A = 0$)，则由式(2-21)可知，透射光强与入射光强相等。就是说，即使反射膜的反射率近于1，对入射光来说仍然是完全透明的。对于不满足式(2-19)

的波长来说,由于 $R \approx 1$,$(1-R)^2$ 是一个很小的数,故透射光强衰减很大。由此可见,F-P 干涉仪的通光特性是有波长选择性的,即具有滤光特性。

2. F-P 干涉仪主要参数

(1) 角色散率 $\mathrm{d}\theta/\mathrm{d}\lambda$

设 m、L 为常数,将(2-18)式对 λ 微分,得

$$\frac{\mathrm{d}\theta}{\mathrm{d}\lambda} = -\frac{m}{2L\sin\theta} = -\frac{1}{\lambda\tan\theta} \approx -\frac{1}{\lambda\theta} \tag{2-23}$$

(2-23)式中利用了小角度时 $\lambda\tan\theta \approx \lambda\theta$,可见 F-P 干涉仪的角色散率与波长和入射角 θ 成反比,与两板的间距无关。

若在焦距为 f 的成像透镜的像面上放上照相底板,则在底板上的线色散为

$$D_l = \frac{\mathrm{d}l}{\mathrm{d}\lambda} = f\frac{\mathrm{d}\theta}{\mathrm{d}\lambda} = \frac{f}{\lambda\theta} \tag{2-24}$$

设 $f = 500\mathrm{mm}$,$\lambda = 500\mathrm{nm}$,得距干涉环中心 1mm 处(即 $\theta = 1/f$)的线色散率的倒数 $1/\mathrm{d}D_l = 0.02\text{Å}/\mathrm{mm}$,这比大型光栅摄谱仪至少要高一个数量级。

(2) 自由光谱区 $\Delta\lambda_{fsr}$

设入射光中包含有两个波长 λ_1 与 λ_2,且 λ_1 与 λ_2 相距很近。由式(2-19)可知,对应不同的波长 λ_1 与 λ_2 的同一级次,有不同的角半径 θ_1 与 θ_2,故它们各自产生一组亮圆环。如果 $\lambda_1 > \lambda_2$,则 λ_2 的各级圆环套在 λ_1 的相同级次的圆环上。波长差 $\Delta\lambda = \lambda_1 - \lambda_2$ 越大,两组圆环离得越远,当 $\Delta\lambda$ 增加到使 λ_2 的 m 级亮环移到 λ_1 的 $(m-1)$ 级的亮环上,使两环重合,这时的波长差称为自由光谱区 $\Delta\lambda_{fsr}$。设式(2-19)中的 θ 很小,即 $\cos\theta \approx 1$,根据自由光谱区 $\Delta\lambda_{fsr}$ 的定义有

$$(m-1)\lambda_1 = m\lambda_2$$

将 $m = 2L/\lambda$ 代入得

$$\Delta\lambda_{fsr} \doteq \lambda^2/(2L)$$

式中的 λ 是 λ_1 与 λ_2 的平均波长。设 $L = 10\mathrm{mm}$,$f = 500\mathrm{mm}$,$\lambda = 500\ \mathrm{nm}$ 则 $\Delta\lambda_{fsr} = 0.0125\ \mathrm{nm}$。可见 F-P 干涉仪能分辨很小的波长差,但也只能分辨两条靠的很近的波长。因此在 F-P 干涉仪使用时,常常需要用单色仪把来自光源的多色光分光为准单色光。如果用频率表示,则有

$$\Delta\nu_{fsr} = \frac{c}{2n_r L} \tag{2-25}$$

式中 n_r 是介质折射率,对于空气,$n_r \approx 1$。

(3) 分辨本领 $\lambda/\Delta\lambda$ 与精细常数 N_e

按照瑞利判据,分辨本领 $\lambda/\Delta\lambda$ 是由透射光强 I_T 的最大半宽度来决定的。考虑波长为 λ 和 $\lambda + \Delta\lambda$ 的入射光,由式(2-21)可求得 F-P 干涉仪的通带宽度

$$\Delta\lambda = \frac{2\lambda}{m\pi\sqrt{F}} \tag{2-26}$$

分辨本领定义为波长与通带宽度之比。代入 $m = 2d/\lambda$,得

$$\frac{\lambda}{\Delta\lambda} = \frac{\pi d}{\lambda}\sqrt{F} \tag{2-27}$$

分辨本领也常用精细常数 N_e 表示:

$$N_e = \Delta\lambda_{fsr}/\Delta\lambda$$

它的物理意义是在相邻的干涉级次之间能够分辨的最大条纹数。由式(2-25)和(2-26)得

$$N_e = \frac{\pi}{2}\sqrt{F} = \frac{\pi\sqrt{R}}{1-R} \tag{2-28}$$

于是,由式(2-26)得

$$\frac{\lambda}{\Delta\lambda} = \frac{\pi d}{\lambda}N_e = m_1 N_e \tag{2-29}$$

设 $L = 5\text{mm}$,$R = 0.9$,$\lambda = 500\text{nm}$,可得

$$\frac{\lambda}{\Delta\lambda} = 6\times 10^5 \qquad \Delta\lambda = 0.001\text{nm}$$

可见 F-P 干涉仪的分辨本领很高,常被用作研究光谱线的精细结构。

二、扫描干涉仪

扫描干涉仪亦称球面共焦扫描干涉仪,是在 F-P 干涉仪基础上发展起来的一种干涉仪。用两块具有相同曲率半径 R 的凹面镜代替 F-P 干涉仪的平面镜,并使镜间的距离等于其曲率半径,便构成了球面共焦扫描干涉仪,如图2-10所示。两镜之间用膨胀系数很小的材料制成的间隔圈隔开。反射镜 M_1 固定,M_2 粘贴在一块压电陶瓷杯上,并在陶瓷杯上加上一定幅度的线性扫描电压进行扫描。在线性电压扫描过程中,反射镜的间距在周期性地变化,起到扫描作用。

如图 2-10 所示,当一束波长为 λ 的光在接近腔轴处 O-O' 入射时,在忽略反射镜球差的情况下,光束在两反射镜间来回反射。经过四次反射,走一闭合路径到达入射点,其光程差 δ 为

$$\delta = 4n_rL$$

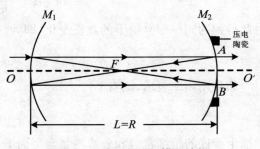

图 2-10　球面共焦扫描干涉仪

式中折射率 $n_r \approx 1$。由图可知，对同一入射光束，在 M_2 上的 A 点与 B 点各有一束光出射，设 A 点出射的是经过了 $4n$ 次的反射，则 B 点是经过了 $4n+2$ 次反射。由于它们对应同一入射光束，所以它们是相干的。当它们的光程差为

$$4n_r L = m\lambda \tag{2-30}$$

时（m 为一整数），发生相长干涉，透射光最强。显然，对于另一束波长为 λ' 的光只要满足式（2-30），也将获得相长干涉的强透射光。实际上，扫描干涉仪属多光束干涉，凡不满足式（2-30）的光将产生相消干涉，无透射光输出，因此，干涉仪起到了滤波作用。

式（2-30）用入射光的频率表示

$$\nu = \frac{c}{\lambda} = \frac{mc}{4n_r L} \tag{2-31}$$

设由于扫描，镜间距 L 发生变化，$L = L_0 + \delta L$。设改变量很小，δL 的量值在入射光的一个波长范围内，可将式（2-31）用级数进行展开，并取一级近似值，于是可得

$$\nu = \frac{mc}{4n_r L_0}\left(1 - \frac{\delta L}{L_0}\right)$$

由此可求得

$$\delta\nu = \nu - \frac{mc}{4n_r L_0} = -\frac{mc}{4n_r L_0^2}\delta L \tag{2-32}$$

可见频率的改变量 $\delta\nu$ 与镜间距的改变量 δL 成正比。当镜间距 L 因加压电陶瓷杯上的电压扫描时，就可以使得不同波长的光满足相长相干条件而透射输出。

由式（2-30）可知，如果扫描干涉仪的输出光波长为 λ，相应的干涉级为 m，即 $4n_r L = m\lambda$。当镜间距增加 $\lambda/4n_r$ 时，相应的干涉级就增加了 1，而另一波长为 $\lambda' = \lambda + \Delta\lambda$ 的干涉级为 m，于是有

$$4n_r\left(L + \frac{\lambda}{4n_r}\right) = m(\lambda + \Delta\lambda)$$

由此得到的同一干涉级下的波长变化，即为扫描干涉仪的自由光谱区 $\Delta\lambda_{fsr}$

$$\Delta\lambda_{fsr} = \frac{\lambda^2}{4n_r L} \tag{2-33}$$

如果用频率表示，则有

$$\Delta\nu_{fsr} = \frac{c}{4n_r L} \tag{2-34}$$

扫描干涉仪的精细常数和分辨本领与平面 F-P 干涉仪相同。扫描干涉仪使用时，要用一透镜将干涉仪中央平面上的干涉条纹成像到光屏的小孔光阑上，且只让中心干涉级通过而被探测器接收。当用压电晶体改变两反射镜间距离时，则可从小孔出射不同波长的单色光。

三、傅立叶变换光谱仪

傅立叶变换光谱仪（FTIR）是将迈克尔逊干涉仪、调制技术与计算机技术相结合的一种新型光谱仪。现在，傅立叶变换红外光谱仪是用于测量材料红外吸收和发射的主要方法。与传统的色散光谱学方法相比，FTIR 在信噪比、分辨率、探测速度和探测极限上具有很多的优势。

1. FTIR 的基本原理

FTIR 的核心为干涉仪，如图 2-11，来自光源 S 的辐射经透镜 L_1 成为平行光。入射的平行光被分束板 P_1 分成两束，向上反射的一束光在动镜 M_2 上反射折回，再透过 P_1 并穿过样品区后由 L_2 会聚于检测器；透过 P_1 板的另一束光射向定镜 M_1，并从 M_1 返回后经 P_1 反射，也穿过样品区后会聚于检测器上，其间还来回两次穿过补偿板 P_2。在检测器上两束光相干叠加，其总光强与两束光的光程差 Δ 有关。

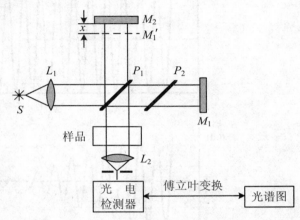

图 2-11　FTIR 光谱仪示意图

设动镜相对于定镜的移动距离为 x，故两镜的光程差为 $\Delta = 2x$。当光源为单色光时，相位差为 $\delta = 2\pi\Delta/\lambda = 2\pi\bar{\nu}\Delta$。探测器接收到的光强 $I(\Delta)$ 为

$$I(\Delta) = I_0(1 + \cos\delta) = I_0(1 + \cos 2\pi\bar{\nu}\Delta) \tag{2-35}$$

其极大值时的光程差 Δ 为 $1/\bar{\nu}, 2/\bar{\nu}, \cdots$。当动镜移动时，光强 $I(\Delta)$ 的规律变化如图 2-12(a)所示，其周期为 $1/\bar{\nu}$。如入射光为两等强度波数不同单色光，在动镜移动时由于两者的变化周期 $1/\bar{\nu}_1$ 与 $1/\bar{\nu}_2$ 不同，干涉图的衬比将变小，光强 $I(\Delta)$ 变化如图 2-12(b)所示。如果光源发射 $\bar{\nu}_1$ 与 $\bar{\nu}_2$ 范围内的连续光，则当 $\Delta \approx 1/(\bar{\nu}_1 - \bar{\nu}_2)$ 时，衬比接近为零。光程差继续增加，也不再显示干涉花样。

设一连续光的亮度为 $B(\bar{\nu})$，经调制后的强度为 $B(\bar{\nu})\cos 2\pi\bar{\nu}\Delta$。探测器接收的光强 $I(\Delta)$ 是光源 $B(\bar{\nu})$ 的傅立叶积分得

$$I(\Delta) = \int_0^\infty B(\bar{\nu})(1 + \cos 2\pi\bar{\nu}\Delta)\mathrm{d}\bar{\nu} = \bar{I} + \int_0^\infty B(\bar{\nu})\cos 2\pi\bar{\nu}\Delta\,\mathrm{d}\bar{\nu} \tag{2-36}$$

式中第一项代表没有调制时的常数项，第二项是实验测得的干涉图函数，光谱信息包含在这项内。当反射镜 M_2 连续移动时，用光电接收器同步地记录下光通量的改变，就可得到 $I(\Delta)$ 随 Δ

变化的干涉图。对 $I(\Delta)$ 进行傅立叶积分反变换,即得到频谱图 $B(\tilde{\nu})$,如图 2-12(b)所示。

$$B(\tilde{\nu}) \propto \int_0^\infty I(\Delta)\cos2\pi\tilde{\nu}\Delta\mathrm{d}\Delta \tag{2-37}$$

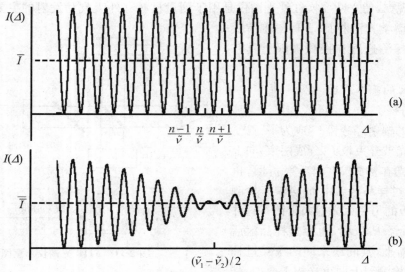

图 2-12　傅立叶变换光谱仪光谱干涉图

2. FTIR 的结构

图 2-13 为 FTIR 光谱仪的结构原理。其中虚线框内为光学部分,虚线框外为电子学部

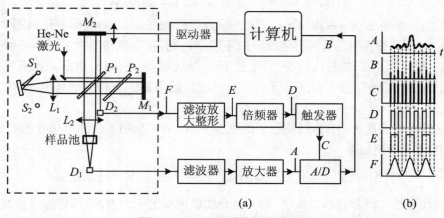

图 2-13　FTIR 光谱仪结构原理图

分,右边为与电子学框图上的各点相应的波形图。

光学部分主体是光学干涉仪,并通过移动动镜完成光程扫描。光程扫描基本上分为移动式与转动式两种:移动式扫描光学元件有平面镜、光楔、双面反射镜、逆向反射器等,转动式有平行平板、角锥棱镜和双面镜等。一般 FTIR 光谱仪设有主干涉仪与辅助干涉仪。依靠辅助干涉仪实现主干涉图进行数字化。辅助干涉仪与主干涉仪使用同一动镜,用 He-Ne 激光为光源,干涉图经检测器 D_2 检测,通过触发器与倍频器,对主干涉图采样,形成数字化干涉图(图2-13 右侧中的(b)图)。此外,激光的干涉图还用来监控动镜的移动速度与移动距离。

对不同的光谱区要用不同的光源,对光源的要求是具有高亮度。常见的 FTIR 光谱仪光源如表 2-1。

表 2-1　常见的 FTIR 光谱仪光源

光谱区	光源类型	特　　点
近红外区 (15000～4000cm^{-1})	钨灯(或卤钨灯)	能量高寿命长,光源稳定性好
中红外区 (4000～400 cm^{-1})	1. 水冷却硅碳棒光源 2. 金属丝光源 3. 金属陶瓷光源 4. EVER-GLO 光源	功率大,热辐射强,水冷却 小功率,风冷却 大功率,风冷却 大功率,低热辐射,风冷却
远红外区 (100～10 cm^{-1})	高压汞灯光源	高功率 5000K,水冷却

对主干涉图检测的探测器要求是灵敏度高与响应速度快。新型红外探测器有三甘氨酸硫酸酯(TGS)及氘化三甘氨酸硫酸脂(DTGS),是室温下工作的两种热电探测器,响应时间在毫秒量级,探测灵敏度为 $10^9\,cmHz^{1/2}W^{-1}$ 量级。碲镉汞(MCT)和锑化铟(InSb)是两种量子探测器,具有微秒量级响应时间,探测灵敏度也更高(10^{10}～$10^{11}\,cmHz^{1/2}W^{-1}$)。

第三节　信号与噪声

一、信号与噪声特性

1. 信号与噪声概念

信号是携带了某种被测信息的某个物理量。在光谱测量中,这样的物理量可以是电流、电压或光波的各个参数等。没有携带信息的这样的物理量不能称为信号。一般来说,一个信号中除了有用的信号以外,总还伴随着噪声。噪声是一种无规的随机涨落。除噪声外,还有一种由环境造成的干扰。与噪声不同,干扰可能是无规的,也可能是有规的,但它们都对被测信号的测量造成困难。克服干扰主要改善环境,如采用屏蔽、良好接地、远离干扰源等。消除噪声则要根据噪声的来源与特征采用各种静噪措施。在进行微弱的光谱检测的时候,还常会遇到噪声电平大于被测的有用信号,即信号淹没于噪声之中。为了要从被淹没在噪声中的信号提取出来,就需要研究噪声的来源与它的特性。

在光谱测量中,一般的做法是将指携带了光谱信息的光束转变为相应的电流量或电压量。由于噪声的存在,导致对有用信号测量的不确定性或误差。为了评价有用的信号在一个总信号中所占的份额,引进了所谓信噪比 SNR 的概念。信噪比是有用的信号的有效值与噪声成分有效值之比

$$SNR = \frac{\text{有用信号的有效值}}{\text{噪声的有效值}} = \frac{S}{N}$$

显然,信号测量的不确定性或误差与 SNR 成反比,即 S/N 越高,测量误差越小。通常使信号通过一个系统(放大器或滤波网络等)来提高信噪比,为此引进信噪比改善 SNIR(Signal to Noise Improvememnt)的概念,它表示通过系统以后信噪比提高的程度,它定义为

$$SNIR = \frac{\text{输出信噪比}}{\text{输入信噪比}} = \frac{S_0/N_0}{S_i/N_i}$$

2. 噪声的统计特性

(1) 概率分布

在光谱测量中所需处理的噪声是一种随机噪声。随机噪声是一种前后独立的平稳随机过程,在任何时刻,它的幅度、波形及相位都是随机的,遵循着一定的分布规律。大多数噪声的瞬时幅度的概率分布是正态的,即高斯分布。按照统计规律,一个随机变量 $x(t)$ 的概率密度 $P(x)$ 为

$$P(x) = \frac{1}{\sqrt{2\pi}\sigma}\exp\left[-\frac{(x-\bar{x})^2}{2\sigma^2}\right] \tag{2-38}$$

$$\bar{x} = \lim_{T\to\infty}\frac{1}{T}\int_0^T x\mathrm{d}t, \ \bar{x^2} = \lim_{T\to\infty}\frac{1}{T}\int_0^T x^2\mathrm{d}t = \sigma^2$$

式中,$\sigma = \sqrt{\bar{x^2}}$ 称噪声电压的均方根值,是衡量系统噪声的基本量。此式说明,幅度很大与很小的噪声电压的概率很小。瞬时噪声的幅度基本上在 $\pm3\sigma$ 范围之内。均方根值即有效值,当使用正弦信号有效值的电子电压表进行测量噪声信号时,要将读数乘以 1.13 进行修正。

为要研究一个系统的噪声的传输特性,需要对噪声进行频谱分析。对噪声我们能测量的是它的功率,为此引进功率谱密度 $S(f)$

$$S(f) = \lim_{\Delta f \to 0} \frac{P(f, \Delta f)}{\Delta f} \tag{2-39}$$

式中 $P(f, \Delta f)$ 为在频率 f 处,带宽为 Δf 内的 1Ω 电阻上的噪声平均功率

$$P = \int_{-\infty}^{\infty} S(f) \mathrm{d}f = \frac{1}{2\pi} \int_{-\infty}^{\infty} S(\omega) \mathrm{d}\omega \tag{2-40}$$

(2) 自相关函数

一个随机变量 $x(t)$ 的自相关函数 $R(\Delta t)$

$$R(\Delta t) = \lim_{\Delta t \to \infty} \frac{1}{2T} \int_{-T}^{T} x(t) x(t - \Delta t) \mathrm{d}t \tag{2-41}$$

$R(\Delta t)$ 表示随机过程在 t 和 $t + \Delta t$ 两个不同时刻的相关性。$R(\Delta t)$ 与 $S(f)$ 是一傅立叶变换对

$$S(f) = \int_{-\infty}^{\infty} R(\Delta t) \mathrm{e}^{-\mathrm{i}ft} \mathrm{d}\Delta t \tag{2-42}$$

$$R(\Delta t) = \int_{-\infty}^{\infty} S(f) \mathrm{e}^{\mathrm{i}ft} \mathrm{d}f \tag{2-43}$$

称为维纳-欣钦定理。

我们可以通过求相关函数 $R(\Delta t)$ 来求得噪声功率谱密度,如图 2-14。我们常把在很宽的频率范围内具有恒定的噪声功率谱密度的噪声称为白噪声。白噪声的自相关函数 $R(\Delta t)$ 具有 $\delta(\Delta t)$ 函数的形式

$$R(\Delta t) = \frac{P_0}{2} \delta(\Delta t) \tag{2-44}$$

$$S(\omega) = \frac{P_0}{2} \tag{2-45}$$

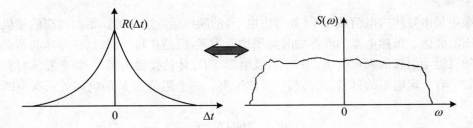

图 2-14 自相关函数与功率谱密度的关系

图 2-15 为白噪声功率谱密度与自相关函数 $R(\Delta t)$ 的关系图。

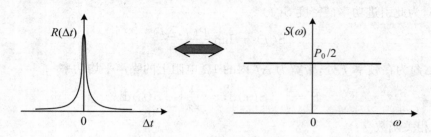

图 2-15   白噪声功率谱密度与自相关函数 $R(\Delta t)$

二、噪声源

在光谱检测系统中,噪声源基本上可分为光子噪声、检测器噪声与放大电路噪声三部分。对于检测系统来说,光子噪声是伴随在入射光信号中的噪声。检测器噪声是检测元件对入射信号附加的噪声。放大电路噪声的实质也是放大电路元件所产生的附加噪声。对检测系统来说,对光电检测元件的选择及放大电路中前置放大器的设计是至关重要的。

1. 光子噪声

光子噪声的来源于两个方面,一是被测目标的背景所产生的干扰,二是目标辐射源。由于热光源中每个原子的发光是独立的,入射到光电检测器上时,相继两个光子的间隔是随机的。根据光子统计,光子噪声均方根差为:

$$\sigma = \sqrt{\eta \Phi t} \tag{2-46}$$

式中,Φ 为光子流量,η 为光电检测器的量子效率,t 为测量时间。关于光子噪声将在单光子测量中作进一步讨论。

2. 热噪声

热噪声是由导体内电荷载流子(如自由电子)的随机运动引起的。运动电荷的随机运动表现为电流的涨落。虽然电流的涨落的时间平均值为零,但是在每一瞬时,在导体的两端会产生由电荷随机运动引起的噪声电压。一个负载电阻、两导体的接触电阻、一块半导体材料的体电阻等凡是具有一定电阻的材料、元件都会有热噪声。一个阻值为 R 的电阻的热噪声的均方根值为

$$\bar{u}_n^2 = 4k_B T R \Delta f_n \tag{2-47}$$

式中,R 为电阻,k_B 为波耳兹曼常数,T 为绝对温度,Δf_n 为等效噪声功率的带宽。例如,一个阻值为 1k 的 PbS 光导元件,在室温(290K)下热噪声电压为 4nV。

热噪声的功率密度谱密度为:

$$S(f) = \frac{\bar{u}_n^2}{\Delta f_n} = 4k_B TR (\text{V}^2/\text{Hz}) \tag{2-48}$$

由于它和频率无关,因此它称白噪声。由式(2-47)可见,为了减小一个元件的热噪声必须降低温度、减小带宽以及降低电阻的阻值。

为便与计算,常把一个实际的电阻器用一个静噪电阻与一个噪声电压发生器的串联,或者与一个噪声电流源相并联来代替。

3. 散粒噪声(shot noise)

除热噪声以外,在电子器件中还存在一种散粒噪声。在晶体管中当载流子越过 PN 结时,或者,真空器件中电子越过阴极表面的势垒时,由于各别载流子的运动速度差异,使电流发生波动,形成散粒噪声。散粒噪声电流的均方根值为

$$\bar{I}_n = \sqrt{2qI\Delta f_n} \tag{2-49}$$

式中 q 为电子电荷,I 为流过 PN 结或越过势垒的电流。散粒噪声的谱密度为

$$S(f) = \frac{\bar{I}_n^2}{\Delta f_n} = 2qI (\text{A}^2\text{Hz}) \tag{2-50}$$

散粒噪声的谱密度和频率无关,因此散粒噪声也是白噪声。由式(2-49),为了减小散粒噪声需要压缩系统带宽以及降低工作电流。

4. 产生-复合噪声

在半导体中存在如下两种引起载流子数涨落的过程:一是因热激发与背景激发引起载流子的产生涨落,二是由空穴与电子随机复合造成的载流子寿命起伏。当在半导体元件上加电压有电流通过时,载流子数的涨落将造成电流或电压的涨落,这就是产生-复合噪声的由来。产生-复合噪声的谱密度为

$$S_N(f) = 4\langle \Delta N^2 \rangle \frac{\tau}{1 + \omega^2 \tau^2}$$

式中 τ 为载流子的平均寿命,$\langle \Delta N^2 \rangle$ 为载流子的涨落数。

5. $1/f$ 噪声

$1/f$ 噪声也叫闪烁噪声(Ficker noise),这种噪声的特点是随频率的降低而增加,所以又称为低频噪声或过量噪声。它主要存在于电子器件中,但是其产生的机理仍不是很清楚,一般认为它与元器件的制造工艺有关,特别是与表面的处理有关。其功率谱遵从 $1/f^a$ 的规律,f 为频率,a 为一常数,在不同的器件中有不同的数值,a 约为 $0.9 \sim 1.35$,常可以取 1。

$$S(f) = \frac{A}{f^a} (\text{V}^2/\text{Hz})$$

A 为比例常数,而噪声电压为

$$\overline{U}_n^2 = \frac{A\Delta f_n}{f} \tag{2-51}$$

三、等效噪声带宽

通常我们用带宽 B 来描述一个电路频率响应曲线的特征,它定义为频率响应曲线两半功率点(3db)之间的频率间隔。为了研究电路对噪声的响应特性,我们引进等效噪声带宽 Δf_n 概念。

等效噪声带宽 ENBW(Equivalent Noise Band Width)定义为一矩形功率增益特性带宽,

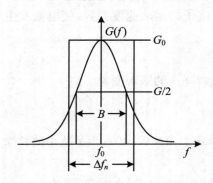

图 2-16　谐振电路的信号带宽 B 与等效噪声带宽 Δf_n

其高度等于实际电路的功率增益响应曲线 $G(f)$ 的高度 G_0,矩形的面积等于实际响应曲线与频率轴所包围的面积。图 2-16 画出了一个谐振电路的信号带宽 B 与等效噪声带宽 Δf_n。

对于白噪声,电路的等效噪声带宽 Δf_n 为

$$\Delta f_n = \frac{1}{G_0} \int_0^\infty G(f)\mathrm{d}f \tag{2-52}$$

如果电压传输函数(输出与输入电压之比)用 $|\dot{K}(j\omega)|$ 表示,由于电路增益 $G \propto |\dot{K}(j\omega)|^2$,所以有

$$\Delta f_n = \frac{1}{K_0^2} \int_0^\infty |K(j\omega)|^2 \mathrm{d}f \tag{2-53}$$

式中 K_0 为 f_0 处 $|\dot{K}(j\omega)|$ 的值。一个简单的 RC 积分电路是一个低通滤波器,它的电压传输函数为

$$\dot{K}(j\omega) = \frac{\dot{U}_0}{\dot{U}_i} = \frac{1/(j\omega C)}{R + 1/(j\omega C)} = \frac{1}{1 + j\omega RC} \tag{2-54}$$

它的模为

$$|\dot{K}(j\omega)| = \frac{1}{\sqrt{1 + (2\pi f RC)^2}} \tag{2-55}$$

$|\dot{K}(j\omega)|$ 随频率升高而下降,通常把 $|\dot{K}(j\omega)|$ 下降到低频时的 $-3db(1/\sqrt{2} = 0.707)$ 时的频率值 f_c 为它的信号带宽 B:

$$f_c = \frac{1}{2\pi RC} \tag{2-56}$$

它的等效噪声带宽 Δf_n 为

$$\Delta f_n = \frac{1}{4RC} = \frac{\pi}{2} f_c \tag{2-57}$$

等效噪声带宽与信号带宽之比 $\Delta f_n / f_c = \pi/2 = 1.57$。

如果电路是由两级相同的 RC 网络组成的，则电压传输函数为两单级的乘积

$$|\dot{K}(j\omega)| = |\dot{K_1}(j\omega) \cdot \dot{K_1}(j\omega)|$$

它的等效噪声带宽 Δf_n 为

$$\Delta f_n = \frac{1}{8RC}$$

等效噪声带宽与信号带宽之比 $\Delta f_n / f_c = 1.22$。

可见 RC 低通滤波器的等效噪声带宽 Δf_n 和时间常数 RC 成反比。对于任何传输系数为 $\dot{K}(j\omega) = 1/(1+j\omega RC)$ 的低通滤波器，它的等效噪声带宽 Δf_n 都等于 $1/(4RC)$。图 2-17 图示了 RC 低通滤波器的带宽 B 与等效噪声带宽 Δf_n。

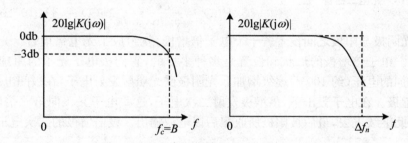

图 2-17　RC 低通滤波器的带宽 B 与等效噪声带宽 Δf_n

第四节　光电探测器

一、光电倍增管

1. 光电倍增管结构与原理

光电倍增管是光谱测量中最常用的光电探测器之一，它应用了光电效应与电子倍增发射的原理。光电效应是光照射金属表面一种发射电子的效应，早在 1888 年就被赫兹在电磁波发射的实验中发现。1905 年，爱因斯坦用光量子理论对这种效应做出了正确的解释。利用光电效应，将一片金属用来接受光照并发射电子，称为光阴极，另外一块金属板接收电子，称阳极，就组成了一个光电二极管，如图 2-18 所示。

按爱因斯坦定律,光照射光阴极后发射电子的动能为

$$\varepsilon_k = \frac{1}{2}mv^2 = h\nu - \Delta\varepsilon \qquad (2\text{-}58)$$

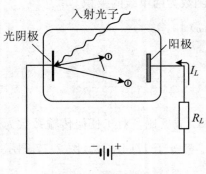

图 2-18　光电二极管

式中为 m 电子质量,v 为电子速度,$\Delta\varepsilon$ 为阴极表面的逸出功。由式(2-58)可见,只有当光子能量 $h\nu > \Delta\varepsilon$,才有可能有光电子发射。由此可得光电子发射的临界频率或波长

$$\nu_c = \Delta\varepsilon/h, \qquad \lambda_c = ch/\Delta\varepsilon h \qquad (2\text{-}59)$$

波长 λ_c 称为探测器的红限波长。

光电子的产生速率 n_e 与光子的入射速率 n_{ph} 之间的关系用量子效率 $\eta(\lambda)$ 来表示,$\eta(\lambda)$ 定义为

$$\eta(\lambda) = n_e/n_{\mathrm{ph}} \qquad (2\text{-}60)$$

量子效率 $\eta(\lambda)$ 与灵敏度之间的关系为:

$$R(\lambda) = \frac{n_e e}{n_{\mathrm{ph}} h\nu} = \frac{e}{hc}\lambda\eta(\lambda) = 8 \times 10^{-6}\lambda\eta(\lambda) \qquad (2\text{-}61)$$

如果在光阴极与阳极之间设置若干个电子倍增极,就组成了光电倍增管。光电倍增管如图 2-19 所示。电子倍增极的形状和位置是多种多样的,它们按电子光学的原理设计计算确定,对各极所加的电压(约 100V)逐级增加。光阴极受光照射发射电子,在极间电场的作用下,飞向第一倍增极。在电子轰击下,倍增极发射二次电子,这些电子又飞向第二倍增极,再发射二次电子,如此继续下去,最后被阳极所收集后以电流输出。设倍增极的二次电子发射系数为

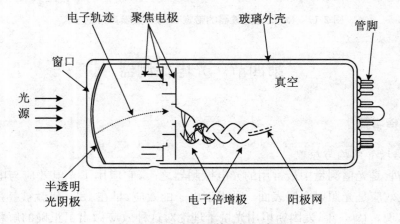

图 2-19　光电倍增管结构示意图

σ,经 N 次倍增,可得 $G = \sigma^N$。σ 与倍增极材料有关,一般 $\sigma = 3 \sim 5$,如果经 $N = 10$ 次二次发射,

可得电流增益 $G=10^5\sim10^8$。有些半导体材料的 σ 值很大，可达 $20\sim50$。可见，光电倍增管有极高的灵敏度，此外它有极快的时间响应（10^{-9} s），可以用来测量快速的光脉冲过程，因此光电倍增管是光谱工作中最常用的光电器件之一。

光电二极管与光电倍增管都是电真空器件，它的光谱灵敏度分布由光阴极和外壳的材料所决定。光阴极材料有碱金属材料和半导体材料。碱金属材料如铯、钾、钠、铷等，它们光谱范围宽，量子效率高，是最常用的光阴极材料。图 2-20 是几种常用光阴极的光谱灵敏度分布曲线，图中 S-11 为锑铯（GsSb）阴极，S-10 为锑铯（CsSb），S-20 为（NaKCs）Sb 三碱阴极。半导体材料主要有铯激活砷化镓的零电子亲和势光阴极和Ⅲ～Ⅴ族化合物负电子亲和势光阴极。其红限可扩展到红外区，且有很高的灵敏度。

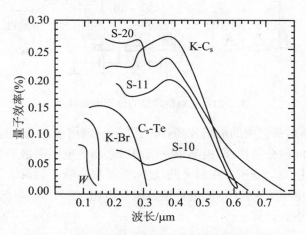

图 2-20 几种常用光阴极的光谱灵敏度分布曲线

2. 光电倍增管的主要参数

① 积分灵敏度，指阳极的灵敏度 R_A，它和阴极灵敏度 R_K，两者关系为 $R_A=GR_K$（$\mu A/\mu M$），可见 R_A 极高，当入射光过大时，轻者性能下降，重者电极烧毁。必须严格控制入光通量；

② 电流增益，它是阳极电流 i_A 与阴极信号电流 i_K 之比。在电压一定时，$G=i_A/i_K$；

③ 光谱响应，光谱响应由光阴极与窗口材料决定。

④ 暗电流，指无光照时光电倍增管的输出电流，它是直流或慢变化电流。产生暗电流的原因有：光电倍增管的各个电极，尤其是光阴极与第一倍增极的热电子发射；管内残余气体的电离；支架、管壁、管座的漏电流；高压下电极尖端的场致发射等。

3. 光电倍增管的使用

(1) 光电倍增管的选择

选择时应考虑①光谱响应区,它取决于光阴极材料;②响应度,根据待测光源的光谱特性和光通量大小来确定响应度的要求;③暗电流,在测量微弱光信号时要特别注意挑选暗电流小的管子;④阴极尺寸,要与入射光面积相匹配。

(2) 分压器的选择

光电倍增管的各极电压是通过分压器供给的,如图 2-21。决定于所选管子的结构与用

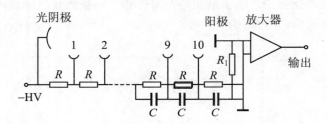

图 2-21 光电倍增管的分压电阻联接

途,一般阴极与第一倍增极之间的电场较高,以增强第一倍增极的二次电子发射,减小外磁场干扰与光电子渡越时间的分散性;阴极与第一倍增极之间的电压两倍于其他极间之间的电压,中间各极间的电压采用均匀分压。在弱光测量中,为了提高管子的灵敏度,最后一极的电阻可取小一些。由于末极电流大,为了不影响分压器的分压比,在末几极与倍增极之间并联一些电容。电容的大小可安下式计算

$$C = 100 \frac{I\Delta t}{V}(\text{F}) \tag{2-62}$$

式中,I 为阳极电流(安),V 为阳极与末极倍增极之间的电压(伏),Δt 为脉宽(秒)。为保持分压比稳定,分压器上通过的电流应为阳极电流的 20 倍以上。

(3) 电源

光电倍增管的供电可以采用正极性或负极性电源,但一般以负压供电居多。这时光阴极为负电位,阳极电压接近为零,输出端可不用隔直流电容,使用安全方便。为减小暗电流和噪声,这种供电要求外层的金属屏蔽筒要离管壳 10~20mm。在采用正压供电时,光阴极接地,阳极为正高压,输出端用高压隔直流电容。光电倍增管也可从倍增极上取信号,这时常可采用中间接地方式。电源的稳定性要好,光电倍增管放大系数 G 与电源稳定度的关系为

$$\frac{\mathrm{d}G}{G} = \alpha n \frac{\mathrm{d}V}{V} \tag{2-63}$$

一般取 $\alpha n \approx 10$，即电源的稳定性应为放大系数稳定性的十倍。当要求 G 的稳定性高于 1% 时，电源的稳定性应高于 0.1%。

(4) 环境要求

环境温度不能高，否则暗电流增加，灵敏度下降，稳定性变坏。将光电倍增管放在冷却器中可减少暗电流发射和降低热噪声，这是在对暗电流和噪声有特别要求时经常采取的措施。此外，磁场对光电倍增管的工作也有较大影响，特别是对阴极与第一倍增极的影响很大，所以一般要加磁场屏蔽。最后，光电倍增管只能在弱光下工作，不能直接暴露在强光之下。

二、固体光电器件

1. 光电导器件

光电导器件也称光敏电阻，在红外探测应用很广泛，它是利用半导体内光电效应制成的。当半导体材料吸收光子以后，如果光子能量 $h\nu$ 大于禁带宽度 ε_g，就可把价带内的电子激发到导带，产生电子-空穴对(图 2-22)，常称内光电效应，其长波限 λ_c：

$$\lambda_c = 1.24/\varepsilon_g$$

式中 ε_g 的单位为 eV，λ_c 的单位为 μm。半导体的导电率 ρ 由导带中的电子数 n_0，价带中的空穴数 p_0，以及电子与空穴的迁移率 μ_-、μ_+ 所决定，

$$\rho = q(n_0\mu_- + p_0\mu_+) \tag{2-64}$$

式中 q 为载流子电荷。n_0 和 p_0 是热平衡的载流子数，在本征半导体中 $n_0 = p_0$，上式可简化为

$$\rho = qn_0(\mu_- + \mu_+) \tag{2-65}$$

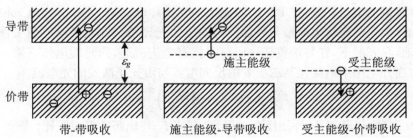

图 2-22　半导体吸收光子产生电子-空穴对

通过光激发，使电导发生变化，因此有

$$\Delta\rho = q\Delta n(\mu_- + \mu_+)$$

电导的相对变化为

$$\frac{\Delta\rho}{\rho} = \frac{\Delta n}{n_0} \qquad\qquad (2\text{-}66)$$

由此式可见,只要降低热平衡的载流子数 n_0,就可以提高电导变化的灵敏度。在杂质半导体的情况下,如果是 N 型半导体,吸收光子只在导带中增加电子数 Δn;如果是 P 型半导体,吸收光子只在价带中增加空穴数 Δp。

在可见光区,光电导器件主要用 CdS,它的峰值响应在 555nm 附近,与人的视见函数相近。在红外光谱区,重要的光电导器件有:PbS,InSb,HgCdTe 和掺杂的 Ge 等。PbS 常温下峰值响应在 $2.5\mu m$ 附近,可用于 $1\sim3\mu m$ 的近红外波段。InSb 峰值响应在 $6\mu m$ 附近,可用于 $7\mu m$ 以内的红外区。HgCdTe 和掺杂 Ge 则可用于波长更长的红外区域。

2. PN 结光电探测器

(1) PN 结光电二极管

当 P 型与 N 型两种半导体相互接触时,由于多数载流子各自向对方区域的扩散,在接触交界面附近留下不能移动的杂质离子,形成所谓 PN 结。PN 结具有内电场,其方向由 N 区指向 P 区,使之成为由不可移动的带正、负电荷离子组成的耗尽层,或称势垒区。当 P 区加正电位,N 区加负电位,内电场势下降,多数载流子通过结区在外电路中形成正向电流。当外加电压相反时,内电场势增加,只有少量的少数载流子内越过结区,在外电路中形成很小的反向饱和电流。这就是 PN 结二极管。

与普通半导体二极管不同,光电二极管对外来光的照射产生响应,在 PN 结附近入射光子被吸收并激发产生电子-空穴对。在内电场势的作用下它们产生漂移运动:空穴向 P 区方向运动,电子向 N 区方向运动,它们在 PN 结的边缘被收集。这样,在 P 区将出现过剩的空穴积累,N 区出现过剩的电子积累,在 PN 结两侧出现光诱导电动势。因此,光电二极管有两种工作方式,不加外电压的光伏电池型与外加反向偏压的光导型。以光伏电池型工作时它相当于一个化学电池,在光照下,在外接负载的回路中就有电流流通,同时端电压下降。在光导型工作时,光照时在外电路中电流包括二极管的反向电流与由光子激发的光电流 I_L。

$$I = I_0\left[1 - \exp\left(\frac{qV}{k_B T}\right)\right] + I_L \qquad\qquad (2\text{-}67)$$

式中 I_0 即为反向饱和电流,V 外加反向电压,光电流 I_L 与辐照通量成正比。

光电二极管光谱响应主要由所用材料决定,图 2-23 是硅光电二极管的光谱灵敏度分布曲线,波长主要响应区为 $400\sim1100$nm,量子效率达到 60% 以上,采取紫外增强措施,短波方向可扩展到 200nm 以外。时间响应与结电容有关,普通硅光电二极管在无偏压时结电容在数十 pF,时间响应约数 ns。

(2) PIN、雪崩和肖特基光电二极管

为了提高半导体光电二极管的时间响应,可在 P 区与 N 区之间加一层半征半导体层(称为 I 层),构成所谓 PIN 光电二极管,如图 2-24(a)所示。由于 I 层的电阻率远高于 P 层和 N 层,因此整个 I 层都成了势垒区,使吸收光子的空间增大,提高了量子效率,减小了 PN 结间的电容,提高了二极管的高频响应特性。PIN 二极管的结电容可小于 1pF,时间响应在 1ns 以下。

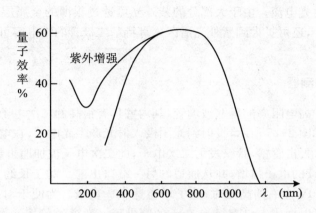

图 2-23　硅光电二极管的光谱灵敏度分布曲线

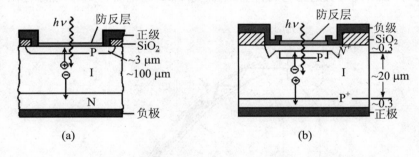

(a) PIN 光电二极管　　(b) 雪崩光电二极管

图 2-24

雪崩光电二极管的结构与 PIN 二极管大体上相同,它们都有一层很宽的 I 层,主要差别在雪崩二极管使用了重掺杂的 P 与 N 型材料(分别用 P^+ 和 N^+ 表示),并在 N^+ 下制作一个 P 层,形成 PN 结,如图 2-27(b)所示。雪崩二极管使用高达数十至数百伏的反偏电压,因此,PN 结中的耗尽层可达到高于 10^5 V/cm 的电场。这样,一些由光电效应产生的电子-空穴对的电子,在漂移进入耗尽层后会加速到很高的能量,在与晶格原子碰撞时,相继产生新的多级的电子-空穴对,出现所谓雪崩效应,电流迅速增长,使检测电流得到内部增益。雪崩二极管以硅管为主,其增益可达数百,量子效率接近100%。由于雪崩二极管的增益特性与温度有关,因此使用中要注意温度恒定,并在偏置电流中进行热漂移补偿。

肖特基二极管是一种金属-半导体结二极管,通常是在一块 N 型半导体上加一层 10nm 左右的金属层,再在其上镀一层防反射层构成。光通过半透明的金属层照射到 PN 结区产生电子-空穴对,从而产生光电流。由于大部分的紫外光可透过很薄的金属层,因而肖特基二极管除在可见光区应用外,还可扩大到紫外光谱区。肖特基二极管的结电容可小到 100pF,时间响应在 0.1ns 以下。

三、微通道板探测器

微通道管是一种高电阻率的薄壁玻璃管,其内壁具有很高的二次电子发射系数,在两端加上数千伏的高压。如图 2-25 所示,投射到光阴极入射光产生光电子,在电压的驱动下,光电子从入口端进入通道并轰击管壁,管壁发射二次电子,此二次电子被加速再轰击管壁并又发射二次电子,如此形成连续的电子倍增,并从通道的另一端口出射。对于长约 5cm 的微通道管,当管的两端面加有 3000V 左右的高压时,电子增益达 10^8 量级。为便于对入射电子的耦合,靠近光阴极的入口端可以做成入口直径为 1cm 的圆锥形。微通道管探测器主要用于测量弱信号光,直径约为 1mm 左右微通道管,其饱和电流为 $1\mu A$,暗电流为 1pA,动态范围为 10^5。

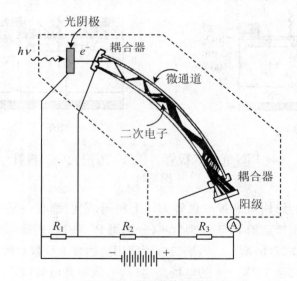

图 2-25 微通道管探测器

将许多支微通道管组装在一起便成为微通道板(Microchannel Plate-MCP)。微通道板一般为圆盘形,直径在 $18\sim75mm$ 之间,板的厚薄约 1mm。每支微通道的直径在 $8\sim25\mu m$ 左右,因此一个通道板上的微通道数达到 $10^4\sim10^7$ 支。在微通道板的前表面和后表面涂上镍铬合金用作输入电极和输出电极。将此微通道板置于光阴极与阳极之间,构成微通道板光电倍增器。微通道管可以用来组成列阵,成为进行成像测量的微通道板。

微通道板光电倍增器的时间分辨率高,其时间响应已高于最好的通常的光电倍增管,且不受外界磁场影响。除时间分辨以外,微通道板光电倍增器还有极其高的空间分辨能力,因为它只受相邻通道间距的影响,并且由于每个通道的直径很小,相邻通道间距一般约在 $15\mu m$。因此,微通道板不仅可以用来探测一维空间信号,而且可以探测二维信息,除在近代的光子计数器上得到应用外,在现代二维光学多道分析仪的像增强器上也发挥着重要的作用。上述微通道板使用了 $Na_2KSb(Cs)$ 三碱光阴极(S-25),常被称为第二代微光像增强器。20 世纪 80 以来,研制成了负电子亲和势 GaAs 光阴极,使灵敏度、鉴别率传递特性和寿命方面有了很大的提高,被称为第三代微光像增强器。第三代光阴极的光谱响应在 $500\sim900nm$,图 2-26 给出了 S-25、超 S-25 与 GaAs 光阴极的光谱响应曲线。

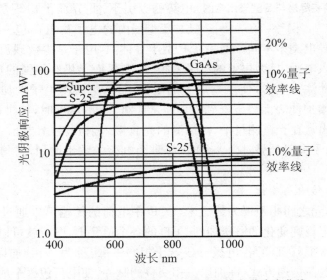

图 2-26　S-25、超 S-25 与 GaAs 光阴极的光谱响应曲线

四、电荷耦合器件

电荷耦合器件(CCD—Charge-Coupled Device)是一种以电荷量表示光量的大小,用耦合方式传递电荷量的器件。

1. CCD 电荷的存储原理

CCD 的基本结构与 MOS(金属-氧化物-半导体)器件一样,以硅半导体作为衬底,在硅半导体表面覆一层二氧化硅薄膜,再上面是一层金属,作为电极(称栅极 G),如图 2-27 所示。设半导体为 P 型,当在金属电极上加正电压,半导体上加负电压,则有从金属指向半导体的内电场。于是在金属与二氧化硅的界面上出现正电荷层。由于半导体中的多数截流子(空穴)受到排斥,在二氧化硅界面的一侧产生耗尽层,并且,耗尽层的宽度随所加电压增加而加宽。在耗尽层内只有不能移动的受主杂质负离子。

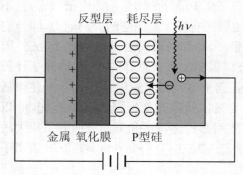

图 2-27　CCD 器件的耗尽层与反型层示意图

二氧化硅是绝缘体,从电学的观点看,栅极和半导体之间形成了一个电容器 C_0。当栅极加上足够大的正电压后,作为电容负极的半导体耗尽层界面具有吸引电子的负电势,称表面电势 U_s。在此表面电势的吸引下,此界面上出现负电子层,所谓反型层,反型层内的电子称电荷包。"反型"的意思就是它们与衬底的空穴导电类型不同。但是在 P 型半导体内,电子是少数载流子,数目极少,如果我们没有在此处注入电子,反型层上的电子就很少,在界面上仍有很强的负电势,形成一个深深的势阱。如果在此注入电子,使反型层上的电子增多,势阱内电子增加,而表面势将下降。当势阱内电子继续增加使表面势下降到二倍费米能级 U_f 的深度时,势阱被填满,进一步增加电子将要从阱内溢出。在光谱测量中,被探测的光直接入射到耗尽层处,在此处产生电子-空穴对,外加电场将电子吸引到势阱内。此时,势阱内电荷的数量增加,并与入射光的强度成正比。

2. CCD 的电荷传输与输出

由于 CCD 各单元之间相距仅为数微米,CCD 中电荷的传输可以通过各单元间的电荷耦合来完成。通过一定规则变化的电压加到 CCD 的各个单元上,电荷就可以在半导体的表面沿一定方向移动。通常把 CCD 的各电极分成若干组,每一组称为一相,加以同样的时钟脉冲。常见的是一种三相电荷传递方式,即加以三相交叠的脉冲,使电荷包逐个地沿单元列移动。

图 2-28 取了四个 CCD 单元来演示三相电荷传递时的电荷耦合。假定在 t_1 时刻,第二栅极处于 10V 的高电位,其余各极均处于低电位(2V)。到了 t_2 时刻,各极电位变为如图(b)示的状况,第二栅极仍保持 10V 高电位,第三栅极则由 2V 低电位上升到 10V 高电位。由于两电极相距很近,它们对应的势阱将合并到一起,原来第二栅极下的电荷将向第三栅极下迁移,变为两个电极所共有。到了 t_2 时刻,第二栅极电位开始下降,第三栅极保持 10V 高电位,第二栅极

下的电荷将全部转到第三栅极下,从而完成了电荷包向右一个单元的转移。这里讲的是电子电荷转移的 CCD,称为 N 沟通型 CCD。如果以空穴为信号电荷的 CCD,则称为 P 型 CCD。

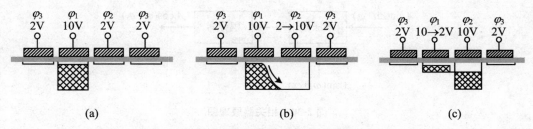

图 2-28　三相 CCD 中的电荷转移

　　CCD 电荷的输出方式视其结构而定,分电流输出、浮置扩散放大器输出和浮置栅放大器输出等。图 2-29 为电流输出,它由一个输出栅 OG 和一个输出二极管 OD。二极管处反向偏置状态,形成一个深势阱。当输出栅上加低电压偏置时,末级电极下的电荷包转移不了,此时 CCD 无输出。当输出栅高电压偏置时,转移到 φ_2 电极下的电荷包越过输出栅,流入到反向偏置二极管的深阱下,并由二极管转移至外电路。因此,输出栅起着 CCD 输出的开关作用。CCD 的输出电流 I_D 可由下式求出:

$$Q_s = I_D \mathrm{d}t$$

式中 Q_s 为电荷包的电荷量。

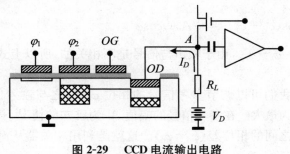

图 2-29　CCD 电流输出电路

第五节　锁相放大器

一、模拟相关器

　　锁相放大器(Lock-in amplifier-LIA)实际上是一个模拟相关器,这是利用信号与噪声的互不相关性来抑制噪声的设备。相关器由乘法器与积分器组成,乘法器也称相敏检波器,如图 2-30 所示。

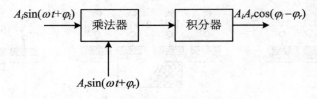

图 2-30 相关器原理图

设相关器的信号输入端有一输入信号 $S_i(t)$,它由有用信号 $A_i\sin(\omega t + \varphi_i)$ 与噪声信号 $n_i(t)$ 两部分组成

$$S_i(t) = A_i\sin(\omega t + \varphi_i) + n_i(t) \tag{2-68}$$

另有一参考信号 $S_r(t)$ 从参考输入端输入

$$S_r(t) = A_r\sin(\omega t + \varphi_r)$$

这两个信号经过相乘与积分,输出一直流信号 $S_0(t)$

$$
\begin{aligned}
S_0(t) &= \lim_{n \to \infty} \frac{1}{nT}\int_0^{nT} S_i(t)S_r(t)\mathrm{d}t \\
&= \lim_{n \to \infty}\left\{\frac{1}{nT}\left[\int_0^{nT} A_i A_r\sin(\omega t + \varphi_i)\sin(\omega t + \varphi_r)\mathrm{d}t + \int_0^{nT} A_r n_i(t)\sin(\omega t + \varphi_r)\mathrm{d}t\right]\right\} \\
&= \frac{1}{2}A_i A_r\cos(\varphi_i - \varphi_r) = \frac{1}{2}A_i A_r\cos\varphi
\end{aligned}
\tag{2-69}
$$

式中 T 为信号周期,$\varphi = \varphi_i - \varphi_r$。由于噪声与信号是不相关的,所以上式左边第二项经多次平均以后为零。

由式(2-69)可见,我们可以调节参考信号的相位 φ_r,使之与输入信号的相位差为零,这时,相关器的输出信号为最大。在参考信号的幅值 A_r 为已知的情况下,就可以测定输入信号的幅值 A_i 与参考信号之间的相位差$(\varphi_i - \varphi_r)$。这就是利用相关器从淹没在噪声中的信号提取出来的原理。

二、锁相放大器的组成

锁相放大器由信号通道、参考通道与相关器三部分组成,如图 2-31 所示。信号通道常设 A 和 B 两个输入端,它可以对单信号输入或双信号输入进行测量。信号通道前面常设有低噪声前置放大器和有源滤波器。

参考通道的作用是把频率为 f_r 参考信号变换为幅值恒定的方波。参考信号的输入波形可以是幅值超过阈值的正弦波、三角波和方波等等,在参考通道中它们都转换为幅值恒定的方波。仪器通过频率变换电路,也可转变为频率是 $2f_r$ 的方波。为了获得最佳的相位精度,通常都有一个推荐的波形及它的幅值,例如推荐使用幅度为 1V 的正弦波。为了同时测定输入信号的幅值与相位,常把参考信号的相位定义为零。参考通道输出相位差为 $\pi/2$ 的两个信号到相关器。

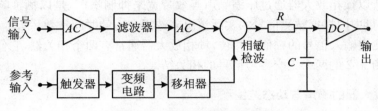

图 2-31　锁相放大器的组成

相关器是锁相放大器的核心部分。乘法器的输出信号波形如图 2-32 所示。如果输入信号是一个没有噪声干扰的正弦波,当它与参考信号同相时,乘法器的输出 S_m 是一全波整流形状的波形。通过积分,输出一正比于输入信号幅值的平滑直流信号。如果输入信号与参考信号相位差为 $\varphi = \pm\pi/2$ 时,乘法器的输出波形 S_m 正负相等,积分器的输出电压就为零。

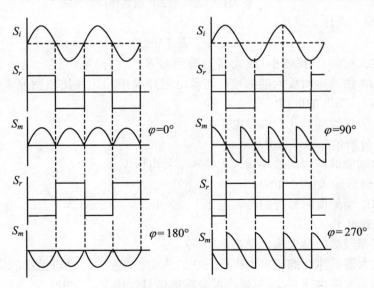

图 2-32　乘法器的输出信号波形

在式(2-69)的分析中假定噪声与信号是完全不相关的。实际上噪声与信号之间的相关值不可能绝对为零,因为在参考信号中也会有噪声存在。加上仪器本身也会有噪声,故实际上在输出电压中存在有噪声。锁相放大器的最后积分电路就是进一步用于改善信噪比。

根据式(2-57),为了得到好的噪声抑制,等效噪声带宽应越小越好,也就是相应的积分时间常数 RC 越大越好。但 RC 越大,对信号的反应速度就越慢,幅度变化较快的信号的测量就要受到影响。所以锁相放大器通过压缩噪声等效带宽来抑制噪声,是以牺牲响应速度为代价的。因此,在测量中因根据被测信号的实际情况来选择合适的时间常数。

为了同时测定输入信号的幅值与相位,锁相放大器通常有两个相关器,它们各自输出输入信号与相位差为 $\pi/2$ 的两个正交参考信号的相关结果。

三、锁相放大器的噪声与动态范围

锁相放大器自身的噪声将直接影响最小可测信号的大小。通常将噪声折合为放大器的输入端噪声来研究。决定锁相放大器自身噪声的因素有:放大器前级的状况,信号源内阻 R_s 和工作频率 f。如本章第三节所述,不同的 R_s 有不同的热噪声,工作频率较低时,$1/f$ 的噪声影响较大。通常将锁相放大器的输入端噪声绘制成噪声系数等值线(称为 NF 图):NF 定义为

$$NF = 20 \frac{\text{折合到输入端的总噪声电压}}{\text{折合到输入端的源电阻热噪声电压}}$$

源电阻 R_s 的热噪声电压 $\bar{u}_{nRs}^2$ 为

$$\bar{u}_{nRs}^2 = 4k_B TBR_s$$

由 NF 的定义可知,NF 越小,放大器的噪声与 R_s 上的热噪声相比越小。$NF=3db$ 时,前者是后者的 1.4 倍。这时放大器的噪声与源电阻热噪声相比才比较明显,因此一般使锁相放大器工作在 $NF<3db$ 的区域。

标志锁相放大器性能的几个临界电平:

(1) 最小可分辨信号电平(MDS)

意为在输出端能够辨别的最小输入无噪声信号电压 V_{Smin}。

(2) 满刻度信号输入电平(FS)

这是使输出端满刻度时所需的输入电压 V_{FS} 大小。

(3) 最大过载电平(OVL)

不致造成仪器过载的最大输入噪声电压 V_{Nmax}。

反映锁相放大器整体性能的重要指标是它的总动态范围。总动态范围的定义为不引起仪器过载的最大输入噪声电压 V_{Nmax} 与最小可分辨的信号电压 V_{Smin} 之比。

$$D = \frac{V_{Nmax}}{V_{Smin}}$$

总动态范围又可分为输出动态范围 D_{out} 与动态储备 D_{res} 两部分,它们都与输入信号满刻度电压 V_{FS} 有关。输出动态范围 D_{out} 定义为

$$D_{out} = \frac{V_{FS}}{V_{Smin}}$$ (2-70)

输出动态范围表示能测量的最小信号为满刻度读数的多少分之一。定义动态储备 D_{res}

$$D_{res} = \frac{V_{Nmax}}{V_{FS}}$$ (2-71)

动态储备反映锁相放大器的过载能力,表示在输入端的噪声电压比满刻度信号电压大多少倍时还不致使电路过载。锁相放大器的总输入动态范围 D 为

$$D = \frac{V_{Nmax}}{V_{Smin}} = \frac{V_{Nmax}}{V_{FS}} \frac{V_{FS}}{V_{Smin}} = D_{out} D_{res}$$ (2-72)

输入总动态范围 D 的意义是在确定的灵敏度条件下,最大噪声信号电压与最小可分辨信号之比。它是评论仪器从噪声中提取信号的能力的主要参数。如果用分贝表示

$$20\log D_d = 20\log D_{out} + 20\log D_{res}$$ (2-73)

由此可见,输入总动态范围等于动态储备与输出动态范围 D_{out} 之和。

四、调制技术

在光谱测量中,为了使被测信号变成锁相放大器可以测量的交变信号,同时获得与被测信号交变信号相干的参考信号,需要对被测的光信号进行调制。进行光信号调制一般利用随机的光斩波器附件。

光斩波器是一个开了许多斩波孔的圆盘,如图 2-33 所示,圆盘中心固定在微型电动机的轴上。当电动机转动时,放置于光路上的光斩波器周期性地阻挡光束,使被测光束得到调制。

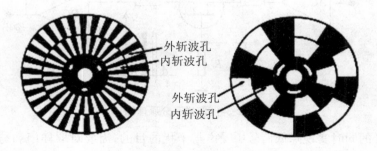

图 2-33 两种光学调制器

斩波圆盘通常分单排孔和双排孔两种。单排孔只能对一束光进行单频率调制,电动机转

动的转速决定了斩波频率。在双光路的检测中常采用双排孔圆盘,这时在斩波圆盘上有两排同圆心的斩波孔,当两束激光分别通过这两排透光孔时,可以获得频率为 f_1 和 f_2 的双频率调制。两排孔的孔数应是互质的,其比值一般为 $3:9,5:17,53:60$ 等。通常斩波频率的范围在 $0.1\text{Hz}\sim10\text{kHz}$,可以连续调节或分级选择。

一般机内都有一组小光源,它们对准地照在光电管上,当斩波盘对小光源的光束进行斩波,光电管的输出信号通过整形,输出 $0\sim5\text{V}$ 的 TTL 信号,它们用作为参考信号。

第六节　取样平均器(Boxcar)

一、取样原理

1. 取样平均原理

取样也称抽样,是一种信息的提取方法,取样平均即对取出的样本采用平均的方法去除噪声与干扰,以获取有用的信息。取样的基本过程为,一个被测信号 $f(t)$ 经适当放大后加到场效应管开关电路的输入端,而在场效应管的栅极加上一个窄矩形门脉冲,如图 2-34。当门脉冲到来时,场效应管导通,被测信号在门的持续时间内通过,场效应管的输出端出现一个该信号的取样脉冲。如果连续改变门脉冲与被测信号的相对时间 Δt,就可以完成对整个被测信号的取样。

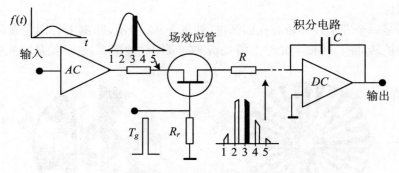

图 2-34　取样积分原理图

为了在取样的同时实现降低信号中噪声与干扰的目的,需要对取样门和与取样门对被测信号的相对时间 Δt 作特殊的设定。①相对于被测脉冲,与取样门的宽度不是很窄;②取样门对被测信号的相对时间 Δt 的每次改变很小,或者说取样门移动很慢。这样,上一次取样区与下一次取样区就会有产生某些重叠,也就是说信号脉冲上的同一点将会进行多次取样,取样脉冲会在场效应管的输出叠加。由于信号中的噪声是无规起伏的,当把每次取样的信号累加到一起的时候,有用的信号将因多次取样而增强,而噪声只因多次累加而减弱,从而使信号的信噪比增加。根据同步积分原理,对任何伴随有噪声的重复信号,如在其出现期间进行了 m 次取样并进行了累积,则信噪改善比 SNIR 与取样次数 m 的关系为

$$SNIR = \sqrt{m} \tag{2-74}$$

在电路上,对多次取样信号累加是用积分电路完成的,即图 2-34 中右侧场效应管的输出端接上运算放大器积分电路。运放的输入电阻很大,在取样门开启期间,电容 C 上的电压因取样信号到来而线性增长;在取样门关断期间,电容 C 上电压保持前值。逐次的累加使积分器输出电压阶梯地上升,经过 m 次取样积分,输出该点的稳定值。

然而,在光谱测量中往往需要测量十分微弱的重复的短脉冲信号,脉宽短至来不及对其进行多次取样。在这种情况下,人们就采用变换取样方法来完成对短脉冲信号的取样与处理:①对连续到来的多个被测脉冲,每个只取样一次,而对每个脉冲的位置逐渐向后(或向前)移动;②把每次取出的样本信号组合到一起,构成一个与原始脉冲信号相似在时间上扩展的变换信号。一个被测脉冲信号连续出现五次,每次脉冲取样一次共进行五次取样,得五个样本信号。把这五个样本信号组合到一起,就得到一个与原信号相似的新脉冲,如图 2-35 所示。但重新组合的新脉冲在时间上有了扩展,这就是变换取样。

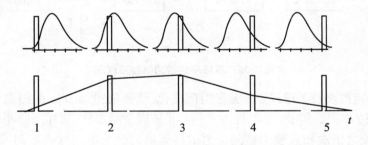

图 2-35　对被测脉冲信号进行变换取样

2. Boxcar 平均器

(1) 工作原理

利用上述的信号取样平均原理做成的信号处理设备称为取样平均器或取样积分器,常称 Boxcar,它是对微弱的重复脉冲信号进行逐点取样和同步积分的光谱测量仪器。由于在脉冲光谱测量中,光谱信号的强度往往是随时间变化的,因此,一张谱图应是强度—波长—时间的三维图像:在确定的时间上,各条谱线的强度是按波长分布的;在确定的波长上,谱线强度是随时间变化的。取样平均器可以用单点与扫描两种工作方式来完成对三维图像的测量。

取样平均器的方框原理图如图 2-36 所示。它的两种工作方式通过转动比较器右边的单掷开关来实现。单点方式用于测量在激光激发后的确定延时下，通过光谱仪的波长扫描来测量各条光谱线。如图，在与被测信号周期 T 同步的一列参考信号的窄脉冲的触发下，触发整形器输出一个高度与宽度适当的尖脉冲，再用它去触发时基电路。时基电路产生一列宽度为 $T_b(T_b \leqslant T)$ 的快斜波电压，并输出到比较器。在比较器中快斜波电压与比较器右侧的直流电压比较，输出一矩形波，并由它去触发门脉冲发生器，后者产生宽度为 T_g 的取样门脉冲。通过光谱仪波长扫描，积分器输出的一个在确定的延时 Δt 下，对被测信号取样平均后的谱线。调节直流比较电压的大小，即调节了与快斜波电压比较的时刻，就可得到不同的延时 Δt 下的被测谱线。

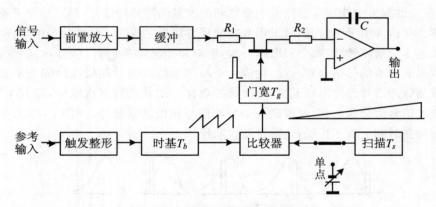

图 2-36　取样平均器的电路原理图

为测量在确定的波长上谱线强度是随时间变化，就要用到 Boxcar 的扫描工作方式。这种方式其实就是图 2-35 所示的变换取样方式。为了实现变换取样，取样门脉冲的延时就要逐步增加（或减少），使之依次扫过整个被测信号的持续时间。与单点方式不同，在扫描工作方式中，比较器是将快斜波电压与一个宽度 T_s 很宽的慢斜波电压进行比较。如图 2-37 所示，在比较时，当快斜波电压超过慢斜波电压时，比较器输出正电位，反之，比较器输出负电位，于是在慢斜波的周期 T_s 内，比较器产生一列宽度逐渐变窄的矩形波电压(c)。用这样的矩形波的前沿去触发门发生器，就可得到时间延迟为 $\Delta t, 2\Delta t, 3\Delta t, 4\Delta t \cdots$ 逐步增加的门脉冲(d)。

（2）参数的选择

Boxcar 平均器需要设定的主要参数有：门宽 T_g、时基宽度 T_b、慢扫描时间 T_s 和积分时间常数 T_c。

① 门宽 T_g 的大小决定 Boxcar 的时间分辨率。门宽 T_g 大对改善信噪比有好处，但它会

影响时间分辨率,即对复现原信号的精细部位有影响。门宽 T_g 的大小用下式来估算

$$T_g \leqslant 0.42/f_n$$

式中 f_n 为信号中的最高谐波频率。

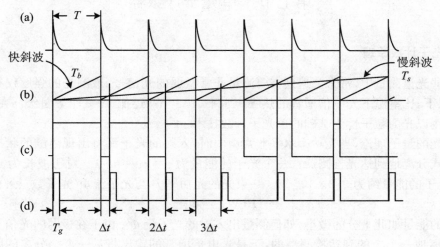

图 2-37　不同延时门脉冲的产生

② 时基宽度 T_b 由被测信号的宽度决定。T_b 应稍大于被测信号宽度($\leqslant$信号周期 T)。

③ 积分时间 $T_c = RC$ 根据信噪改善比 SNIR 要求选择。SNIR 与有效取样次数 m 和门宽 T_g 有关。当 $mT_g \geqslant 2T_c$ 时,增加 m 不再增大 SNIR。由式(2-74),可求得 T_c

$$T_c \geqslant \frac{T_g}{2}(\text{SNIR})^2 \tag{2-75}$$

④ 慢扫描时间 T_s 是完成一个波形恢复的实际测量时间。设被测信号的重复频率为 f,则在 T_s 时间内的取样次数 $n_t = T_s f$。在取样过程中,门脉冲的延时逐步增加 $\Delta t, 2\Delta t, 3\Delta t, 4\Delta t\cdots$,$\Delta t$ 应为

$$\Delta t = \frac{T_b}{n_t}\frac{T_b}{T_s f} \tag{2-76}$$

另外,由于 $\Delta t < T_g$,因此在门宽 T_g 时间内取样次数为

$$N_s = \frac{T_g}{\Delta t} = \frac{T_g T_s f}{T_b} \tag{2-77}$$

在一个 RC 积分电路中,输出达到稳定电压值的时间为 $5T_c$。于是在取样积分中应有 $n_s T_g \geqslant 5T_c$,

$$T_g \geqslant \frac{5T_bT_c}{T_g^2 f} \tag{2-78}$$

第七节　单光子计数器

一、光子计数原理

在某些光谱测量中,常常会遇到需要测量非常微弱的光信号,被测光的强度仅有 $10^{-18} \sim 10^{-17}$ W 以下,比室温下光电倍增管的热噪声水平(10^{-14} W)还低 2～3 个数量级。在这种情况下需要采用以光的粒子性为基础的单光子计数技术。

根据光的量子理论,当光功率水平非常微弱时,入射的光子流将出现离散的状态,即光以粒子的形式分离地到达光检测器。一个光子的能量为 $\varepsilon = h\nu = hc/\lambda$。对于波长为 600 nm 的光,一个光子的能量约为 3.3×10^{-19} J。一束光的光功率 P 与光子流 Φ(光子数/秒)的关系为

$$P(\mathrm{W}) = \Phi\varepsilon$$

光子的能量如此十分的微小,如何测量出入射的光子流 Φ? 由于在极弱的光信号测量中,光子是分离地一个个的到达检测器的,于是光电倍增管的输出将是一个个分离的脉冲,如图 2-38。这样的脉冲幅度有多大? 一般光电倍增管有 10～12 个倍增极。如果一个入射光子光阴极发射一个电子,每个倍增极可产生 3～4 个次级光子,经过逐级倍增,到达阳极时可得到约 $(3\sim4)^{12} \approx 10^6$ 个电子。这些电子几乎同时地到达阳极,对阳极电容进行瞬间充电,形成

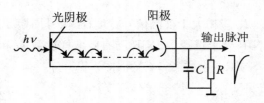

图 2-38　一个光子入射时,光电倍增管输出一个电脉冲

一个光电脉冲。阳极电容一般为 10pF～100pF,这些电子的总荷电量为: $Q = -10^6 e = -1.6 \times 10^{-13}$ 库仑。故阳极输出的脉冲电压为 $|V_0| \approx Q/C = 1 \sim 10$mV,脉冲宽度约 10～30ns。对于如此大小的电脉冲,我们可以通过整形与放大之后用于计数,也就是说,如果已知光阴极在入射光波长的量子效率,就可以采用计数电脉冲数的方法推算出光子流的强度。

实际上光电倍增管的各个电极,尤其是光阴极与第一倍增极,除光电子发射外,还会有热电子发射。这些热电子也要为以后各级所倍增,并在阳极输出一个电脉冲。它们与入射光无关,称为暗电流脉冲。它们的存在构成了光电倍增管中的热噪声。然而,由于光阴极发射的光电子能量比热电子能量要大,它在第一倍增极上产生的次级电子数,要比热电子在此电极上产生的次级电子数目多。而且第一倍增极上发射的热电子由于少了一级倍增,因而暗电流的最

可几脉冲幅度比光电脉冲的幅度要低一些。由于这个原因,某些光电倍增管,在其输出脉冲计数率按幅度的分布曲线上会出现一个单光子峰,如图 2-39 所示。

利用在计数率分布曲线上出现的单光子峰,可以将光电倍增管的输出脉冲通过一个幅度鉴别器,调节鉴别器的阈值高度 E_i ($\geqslant E_v$),去掉大部分热噪声脉冲。峰值 E_p 和峰谷 E_v 之比是衡量一个光电倍增管是否适宜于光子计数的重要依据。也就是说,只有那些峰谷比大的光电倍增管才能以光子计数的方法来进行微弱光测量。表 2-2 列出了几种可用于光子计数器的光电倍增管的参数。然而,随着微电子技术的发展,近几年发展起来的微通道板增强器和雪崩二极管也开始用于光子计数器。这些器件可大大扩展光子计数器应用的波段范围。如

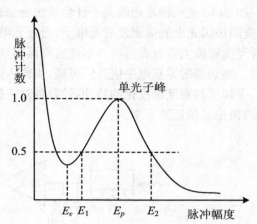

图 2-39　光电倍增管输出脉冲计数率幅度分布曲线

用微通道板增强器可将波长扩展至远紫外,直至 X 射线,用雪崩二极管可扩展至远红外波段。

表 2-2　几款适于光子计数器光电倍增管

型号	EMI 9893B/100	EMI 9789B	RCA 31074	GDB-47	R943
阴极直径(mm)	2.54	10			
光谱灵敏范围(nm)	320～630	320～630	200～940	310～6500	160～910
最灵敏波长(nm)	380	380	800	400	420
倍增极数目	14	13	11	11	10
阴极积分灵敏度(μA/Lm)	60	50	500	75	600
工作电压(V)	2250	1150	1500	1800	1500
阳极灵敏度(μA /Lm)	5000	2000	300	2000	150
暗电流(A)	2×10^{-10}	1×10^{-10}	3×10^{-9}	5×10^{-9}	1×10^{-8}
上升时间(ns)	2.5	10	2.5	1.8	2.5

二、光子计数系统

图 2-40 是一种常用的光子计数系统的原理方框图。被测光入射到光电倍增管的光阴极上,光阴极因光电效应而发射光电子,通过光电倍增管的逐级倍增在其阳极输出光电脉冲。该脉冲经前置放大器放大后再经幅度鉴别器鉴别,去除大部分的热电子噪声脉冲,选出单光电子脉冲。鉴别器的鉴别电平应连续可调,当输入的光脉冲的幅度 E 大于鉴别器的幅度 E_1 时,输出一个幅度与宽度标准化的脉冲,计数器对该脉冲显示与计数,也可经数模转换后输出模拟信号,再由记录仪记录下来。

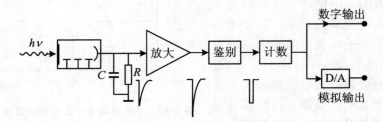

图 2-40 光子计数系统原理方框图

光电倍增管输出脉冲宽度一般在 20ns 左右,在 50Ω 的负载上有 0.5~1mV 的幅度。前置放大器对光电倍增管输出脉冲进行放大,以适应鉴别器鉴别所需的脉冲幅度要求。放大器的放大倍数根据单电子脉冲的高度和鉴别电平的范围来选定。例如,鉴别电平为:0.15~0.5mV,光电子脉冲宽度为:$t_u \approx 10$ns,光电倍增管增益 $G \approx 10^5$,则光电子脉冲高度 I_a

$$I_a = \frac{Ge}{t_u} = \frac{10^5 \times 1.6 \times 10^{-19}}{10^{-18}} = 1.6 \times 10^{-6}\text{A}$$

则 $V_a = I_a R_L = 1.6 \times 50 \times 10^{-5} = 0.08$mV,故放大倍数只需 20~70 倍。一般要求放大倍数在 10~200 倍之间。另外要求有很小的上升时间,一般要求上升时间小于 3ns(通带宽度达 100MHz)。

鉴别器的作用是去除低幅度和高幅度的噪声脉冲,降低背景计数率,提高检测信噪比。鉴别器一般有两个鉴别电平,分别称为第一鉴别电平(下阈值)和第二鉴别电平(上阈值),它们分别抑制脉冲幅度低的暗噪声与脉冲幅度高的由宇宙射线和天电干扰等造成的外来干扰脉冲。对鉴别器的要求是鉴别电平稳定、灵敏度高、时间滞后小、死时间(电路触发后的一段"闭锁"时间)短。鉴别器的输出脉冲幅度能满足计数器计数要求即可,一般为 3~5V。输出脉冲的宽度是决定死时间的因素之一,快速鉴别器要求约为 5ns。在一些单电平的鉴别器中,可通过调节输出脉冲宽度来调节死时间。

三、光子计数器的噪声与计数误差

光子计数器的噪声来源主要有两部分,一是光子无规则到达光阴极的统计噪声,二是热电子发射等造成的暗计数噪声,虽然鉴别器可以去除大部分暗电流噪声,但总还有一些剩余噪声。

1. 统计涨落噪声

热光源中每个原子的发光是独立的,入射到光阴极上时,相继两个光子的间隔是随机的,它们服从泊松分布。设光子流量为 Φ,光阴极的量子效率为 η,于是在时间 t 内光阴极发射的平均电子数为 $\eta\Phi t$。按泊松分布,在时间 t 内光阴极发射 n 个光子的几率为

$$p(n,t) = \frac{(\eta\Phi t)^n e^{-\eta\Phi t}}{n!} \tag{2-79}$$

据此可以求出信号计数的期待值 $\langle n \rangle$ 和方差 $\sigma^2(n)$。令:$N = \eta\Phi t$,则

$$\langle n \rangle = \sum_{n=0}^{\infty} np(n,t) = \sum_{n=0}^{\infty} n\frac{N^n e^{-N}}{n!} = N \tag{2-80}$$

$$\sigma^2(n) = \sum_{n=0}^{\infty} (n-\langle n \rangle)^2 p(n,t) = \langle n^2 \rangle - \langle n \rangle^2 = N \tag{2-81}$$

因为 $\langle n^2 \rangle$ 为

$$\langle n^2 \rangle = \sum_{n=0}^{\infty} \left[(n-1)+n \right] \frac{N^n e^{-N}}{n!} = N^2 \sum_{n=0}^{\infty} \frac{N^{n-2} e^{-N}}{(n-2)!} + \langle n \rangle$$
$$= N^2 e^N e^{-N} + N = N^2 + N$$

所以光源发射光子的涨落导致被测信号的信噪比 SNR 为

$$\text{SNR} = \frac{\langle n \rangle}{\sigma\langle n \rangle} = \frac{N}{\sqrt{N}} = \sqrt{N} = \sqrt{\eta\Phi t} \tag{2-82}$$

因此,为了减小测量结果中的固有噪声,应增加测量时间 t 加大平均计数 N。

2. 暗计数

暗计数是一种本底计数。光子计数器应具有扣除本底计数的功能。设定两个相等的测量时间,先测量出本底计数(包括暗计数与杂散光计数)N_d,再测量含有本底计数的信号 N_t,于是有用信号计数 N_s 为

$$N_s = N_t - N_d = \eta\Phi t \tag{2-83}$$
$$N_d = R_d t$$

R_d 即为暗计数率。统计理论证明,信号计数 N_s 的总噪声为

$$\sqrt{N_t + N_d} = \sqrt{\eta\Phi t + 2R_d t} \tag{2-84}$$

于是测量结果的信噪比为

$$\mathrm{SNR} = \frac{N_s}{\sqrt{N_t + N_d}} = \frac{N_t - N_d}{\sqrt{N_t + N_d}} = \frac{\eta\Phi}{\sqrt{\eta\Phi + 2R_d}}\sqrt{t} \tag{2-85}$$

信噪比 SNR=1 时对应的信号功率 $P_{\min}$ 即为仪器的灵敏度。光子计数器测量结果的信噪比与测量时间的方根 $\sqrt{t}$ 成正比,因此在弱光测量中往往采用较长的测量时间。

3. 脉冲堆积效应与计数误差

如上所述,光电倍增管输出脉冲宽度一般在 $\tau_u = 10\sim30$ns,这个脉冲宽度也决定了光子计数器的时间分辨率。如果在分辨时间 t_R 内有两个或数个光子先后陆续到达,光电倍增管输出的光电子脉冲就要发生重叠,数个光子的到达而光电倍增管只输出了一个脉冲。另一方面,电子学系统,主要是鉴别器,对每个脉冲有一定的展宽效应,造成一定的失效时间(死时间)。当在失效时间 t_d 内再有脉冲输入时,鉴别器输出脉冲计数也要受到损失。以上两种现象总称脉冲"堆积效应",造成测量中的堆积误差。脉冲堆积效应的存在限制了光子计数器最高计数率。

第八节　光学多道分析仪

一、光学多道分析仪的结构

光学多道分析仪(Optical Mutichannel Analyzer)简称 OMA,是一种采用多道方法对被测光谱区光谱进行同时检测的方法。由于采用微弱光谱信号的电子光学系统取代了传统光谱测量中的感光板,不仅使检测灵敏度大幅度提高,而且将感光时间缩短到纳秒量级。采用计算机可作实时自动信息处理和数据存储,能方便地给出被测光谱的光谱曲线和光谱数据。光学多道分析仪与下面接着介绍的傅立叶变换光谱技术都是一种并行检测技术。这是建立在应用计算机基础上的近代检测技术。

光学多道分析仪由光学多色仪、光学多通道检测器、探头控制器和数据处理器等部分组成,如图 2-41。光学多道分析仪也需用光谱仪分光,其作用是通过色散将复合光中一段光信号按波长在空间排列,聚焦后成像在多通道检测器的光敏面上。因此常把这样的光谱仪称为多色仪。多色仪的原理与单色仪的原理是一样的,只是它的出射狭缝是较宽的窗口,即多色仪的输出像面必须是平面。常用的多色仪的成像焦距约在 $200\sim350$mm 之间。光栅密度为 1200 线/mm 时,线色散率约 $2\sim3$nm/mm。出射窗口的大小应与检测器的接收面积相匹配,谱宽度在 $300\sim600\times10^{-10}$m。

检测器是光学多道分析仪的核心部件。光学多道检测器的发展经历了由真空器件到半导体器件的四个阶段,即由 Vidicon→PDA(光电二极管阵列)→增强 PDA→CCD→增强 CCD。

波长范围向红外和紫外扩展,灵敏度由小于1000光子/计数增强到1光子/计数。对检测器的基本要求是:光电转换效率高,内部噪声小;像元尺寸与像元间距离小;波长范围宽,光谱响应平坦;时间响应快,能记录高速信号。检测器的工作受探头控制器控制,探头控制器按设定的微机命令,供给检测器所需的各种电源,发出多种控制指令,采集信号,输出信号,并且将模拟信号转换成用于计算的数字信号。

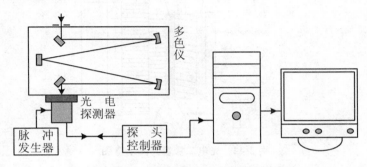

图 2-41 光学多道分析仪结构示意图

光学多道分析仪备有选通工作方式,用于进行时间分辨光谱测量。它采用指令控制脉冲发生器,产生适当幅度和脉宽的高压脉冲用以对检测器进行选通,选取入射信号的某段时间进行同步曝光,达到时间分辨光谱测量的目的。由于曝光时刻需要与光谱源发光同步,故脉冲发生器应有同步触发输入与触发输出等功能,并有较宽的延时调节。

二、光电二极管阵列

PDA检测器通常是一个由512(或1024、2048等)个反向偏压 P-N 连接的二极管组成的阵列,每个二极管就是一个像元。通常将光电二极管阵列与其紧密连接的前置放大器置于真空室内,采用多级电热制冷方法,将其冷却到$-40°$到$-80℃$,以使检测器的暗电流降低到忽略的程度。例如,Hamamatsu公司的C5964探测器,采用NMOS二极管阵列芯片,有512个像元,每个像元尺寸$25 \times 2500 \mu m^2$,感光面$12.8 \times 2.5 mm^2$,这种芯片是带有半导体热电制冷的,探测器中有恒温控制电路,温度控制精度在$\pm 0.05℃$,温度控制范围$-30℃ \sim +30℃$。

增强型光电二极管列阵是在二极管列阵前加一块微通道板,如图2-42所示。它有光阴极、微通道板、荧光屏、及光纤耦合PSD(PN结光电传感器)阵列等部分组成。光信号通过光导纤维或石英玻璃窗到达光阴极,激发出电子。这些电子加速后到达微通导板经多次倍增后输出,这些电子群进一步加速在荧光屏上产生荧光,在经光纤耦合的PSD器件输出。PDA的选通工作方式是在光阴极与微通导板之间施加矩形脉冲电压实现的。当光阴极的电位为正时,光阴极发射电子为微通导板输入端的零电位排斥,器件处于关闭状态。当光阴极加一负高压时,则光阴极发射的光电子加速到达微通道板,器件处于开启状态。

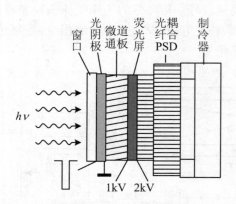

图 2-42　光电二极管列阵示意图

三、CCD 光电列阵

　　CCD 光电列阵的特点是既有线阵,又有面阵。对于线阵 CCD,它由光敏区、转移栅、模拟位移寄存器、信号电荷读出电路等部分组成。图 2-43 为有 N 个像元的线阵 CCD 器件。线阵的工作基本分成三个步骤。首先,在有效积分时间内,光栅 φ_p 为高电平,每个光敏元下形成势阱。入射光生成的电子-空穴对的电子,被吸引在势阱内。此时,转移栅 φ_t 为低电平,它使光敏区与 CCD 隔离开来。而此时在 CCD 中,传输着前一积分周期的电荷包,故 φ_2 栅下的势阱是交变的。接着,转移栅 φ_t 由低电平变为高电平,形成从光敏元到 CCD 对应元的转移沟道,随着光栅 φ_p 电平由高变低,N 个电荷包并行地从转移到对应位 CCD 的第二相中。此后,转移

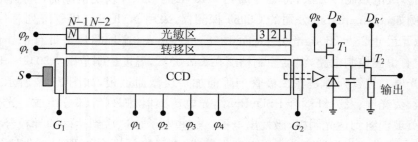

图 2-43　线阵 CCD 的电荷积分与传输

栅 φ_t 电平由高变低,将转移沟道关闭。此后在时钟脉冲作用下,N 个电荷包串行地沿 CCD 传输,一位位地输出至外电路,形成视频脉冲信号。

对于面阵,CCD 的电荷输出分两步进行,图 2-44 以一个 4×3 像元的面阵 CCD 的工作为例来说明。图示为曝光后等待电荷输出的状态,右边方框为寄存器。首先,整列像元从左向右依次转移,第一次转移为最右边那列 D_1,D_2,D_3 转移进寄存器。然后此列电荷向下转移至输出状态。第二次转移 C_1,C_2,C_3 转移进寄存器,并也向下转移至输出状态,如此等等。

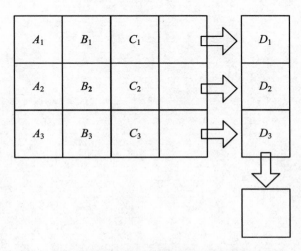

图 2-44 面阵 CCD 曝光后等待电荷输出

本章主要参考文献

［1］久保田广. 波动光学［M］. 刘瑞祥,译. 北京:科学出版社,1983.

［2］DEMTRÖDER W. Laser spectroscopy. New York:Springer-Verlag Berlin Heidelberg, 1981.

［3］DAVID L, ANDREWS, ANDEY A DEMIDOV. An introduction to laser spectroscopy［M］. New York and London:Plenum Press, 1995.

［4］LEON J RADZIEMSKI, RICHARD W SOLAZ, JEFFREY A PAISNER. Laser spectroscopy and its application, New York and Basel: Marcel Dekker, Inc. , 1987.

［5］EUSTACE L DERENIAK, DEVON G CROWE. Optical radiation detectors［M］. John Wiley & Sons, 1994.

［6］陈佳圭. 微弱信号检测［M］. 北京:中央广播电视大学出版社,1987.

［7］尚书铉. 近代物理实验技术(Ⅰ)［M］. 北京:高等教育出版社,1993.

［8］曾庆勇. 微弱信号检测技术［M］. 杭州：浙江大学出版社，1992.

［9］雷玉堂，王庆有，何加铭，等. 光电检测技术［M］. 北京：中国计量出版社，1997.

［10］王庆有，孙学珠. CCD 应用技术［M］. 天津：天津大学出版社，1993.

［11］朱印康. 光子计数机用的光电倍增管［J］. 物理，1986（15）：618.

［12］陈佳圭. 微弱信号检测的新发展［J］. 物理，1993（22）：545.

第三章　　光谱技术中的激光光源

第一节　　光学谐振腔

一、光学谐振腔结构

一台激光器通常由激光介质、谐振腔和泵浦源三部分组成,如图 3-1 所示。泵浦是外界对激光器的能源输入。在泵浦源的作用下,激光介质得到激发,成为对光有放大作用的增益介质。光学谐振腔是由相隔一定距离的一对面对面放置的反射镜构成的,激光介质放在两反射镜之间。反射镜 M_1 为全反镜,M_2 为部分透射镜,以便使部分激光得到输出。

光学谐振腔的作用为:①提供光学正反馈,②限制激光的模式。

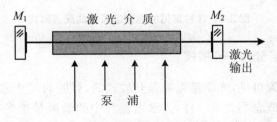

图 3-1　激光器的基本组成

光学谐振腔的镜面(它们的曲率半径与反射率的大小)与两个镜构置的方式可多种多样,通常根据激光器对谐振腔的不同要求来选取。常见的有如图 3-2 所示的几种类型:

1. 平行平面腔

由两块相距为 L,平行放置的平面反射镜构成。

2. 凹面反射镜腔

由相距为 L,曲率半径分别为 R_1、R_2 的两块凹面反射镜构成。对于凹面反射镜,曲率半径 R 与焦距 f 的关系为

$$f = R/2$$

凹面反射镜腔的两种特殊情况为:

（1）共焦腔。两块反射镜的焦距之和等于镜面间的距离，$f_1 + f_2 = L$。当 $f_1 = f_2 = f$，$L = 2f$，称为对称共焦腔。

（2）共心腔。$R_1 + R_2 = L$，这时两凹面腔的曲率中心在腔内相重合。

3. 平面凹面反射镜腔

由相距为 L，一块平面镜和一块凹面反射镜构成。当 $L = R/2$ 的特殊情况时称为半共焦腔。

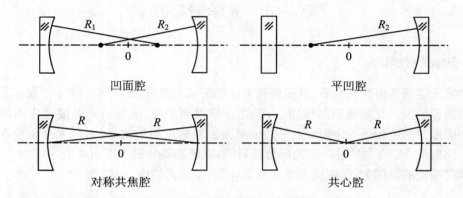

图 3-2　几种常见的稳定谐振腔的配置形式

二、反射镜面上的场分布——横模

由上面谐振腔的配置可见，光学谐振腔是开放式的，且腔的尺寸远大于光波波长。与封闭的微波谐振中驻波场的概念不完全一样，光学谐振腔中的谐振是指光在反射镜间来回反射形成了稳定的光场分布，它更像一个法布里-珀罗干涉仪。与干涉仪的不同之处是两镜之间距离远大于镜面尺寸，因而光的衍射现象起着重要的作用。根据反射镜面的曲率半径与它们的配置形式，谐振腔分为稳定的与非稳定的两类。光在腔内不论反射多少次数始终不离开腔体，称为稳定腔，非稳腔是光在反射镜间来回反射少数几次就离开腔体。稳定腔用得较普遍，非稳定腔对光能损耗较高，在有特殊的要求下也有应用。下面以稳定腔为例进行分析。

设有一对间距为 L、曲率半径 $R_1 = R_2 = R$ 的对称共焦腔，如图 3-3 所示。为了便于在数学上分析，设反射镜是边长为 $2a$ 的方形镜。设经多次反射后反射镜面 S 和 S' 面上的场强分别为 $E_S(x, y)$ 和 $E_{S'}(x', y')$，它们具有相同形式的场分布函数，即满足条件：

$$E_S(x, y) = \gamma E_{S'}(x', y') \tag{3-1}$$

γ 称为传输因子，常为复数，反映了一次单程传播后的振幅及相位的变化。根据惠更斯波动原理，谐振腔反射镜面 S 上 $P(x, y)$ 点的场强 $E_S(x, y)$，是 S' 面上各点 $P'(x', y')$ 的子波源所发

出的球面子波的叠加。数学上由费涅尔-基尔霍夫方程来表示

$$\gamma E_S(x,y) = \int_S \frac{\mathrm{i}k}{4\pi}(1+\cos\theta)\frac{\mathrm{e}^{-\mathrm{i}k\rho}}{\rho}E_S(x,y)\mathrm{d}s \tag{3-2}$$

ζ 为 $P(x,y)$ 到 $P'(x',y')$ 距离，k 为传播常数，$\mathrm{e}^{-\mathrm{i}k\rho}/\zeta$ 为 $P'(x',y')$ 处发出的球面波，$\frac{\mathrm{i}k}{4\pi}(1+\cos\theta)$ 为倾斜因子，θ 为 ζ 与 $P'(x',y')$ 处镜面法线的夹角。

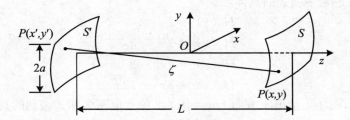

图 3-3　光在腔内经多次反射以后将建立起稳定场分布

由于矩形的反射镜对 x,y 轴是对称的，因此可将 $E_S(x,y)$ 和 $E_{S'}(x',y')$ 分解为 x,y 两个单元方程

$$E_{S'}(x',y') = E_0 f_m(x')g_n(y') \tag{3-3}$$

$$E_S(x,y) = E_0 f_m(x)g_n(y) \tag{3-4}$$

由(3-1)式

$$E_0 f_m(x)g_n(y) = \gamma\frac{\mathrm{i}k}{4\pi}\int_{-a}^{a}\int_{-a}^{a}(1+\cos\theta)\frac{\mathrm{e}^{-\mathrm{i}k\rho}}{\zeta}E_0 f_m(x)g_n(y)\mathrm{d}x\mathrm{d}y \tag{3-5}$$

(3-5)式中，$\gamma = \gamma_m\gamma_n$

在实际的激光腔中，$L\gg a\gg\lambda$，$\theta\approx 0$，$\cos\theta\approx 1$，可得

$$\zeta = L - \frac{xx'+yy'}{L} - \frac{L-R}{2LR}(x^2+y^2+x'^2+y'^2) + 高阶量 \tag{3-6}$$

对于 $R_1=R_2=R=L$ 的共焦腔，右边第三项为零，略去高阶量可得

$$\zeta = L - (x-x'+y-y')/L$$

于是

$$\mathrm{e}^{-\mathrm{i}k\rho} = \exp\left[-\mathrm{i}k\left(L-\frac{xx'+yy'}{L}\right)\right] = \mathrm{e}^{-\mathrm{i}kd}\exp\left[\mathrm{i}k\left(\frac{xx'+yy'}{L}\right)\right] \tag{3-7}$$

$$f_m(x)g_n(y) \approx \gamma_m\gamma_n\frac{\mathrm{i}k\mathrm{e}^{-\mathrm{i}kL}}{2\pi L}E_0\int_{-a}^{a}\int_{-a}^{a}\exp\left[\frac{\mathrm{i}k}{L}(xx'+yy')\right]f_m(x')g_n(y')\mathrm{d}x'\mathrm{d}y' \tag{3-8}$$

通过计算式(3-8)的积分并略去因子 γ_m，γ_n 后得

$$E_S(x,y) = E_0 f_m(x) g_n(y) = E_0 H_m\left(x\sqrt{k/L}\right) H_n\left(y\sqrt{k/L}\right) e^{\frac{-k(x^2+y^2)}{2L}} \tag{3-9}$$

式中，$H_m\left(x\sqrt{K/L}\right)$ 和 $H_n\left(y\sqrt{k/L}\right)$ 为厄密多项式，m、n 是厄密多项式的阶次。式(3-9)说明场强分布是一个受厄密多项式调制的高斯分布函数。厄密多项式的形式为

$$H_m(x) = (-1)^m e^{x^2} \frac{d^m}{dx^m}(e^{-x^2}), \quad (x = x\sqrt{k/L}, m = 0,1,\cdots) \tag{3-10}$$

阶次 $m=0,1,2$ 时厄密多项式的具体形式

$$H_0(x) = 1$$
$$H_1(x) = 2x$$
$$H_2(x) = 4x^2 - 2$$
$$H_3(x) = 8x^3 - 12x$$

根据式(3-9)，图 3-4 给出 x 方向上 $m=0,1,2$ 的受厄密多项式调制的高斯函数曲线，在 y 方向也有相似的曲线。由于光强 $I \propto |E|^2$，因此阶次 m 表示了 x 方向上光强为极小的节点数，同样由 n 表示出 y 方向的光强节点数，从而在镜面上给出了各种图形的光强分布，它们称为横模，记为 TEM_{mn}。图 3-5 给出了几个低阶横模图形。

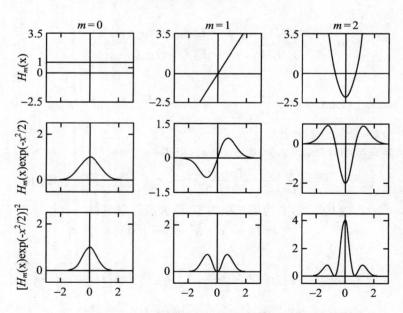

图 3-4　$m=0,1,2$ 阶次厄密多项式及其相关的高斯函数图像

当 $m=0$ 和 $n=0$，TEM_{00} 为最低阶次模，称为基模。对于基模，由式(3-9)和(3-10)可得

$$I = E_{00}E_{00}^* = E_0^2 \, e^{-kr^2/L} , \; r = \sqrt{x^2 + y^2}$$

这是一个位于镜中心的圆形光斑,在 $r=0$ 的中心处光强最强。当 $r=\sqrt{2L/k}$ 时,光强下降到最大值的 $1/e^2$,称为光斑半径 w_s

$$w_s = \sqrt{2L/k} = \sqrt{L\lambda/\pi} \tag{3-11}$$

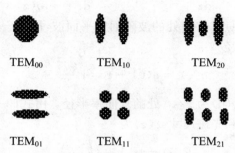

图 3-5　几个低阶横模图形

三、腔内场分布——纵模

腔内沿 z 方向传播的光场的电场分量可以写为

$$E(x,y,z) = \varphi(x,y,z) \, e^{-i(\omega t - kz))}$$

式中,$\varphi(x,y,z)$ 为待求函数。对于平面波,$\varphi(x,y,z)$ 为一常数,在一般情况下可假设为一缓变函数。式(3-9)表明,谐振腔镜面上的场分布为高斯函数,镜面为等相面。将镜面上的场分布形式推广到空间,假设腔内垂直于腔轴各个平面上都有相同形式的场分布。设腔轴上某点 z 的光斑尺寸为 $w(z)$,波阵面半径为 $R(z)$。因此腔内的场可以写为:

$$\varphi(x,y,z) = c_0 e^{-ik(x^2+y^2)/2R(z)} \, e^{-(x^2+y^2)/w^2(z)} \, e^{-ip(z)} \tag{3-12}$$

式中 $e^{-ip(z)}$ 可能为复数,它是光束传播过程中振幅和相位变化的附加修正项。引进复半径 $q(z)$,

$$\frac{1}{q(z)} = \frac{1}{R(z)} - \frac{2i}{kw^2(z)} \tag{3-13}$$

则(3-12)式变为

$$\varphi(x,y,z) = c_0 e^{-ikr^2/(2q(z))} \, e^{-ip(z)} \tag{3-14}$$

腔内场应满足波动方程

$$\frac{\partial^2 \varphi}{\partial x^2} + \frac{\partial^2 \varphi}{\partial^2 y} - 2ik\varphi = 0 \tag{3-15}$$

将(3-12)式代入(3-15)式,得

$$\frac{k^2 r^2}{q^2(z)}\left(\frac{\mathrm{d}q(z)}{\mathrm{d}z} - 1\right) + 2\mathrm{i}k\left(\mathrm{i}\frac{\mathrm{d}p}{\mathrm{d}z} - \frac{1}{q(z)}\right) = 0 \tag{3-16}$$

上式对轴上各点均成立,而第二项与 x,y 无关,因此两项应分别等于 0,于是

$$\frac{\mathrm{d}q(z)}{\mathrm{d}z} = 1 \quad 和 \quad \mathrm{i}\frac{\mathrm{d}p(z)}{\mathrm{d}z} = \frac{1}{q(z)} \tag{3-17}$$

　　设在腔中心为坐标的原点 $z=0$ 处的波阵面为平面波,$R(0) \to \infty$。对(3-17)的第一式积分得在 $z \neq 0$ 处的复曲率半径

$$q(z) = q(0) + z = \mathrm{i}\frac{kw_0^2}{2} + z \tag{3-18}$$

w_0 为 $z=0$ 处的光斑尺寸,$q(0)$ 为 $z=0$ 处的复曲率半径。由式(3-13)和(3-18)求得在坐标 z 处的波阵面曲率半径 $R(z)$ 和光斑尺寸 $w(z)$ 为

$$R(z) = z\left[1 + \left(\frac{kw_0^2}{2z}\right)^2\right] \tag{3-19}$$

$$w^2(z) = w_0^2\left[1 + \left(\frac{2z}{kw_0^2}\right)^2\right] \tag{3-20}$$

利用式(3-18)对(3-17)第二式积分得

$$\mathrm{i}p(z) = \ln\left[1 + \left(\frac{2z}{kw_0^2}\right)^2\right]^{1/2} + \mathrm{i}\varphi \tag{3-21}$$

式中

$$\varphi = \tan^{-1}\left(\frac{kw_0^2}{2z}\right) \tag{3-22}$$

于是得基横模时腔内场的完整表达式

$$E(x,y,z) = E_0\left[\frac{w_0}{w(z)}\right]\mathrm{e}^{-r^2/(w^2(z))}\,\mathrm{e}^{-\mathrm{i}kr^2/(2R(z))}\,\mathrm{e}^{-\mathrm{i}(kz+\varphi)} \tag{3-23}$$

它以高斯函数形式描述光束中的场分布,所以称为高斯光束。图 3-6 给出了高斯光束场分布的图形。

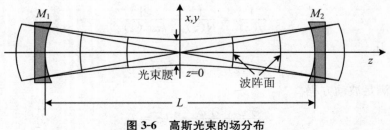

图 3-6　高斯光束的场分布

如果光束不是基模,则式(3-23)应表示为

$$E(x,y,z) = E_0\left[\frac{w_0}{w(z)}\right]H_m(x\,\sqrt{k/L})H_n(y\,\sqrt{k/L})\mathrm{e}^{-r^2/(w^2(z))}\,\mathrm{e}^{-\mathrm{i}kr^2/(2R(z))}\,\mathrm{e}^{-\mathrm{i}(kz+\varphi)} \quad (3\text{-}24)$$

这时式(3-22)变为

$$\varphi = (1+m+n)\tan^{-1}\left(\frac{kw_0^2}{2z}\right) \quad (3\text{-}25)$$

将(3-20)式改写得

$$\frac{w^2(z)}{w_0^2} - \frac{z^2}{(kw_0^2/2)^2} = 1$$

这是一个双曲方程。$z=0$ 处的光束最细,w_0 称为光束腰半径。光束向两侧逐渐扩展,但在每一截面上的光强分布均为高斯形分布。

由式(3-19)可见,一般情况下,波阵面为一球面波。但在 $z=0$ 处,即光束腰处,$R(z)\rightarrow\infty$,波阵面为平面波;当 $z>0$,$R(z)>0$,当 $z<0$,$R(z)<0$,且 $R(-z)=R(z)$。说明当光束从 $-z$ 向 $+z$ 方向传播时,先是会聚,到腔心成平面波,后又以球面波发散开来。高斯光束的波阵面的曲率半径随 z 变化的,而曲率中心也在变化的。当光在腔内来回一周其相位变化为 π 的整数倍时,形成驻波,这时腔内的稳定光场分布称为纵模。设两反射镜的位置为 z_1 和 z_2,有

$$[kz_2+\varphi(z_2)] - [kz_1+\varphi(z_1)] = q\pi \quad (3\text{-}26)$$

q 为一任意整数。由腔的结构可求得

$$z_1 = \frac{(R_2-L)L}{R_1+R_2-2L}, \; z_2 = \frac{(R_1-L)L}{R_1+R_2-2L}$$

代入式(3-26)以后得到谐振频率

$$\nu_{mnq} = \frac{c}{2L}\left[q+\frac{1}{\pi}(1+m+n)\cos^{-1}\sqrt{(1-L/R_1)(1-L/R_2)}\right] \quad (3\text{-}27)$$

由此可见,腔的谐振频率 ν_{mnq} 由一组模序数(m,n,q)共同决定,这样的腔模记为 TEM_{mnq}。与腔长 L 相比而言,光的波长是很短的,所以 q 是一组很大的数字,一般有 $10^5\sim10^7$ 数量级,横模序数一般较小,所以腔的谐振频率主要由纵模序数 q 决定,横模序数(m,n)的影响甚微。对于 $R_1=R_2=\infty$ 的平行平面腔,由式(3-27)得

$$\nu_c = \frac{c}{2L}q \quad (3\text{-}28)$$

对于 $R_1=R_2=L$ 的共焦腔,由式(3-27)得

$$\nu_{mnq} = \frac{c}{2L}\left[q+\frac{1}{2}(1+m+n)\right] \quad (3\text{-}29)$$

对同一横模的相邻纵模,如 $\mathrm{TEM}_{m,n,q}$ 与 $\mathrm{TEM}_{m,n,q+1}$,由式(3-27)得模间隔为

$$\Delta \nu_c = \frac{c}{2L} \tag{3-30}$$

图 3-7 是腔的纵模谱图。由式(3-27)得同一纵模的相邻横模间隔 $\Delta \nu_{m,n}$，如 $\mathrm{TEM}_{m,n+1,q}$ 与 $\mathrm{TEM}_{m,n,q}$ 两模之间的间隔为

$$\Delta \nu_{m,n} = \frac{c}{2L} \frac{1}{\pi} \cos^{-1} \sqrt{(1-L/R_1)(1-L/R_2)} \tag{3-31}$$

可见它与腔的结构有关。对平行平面腔，$\Delta \nu_{m,n}=0$，对共焦腔，

$$\Delta \nu_{m,n} = \frac{c}{4L}$$

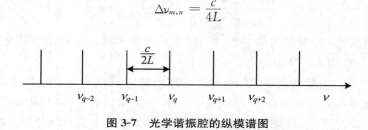

图 3-7　光学谐振腔的纵模谱图

第二节　激 光 振 荡

一、增益介质

光在传播过程可以得到增强的介质称为增益介质。当光在一增益介质中传播时，通过激活介质获得增益，使光在过程中得到增强 $I(z)=I(0)\exp[G(\nu)z]$。增益系数 $G(\nu)$ 定义为

$$G(\nu) = \frac{\mathrm{d}I(z)}{I(z)\mathrm{d}z} \tag{3-32}$$

光在传播过程中如何获得增益的呢？可以用爱因斯坦能级跃迁理论来解释。根据这个理论，当两个能级 1 和 2($\varepsilon_2 > \varepsilon_1$)上的粒子数分别为 N_1 和 N_2 时，在不考虑能级简并的情况下，如果

$$N_2 > N_1$$

那么，光子的发射速率将会超过吸收，于是入射光就获得增益。这个条件称为粒子数反转，因此增益介质是有粒子数反转的介质。粒子数反转是在泵浦源的作用下获得的。泵浦源的作用可以有多种方法，最常用的，对固体与液体介质有光激发，气体介质用放电激发。但是泵浦源是无法对二能级系统造成粒子数反转的，需要用多能级系统，常用的有三能级与四能级系统。

设一个光激发的三能级系统,如图 3-8 所示。

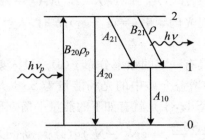

图 3-8 三能级激光系统

设泵浦光 $h\nu_p$ 使原子发生能级 0→2 跃迁,泵浦速率与泵浦光能量密度 ρ_p 成正比。处于能级 1 或 2 的原子要在 2→0、2→1 和 1→0 间发生自发发射。假设在谐振腔中存在与 2→1 跃迁频率相应的光场,则在 2→1 间将有受激发射发生,其速率与光场能量密度 ρ 成正比。根据图 3-8,三个能级上的粒子数之和为

$$N_2 + N_1 + N_0 = N \tag{3-33}$$

三个能级上的粒子数变化为

$$dN_2/dt = -N_2 A_{21} - N_2 A_{20} + \rho_p B_{20}(N_0 - N_2) - \rho B_{21}(N_2 - N_1) \tag{3-34}$$

$$dN_1/dt = N_2 A_{21} - N_1 A_{10} + \rho B_{21}(N_2 - N_1) \tag{3-35}$$

$$dN_0/dt = N_1 A_{10} + N_2 A_{20} - \rho_p B_{20}(N_0 - N_2) \tag{3-36}$$

由于总的粒子数是一定的,因此三个速率之和为零。引进泵浦速率 r

$$r = \rho_p B_{20}(N_0 - N_2)/N \tag{3-37}$$

因此,Nr 为将粒子从能级 0 泵浦到能级 2 的净速率。当粒子数变化达到平衡时,由式(3-34)和(3-36)得

$$N_2(A_{21} + \rho B_{21}) = N_1(A_{10} + \rho B_{21}) \tag{3-38}$$

$$N_1 A_{10} + N_2 A_{20} = rN \tag{3-39}$$

因此,为了要获得 $N_2 > N_1$ 的粒子数反转,由式(3-38)得

$$A_{10} > A_{21} \tag{3-40}$$

换句话说,泵浦到能级 2 对能级 1 的衰减必需是很慢的(A_{21} 要小),而能级 1 上的粒子必需是很快地返回到基态 $0(A_{10}$ 要大),使能级 1 相对处于出空状态。由式(3-38)和(3-39)解出粒子数 N_2 与 N_1

$$N_2 = \frac{(A_{10} + B_{21}\rho)Nr}{A_{10}(A_{20} + A_{21}) + B_{21}\rho(A_{10} + A_{20})} \tag{3-41}$$

$$N_1 = \frac{(A_{21} + B_{21}\rho)Nr}{A_{10}(A_{20} + A_{21}) + B_{21}\rho(A_{20} + A_{10})} \tag{3-42}$$

在满足式(3-40)条件下,当入射光的频率 $\nu = (\varepsilon_2 - \varepsilon_1)/h$ 时,入射光将获得增益,光强随入射距离的增加而增强。

然而,原子的吸收或发射具有一定的频率分布 $g(\nu)$。设入射光束的的截面为 S,则在 $d\nu$ 的频率范围内,在厚度为 dz 的增益介质中的光场能量为 $S\rho d\nu dz$,设单位体积内的粒子数为 N,则在 dz 层内的粒子数为 $NSdz$,于是就有如下的能量平衡方程

$$\frac{\partial(\rho d\nu Sdz)}{\partial t} = (N_2 - N_1)g(\nu)B_{21}\rho h\nu d\nu Sdz \tag{3-43}$$

整理得

$$\frac{\partial\rho}{\partial t} = (N_2 - N_1)g(\nu)B_{21}\rho h\nu \tag{3-44}$$

由光强 $I = c\rho$(假定介质的折射率为 1), c 为光速,则

$$\frac{\partial\rho}{\partial t} = \frac{\partial I}{\partial z}$$

式(3-44)改写为

$$\frac{\partial I}{\partial z} = (N_2 - N_1)g(\nu)IB_{21}h\nu/c \tag{3-45}$$

由(3-32)和(3-45)得

$$G = (N_2 - N_1)g(\nu)B_{21}h\nu/c \tag{3-46}$$

由(3-41)和(3-42)得

$$N_2 - N_1 = \frac{(A_{10} - A_{21})}{A_{10}(A_{20} + A_{21}) + B_{21}\rho(A_{10} + A_{20})}Nr \tag{3-47}$$

由式(3-46)可见,增益系数 $G(\nu)$ 与频率的关系和线型函数 $g(\nu)$ 有关。根据第一章的光谱线展宽理论,线型函数 $g(\nu)$ 有均匀展宽与非均匀展宽两类。对于均匀加宽

$$g_H(\nu, \nu_0) = \frac{\Delta\nu_H}{2\pi}\frac{1}{(\nu - \nu_0)^2 + (\Delta\nu_H/2)^2}$$

$$G_H^0(\nu) = \Delta N^0 \frac{\lambda_0^2 A_{21}}{4\pi^2 \Delta\nu_H}\frac{(\Delta\nu_H/2)^2}{(\nu - \nu_0)^2 + (\Delta\nu_H/2)^2} \tag{3-48}$$

$G^0(\nu)$ 为当腔内光强很弱时的增益,称为小信号增益。当 $\nu = \nu_0$ 时,

$$G_H^0(\nu_0) = \Delta N^0 \frac{\lambda_0^2 A_{21}}{4\pi^2 \Delta\nu_H} \tag{3-49}$$

式(3-28)改写为

$$G_H^0(\nu) = G_H^0(\nu_0)\frac{(\Delta\nu_H/2)^2}{(\nu-\nu_0)^2+(\Delta\nu_H/2)^2} \qquad (3\text{-}50)$$

对于非均匀展宽

$$g_D(\nu,\nu_0) = \frac{2}{\Delta\nu_D}\Big(\frac{\ln2}{\pi}\Big)^{1/2}\exp\Big[-\frac{4\ln2(\nu-\nu_0)^2}{\Delta\nu_D^2}\Big]$$

$$G_i^0(\nu) = \Delta N^0\frac{\lambda_0^2 A_{21}}{8\pi}g_D(\nu,\nu_0) = G_i^0(\nu_0)\exp\Big[-4\ln2\Big(\frac{\nu-\nu_0}{\Delta\nu_D}\Big)^2\Big] \qquad (3\text{-}51)$$

$$G_i^0(\nu_0) = \Delta N^0\frac{\lambda_0^2 A_{21}}{4\pi\Delta\nu_D}\Big(\frac{\ln2}{\pi}\Big)^{1/2} \qquad (3\text{-}52)$$

二、激光的阈值

通常,激光增益介质除了增益 G 以外,介质内还有损耗 α_i。此外,谐振腔的两腔镜也有损耗,即两腔镜的反射率 r_1,r_2 可以写为

$$\left.\begin{array}{l}r_1 = 1-\alpha_1-t_1\\r_2 = 1-\alpha_2-t_2\end{array}\right\}$$

式中,t_1,t_2 为两反射镜的透射率,α_1,α_2 为反射镜损耗。设介质增益的长度为 L,腔内激光在往返一次以后,光强由 I_0 变为 I_4,应有

$$\frac{I_4}{I_0} = r_1 r_2\exp[2L(G-\alpha_i)] \qquad (3\text{-}53)$$

显然,当 $I_4\geqslant I_0$ 时,腔内光强保持不变或处于增长状态,这是激光器的起振条件。因此有

$$r_1 r_2\exp[2L(G_t-\alpha_i)]\geqslant 1$$

或

$$G_t(\nu)\geqslant\alpha_i-\frac{1}{2L}\ln(r_1 r_2) \qquad (3\text{-}54)$$

$G_t(\nu)$ 称激光介质的阈值增益。令 $\alpha=\alpha_i-(1/2L)\ln(r_1 r_2)$,于是式(3-54)变为

$$G_t(\nu)\geqslant\alpha \qquad (3\text{-}55)$$

或由于 $t_1,t_2,\alpha_1,\alpha_2$ 很小,可以将阈值条件写为

$$G_t(v)\geqslant\alpha_i+\frac{1}{2L}(\alpha_1+t_1+\alpha_2+t_2) \qquad (3\text{-}56)$$

由阈值条件(3-55)与增益表达式(3-46),可得阈值粒子反转数为,

$$\Delta N_t = \frac{8\pi\tau\nu^2\alpha}{c^2 g(v,v_0)} \qquad (3\text{-}57)$$

式中 $\tau = 1/A_{21}$ 为能级 2 的自发发射寿命。

三、模式竞争

我们已知,沿激光谐振腔轴的稳定光强分布是用纵模来描述的。在激光谐振腔内,被放大的光强必须是谐振腔的某个纵模。因此,除了介质的增益必需超过阈值外,只有在介质的增益曲线范围内某个谐振腔的纵模上才能形成激光。设增益曲线属于均匀展宽,在增益范围内只有一个纵模频率 ν_q。开始时,$G^0 > G_t$,于是频率为 ν_q 的激光光强将不断增长,但光强的增加将使介质中的粒子反转数减小,结果使增益下降。增益的下降使光强增长变缓,最终将使腔内光强达一个稳定值 I,此时,介质增益将下降到阈值大小,即

$$G(\nu_q, I) = G_t$$

如果在增益曲线的范围内有多个纵模,并且开始时它们的增益都满足 $G^0 > G_t$ 条件,这时会出现什么情况呢? 如图 3-9 所示,假设有三个纵模 ν_{q-1},ν_q,ν_{q+1},满足上述条件。开始时三个模的光强都会增加,光强增加的结果使粒子反转数 ΔN^0 下降,于是增益也随之下降,整个的增益曲线开始下压。如图,当增益曲线由曲线 1 下压到曲线 2 时,对应于 $G(\nu_{q+1}, I_3) = G_t$ 的 ν_{q+1} 模的光强就不再增加了,但 ν_{q-1},ν_q 两个模的增益仍超过 $G_t(\nu)$,它们的光强还会继续增加,于是增益曲线将继续下压,从而使 ν_{q+1} 模的增益下降到阈值以下而使其消失。类似过程使 ν_{q-1} 模达到阈值附近,$G(\nu_{q-1}, I_2) = G_t$,ν_{q-1} 模的光强不再增加。而 ν_q 模则仍处在阈值以上,光强还会继续增加,增益曲线还在继续下压,导致 ν_{q-1} 模的增益也下降到阈值以下,于是也 ν_{q-1} 模也不能维持振荡了。这种一个振荡模的增长把其余振荡模抑制下去的现象称为模式竞争。最后增益曲线下压到曲线 3,腔内剩下惟一的模 ν_q 是振荡的,成为单纵模振荡。

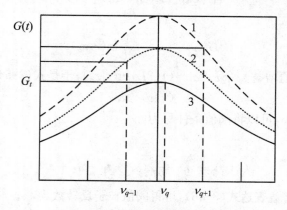

图 3-9　激光振荡中的模式竞争

气体介质属于非均匀展宽的增益介质。对于非均匀展宽介质,只要纵模的间隔足够大,增益饱和就只在该振荡频率附近造成一个凹陷,而整个增益曲线并不下降,因而在非均匀展宽增益介质中可以实现多纵模振荡,如图 3-10 所示。由于各振荡纵模对应的增益不同,所以各个纵模的输出功率是不等的。那些靠近增益曲线中心 ν_0 的模,增益高,光强大,输出功率也高,而远离 ν_0 的模增益低,输出功率也低。

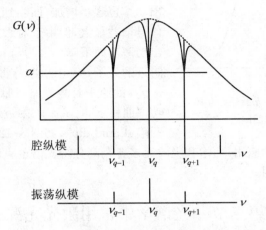

图 3-10 非均匀展宽增益介质中的多纵模振荡

需要注意,气体介质中不同原子的运动速度和方向是各不相同的,因而它们的 Doppler 频移也各不相同。非均匀介质中各个振荡纵模的不相等的输出功率说明不同运动速度的原子对不同纵模所做的贡献是不同的。设一气体激光器在频率为 ν_q 的单纵模下运转,$\nu_q > \nu_0$。由于多普勒效应,相对于观察者,不同速度的原子发射的是频率不同的光。对于 $\nu_q > \nu_0$ 的振荡模,将由介质中哪些原子对其有贡献呢?已知一个振荡模是谐振腔中来回反射形成的驻波,这是沿腔轴 $+z$ 与 $-z$ 方向、传播常数为 k 与 $-k$ 的双向行波。由多普勒频移公式,速度为 v_z 的原子,发射的光频率为 $\nu_0(1+v_z/c) = \nu_0 + kv_z/2\pi$。因此,如图 3-11 所示,相对于传播常数为 k 的行波而言,速度为 v_z 的原子满足 $\nu_q = \nu_0 + kv_z/2\pi$ 条件,对于 $-k$ 行波,满足 $\nu_q = \nu_0 + (-k)(-v_z)/2\pi$ 条件,这是速度为 $-v_z$ 的原子。这就是说,在 $\nu_q > \nu_0$ 情况下,是两群与两列行波相同方向运动的原子所发射的光进入该振荡模,因此,有两群原子对该振荡模作贡献。同样,在 $\nu_q < \nu_0$ 时,要求满足 $\nu_q = \nu_0 -$

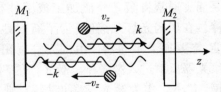

图 3-11 $\nu_q > \nu_0$ 时,与两列行波相反运动的两群原子的发射可进入同一个模

$kv_z/2\pi$ 的条件,就是说对该振荡模有贡献的是两群与两列行波相反方向运动的原子。

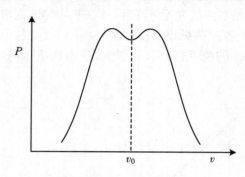

图 3-12   单纵模气体激光器输出功率曲线上的兰姆凹陷

我们来考虑如下的实验,即设法调节腔长,也即调节纵模频率 ν_q。我们使激光振荡频率 ν_q 逐步向增益曲线中心频率 ν_0 移动。因此,随着 ν_q 逐步向增益曲线中心频率 ν_0 靠拢,小信号增益越来越大,输出功率也逐步增加,而当到达 $v_z=0$ 附近时,虽然小信号增益最大,但由于对激光作贡献的原子减少,输出功率反而下降。因为与 ν_0 对应的只有一群 $v_z=0$ 附近的原子,换句话说,在此情况下只有一群速度为 $v_z=0$ 的原子对激光有贡献。于是在激光器的输出功率曲线上,在 $\nu_q=\nu_0$ 附近形成一个凹陷,称为兰姆凹陷(Lamd dip),如图 3-12 所示。兰姆凹陷在激光器的稳频方面有着重要的应用,而饱和吸收无多普勒高分辨光谱也应用了兰姆凹陷原理,这部分内容将在第七章中阐明。

第三节   光谱学中常用激光光源

一、固体激光器

1. 固体激光器一般结构

固体激光器是将可激活离子掺杂到晶体或玻璃体中的一大类激光器,现在,适合用作固体激光介质的材料有数十种。固体激光器一般采用光激发泵浦,如采用闪光灯或另一台激光来泵浦。通常将激光介质加工成圆柱状,称为激光棒。在用闪光灯泵浦时,为了有效地利用泵浦光能,需要加上聚光器。由闪光灯射出的闪光通过聚光器反射进入激光棒。激光棒的两端装置反射镜 M_1,M_2 作为激光振荡谐振腔,典型装置如图3-13所示。在高强度闪光灯和振荡激光作用下,激光棒会很快发热,为了散热以保护激光棒,一般都对激光棒和闪光灯加上冷却水套。由于介质发热与热导性差等原因,固体激光器以一般脉冲方式运转。

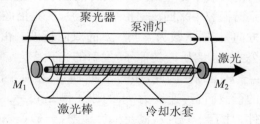

图 3-13   固体激光器的一般结构

2. Q 开关技术

以固体激光器为代表的一些高增益的激光介质,在强泵浦光作用下,粒子反转数的上升很快,当达到一个确定的阈值以后,便能建立振荡,称为自由振荡。固体激光器自由振荡的特点是:

(1)会出现随机的多尖峰脉冲。因为在泵浦光作用下,只要粒子反转数超过阈值便振荡起来,而振荡激光又将消耗粒子反转数,令其快速下降,于是振荡起来的激光很快熄灭。但泵浦光还在持续照射,于是粒子反转数又重新建立,激光再次振荡。上述过程重复发生,出现多尖峰脉冲。

(2)激光振荡时间拉得很长。泵浦光持续时间达数百微秒,几乎在泵浦的持续照射时间内都有输出,使脉冲输出功率受到限制。

一种改善高增益介质激光器输出脉冲波形,提高脉冲输出功率的重要方法是 Q 开关技术。Q 值是描述光学谐振腔的储能与损耗关系的参数,称为品质因素,它定义为

$$Q = 2\pi\nu \frac{\text{腔内储存能量}}{\text{单位时间损耗能量}}$$

式中 ν 为激光振荡频率。设腔内储存能量为 ε,谐振腔腔长为 L,腔的单程损耗为 α,介质的折射率为 n_r,则腔的 Q 值为

$$Q = \frac{2\pi n_r L}{\lambda\alpha} = \frac{\nu}{\Delta\nu_c}$$

式中 $\Delta\nu_c$ 为谐振腔频宽,可见腔的 Q 值与腔的损耗成反比,损耗越小 Q 值越高。Q 开关的基本思想是设法控制光腔在泵浦期间的损耗,使在泵浦脉冲前期腔的损耗很大,光的增益超过不了损耗,达不到激光起振的阈值;在泵浦脉冲作用下粒子反转数持续增长,待粒子反转数积累到很大数量,介质的增益足够大时,突然减小损耗,于是光的增益将大大超过损耗,在瞬间建立起很强的激光。如图 3-14 所示,在高 Q 值开启期间,在粒子反转数迅速下降的同时,出现一个由光子密度表示的光脉冲。研究表明,采用 Q 开关,激光器可以将数百 μs 的泵浦脉冲宽度压缩在数 ns 时间内输出激光,光脉冲的瞬时功率达将到数百 kW,以至 GW 以上。

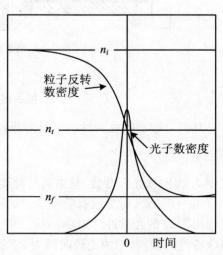

图 3-14　粒子反转数密度与光子密度
在 Q 开关期间随时间的变化

Q 开关技术通常分主动调 Q 与被动调 Q 两大类。主动调 Q 是采用由外界控制的调制元

件控制腔的损耗参数,常用有转镜调 Q、声光调 Q、电光调 Q 等;被动调 Q 是利用对光强有可饱和吸收的材料实现调 Q,例如有染料调 Q。

图 3-15 为典型的电光调 Q 装置示意图。图中的格兰棱镜为偏振器,入射光经偏振器后成为与 x 轴相平行的线偏振光。晶体 KD * P(磷酸二氘钾)在外加电压下它是一个双折射晶体,它的两个晶轴 x' 与 y' 分别与坐标轴 x 与 y 成 $45°$ 角,沿 x' 晶轴的折射率小,沿 y' 晶轴的折射率大。当加有 $u_{\lambda/4}$ 电压时,由于折射率不同导致传播速度的差异,沿 x' 与 y' 方向的线偏振光在晶体出射端将产生 $\pi/2$ 的相位差,变为圆偏振光。它经反射镜反射返回到偏振器表面时退化为线偏振,但振动面转了 $90°$,就不能通过偏振器,也就回不到 YAG 晶体内。这相当于激光腔损耗很大。如果晶体上撤消 $u_{\lambda/4}$ 电压,上述效应不会产生,腔的损耗保持很小。因此,开关 $u_{\lambda/4}$ 电压,能实现谐振腔的 Q 值突变。电光晶体 KD * P 对 $1.06\mu m$ 激光的 $u_{\lambda/4}$ 电压约为 4kV,但它易潮解;另一种常用晶体为铌酸锂(LN-LiNbO₃)晶体,它的 $u_{\lambda/4}$ 电压约 $3V \sim 3kV$,不易潮解,但可承受激光功率水平较低。

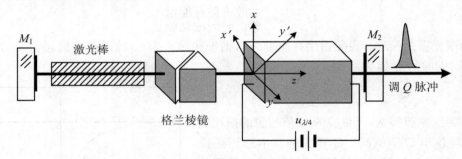

图 3-15   激光器的电光调示意图

具有可饱和吸收特性的染料溶液,它的吸收系数 α 与入射的光强 I 有关

$$\alpha = \frac{\alpha_0}{1 + I/I_s}$$

式中 I_s 为饱和光强参数,与染料的种类和浓度有关,α_0 为弱光下的吸收系数。由该式可见,当 $I \gg I_s$,$\alpha \to 0$,对入射光没有吸收了。如果在激光腔内插入一片(数毫米厚)染料溶液盒,激光器便输出调 Q 的光脉冲。BDN(双-二甲基氨二硫代二苯乙二酮-镍)为一种常用的具有可饱和吸收特性的染料,它的弛豫时间为 2×10^{-9} 秒。

3. 两种常见的固体激光器

人类发明的第一个激光器是红宝石固体激光器,它的激活粒子为掺杂在 Al_2O_3 晶体中的 Cr^{3+} 离子,输出波长为 $\lambda_0 = 0.6943\mu m$。在激光光谱技术中现在应用最多的则为掺钕钇铝石榴石(Nd^{3+} : YAG)和掺钛蓝宝石(Ti^{3+} : Al_2O_3)。

（1）YAG 激光器。Nd^{3+}：YAG 激光器的激活粒子是在钇铝石榴石晶体中掺进的 Nd^{3+} 离子。Nd^{3+} 激光是一个四能级系统，激光下能级是高于基态的的 $^4I_{11/2}$ 态，激光跃迁发生的 $^4F_{3/2}$ 与 $^4I_{11/2}$ 态。$^4F_{3/2}$ 是亚稳态能级，寿命约 $230\mu s$，而 $^4I_{11/2}$ 的寿命很短，又离基态较远，基本没有粒子布居，因此在 $^4F_{3/2}$ 与 $^4I_{11/2}$ 容易获得粒子数反转，激光波长为 $1.064\mu m$（图 3-16）。此外，受晶格内电场作用，$^4F_{3/2}$ 分裂成两个斯塔克支能级，$^4I_{11/2}$ 分裂成六个支能级，共有八条荧光线，所以 Nd^{3+}：YAG 激光能调谐在不同的荧光线上。

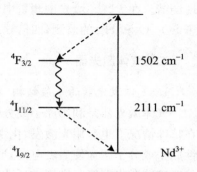

图 3-16 YAG 激光器的能级图

钇铝石榴石晶体有较好的导热性能，因此用闪光灯泵浦 YAG 激光器可以工作在每秒数十次的重复频率上。调 Q 的 YAG 激光器，基波 $1.06~\mu m$ 的单脉冲输出能量可到 1000 mJ 以上，脉宽在 $10\sim12$ ns。经过倍频后，532 ns 波长的单脉冲能量在 500 mJ 以上，脉宽在 8 ns 左右；355 ns 波长的单脉冲能量在 300 mJ 以上，脉宽在 3 ns 左右。近年，发展了用半导体激光泵浦 YAG 激光，用波长 808 nm 的半导体激光正好与 Nd^{3+} 离子的强吸收匹配，因此可做成小型紧凑高性能的 YAG 激光器，能方便地应用的机载或星载激光雷达上。

（2）钛宝石激光器。钛宝石是一种室温工作的可调谐激光晶体，与红宝石具有相同晶体结构，都是 $\alpha—Al_2O_3$ 单晶，掺杂激活离子是 Ti^{3+} 离子，激光输出波长范围从 $0.67\mu m$ 到 $1.1\mu m$。由于其上能级寿命仅 $3\mu s$，常用二倍频的 YAG 激光作钛宝石激光的泵浦源，由于它的导热性好，可用 Ar^+ 离子激光作泵浦光源实现连续波运转。图 3-17 是一种常用的 YAG 激

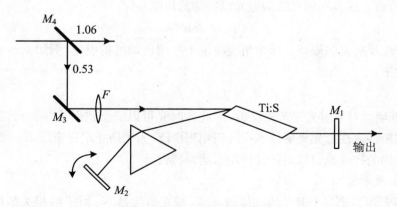

图 3-17 钛宝石激光器光路图

光泵浦的钛宝石激光装置。图中反射镜 M_3 与 M_4 对 YAG 激光的 $1.06\mu m$ 基波是高透的,而对二倍频 $0.53\mu m$ 是高反的,反射镜 M_1 与 M_2 组成谐振腔,如果反射镜 M_1 用光栅替代即可实现调谐。在大气环境光谱测量中,钛宝石激光的二倍频光可用于 NO_2 的监测,三倍频光可用于 SO_2,O_3 和 Hg 的监测,四倍频光可用于 NO 的监测。

二、气体激光器

1. 气体激光器的一般结构

气体激光器是利用原子或分子气体为工作物质的激光器。它的泵浦方式主为气体放电,在特殊情况下也有用光激发、化学反应激发或热激发等技术。在气体放电管中,高能电子与中性原子或分子碰撞使后者电离,形成等离子体。而大量的电子与原子或分子之间或它们之间的碰撞使激光能级间实现粒子数反转。图 3-18 为典型气体激光器的一般结构。

图 3-18　气体激光器的一般结构

气体物质通常为低增益介质,因此常使用凹面腔镜的稳定腔,谐振腔的反射镜应具有高反射率,常用多层介质膜反射镜。气体放电管的两个端面一般不是垂直的平面,而是做成一定倾角,称布儒斯特窗。这是利用光线偏振光以特殊的角度

$$\theta_B = \tan^{-1} n_r$$

入射时将不产生反射光的原理。这个角度决定于所用玻璃的折射率,例如 $n_r = 1.5$,在从空气至玻璃的情况下,

$$\theta_B = \tan^{-1} 1.5 \approx 57°$$

倾角为 θ_B 的玻璃面对入射光不产生反射,因此这时光可以完全透射光学窗口,但透射的是线偏振光。布儒斯特窗在激光光谱技术中应用相当广泛,为了防止端面窗口不必要的附加反射,进行光谱测量用的样品池窗口也往往使用布儒斯特窗。

2. He-Ne 激光器

He-Ne 激光器是第一个诞生的气体激光器,激光谱线是 Ne 原子的相关能级之间的受激跃迁,其输出波长有 $0.6328\mu m$ 的红光与 $1.15\mu m$ 和 $3.39\mu m$ 的红外光。

　　He-Ne 激光器使用 He 与 Ne 混合气体。放电管中典型的 He 气压为 1.0mm 汞柱,Ne 气压为 0.1mm 汞柱,放电管点火电压约 5kV。在气体放电中,He 原子与高速电子碰撞而首先得到激发,He 的 3^3S 与 3^1S 态是亚稳态,能级寿命分别为 10^{-4}s 和 5×10^{-6}s,因此它们可以得到很高的布居。He 的这两个能级分别和 Ne 的 2S 和 3S 能级很接近,He 和 Ne 发生碰撞使 Ne 的 2S 和 3S 能级就得到布居,如图 3-19 所示。

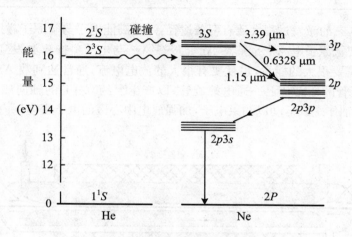

图 3-19 He-Ne 激光器相关的能级

　　波长 $0.6328\mu m$ 激光是 Ne 的 3S 能级和 2p 能级之间的跃迁。2p 态对 1S 态的辐射衰减约为 10^{-8}s,远小于上能级 3S 的 10^{-7}s 寿命,从而在 3S～2p 间出现反分布。但是 1S 的寿命相对长,这个能级的原子与电子碰撞会使原子返回到 2p 能级,对 3S－2p 的粒子数反转不利。波长 $1.15\mu m$ 谱线的上能级为氖的 2S 态,它是通过氦的 2^3S 态共振转移激发的,下能级与 $0.6328\mu m$ 谱线的下能级是同一个能级,所以这条谱线也与 Ne 的 1S 的管壁碰撞去激发机理有关。$3.39\mu m$ 谱线是氖的 3S～3p 跃迁,它的上能级与 $0.6328\mu m$ 谱线的上能级是同一个能级。$3.39\mu m$ 谱线的小信号增益很高,因为氖的 3p 能级的寿命很短,粒子反转数很高。因此 $3.39\mu m$ 谱线比 $0.6328\mu m$ 谱线更容易振荡。

　　3. 氩离子激光器

　　氩离子(Ar^+)激光器是利用 Ar^+ 的电子态 $3p^44p \sim 3p^44s$ 的受激跃迁。由于每个电子态都包含若干个能级,所以谱线很多,其中在 $0.5145\mu m$ 和 $0.4880\mu m$ 的两条谱线最强。Ar^+ 激光器是可见光波段上的大功率连续波激光器,在光谱工作中除直接利用这些谱线外,常用作染料激光器和其它激光器的泵浦源。表 3-1 列出了它的主要输出波长。

表 3-1   氩离子激光器的输出波长(μm)

0.437073	0.472689	0.501717
0.454504	0.476488	0.514533
0.457936	0.487986	0.528700
0.465795	0.496510	

Ar^+ 的 $3p^44p$ 态的激发过程大致有两条途径：一是高能电子与氩原子碰撞直接激发，二是通过与电子碰撞使氩原子电离产生基态 Ar^+，基态 Ar^+ 与电子碰撞再激发到 $3p^44p$。在氩原子电离并激发中需要很大的能量，也就要有很大的放电电流，通常达到数 A/cm^2 以上。如图 3-20 所示，在放电管的外面套上一通电螺旋管，以产生大约 0.1T 的轴向磁场。在磁场作用下，带电粒子沿管轴作螺旋运动以约束电子，加强放电中心区的电子密度。

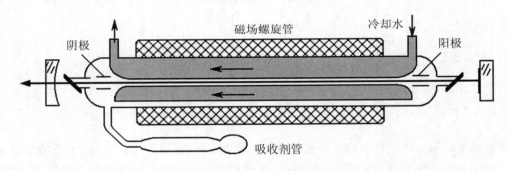

图 3-20   氩离子激光器结构示意图

4. 红外波段分子气体激光器

CO_2 激光器是红外波段最重要的分子气体激光器，它利用的是分子振转能级间的受激跃迁。CO_2 分子是三原子线性分子，有三种振动方式，分别是对称振动 ν_1、弯曲振动 ν_2 和反对称振动 ν_3，因此振动能级十分丰富与密集。CO_2 激光的上能级为反对称振动相对应的能级 $00°1$，它有两组谱线，一组是能级 $00°1 \sim 10°0$ 的 P、R 跃迁，共计它有五十多条支线，波长在 $10.6\mu m$ 线附近，另一组为 $00°1 \sim 02°0$ 的 P、R 跃迁，它也有数十条支线，波长在 $9.6\mu m$ 线附近。由于 $00°1 \sim 10°0$ 跃迁的增益系数比 $00°1 \sim 02°0$ 跃迁大得多，当没有对 $10.6\mu m$ 线采取限制措施时，一般得不到 $9.6\mu m$ 谱线。并且当未对激光振荡采取限制措施时，优先振荡的是 $00°1 \sim 10°0$ 跃迁的 $P(18)$，$P(20)$ 或 $P(22)$，它们的波长分别为：10.57，10.59 与 $10.61\mu m$。

丰富的振动支线使 CO_2 激光器成为线调谐激光器，当采用同位素代换后还可进一步扩充激光运转波段。如图 3-21 所示，采用具有选择反射的闪耀光栅代替腔的一面反射镜，就可以实现对不同支线的调谐。与固体激光器一样,在 CO_2 激光器中也可以使用调 Q 技术,从而获得高功率的窄脉冲激光输出。与 CO_2 激光器运转方式类似的还有其它多种分子气体。其中最重要的是一氧化碳(CO)激光器和氧化氮(N_2O)激光器。CO 激光器运转在 $5.0\mu m$ 到 $6.5\mu m$,N_2O 激光器在 10.3 到 $11.1\mu m$。

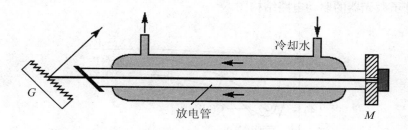

图 3-21　CO_2 激光器选支示意图

将 CO、CO_2、N_2O 等激光泵浦另一些分子气体,可以进一步获得 $40\mu m$ 以外的远红外激光器。用于这些波段的分子有甲醇(CH_3OH)、甲胺(CH_3NH_2)、甲酸(HCOOH)、甲基卤化物(CH_3X;X=F,Cl,Br,I)。这些分子的激活特性要求用窄带泵浦激光激发低压气体蒸汽的单个振转跃迁。反转布居产生于激发的振动态的转动能级之间,因此激光输出是一系列紧密排列的谱线。这些谱线既和增益介质的性质有关,也和分子中初始激发的模式有关。例如,最常用的分子气体介质甲醇在 70.6、96.5、118.8、163.0、570.5、$699.5\mu m$ 等处有数组远红外激光谱线。

5. 准分子激光器

准分子是一类特殊条件下的分子,它只在电子激发态时处于束缚态,而在基态时便不稳定地离解掉了,因而也称"激发态-基态复合物"("Excimer")。用作激光介质的准分子基本上可分为四种类型:稀有气体(如 Ar_2,Kr_2)、稀有气体氧化物(如 KrO,XeO)、稀有气体卤化物(KrF,XeCl)和金属蒸气卤化物(如 HgCl)准分子激光器。准分子的最低激发态到排斥的(或弱束缚的)基态间的荧光跃迁为一连续谱带。最常应用的准分子激光有 KrF($248.4nm$),ArF($193.3nm$),XeF($351.1nm$)与 XeCl($308nm$)。

图 3-22 给出了 XeF 准分子与激光相关的几条势能曲线,许多稀有气体卤化物的势能曲线都与此类似。XeF 的形成发生在有外界激发(电子束或放电泵浦)的 Xe、F_2 与 Ne(或 He)的混合气体中。在外界激发下,Xe 原子一方面与电子发生碰撞产生电离形成 Xe^+;另一方面 F_2 与电子碰撞而离解,产生 F 的原子与离子(F^-+F)。然后在 Ne 的参与碰撞作用下,负电性离子 F^- 与正电离子 Xe^+ 因库仑力作用而结合成分子,形成激发态分子 XeF^*。由于原子间,

离子与原子及电子间的碰撞，XeF^* 迅速地从 D、C 态通过弛豫到 B 态。$B(^2\Sigma)$ 态具有较深势谷，可以形成强束缚态的 XeF^* 分子。准分子的寿命很短，仅有 $10^{-8}s$ 量级，基态（即激光跃迁的下能级）寿命更短，约为 $10^{-13}s$。因此准分子激光器只能在脉冲状态下工作。为了获得大功率的输出，必须要快速的高功率的泵浦手段，通常采用快速放电横向泵浦方式。图 3-23 是一个典型的准分子激光器的驱动电路结构图。

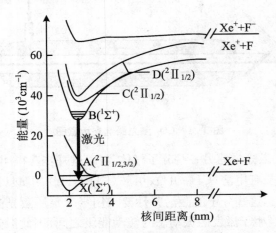

图 3-22　XeF 准分子的势能曲线

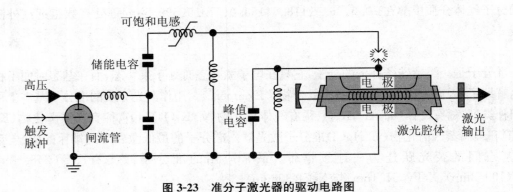

图 3-23　准分子激光器的驱动电路图

三、染料激光器

染料激光器是以染料作为激光工作物质的激光器。大多数是将染料溶于乙醇、苯、丙酮或水等溶剂中，配成 $10^{-5} \sim 10^{-3} M \cdot L^{-1}$ 级浓度的溶液；也可将染料溶于塑料中，做成固溶体染料激光器,甚至做成厚度只有数微米的薄膜激光器;还有做成在技术上有特殊意义的气相染料激光器。染料激光器的突出优点是可以实现输出波长在一个较大的波长范围内调谐。使用不同的染料,可以实现从紫外的 320nm 到近红外的 1.168 μm 内调谐;使用倍频技术,还可以扩展到 200nm 附近。

1. 激光染料

(1)染料激光介质。激光染料是有机大分子,现已研制出上百种,常用的也有 10～20 种。染料溶剂相当于固体工作物质的基质材料,不同染料所用的溶剂也不同。合适的溶剂可以提高染料的溶解度,从而提高激活粒子数的密度,以获得更高的功率和能量输出。图 3-24 为脉冲染料激光器在使用不同染料时可获得的可调谐激光谱线范围。表 3-2 列出了若干重要的染料、溶剂及其输出激光的波长。

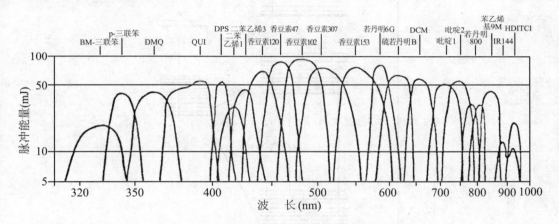

图 3-24　脉冲染料激光器的可调谐光谱范围

表 3-2　若干重要的激光染料

染料	可调谐范围(nm)	染料	可调谐范围(nm)
甲酚紫	648～692	香豆素 153	513～580
若丹明 101	613～672	香豆素 152	490～570
若丹明 B	591～642	香豆素 47	438～495
若丹明 6G	570～616	香豆素 2	427～480
二氯荧光素	539～574	四甲基伞形酮	411～448
荧光素钠	516～543		

（2）激光染料介质的光物理过程。染料的可调谐性是由它的分子结构和能级特征所决定的。染料分子通常由数十个原子所组成，它们的振动模式很多；在振动结构中还存在转动结构；溶剂分子与染料分子的相互作用还会使能级加宽。染料分子典型的能级结构如图 3-25 所示，分为单重态 S_0、S_1、S_2、…，三重态 T_1、T_2、…。激光染料通常具有很宽的荧光发射带，并向吸收光谱的长波方向位移，染料激光的可调谐性就是基于这种宽荧光带。染料分子在吸收入射光子后，可发生从基态 $S_0{\rightarrow}S_1(\nu=0,1,2,3\cdots)$ 或 $S_0{\rightarrow}S_2(\nu=0,1,2,3\cdots)$ 的激发。然后以速率极快的 $(10^{-12}\,\text{s})$ 方向位移，内转换速率，从 $S_1(\nu=1,2,3\cdots)$ 或 $S_2(\nu=0,1,2,3\cdots)$ 弛豫到 S_1 的最低振动态 $(\nu=0)$。分子从 $S_1(\nu=0)$ 向基态 S_0 的各能级 $(\nu=0,1,2,3\cdots)$ 发射荧光。此外，也可能通过 $S_1{\rightarrow}T_1$ 的系间交叉（跃迁速率 ω_{ST}^{-1}），产生三重态 T_1 的布居。

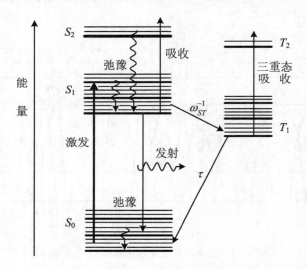

图 3-25　染料分子典型的能级跃迁

2. 染料激光器

（1）脉冲染料激光器。染料激光器一般采用光激发泵浦，可用闪光灯或脉冲激光泵浦。准分子激光与倍频的 YAG 激光是常用的两种泵浦激光。泵浦方式分纵向泵浦与横向泵浦两种。纵向泵浦时用透镜将泵浦光聚焦后投射到染料池上，输出激光与泵浦光成一很小的角度。横向泵浦时通常用柱面镜将泵浦光聚成一条焦线投射到染料池内，在与泵浦光方向接近垂直的方向上输出激光。

图 3-26 为一种采用棱镜系统扩束的横向泵浦染料激光器。如图所示，腔内光束经棱镜系统扩束后投射到光栅-反射镜调谐装置上。扩束器应使照射光束基本充满光栅。激光波长的

调谐通过调节反射镜相对于光栅的倾角来实现。如在腔内插入标准具,则可使激光线宽压缩到 0.1cm^{-1} 的量级。

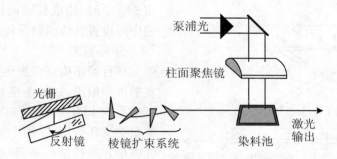

图 3-26 染料激光器的掠入射-反射镜调谐系统

(2) 连续波染料激光器。染料激光器在连续波方式运转时,可用氩离子或氪离子激光作泵浦光源。在连续波方式运转时,需要考虑染料分子的三重态 T_1 布居的有害影响。因为泵浦光的连续照射会使 T_1 上积累相当多的粒子数,一方面它显著地减小了激光的粒子反转数,另一方面会因 $T_1 \rightarrow T_2 \cdots$ 的三重态吸收而猝灭荧光,破坏激光的形成。抑制三重态 T_1 布居的方法有:①在溶液中添加三重态猝灭剂,例如在若丹明 6G 溶液中添加环辛四烯等;②增加溶液的流速,现在广泛采用高速喷流技术代替染料池,以缩短染料在激射区停留的时间。高速喷流的产生是用一种扁平喷嘴,染料溶液在高压下喷射出来,形成薄薄的染料片,宽度约为 $2\sim3\text{mm}$,厚约 0.15mm。因为染料是高浓度的高增益介质,一片薄薄的高流速染料片,足以产生高强度的激光。

① 三镜折叠腔

如图 3-27 所示,D 为喷流染料,M_1,M_2,M_3 是按折叠式放置的三个反射镜,对应的三个曲率半径为 R_1,R_2,R_3,其中 R_1 很大,R_2,R_3 比较小,可取 $R_2 = R_3$,夹角 θ 仅 5°左右。M_1 与

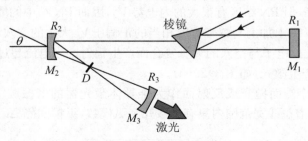

图 3-27 三镜折叠腔的连续染料激光器

M_2 间距离比较大，M_1 与 M_3 间距离为 $3R_2/2$。棱镜是为了引入泵浦光而设置的。三镜折叠腔是一个长、短结合腔，M_2 与 M_3 构成短腔，目的是减小染料上的光斑尺寸和提高功率密度，由 M_1 与 M_2 构成长腔以压缩发散度。在长腔中可设置其他调制元件。

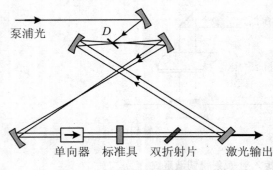

图 3-28　环行腔连续染料激光器

择腔模。

② 环行腔

环行腔结构可以提供 MHz 量级的窄线宽的单频激光，如加上良好的反馈系统线宽可减小到 kHz 量级。如图 3-28 所示，整个腔呈交叉环行形式，图中的单向器使腔内的光波单方向传播。染料喷流 D 的位置在两短焦距镜的束腰处。用双折射滤光片进行波长粗调，用标准具的压电陶瓷进行细调，以选

四、半导体激光器

1. 半导体激光器原理

在半导体中，电子能量 ε 的分布用费米分布函数 $f(\varepsilon)$ 描述

$$f(\varepsilon) = \frac{1}{\exp[(\varepsilon - \varepsilon_F)/(k_B T)] + 1}$$

式中，ε_F 称为费米能级。费米能级是这样一个能级：当 $\varepsilon = \varepsilon_F$ 时，$f(\varepsilon) = 1/2$；当 $\varepsilon > \varepsilon_F$ 时，$f(\varepsilon)$ 随 ε 的上升而减小，并在 $\varepsilon > \varepsilon_F + k_B T$ 时，$f(\varepsilon)$ 迅速下降到可忽略的程度。

半导体激光器是利用正向偏置的 PN 结中电子与空穴复合发光的，称载流子复合半导体激光器，也称二极管激光器。用作激光器的半导体材料都是重掺杂的，重掺杂的 P 型材料，ε_F 能级进入到价带内；而重掺杂的 N 型材料，ε_F 位于导带内。当构成 PN 结时，电子的能量分布要求费米能级 ε_F 相等，但 PN 结区有很大的内电势 V_d，因而 PN 结中的能带产生很大的扭曲，如图 3-29(a)。当 PN 结上加上与禁带宽度相当的正偏压 V，大量的空穴和电子分别从 P 区或 N 区进入 PN 结，在此处电子与空穴的大量复合而产生辐射。当电流超过某一阈值时，自发发射转变为受激发射，产生激光，如图 3-29(b)。

通常将 PN 结两个端面抛光成反射面作为半导体激光器的谐振腔。由于谐振腔长度很短，纵模间隔很大，在增益线宽范围内只有少数几个纵模数，纵模间隔 $\Delta\nu_q$ 可表示为

$$\Delta\nu_q = \frac{c}{2nL\left(1 + \dfrac{\nu}{n_r}\dfrac{\mathrm{d}n_r}{\mathrm{d}\nu}\right)}$$

式中，L 为腔长，n_r 为材料折射率，c 为光速，可见 $\Delta\nu_q$ 既与折射率有关，还与色散（$\mathrm{d}n_r/\mathrm{d}\nu$）有关。由于 n_r 与温度 T 有关，因此，二极管激光器的精细波长调谐可以采用改变温度或改变通过电流来实现。早期的用扩散工艺制作的同质结激光器缺点很多，实际工作中通常使用异质结半导体激光器。图 3-30 所示是条式结构的双异质结激光器。

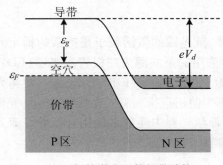

(a) 二极管激光器的能带结构

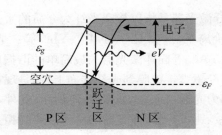

(b) 辐射跃迁

图 3-29

2. 典型的半导体激光器

（1）Ⅲ-Ⅴ族半导体材料激光器。Ⅲ-Ⅴ族半导体材料激光器有两类，一类是镓-砷化物与铟-亚磷酸盐激光器，波长覆盖从红光到近红外，约 $0.63\sim1.55\mu m$。其中 InSaP/InP $1.3\sim1.55\mu m$ 为光学通信的激光器，0.78 与 $0.83\mu m$ 的 GaAs/AlGaSa 为消费电子用的激光器。近年，光纤通信的发展使 InSaP/InP 激光器波长扩展到了 $1.3\sim1.8\mu m$。器件结构是多

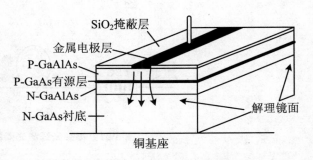

图 3-30　双异质结激光器示意图

重量子阱分布反馈（DFB）激光器。DFB 型激光器是在有源层的一侧制作成波浪形光栅结构，取代以端面为谐振腔镜面结构。当光的波长 λ_B 满足 Bragg 衍射条件时，即各波纹上产生的反射光相位满足同相叠加而增强。由于光的反馈只发生在 Bragg 波长 λ_B 处一个很窄的范围内，因此能实现单纵模运转。

另外一类Ⅲ-Ⅴ族材料是锑化物，其激射波长在 $1.8\mu m$ 以上，典型的有 AlGaAsSb，InGaSaSb 与 InSaSbP 等。这些双异质结器件是在 InAs 基座上液相沉积生长的，在液氮温度下可覆盖到 $2.7\sim3.7\mu m$ 光谱区。

（2）Ⅳ-Ⅵ族半导体材料激光器。Ⅳ-Ⅵ族半导体材料激光器（也称铅盐激光器）覆盖 3～30μm 光谱区。铅盐半导体晶体组成的比较简单，如 $Pb_{1-x}Sn_xSe$，其 PN 结是不同化学计量的盐扩散进入表面顶层形成的。在新发展的量子阱结构中，激活层厚度减至 0.1μm，导致价带和导带能级的量子化，提高了单模特性和高效率工作，其工作温度也有提高。

五、光纤激光器

光纤激光器是指以掺杂光纤为介质的激光器. 激光器的激活粒子是掺杂的稀土元素电离形成三价离子，例如 Er^{3+}、Nd^{3+}、Yb^{3+} 等。最常采用的泵浦源为二极管激光器（LD），此外有钛宝石，YAG 等固体激光器。最简单的谐振腔为 Fabry-Perot（F-P）形谐振腔，常将光纤端面抛光，将腔镜直接镀膜到光纤端面上，但是现在更多使用直接刻写入光纤的 Bragg 光栅替代反射镜，称为光栅谐振腔，如图 3-31 所示，此外，光纤激光器中还常常使用环形腔。表 3-3 给出了掺杂钕、铒、镱光纤激光器的一些主要的相关参数。

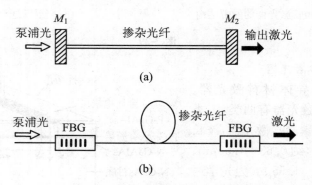

图 3-31   掺杂光纤激光器的一般原理图

表 3-3   掺钕、铒、镱光纤激光器的一些相关参数

激光器种类	吸收带（μm）	荧光带（μm）	泵浦源（μm）	输出波长与调谐范围（μm）
掺钕（Nd^{3+}）光纤	0.80、0.90	0.90、1.06、1.35	LD：0.807，Ar＋：0.5145，YAG：1.06	0.90、1.06、1.35；0.9～0.95，1.07～1.14
掺铒（Er^{3+}）光纤	0.5～0.6、0.63、0.8、0.98、1.5	1.55	钛宝石：0.7～1.00 倍频 YAG（0.532）LD：0.98、1.48	1.55
掺镱（Yb^{3+}）光纤	800～1100	0.970～1.20	钛宝石：0.86～0.98 LD：0.915、0.980，	0.976、1.064、1.083

第四节 超短脉冲激光

一、锁模技术原理

利用锁模技术可以产生比调 Q 脉冲窄得多的光脉冲,在快速过程的光谱研究中有重要应用。锁模也称为相位锁定,就是使多纵模激光器各自独立振荡的纵模在时间上有序化。非均匀增宽的激光介质可以在多个纵模频率上独立振荡,腔内任意点上由多模振荡产生的总光场 E 为

$$E(z,t) = \sum_{n=1}^{N} E_n e^{-i[\nu_n(t-z/c)+\varphi_n]} \tag{3-58}$$

式中 φ_n 为纵模 ν_n 的初相位。由于各纵模处于自由振荡状态,它们的振幅和初相位是彼此独立的。任一瞬间的振幅与相位分布是随时间无规涨落的,所以瞬时的功率也是随时间无规波动的。但是如果实现振荡的 N 个纵模之间存在着相位间的相关性,如各纵模以固定的相位等间隔地分布,即有

$$\begin{cases} \nu_{n+1} - \nu_n = \nu_n - \nu_{n-1} \\ \varphi_{n+1} - \varphi_n = \varphi_n - \varphi_{n-1} \end{cases}$$

则辐射场频域与时域特性将起本质的变化。激光器将输出频谱强度稳定,位相分布均匀和等间隔的脉冲序列。

假定式(3-58)中各纵模间隔都相等, $\Delta\nu = c/2L$, L 为谐振腔的反射镜间距,相邻模的初相位差为零,则总场强为

$$\begin{aligned} E(z,t) &= E_0 e^{-i[\nu_0(t-z/c)+\varphi_0]} \sum_{n=0}^{N} e^{-iN\Delta\nu(t-z/c)} \\ &= E_0 e^{-i[\nu_0(t-z/c)+\varphi_0]} e^{-i\Delta\nu t} \frac{1-e^{-iN\Delta\nu(t-z/c)}}{1-e^{-i\Delta\nu(t-z/c)}} \\ &= E_0 e^{-i[\nu_0(t-z/c)]} e^{-i\Delta\nu t} \frac{1-e^{-iN\Delta\nu(t-z/c)}}{1-e^{-i\Delta\nu(t-z/c)}} \end{aligned} \tag{3-59}$$

由式(3-59)得瞬时光强为

$$I(z,t) = E_0^2 \frac{\sin^2[N\Delta\nu(t-z/c)/2]}{\sin^2[\Delta\nu(t-z/c)/2]} \tag{3-60}$$

它与纵模数 N 有关。这是一列光脉冲,脉冲周期 $T=2L/c$,脉冲宽度为 $\tau=2L/(Nc)$,可见 N 越大,脉宽越窄,图 3-33 给出了 $N=10$ 时的锁模脉冲序列。由于激光纵模间隔 $\Delta\nu_L = c/2L$,对

于荧光带宽为 $\Delta\nu_F$ 的激光介质来说,纵模数 N 约为,$N_m \approx \Delta\nu_F/\Delta\nu_L$,故脉冲的宽度 $\tau \sim 1/\Delta\nu_F$,近似地与荧光带宽 $1/\Delta\nu_F$ 成反比。

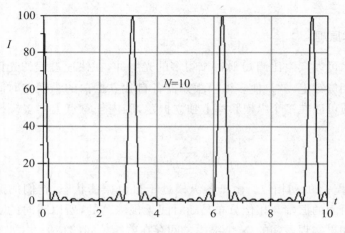

图 3-32　$N = 10$ 时的锁模脉冲

那么一个激光器的 N 个纵模如何实现相位间相关的振荡?可以假设在增益曲线中心附近有一纵模 ν_c,由于它对应着最大的增益而首先振荡起来:$E_0\cos2\pi\nu_c t$。如激光器上设置了调制器,光场的幅度受到调制,调制频率为 $f = c/2L$。设调制度为 M,即有

$$E(t) = E_0(1 + M\cos2\pi f t)\cos2\pi\nu_c t \tag{3-61}$$

对其进行展开得

$$E(t) = E_0\cos2\pi\nu_c t + \frac{ME_0}{2}\cos2\pi(\nu_c - f)t + \frac{ME_0}{2}\cos2\pi(\nu_c + f)t \tag{3-62}$$

由式(3-62)可见,幅度调制使在中心频率 ν_c 两侧出现两个边频

$$\nu = \nu_c \pm f = \nu_c \pm c/2L$$

即中心纵模 ν_c 的振荡带动了两个边带模的振荡,边带模与中心模应是同相位的。进而,而这两个边带振荡又会激起它们的相邻模的振荡,如此发展下去,可把所有增益范围内的模都激发振荡起来。这些新激发的模与中心模的相位也都应相同。

二、锁模激光器

1. 染料同步泵浦锁模激光器

由于锁模脉冲的宽度近似地与增益线宽成反比 $\tau \sim 1/\Delta\nu_f$,通常在数十至数百 ps。如要获得更短的光脉冲,可以采用同步泵浦锁模技术。同步泵浦锁模脉冲可以将泵浦脉冲的宽度进

一步压缩到数 ps。

图 3-33 是一台同步泵浦锁模染料激光系统。首先,Ar^+ 激光器由于使用声光调制器,输出一列锁模脉冲。这是用高频电子振荡通过声换能器,在熔融石英内产生超声驻波,使介质内部受到周期性声压作用,形成超声光栅。当激光入射时,产生周期性衍射损耗,实现 Ar^+ 激光锁模。

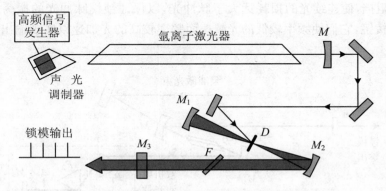

图 3-33　Ar^+ 锁模脉冲同步泵浦锁模染料激光器

然后,以 Ar^+ 激光锁模脉冲同步泵浦锁模染料激光器。同步泵浦锁模激光器的一个基本要求是染料激光器腔长与泵浦激光器的腔长相等。如图所示,染料激光腔是一个三镜折叠腔。波长为 514.5nm 的 Ar^+ 锁模脉冲序列泵浦染料喷流 D。当光脉冲在染料激光腔往返一周的时间 Δt_1 等于 Ar^+ 锁模脉冲序列的周期 Δt(或整数倍)时,将实现了同步泵浦。在满足同步泵浦条件下,染料激光腔内的起始光脉冲只有在泵浦脉冲同时到达染料喷流时才可得到放大。对于染料这样的高增益介质,它对入射的激光脉冲的前沿迅速地放大,结果使介质内反转粒子数快速耗尽,对泵浦脉冲后沿再无放大能力,从而使入射泵浦脉冲受到了压缩。这是对泵浦脉冲进一步压缩到数 ps 的基本原理。

2. 钛蓝宝石自锁模激光器

钛蓝宝石自锁模激光器是利用强光在介质中传播产生的光克尔(Kerr)透镜效应来实现的。在钛蓝宝石晶体中,存在介质折射率随光强而变化,$n=n_0+0.5n_2|E(t)|^2$,即光克尔效应,其中 $E(t)$ 为介质中的光波电场强度,n_0 为弱光下折射率,n_2 为由光 Kerr 效应决定的非线性折射率。当腔内高斯光束在晶体中传播时,由于光束中心的介质折射率大于光束边缘部分的折射率,产生等效凸透镜作用,称 Kerr 透镜(KLM)。激光脉冲在经过钛宝石晶体时 Kerr 效应会发生自相位调制,即脉冲前沿的频率降低,后沿频率升高,形成使光脉冲压缩的正啁啾现象。由于谐振腔内的光学元件与增益介质还具有群色散效应,它们导致光脉冲展宽,使纯

KLM 锁模难以得到更窄的脉冲。为此,常在腔内加入色散补偿元件,以提供负色散特性来补偿群速度色散。锁模钛宝石激光器可以输出短至数 fs 的超短脉冲。

图 3-34 为典型的自锁模钛宝石激光器系统。如图,钛宝石晶体装置在两个反射镜 M_1 和 M_2 组成的亚腔内。泵浦光一般为氩离子激光器的蓝绿光或 Nd：YAG 激光器倍频的绿光。由全反镜 M_3 和输出镜 M_0 组成主谐振腔。可调光阑 A 可使锁模的脉冲光束无损耗通过而连续光束将被部分阻挡,使连续光的损耗远大于脉冲光,以保证锁模脉冲光的振荡与输出。P_1 和 P_2 为色散补偿棱镜,它们使频率较低的光减速而频率较高的光加速以实现输出激光脉冲的压缩。

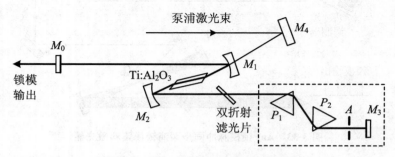

图 3-34   Ti：Sapphire 自锁模飞秒激光器结构

第五节   光源的非线性光学扩展

一、耦合波方程

从上面的介绍可以看出,现在已有众多的激光谱线(特别是可调谐激光器可在一定的光谱范围内实现连续调谐)可供各种光谱技术使用,但是光谱学所要求的光源要能覆盖从远红外到真空紫外的整个光谱区,现有的激光谱线仍不能满足这样的要求。在寻求高亮度的相干光源中,人们发现利用一些特殊的非线性介质可以有效地扩展光谱范围,本节对此作些介绍。

已经知道,当光波通过介质时会产生极化现象。在光的强度不很强时,介质的极化强度 $\boldsymbol{P}$ 是与电场强度 $\boldsymbol{E}$ 成正比的,这是线性极化

$$\boldsymbol{P} = \chi_e \boldsymbol{E} \tag{3-63}$$

然而在强光作用下,电场强度 $\boldsymbol{E}$ 的高次方将起作用,呈现非线性极化。设在光波的强电场中,介质的瞬时极化 $\boldsymbol{P}$ 可以展开为场强 $\boldsymbol{E}$ 的指数

$$\boldsymbol{P} = \mu + \varepsilon_0 \chi^{(1)} \boldsymbol{E} + \varepsilon_0 (\chi^{(2)} \boldsymbol{E}^2 + \varepsilon_0 \chi^{(3)} \boldsymbol{E}^3 + \cdots) = \boldsymbol{P}_L + \boldsymbol{P}_{NL} \tag{3-64}$$

式中 μ 是介质的固有偶极矩，$\chi^{(1)}$ 是线性极化率，它与折射率 n_r 的关系为：$\chi^{(1)} = n_r^2 - 1 = (\varepsilon/\varepsilon_0) - 1$，$\varepsilon_r$ 为介质的介电常数，$\chi^{(2)}$ 和 $\chi^{(3)}$ 为二次与三次非线极化率，$\boldsymbol{P}_L$ 与 $\boldsymbol{P}_{NL}$ 分别为极化强度的线性部分与非线性部分。

根据麦克斯韦方程，可得强光在非线性介质中传播方程

$$\nabla^2 \boldsymbol{E} = \mu_0 \sigma \frac{\partial \boldsymbol{E}}{\partial t} + \mu_0 \varepsilon \frac{\partial^2 \boldsymbol{E}}{\partial t^2} + \mu_0 \frac{\partial^2 \boldsymbol{P}_{NL}}{\partial t^2} \tag{3-65}$$

假设有频率为 $\omega_1, \omega_2, \omega_3$ 的三个平面波在介质中沿 z 方向传播

$$E_i(z,t) = E_i \mathrm{e}^{-\mathrm{i}(\omega_i \cdot t - k_i \cdot z)}$$

式中 $i = 1, 2, 3$。当只考虑到二阶非线性极化时，有

$$\boldsymbol{P}_{NL} = d_{eff} \boldsymbol{E}^2$$

式中 $\boldsymbol{E}$ 为三个平面波的合成，d_{eff} 为有效二阶非线性极化系数，它与晶体的极化系数及光波在中的传播状况有关。代入式(3-65)得

$$\nabla^2 \boldsymbol{E} = \mu_0 \sigma \frac{\partial \boldsymbol{E}}{\partial t} + \mu_0 \varepsilon \frac{\partial^2 \boldsymbol{E}}{\partial t^2} + \mu_0 d_{eff} \frac{\partial^2 \boldsymbol{E}^2}{\partial t^2} \tag{3-66}$$

式(3-66)可分解为三个频率的三个方程，每个方程只含一个频率。先考虑其中频率为 ω_1 的一个方程，$\omega_3 = \omega_1 + \omega_2$，并且如果与光场的频率相比其幅度的变化很慢，即对于方程的左边有

$$\left| k_1 \frac{\mathrm{d}E_1(z)}{\mathrm{d}z} \right| \gg \left| \frac{\mathrm{d}^2 E(z)}{\mathrm{d}z^2} \right|$$

则方程(3-66)的左边部分可以写为：

$$\nabla^2 \boldsymbol{E}(\omega_1) = -\frac{1}{2} \left[k_1^2 E_1(z) + \mathrm{i} 2 k_1 \frac{\mathrm{d}E_1(z)}{\mathrm{d}z} \right] \mathrm{e}^{-\mathrm{i}(\omega_1 t - k_1 z)} + c.c \tag{3-67}$$

如果忽略介质的损耗，即 $\sigma = 0$，方程(3-66)的右边部分可以写为

$$\mu_0 \varepsilon \frac{\partial^2 \boldsymbol{E}}{\partial t^2} + \mu_0 d_{eff} \frac{\partial^2 \boldsymbol{E}^2}{\partial t^2} = -\omega_1^2 \mu_0 \varepsilon \left[\frac{1}{2} E_1(z) \mathrm{e}^{\mathrm{i}(\omega t - k_1 z)} + c.c \right]$$
$$- \left[\frac{1}{4} \omega_1^2 \mu_0 d_{eff} E_3(z) E_2^*(z) \mathrm{e}^{\mathrm{i}[\omega t - (k_2 - k_3)z]} + c.c \right] \tag{3-68}$$

考虑到 $k_1^2 = (n\omega_1/c)^2 = \mu_0 \varepsilon (\omega_1/c)^2$，合并式(3-67)与式(3-68)

$$\frac{\mathrm{d}E_1}{\mathrm{d}t} = \frac{\mathrm{i}\omega_1 d_{eff} E_3^* E_2}{n_1 c} \mathrm{e}^{-\mathrm{i}(k_3 - k_2 - k_1)z} \tag{3-69}$$

用同样的方法可得对于 ω_2, ω_3 的方程

$$\frac{\mathrm{d}E_2}{\mathrm{d}t} = \frac{\mathrm{i}\omega_2 d_{eff} E_1 E_3^*}{n_2 c} \mathrm{e}^{-\mathrm{i}(k_1 - k_3 + k_2)z} \tag{3-70}$$

$$\frac{dE_3}{dt} = \frac{i\omega_3 d_{eff} E_1 E_2}{n_3 c} e^{-i(k_1+k_2-k_3)z} \tag{3-71}$$

方程组(3-69)~(3-71)表明了三个平面波 E_i 在非线性介质中传播时的相互转换关系,称为耦合波方程。光学倍频、混频与参量振荡等各种非线性光学现象可以利用这个方程组来解释。需要指出,耦合波方程是在光波强度可以有效地影响原子内电场下所得到的,所以上述的理论属于微扰理论。

二、倍频技术

光的倍频是一种最常用的扩展波段的非线性光学方法。考虑一平面波 $E_0\cos(\omega t - k_1 z)$ 垂直入射非线性晶体。在晶体的另一侧将出射频率为 ω 与 2ω 的混合波。按耦合波方程组,这时 $\omega_1 = \omega_2 = \omega, \omega_3 = 2\omega$,倍频波 2ω 沿传播方向 z 的变化写为

$$\frac{dE_{2\omega}(z)}{dz} = \frac{i2\omega d_{eff} \mid E_\omega(z)\mid^2}{n_{2\omega} c} e^{-i\Delta kz}, \Delta k = k_{2\omega} - 2k\omega \tag{3-72}$$

在 $z=0$ 晶体入射处只有频率为 ω 的入射波,$E_{2\omega}(0)=0$。假定入射波随 z 的衰减较慢,有 $E_\omega(z)\approx E_\omega(0)$。对方程(3-72)积分,在 z 处的倍频波 2ω 幅度

$$E_{2\omega}(z) = \frac{2\omega d_{eff} \mid E_\omega(z)\mid^2}{n_{2\omega} c \Delta k} [e^{-i\Delta kz} - 1] \tag{3-73}$$

用光强表示

$$I_{2\omega}(z) = \frac{8\omega^2 d_{eff}^2 z^2 I_\omega^2(z)}{n_{2\omega}^3 c^3 \varepsilon_0} \frac{\sin^2\left(\frac{\Delta kz}{2}\right)}{\left(\frac{\Delta kz}{2}\right)^2} \tag{3-74}$$

倍频波的转换效率 $\eta(z)$

$$\eta(z) = \frac{I_{2\omega}(z)}{I_\omega(z)} \frac{8\omega^2 d_{eff}^2 z^2 I_\omega(z)}{n_{2\omega}^3 c^3 \varepsilon_0} \frac{\sin^2\Phi}{\Phi^2} \tag{3-75}$$

式中 $\Phi = \Delta kz/2$。由此可见,倍频波的转换效率 $\eta(z)$ 是随 Φ 变化的,它在 $\Phi = 0$ 处最大。如果 $\Phi \neq 0$,它将随 Φ 作周期的变化。为了得到高的转换效率,需要有 $\Phi = 0$,即 $\Delta k = 0$,称为相位匹配条件。由 $\Delta k = k_{2\omega} - 2k\omega$ 得转换效率最高的相位条件为

$$k_{2\omega} = 2k_\omega$$

用折射率指数表示时

$$\frac{2\omega n_{2\omega}}{c} = 2\frac{\omega n_\omega}{c} \text{ 或者 } n_{2\omega} = n_\omega \tag{3-76}$$

式(3-76)说明,相位匹配条件要求二次谐波场的传播速度与基波场的速度相等。在此条件下,

光波的功率从基波场流向二次谐波场。就一般的介质而言，式(3-76)是不满足的。但大多数非线性晶体存在双折射，进入晶体的光束分成两束，在正入射的情况下，一束沿原方向传播，称寻常光(o 光)，另一束偏转一个角度，称非常光(e 光)。寻常光的折射率 n_o 是各向同性的，各个方向的折射率均相同，可以用一个圆球来表示折射率随方向的变化。非常光的折射率 n_e 与传播方向有关，对各向异性折射率可以用一个椭球来表示。此外，非常光的折射率 n_e 还与温度有关。

取决于结构上的不同，有的晶体的寻常光折射率 n_o 比非常光的折射率 n_e 大，n_e 的椭球体在光轴方向最大，内切于 n_o 的圆球体，如图 3-35(a)所示，称为负单轴晶体。另外一类与此相反，称为正单轴晶体。非线性晶体以负单轴晶体最为常见。寻常光与非常光的不同折射率特性来自于他们的不同偏振状态。于是，利用不同偏振态之间的折射率关系可实现相位匹配。在负单轴晶体中，频率低的基波折射率 $n(\omega)$ 较小，可以取基波为 o 光，频率高的倍频波折射率 $n(2\omega)$ 较大，取倍频波为 e 光，在晶体的一个特定方向 θ_m 上，可以满足 $n_o(\omega) = n_e(2\omega)$ 条件，如图 3-35(b)。

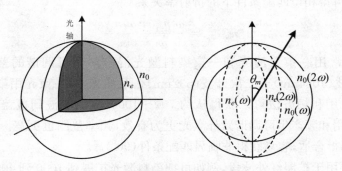

图 3-35 (a) 负单轴晶体中寻常光与非常光折射率；
(b) 在方位角 θ_m 方向上满足 $n_o(\omega) = n_e(2\omega)$ 条件

适合倍频使用的传统非线性材料有 KDP、铌酸锂等，新近发展起来的有 β-硼酸钡和硼酸锂等晶体。与 KDP 等相比，这些新材料的非线性系数较高，光谱透明范围较宽，例如 β-硼酸钡可扩展到 180nm，而硼酸锂约为 190nm。

这种选取特殊角度来达到相位匹配的方法称为角度匹配。此外，人们还可利用 n_e 随温度变化的性质，通过控制温度的办法来实现相位匹配。但是，三阶非线性一般在气体介质中，它们不具备双折射特性。为了在气体介质中实现相位匹配的，通常寻找另一种相反色散特性的气体，将工作气体与辅助气体相混合来使用。例如，在进行三次倍频时，如果工作气体是正常色散介质，三次谐波折射率 $n(3\omega)$ 大于基波折射率，$n(3\omega) > n(\omega)$，则可选择一种具有反常色散的辅助气体,它有 $n(3\omega) < n(\omega)$,将两种气体混合起来,使得混合气体的平均折射率达到 $\bar{n}(3\omega) = \bar{n}(\omega)$ 来实现相位匹配。

三、和频与差频技术

方程组(3-69)~(3-71)描述了三个平面波在二阶非线性介质中的相互作用。倍频是 $\omega_1 = \omega_2$ 和 $\omega_3 = \omega_1 + \omega_2$ 时的特殊情况。在 $\omega_1 \neq \omega_2$ 情况下,会产生非线性混频过程,即产生和频 $\omega_3 = \omega_1 + \omega_2$ 与差频 $\omega_3 = \omega_1 - \omega_2$ 分量的波。当有一束频率为 ω_1 的弱光和一束频率为 ω_2 的强光入射进非线性介质时,在弱转换极限下,出射的 $\omega_3 = \omega_1 + \omega_2$ 和频光束的强度表达式为

$$I_{\omega_1+\omega_2}(z) = \frac{8(\omega_1+\omega_2)^2 d_{eff}^2 z^2 I_{\omega_1}(z) I_{\omega_2}(z)}{n_1 n_2 n_3 c^3 \varepsilon_0} \frac{\sin^2\Phi}{\Phi^2} \qquad (3\text{-}77)$$

和频的相位匹配 $\Delta k = 0$ 条件为

$$k(\omega_1 + \omega_2) = k(\omega_1) + k(\omega_2)$$

由 $n/c = k/\omega$ 可得相位匹配条件下的折射率关系

$$n_{\omega_1+\omega_2} = \frac{\omega_1 n_{\omega_1} + \omega_2 n_{\omega_2}}{\omega_1 + \omega_2} \qquad (3\text{-}78)$$

在和频技术中,通常用一束泵浦光和一束染料激光混合产生可调谐的紫外激光。例如用 Nd^{3+}:YAG 的基波(1064nm)或二次谐波(532nm)作泵浦光,另一束光用染料或 Ti^{3+} 蓝宝石的可调谐激光。采用和频方法可以获得从约 700~1000nm 的基波到覆盖整个紫外光波段。与倍频方法相比,用和频产生可调谐紫外激光更为有效,频率范围也更宽。此外,只要入射光频率 ω_1 与 ω_2 选择得合适,容易获得非临界匹配条件(90°)。

差频技术主要用于扩展红外波段,例如可把染料激光扩展到 1000 到 4000nm,采用多级差频技术,还可以扩展到 $20\mu m$。在红外差频技术中,要使用相应的红外透明材料,硼酸钡可作为一种近红外的非线性材料,如扩展到中红外,目前使用的有铌酸锂、硒化银镓等晶体。图 3-36 是一差频可调谐红外光谱仪。当调谐染料激光,并改变炉温时,可得 2.2~4.2μm 的可调谐范围。

四、参量振荡

如果将强度不同、频率为 ω_2 与 ω_1($\omega_1 > \omega_2$)的两束光入射到非线性介质上,人们发现强度较低、频率为 ω_2 的信号光在传播中会得到放大,这种过程称为参量放大。用非线性介质中三光波相互作用的观点分析,实际上还存在第三束光,称为闲置光,它的频率为 $\omega_3 = \omega_1 - \omega_2$。当该过程发生在光学谐振腔内时,则在信号波或空闲波上可获得光学振荡,称为参量振荡。设晶

体长度为 L ,在弱转换极限下,信号波的单程增益为

$$g(L) = G^2 L^2 \frac{\sinh\{[G^2 - (\Delta k/2)^2]L\}^{1/2}}{[G^2 - (\Delta k/2)^2]L^2} \tag{3-79}$$

式中 G 为增益系数

$$G^2 = \frac{2\omega_0{}^2(1-\delta^2)d_{eff}^2 I_{\omega_3}}{n_1 n_2 n_3 \varepsilon_0 c^3} \tag{3-80}$$

可见,它正比于频率 ω_1 的泵浦光强和有效非线性极化率的平方, ω_2 与 ω_3 为

$$\omega_1 = \omega_3(1-\delta),\ \omega_2 = \omega_3(1+\delta)$$

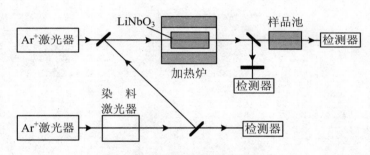

图 3-36　差频可调谐红外光谱仪

在原理上,对于光学参量的认识是比较早的,但是直到近年,由于发现 β-硼酸钡等材料的优异非线性性能后,才得到重要发展,使光学参量振荡成为与染料激光器相竞争的可调谐光源。参量振荡的频带很宽,例如,用 Nd^{3+} :YAG 的三次谐波泵浦 β-硼酸钡,可以获得 410nm 到 200nm 的相干光源。

本章主要参考文献

[1] 亚里夫 A. 量子电子学[M]. 刘颂豪,译. 上海:上海科技出版社,1983.

[2] 伍长征. 激光物理学[M]. 上海:复旦大学出版社,1989.

[3] 周炳琨. 激光原理[M]. 北京:国防工业出版社,1980.

[4] 科尼 A. 原子光谱学与激光光谱学[M]. 邱元武,译. 北京:科学出版社,1984.

[5] DEMTRÖDER W. Laser spectroscopy[M]. Berlin Heidelberg New York Springer-Verlag,1981.

[6] MCCOUSTRA M R S. Sources for laser Spectroscopy[M]//DAVID L ANDREWS, ANDEY A DEMI-DOV. An introduction to laser spectroscopy. New York and London, Plenum Press, 1995.

[7] RODNEY LOUDON. The quantum theory of light[M]. Oxford University Press,1978.

[8] SINGHAL R. Nonlinear optics[M]∥DAVID L ANDREWS, ANDEY A DEMIDOV. An introduction
　　 to laser spectroscopy: New York and London: Plenum Press, 1995 .

[9] 沈元壤. 非线性光学原理[M]. 顾世杰,译. 北京:科学出版社,1987.

[10] N·布洛姆伯根. 非线性光学[M]. 吴存凯,译. 北京:科学出版社,1987.

[11] 徐荣甫,刘敬海. 激光器件与技术教程[M]. 北京:北京工业学院出版社,1986.

[12] 聂秋华. 光纤激光器与放大技术[M]. 北京:电子工业出版社,1997.

第四章 激光吸收光谱技术

第一节 基本吸收光谱技术

一、Lambert-Beer 定律

当一束光穿过某种介质时，介质分子要对光产生吸收。为了获得某种分子在某个电磁辐射波段上的吸收光谱，通常可以采用如图 4-1 所示的实验装置来完成。如图所示，一个发射连续谱的光源，通过透镜 L_1 将光源发出的光变成平行光束，然后通过充满该分子的吸收池，透射光束经会聚透镜 L_2 会聚到光谱仪（单色仪）的入口狭缝。显然，由于分子吸收入射光束在传输过程中要产生衰减。因此，以光谱仪作波长选择器，由光电检测器检测并经记录仪记录下以频率（或波长）为函数的透射光强 $I_T(\nu)$，就得该分子在这个光谱区上的吸收光谱。

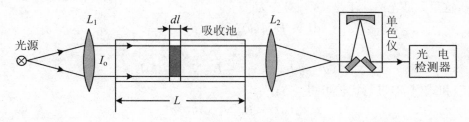

图 4-1 传统吸收光谱实验装置

当一束强度为 I_0 的光穿过充满气体的吸收池后，其强度会因分子吸收而衰减。入射光在穿过厚度为 dl 的分子层时其强度的衰减量 dI 与传输到这里的光强 I 成正比，于是可以写出如下关系式

$$dI = \alpha(\nu)Idl \qquad (4\text{-}1)$$

式中比例系数 $\alpha(\nu)$ 表示被 dl 的单位路程上吸收的分数 dI/I。当 $\alpha(\nu)$ 为与光强无关的常数时，这个关系式是线性吸收（$dI \propto I$）的朗伯-比尔（Lambert-Beer）定律。积分形式的 Lambert-Beer 定律为

$$I(\nu) = I_0 \text{epx}[-\alpha(\nu)L] \qquad (4\text{-}2)$$

式中 I_0 是 $L=0$ 时的光强。

在光谱工作中，吸收系数 $\alpha(\nu)$ 是一个重要的测量参数，由式(4-2)可知，它可由吸收光程 x 与测量透过样品的光强 $I_T(\nu)$ 来计算

$$I_T(\nu) = I_0 \exp[-\alpha(\nu)x] \tag{4-3}$$

对一般气体样品，吸收系数 $\alpha(\nu)$ 比较小，在吸收程 x 不是太大时有 $\alpha(\nu)x \ll 1$，因此可以用级数展开(4-3)式的指数，并只取 x 一次项，这时称为线性吸收，即

$$I_T(\nu) = I_0 \exp[-\alpha(\nu)x] \approx I_0(1-\alpha x)$$

于是可得吸收系数 $\alpha(\nu)$ 为

$$\alpha(\nu) \approx \frac{(I_0 - I_T)}{I_0}x \tag{4-4}$$

另一方面，根据爱因斯坦的能级跃迁理论，入射光子的能量 $h\nu$ 只有与分子的两个能级 ε_1 和 ε_2 的能量差相等时，即 $\nu = (\varepsilon_2 - \varepsilon_1)/h$，$h$ 为普朗克常数，分子才能吸收入射光。在厚度为 dl 的分子层内，强度为 I 的入射光的衰减量 dI 正比于能级 1 上的粒子数（假定上能级 2 没有布居）与辐射场的能量密度 $\rho(\nu)$ 的乘积

$$dI = B_{12}\rho(\nu)N_1(\nu)h\nu dl \tag{4-5}$$

式中 B_{12} 为能级 1→2 跃迁的爱因斯坦吸收系数。辐射场的能量密度 $\rho(\nu)$ 与光强的关系为 $\rho(\nu) = I(\nu)/c$，这里 c 是光速。于是式(4-3)变为

$$dI = B_{12}I(\nu)N_1(\nu)(h\nu/c)dl$$

积分得

$$I(\nu) = I_0(\nu)\exp[-B_{12}N_1(h\nu/c)L] \tag{4-6}$$

将式(4-6)和式(4-2)进行比较可得

$$\alpha(\nu) = B_{12}N_1(\nu)h\nu/c \tag{4-7}$$

考虑到 $\alpha(\nu)$ 围绕中心频率 ν_0 存在线形分布，即：

$$\alpha(\nu) = \alpha(\nu_0)g(\nu - \nu_0)$$

而

$$\int g(\nu - \nu_0)d\nu = 1$$

(4-7)式可改写为

$$\alpha(\nu_0)g(\nu - \nu_0) = B_{12}N_1(h\nu/c)g(\nu - \nu_0)$$

在光谱测量工作中经常用到分子的吸收截面 $\sigma(\nu)$，它与吸收系数 $\alpha(\nu)$ 间的关系为

$$\alpha(\nu) = \sigma(\nu)N_1(\nu) \tag{4-8}$$

于是由式(4-7)得

$$\sigma(\nu) = B_{12}(h\nu/c)g(\nu - \nu_0)$$

用吸收截面 $\sigma(\nu)$ 表示,式(4-6)改写为

$$I(\nu) = I_0(\nu)\exp[-\sigma(\nu)N_1L] \qquad (4\text{-}9)$$

在实际吸收光谱测量中,光波常用波长 λ 为变量,这时光强变化的表达式为

$$I(\lambda)/I_0(\lambda) = \exp[-\sigma(\lambda)CL] \qquad (4\text{-}10)$$

这里 $\sigma(\lambda)$ 表示分子在波长 λ 处的光学吸收截面,单位为 cm^2,C 为分子数密度,单位为 cm^{-3}。

二、激光吸收光谱特点

如上述所述,在测量分辨得好的光谱线时,应使用单色光源。激光所具有的特性是:谱线宽度极窄、相干性优良、光谱功率密度高和波长可调谐,并且可对频率与幅度进行调制等等。激光的这些特性导致了光谱技术的一系列革命性变革。

1. 很高的光谱分辨率

在传统吸收光谱技术中,光谱的分辨率一方面受到谱线展宽效应的限制,另一方面又受仪器分辨率的限制,例如受到分光元件(如光栅)的分辨率和狭缝的宽度等因素的影响。但当使用线宽很窄的激光光源时,可以不用光谱仪分光,只要通过逐一调谐激光波长,就可从光电检测器直接给出以波长(或频率)为函数的透射光强 $I_1(\nu)$。当波长扫过所需测量的光谱区后,就得一幅吸收光谱谱图。

因此当使用线宽很窄的激光光源时,光谱分辨率主要决定于被测分子的谱线的展宽效应,不再受到光谱仪器的限制。激光光源的线宽一般可以达到 $10^{-5} \sim 10^{-8}\ cm^{-1}$ 数量级,用这样的窄谱光源就可获得原子分子的一些谱线中的精细结构。图 4-2 是用半导体激光器测量到的 SF_6 分子的 ν_3 带的高分辨红外吸收光谱,其分辨率达到 $3 \times 10^{-5}\ cm^{-1}$,图中还给出了用采用性能优良的光栅红外光谱仪测量(分辨率约为 $0.07\ cm^{-1}$)所测的同一个光谱,可见如用传统技术就不能记录到在

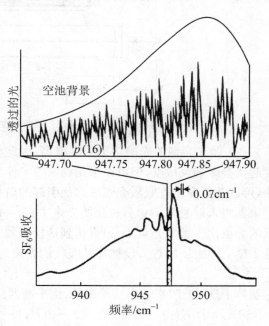

图 4-2　SF_6 分子的 ν_3 带的吸收光谱

950cm^{-1}波段附近的复杂光谱结构。

2. 很高的检测灵敏度

光谱检测灵敏度表示对微弱光谱信号的检测能力,实验研究表明,采用激光作光源可以获得比传统光谱技术高得多的灵敏度。

(1) 根据朗伯-比尔定律式(4-2),吸收强度随吸收光程增加而增加,因而增加吸收光程亦可提高检测灵敏度。然而普通光源的强度很低,光束发散角大,因而不能通过增长样品池来提高检测灵敏度。与此不同,激光是单色亮度很高的光源,它准直性能好,可以使用具有多次来回反射的样品池来增加吸收光程,如图 4-3。对于吸收系数小,被检测粒子稀疏的物质,例如大气污染物的浓度检测,增加吸收光程是一种很有效的提高检测灵敏度的办法。

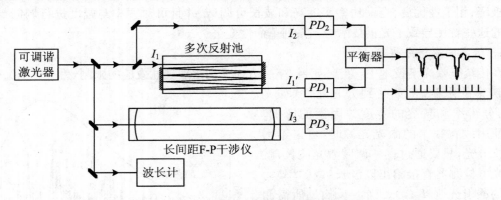

图 4-3　激光吸收光谱测量原理装置

(2) 激光光源的光谱功率密度很高,因此检测器本身的噪声可以忽略不计。虽然激光强度起伏会影响灵敏度,但可以采用稳定技术使激光的强度起伏很小,而且如果采用平衡检测方法,可以几近完全克服激光强度起伏引起的对检测灵敏度的影响。这时,如图 4-3 所示,用一分束器将入射激光 $I(\nu)$ 分成探测光束 $I_1(\nu) = \beta I(\nu)$ 与参考光束 $I_2(\nu) = (1-\beta) I(\nu)$,$\beta$ 为分束器的分束比。参考光束 $I_2(\nu)$ 直接到达探测器 PD_2;探测光束 $I_1(\nu)$ 在穿过样品池后到达探测器 PD_1,光强为 $I_1{}'(\nu)$,设被样品吸收的光强为 $\Delta I(\nu)$,则

$$I_1{}' = I_1(\nu) - \Delta I(\nu)$$

探测器 PD_1 与 PD_2 输出到平衡器,则平衡器的输出信号 $I_s(\nu)$ 比例于

$$I_s(\nu) \propto I_2(\nu) - I_1{}'(\nu) = (1-\beta) I(\nu) - [\beta I(\nu) - \Delta I(\nu)] = \Delta I(\nu) + (1-2\beta) I(\nu)$$

当 $\beta = 1/2$ 时,$I_s(\nu)$ 为

$$I_s(\nu) \propto \Delta I(\nu) \tag{4-11}$$

于是就由可 $\Delta I(\nu)$ 来表示吸收光谱。

（3）检测灵敏度还随着光谱分辨率 $\nu/\Delta\nu$ 的增加，只要可分辨的光谱间隔 $\Delta\nu$ 保持大于吸收线的线宽 $\delta\nu$。设 $x=1$ 的单位吸收光程的相对强度衰减为

$$\frac{\Delta I}{I} = \frac{\int_{\nu_0-\delta\nu/2}^{\nu_0+\delta\nu/2} \alpha(\nu) I(\nu) \mathrm{d}\nu}{\int_{\nu_0-\delta\nu/2}^{\nu_0+\delta\nu/2} I(\nu) \mathrm{d}\nu} \tag{4-12}$$

假设在 $\delta\nu$ 间隔内 $I(\nu)$ 基本保持不变，则有

$$\int_{\nu_0-\delta\nu/2}^{\nu_0+\delta\nu/2} I(\nu) \mathrm{d}\nu = \bar{I} \Delta\nu$$

以及

$$\int \alpha(\nu) I(\nu) \mathrm{d}\nu = \bar{I} \int \alpha(\nu) \mathrm{d}\nu$$

由此可得

$$\frac{\Delta I}{I} = \frac{1}{\Delta\nu} \int_{\nu_0-\delta\nu/2}^{\nu_0+\delta\nu/2} \alpha(\nu) \mathrm{d}\nu \approx \bar{\alpha} \frac{\delta\nu}{\Delta\nu} \tag{4-13}$$

用很窄的激光谱线可得很小的光谱间隔 $\Delta\nu$，从而大大增加了检测灵敏度。例如，当 $\Delta\nu$ 从 $10\delta\nu$ 降低到 $\delta\nu$ 时，检测灵敏度将可增加近 10 倍。

3. 能实现高精度的光谱定标

再看一下图 4-2，如在入射光束进入样品池之前用一分束器向下分离分出一束弱光，并将其耦合进一个长间距的法布里-珀罗干涉仪。当调谐激光频率时，干涉仪将透射出一系列极大值。两极大值之间的间距由干涉仪的自由光谱区 Δf_{fsr} 决定，如式（2-25），$\Delta\nu_{fsr} = (c/2n_r)L$，$L$ 为干涉仪两反射镜间的距离。将干涉仪透射极大值同时记录到光谱图上，就完成了对光谱的波长标度。

第二节　高灵敏度吸收光谱技术

一、频率调制光谱技术

1. 基本原理

上面所讲的是通过检测透过吸收池的透射光强来获得吸收光谱的，其缺点是容易受到背景噪声干扰。背景噪声产生的原因有：① 吸收池窗的吸收；② 激光强度的起伏；③ 吸收池内被测分子的密度起伏。由于背景噪声的频谱一般在低频段，采用对激光频率进行高频调制的方法可以在一定程度上抑制这种低频背景噪声。关于调制的具体方法，则应根据不同激光器

在结构上不同特点,需要采用不同的方法,对染料激光器通常的做法是改变谐振腔长度或加入标准具的方法进行调制,而对半导体二极管激光器,则可以对直流驱动电流进行交流调制。近年来,2～15μm 的中红外区可调谐二极管激光器有了很大的发展,可调谐二极管激光的单模线宽为 0.0002cm^{-1},且可连续调谐,对于在中红外区光谱区进行分子振动和转动的高光谱分辨率检测,提供了非常优越的器件。在此基础上,以频率调制为基础的可调谐二极管激光吸收光谱学(TDLAS)迅速发展起来,与长光程吸收池技术相结合,成为一种重要的痕量气体检测方法。利用 TDLAS 技术可测量大气中浓度可达 1ppbv 的痕量分子。

在激光调制光谱技术的历史发展过程中,逐步形成了两种互相关联的基本调制技术:波长调制光谱与频率调制光谱。两者的主要差别在调制频率与调制幅度上:波长调制光谱是调制幅度大(接近被测谱线的线宽),而调制频率较低(数 kHz 到数十 kHz)的调制技术;频率调制光谱是调制幅度较小但调制频率很高(约数百 MHz,与被测谱线的线宽相当)的调制技术。后者在数百 MHz 的频率调制光谱中,各种噪声已降低到可忽略的水平,因此可以达到最高的检测灵敏度。但频率调制光谱的实现的技术难度大,检测结果的分析比较复杂,因此这里只介绍相对简单的波长调制光谱。

图 4-4 为典型的波长调制吸收光谱技术图。如图,由函数发生器产生的数十 Hz 的线性扫描电流与数十 kHz 频率 ν_m 的高频正弦电流相叠加的信号,加入进二极管激光器的直流驱动电流中。于是,激光器的输出光的频率在作线性扫描的同时,还受到高频交流调制,$A\cos\nu_m t$。当激光束通过样品时,随着光波频率扫过吸收谱线,其吸收强度也受到高频调制。然后,受调制吸收信号经光电检测器检测后送入相敏检波器检测出样品的吸收光谱,并经计算机处理后输出。

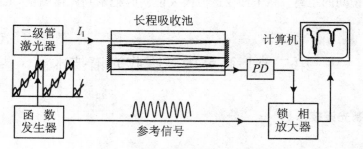

图 4-4 波长调制吸收光谱技术的示意图

图 4-5 为激光波长扫过吸收线时的调制过程示意图。如图所示,所产生的吸收曲线的交流调制信号具有如下特征:

(1) 当光波频率线性扫描到吸收曲线的较大斜率处时,如图中的 ν_1 点或 ν_2 点,将产生幅度较大调制强度信号。

（2）在谱线的中心频率 ν_0 两侧，所产生的强度调制信号在相位是相反的。

（3）在谱线中心频率 ν_0 处，强度调制信号的幅度很小，且信号调制频率的基频上升为 $2\nu_m$，而频率为 $2\nu_m$ 的调制信号将不能为相敏检波器所检测。

将所产生的吸收曲线的交流调制信号经光电检测后送入相敏检波器解调，就获得与吸收线相关的微分形曲线，如图 4-5(b)。由图 4-5 可见，增大高频正弦调制的幅度可以增大所产生的吸收曲线的调制信号，相敏解调后也就获得较大的微分信号，但过大的调制幅度会导致谱线线型发生畸变。

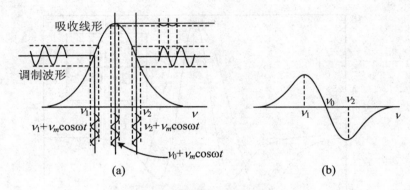

图 4-5　波长调制的基本过程

在理论分析上，假定样品吸收很弱，$N|L\sigma(\nu)|\ll1$，经调制后的透过光强可以展开为

$$I_T(\nu) \approx I_0(\nu)\left[1 - NL\sigma(\nu_0) - NL\left.\frac{\mathrm{d}\sigma}{\mathrm{d}\nu}\right|_{\nu_0}\Delta F\cos\nu_m t - \frac{NL}{2!}\left.\frac{\mathrm{d}^2\sigma}{\mathrm{d}\nu^2}\right|_{\nu_0}(\Delta F)^2\frac{1}{2}(1+\cos2\nu_m t)\right.$$

$$\left. - \frac{NL}{3!}\left.\frac{\mathrm{d}^3\sigma}{\mathrm{d}\nu^3}\right|_{\omega_0}(\Delta F)^3\frac{1}{4}(3\cos\nu_m t + \cos3\nu_m t) - \cdots\right]$$

设吸收线的线宽为 Γ，当频率偏移远小于线宽，$\Delta F = \beta\nu_m \ll \Gamma$，则上式中高阶项可以忽略。当在调制频率 ν_m 上进行相敏检测，就得强度比例于样品吸收的一阶导数的信号

$$A_1 = - NL\left.\frac{\mathrm{d}\sigma}{\mathrm{d}\nu}\right|_{\nu_0}\Delta F \tag{4-14}$$

即如图 4-5(b) 所示的图形。原则上说，分子吸收线的各次调制谐波都可用来作为探测之用。也就是说还可以在调制频率的高阶谐波 $n\nu_m$ 上进行相敏检测，这时信号强度将比例于吸收线的高阶导数

$$A_n(\nu_0) = \frac{I_0 2^{1-n} NL}{n!}\Delta F^n\left.\frac{\mathrm{d}^n\sigma}{\mathrm{d}\nu^n}\right|_{\nu=\nu_0} \tag{4-15}$$

由上式可知,第 n 次谐波强度 I_n 正比于 $\sigma(\nu)$ 的第 n 次导数。

出于对最高检测灵敏度追求的考虑,在 TDLAS 中一般并不采用小幅度调制,而是使用能使 A_n 达到最大值调制,称为最优调制,从而获得最大限度的信号强度,调制强度用参数 $m = \Delta F/\Gamma$ 表示。在最优调制下一阶谐波 A_1 的线形会对精确的一阶导数出现某些偏离,但仍保持其大致形状;第 n 次谐波 $A_n(\nu)$ 也定性地与吸收线型的第 n 次导数相类似。在实际测量中通常采用调制频率的二次谐波检相。图 4-6 为小幅度调制($m=0.1$)调制与最优调制($m=2.2$)下二次谐波线形的比较。由图可见,在最优调制下二次谐波线的强度可比小幅度调制时增强 2 个量级。

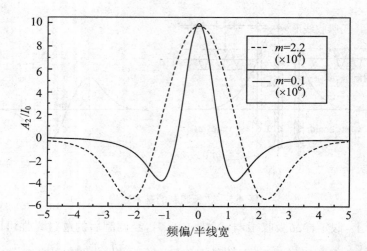

图 4-6　小幅度调制($m=0.1$)与最优调制($m=2.2$)下的二次谐波线形
(纵坐标为二次谐波的输出值 A_2 与入射光强 I_0 之比)

关于调制频率,早期使用 1 kHz 的低频调制,检测频率为 2 kHz 二次谐波,现在普遍使用 50 kHz 的调制频率和 100 kHz 的检测频率。但由于受到锁相放大器的最高工作频率的限制,很少使用更高的调制频率。

2. 二极管调制激光吸收光谱仪举例

图 4-7 是一个实际的波长调制二极管激光吸收光谱仪的原理图。使用了波长在 1.57 μm 的近红外二极管激光器。整个系统由一台微机集中控制。

如图 4-7 所示,来自线性电压发生器的锯齿形电压和锁相放大器输出的正弦电压,经过一个加法器叠加后送入激光器的电流与电压控制器的调制输入端。激光器的输出光束经分束器分束,2% 的光送入波长计,98% 的光送入多次反射长程怀特吸收池。怀特池输入端输入的

He-Ne 激光用于光路调整。由怀特吸收池的出射光信号经二极管探测器探测后送入锁相放大器,由锁相放大器进行二次谐波相干检测。锁相放大器的输出信号一方面可送入示波器观察波形,同时由计算机进行数据处理。本谱仪使用怀特池做多次反射吸收池,其光程长度、工作气压,温度在一定范围内可调。当用的线性扫描频率为 1Hz,正弦波调制频率为 552 Hz,通过检测 CO_2 分子的 $6353.10366 cm^{-1}$ 谱线,获得可检测压力为 1.9995 Pa 的结果。

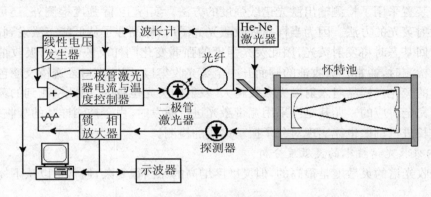

图 4-7　一个波长调制激光吸收光谱原理图

二、腔内吸收光谱技术

1. 基本原理

腔内吸收光谱技术是将样品池放入激光谐振腔的一种光谱技术。也就是说,在激光谐振腔内除激光介质以外,还有被测样品物质。这时,腔内的光束既是激光器振荡谱线,又是样品分子的激发光束。这种方法将可获得比传统吸收光谱检测高得多的灵敏度。

在设计腔内吸收装置时,需要考虑样品的吸收谱线与激光谱线之间的相对线宽,选用哪类激光器,以及采用什么样的检测方法等。如果样品的吸收带相对较宽,就要选用可调谐激光器,使激光波长在吸收带的范围内扫描。图 4-8 是一种典型的腔内吸收装置。图中,安装在反

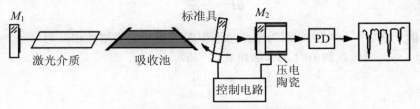

图 4-8　激光腔内吸收光谱测量装置

射镜M_2上的压电陶瓷与腔内标准具一起组成激光波长的调谐机构,通过控制电路来改变标准具的倾角,以实现波长扫描。进行实验时,通过调谐机构,使激光谱线扫过样品的吸收光谱区。样品分子未吸收时的激光输出光强 I_0 为探测器 D 输出的基线。当激光波长扫描到样品分子的某个吸收峰上时,激光器的输出光强将急剧下降,这种强度变化也就构成了样品的吸收谱线,变化的幅度就是吸收谱线的强度。样品对激光吸收越强,输出光强越小,吸收谱线越大。

图 4-8 装置采用了检测输出激光谱线强度的方法。实际上,除强度检测外,还可采用检测受激分子发射荧光的方法。因为当样品吸收激光光子后,样品分子从低能态激发到高能态,当从高能态返回基态时将发射荧光,因此荧光强度的强弱变化同样反映了腔内吸收情况。当采用荧光方法检测时,通常在吸收池的侧面开一个荧光收集口,用一大口径透镜及滤色器等收集由样品发射的荧光。样品对入射激光吸收越大,发射的荧光也越强,因此检测到的荧光谱是与吸收谱曲线完全对应的。尤其是当采用宽带激光进行激发时,由于被测样品的吸收线很窄,不必对激光波长进行调谐也能实现对分子振动谱线的检测。

2. 腔内吸收光谱技术的灵敏度分析

腔内吸收光谱的灵敏度是很高的,但灵敏度增高的原因很复杂,通常可以从下述三方面进行分析:

(1) 多次通过效应。激光腔是一个光学谐振腔,意味着光要在腔内多次来回传播,类似于外腔长程吸收池,光束将会多次通过样品池。但由于激光介质具有增益,因此与外腔的长程吸收池中的多次通过作用有所不同,光在吸收池中的损耗代替了反馈增益,使样品对光的吸收产生增强效应。设想有一个均匀展宽双模激光器,激光介质对两个模的增益相同,设腔内样品对其中一个模是无损耗的,该模的传输系数为 1.0,另一个模的单程损耗为 0.001,其腔传输系数是 0.998。在腔内一次来回以后,返回到增益介质时两模的光强比是 1.0/0.998,两次来回的光强比为$(1.0)^2/(0.998)^2$,随着来回次数的增多,光强比越来越大,形成一种增强效应。

(2) 阈值效应。激光器是一个阈值器件,增益必须达到阈值才能振荡。腔内样品吸收引起的损耗影响到激光的输出功率,根据输出功率与反射镜的透射率关系,阈值效应引起的灵敏度增强可用下面关系式表达

$$M = \frac{G/\alpha}{G-\alpha} \tag{4-16}$$

M 称为增强因子,式中,G 和 α 分别为增益与谐振腔的损耗。当增益很高时,$G-\alpha \approx G$,阈值增强因子 M 为 $1/\alpha$。当接近阈值时,$G \approx \alpha$,由式(4-16)

$$M = \frac{1}{G-\alpha} \tag{4-17}$$

就是说在阈值附近,增强因子 M 将变为"无限"大。当然,实际上检测灵敏度不会无限增大,因

为在讨论中没有包括进噪声，由于噪声总是会存在的，它也将随着吸收的增加而增加，因此在阈值附近信噪比不会有很多改善。

(3) 模式竞争效应。从吸收池的性质来看，它应看做为均匀介质。从激光原理中知道，对于均匀增益介质有一种模式竞争效应，即：虽然初始增益曲线包含有多个纵模，但增益高的模的强度增长要消耗其他模的强度，使最终的振荡模只剩下一个。实际上，激光器的激光模式是很多的，可以同时存在几百至几千个振荡纵模。这是因为激光振荡中多种复杂原因造成的，如空间烧孔效应，介质的非均匀性，外在的或内在的某些扰动等等。当用宽带激光（如染料激光）照射窄带吸收样品时，吸收体对激光的不同谱线的吸收存在着模式的竞争。模式竞争的结果使吸收线中心的吸收强度大大增加，从而提高了光谱的检测灵敏度。

根据激光原理，当腔内未放样品时，光通过增益介质后的光强 I 可以写为

$$I = I_0 \exp(GL) \tag{4-18}$$

式中，I_0 为初始光强，G 为增益系数，L 为增益长度。设反射镜 M_1 和 M_2 的反射率分别为 R_1 和 R_2，则当光在腔内往返一次后光强的变化为

$$I = I_0 R_1 R_2 \exp(2GL) = I_0 R^2 \exp(2GL)$$

式中 $R = \sqrt{R_1 R_2}$ 为两反射镜的平均反射率。当腔内放置样品后，设光通过样品的透射率为 T，则光在腔内往返一次后光强的变化为

$$I = I_0 R^2 T^2 \exp(2GL) = I_0 \exp[2(GL - \alpha)] \tag{4-19}$$

式中 $\alpha = -\ln RT$ 为反射镜和样品吸收引起的腔损耗。若光在腔内往返了 n 次，则激光输出光强为

$$I = I_0 \exp[2n(GL - \alpha)] \tag{4-20}$$

当腔未放样品时 $T=1$，腔损耗 $\alpha' = -\ln R$，上式改写为

$$I' = I_0 \exp[2n(GL - \alpha')] \tag{4-21}$$

腔内放置样品与未放置样品时激光输出光强的比值为

$$\frac{I'}{I} = \frac{I_0 \exp[2n(GL - \alpha')]}{I_0 \exp[2n(GL - \alpha)]} = \exp[2n(\alpha - \alpha')] = \exp[2n(\ln R - \ln RT)]$$

$$= \exp(-2n\ln T) = (1/T)^{2n} \tag{4-22}$$

设 A_a 为腔内放置样品后的表观吸收，$A_a = \log(I_n/I)$，A_1 为光通过样品一次的吸收

$$A_1 = \log(1/T)$$

则有

$$A_a = 2nA_1 \tag{4-23}$$

式中 n 由腔的光子寿命 τ 决定。对于脉冲激光器，τ 即为一个脉冲的持续时间。由此我们得

$$A_a = c\tau A_1/L \tag{4-24}$$

由式(4-23)和式(4-24)可见,激光腔内吸收光谱的检测灵敏度决定于光在腔内往返次数 n,或腔的光子寿命。

3. 应用举例

图 4-9 是一个测量 I_2 蒸汽的腔内吸收装置。如图所示,激光器为折叠腔连续染料激光器,染料为 $R6G$,反射镜 M_1 与 M_2 构成了激光谐振腔,腔内有一 I_2 蒸汽吸收池。蒸汽池内 I_2 的浓度由温度来控制。此外,在腔外还装置了一个外吸收池和荧光池,其中分别放进了等浓度的同位素 I_2^{129}、I_2^{127},它们和光电倍增管一起构成检测器。当腔内没有吸收时,入射的激光束产生强度相等的 I_2 荧光谱线,光电倍增管输出强度相等的两个信号。若在吸收池内有痕量同位素如 I_2^{127},此时由于激光谱线中在这一频率上的吸收,则外吸收池的这一频率上的荧光将出现下降,甚至被熄灭,而荧光池的荧光强度并无改变。与单程测量相比较,这种检测方法的灵敏度可提高约 10^5 倍。

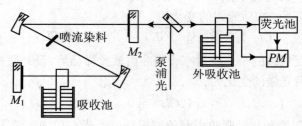

图 4-9 I_2 蒸汽腔内吸收装置

三、外腔吸收光谱技术

如上节所介绍,腔内吸收光谱技术利用了谐振腔的谐振特性与激光的增益特性,成了一种高灵敏度的检测技术。实际上,利用被动谐振腔的谐振特性也可以实现高灵敏度的光谱检测,这就是近 20 年来发展起来的外腔吸收光谱技术,它包括腔振铃吸收光谱(CRAS-Cavity Ring-down Absorption Spectroscopy)技术与腔增强吸收光谱(CEAS-Cavity Enhanced Absorption Spectroscopy)技术。

1. 高 Q 光腔中的光场

外腔吸收光谱技术需要使用高 Q 值的光学谐振腔。设想有一束激光照射一个高 Q 值的光学谐振腔,当腔内逐步建立起来的光场达到一定强度时,通过光学开关瞬间切断入射光,则光学腔内光强 I 的时间变化可以写为

$$\frac{\mathrm{d}I}{\mathrm{d}t} + \frac{cT}{2L}I = 0 \tag{4-25}$$

式中,T 为腔镜的透射率,L 为谐振腔的两个反射镜间的距离。该方程的解为

$$I = I_0 \exp\{-cT(t/2L)\} = I_0 \exp(-t/\tau_0) \tag{4-26}$$

式中 I_0 为腔内建立的起始光强,c 为光速,$\tau_0 = 2L/(cT)$。解(4-25)式说明由于透射引起腔内光场能量的损耗,腔内光强以指数规律衰减。当用光电检测器接收透过腔后的光强,就可记录到反映腔内光强随时间的变化,如图 4-10 所示。这种指数规律衰减的光强变化被称为光腔的振铃效应(Cavity Ring-down Effect),τ_0 被称腔的振铃时间。

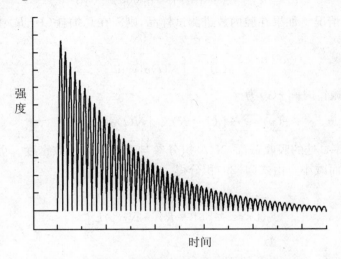

强度

时间

图 4-10 高 Q 光腔中的腔内光强随时间的变化

实际上,可以将一个高 Q 值光学谐振腔看作为一个长间距的法布里—珀罗干涉仪。腔内的光能损耗包括反射镜的透射损耗 T 与散射及吸收损耗 S,腔内的光能守恒可以表述为 $R+T+S=1$,因此谐振腔的总损耗为 $1-R=T+S$,这里 R 为腔镜的有效反射率,它与腔镜的两个反射镜反射率 R_1,R_2 的关系为

$$R = \sqrt{R_1 R_2}$$

通常可对谐振腔定义一个精细常数

$$N_e = \frac{\pi \sqrt{R}}{1-R} = \frac{\Delta \nu}{\delta \nu} \tag{4-27}$$

式中 $\Delta\nu = c/(2L)$ 为腔的纵模间隔,$\delta\nu$ 为腔的纵模宽度,$\delta\nu = 1/2\pi\tau$。由式(4-27)可求出空腔的腔振铃时间 τ_0 与反射率 R 的关系

$$\tau_0 = \frac{L}{c}\left(\frac{\sqrt{R}}{1-R}\right)$$

可见反射率 R 越高,腔振铃时间 τ_0 越长。在外腔光谱技术中,$R \gg 0.99$,因而空腔的腔振铃时间 τ_0 近似为

$$\tau_0 \approx \frac{L}{c(1-R)} \tag{4-28}$$

设 $L=30$ cm,$R=0.999$,

$$\tau_0 \approx \frac{L}{c(1-R)} = \frac{3 \times 10^{-1}}{3 \times 10^8(1-0.999)} = \frac{10^{-9}}{10^{-3}} = 10^{-6} \text{ s}$$

上述是空腔的情况。如果在腔内放进测试样品,则需在总损耗 $(1-R)$ 中加进由于样品吸收而引起的损耗,

$$\alpha(\nu) = \int N(l)\sigma(\nu)\mathrm{d}l$$

在光频率 ν 处的腔振铃时间 $\tau(\nu)$ 为

$$\tau(v) \approx \frac{L}{c}\left[(1-R) + \int N(l)\sigma(\nu)\mathrm{d}l\right]^{-1} \tag{4-29}$$

$\sigma(\nu)$ 为分子在光频率 ν 处的吸收截面,$N(l)$ 积分参与吸收的分子数密度。可见腔振铃腔的腔振铃时间由于吸收而减小。由式(4-29)积分得

$$\tau(\nu) \approx \frac{L}{c}\left[(1-R) + N\sigma(\nu)L\right]^{-1} \tag{4-30}$$

其倒数为

$$\frac{1}{\tau(\nu)} - \frac{1}{\tau_0} = cN\sigma(\nu) \tag{4-31}$$

它与分子数密度及吸收截面成正比。我们可以从腔振铃时间的倒数之差中求得被测分子的数密度

$$N = \frac{1}{c\sigma(\nu)}\left[\frac{1}{\tau(\nu)} - \frac{1}{\tau_0}\right] \tag{4-32}$$

2. 腔振铃吸收光谱(CRAS)技术

假定在光谱测量范围内腔的损耗与频率无关,而样品的吸收损耗是光频率的函数,则根据式(4-31)或式(4-32),由光强的衰减速率便可计算求得在该光谱区内样品在不同波长上对光的吸收。腔振铃吸收光谱(CRAS)技术就是通过作衰减速率对频率的关系曲线来获得研究体系的吸收光谱,国内许多文献中因此常将它称为腔衰光谱技术。由式(4-31)或式(4-32)可以发现,与通常吸收光谱技术通过测量样品对光场吸收而引起强度变化不同,CRAS 是测量因样品吸收而引起的腔内光强的衰变速率的变化。可见 CRAS 测量与光源的光强涨落无关,这是 CRAS 技术的一个重要特点,而通常的激光光源的强度起伏可以达到 10% 以上,是影响测量

灵敏度的主要原因之一。由于所用光源的不同，CRAS 又可分为脉冲激光的与连续激光的 CRAS 技术。

（1）脉冲激光 CRAS 技术。实际上，最早的 CRAS 中就是使用脉冲激光。当用脉冲激光作光源时，光腔在被每个光脉冲激发后，光腔后的光电检测器便可检测到随时间衰变光强。早期在 CRAS 工作中，主要考虑到激光具有纵模结构，而谐振腔也有本身的腔模结构。如果激光纵模与谐振腔的腔模之间没有达到模匹配，腔内光场就会出现干涉现象。两者间的干涉将导致腔内光强涨落，从而干扰光谱测量，也就限制了腔振铃吸收光谱的灵敏度的提高。由于脉冲激光的相干长度较短，它是许多纵模合成的光束，可以使腔内的光场干涉变为小振幅的随机涨落，减轻对光谱测量干扰。

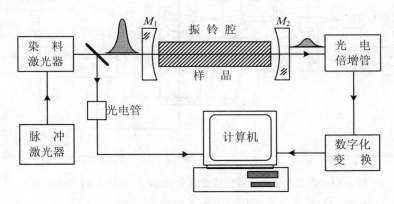

图 4-11　腔振铃吸收光谱的典型结构

图 4-11 是脉冲激光激发的 CRAS 测量装置的典型结构。该装置采用了染料激光器作为可调谐激光源，用光电倍增管接收透过腔振铃腔的光强变化。接收信号经数字示波器处理后，将数据传送到计算机转换为光谱图。

脉冲激光 CRAS 技术已有许多成功的应用，不仅能高灵敏地测量各种稳态气体介质，而且能测量各种低密度的瞬态分子，如金属化合物、自由基、团簇等。图 4-12 为研究激光汽化与反应生成金属化合物的 CRAS 吸收光谱测量的实验装置。如图所示，整个装置由带自由射流膨胀的激光汽化与反应、振铃谐振腔、脉冲染料系统、激光波长定标与检测系统等部分组成。YAG 激光用于汽化铱原子，并与氦气中含有 2‰ 的 CH_4 反应而生成 IrC 分子。由另一台 YAG 激光器泵浦染料激光，它的可调谐范围为 440～520 nm，染料激光的线宽约 0.06 cm^{-1}，脉冲能量为 1～3 mJ。染料激光束经 50 μm 小孔与 1∶1 望远镜空间滤波。记录 CRAS 光谱时染料激光以 0.01 nm/分的速率进行扫描。用充氩或充氖的光伏电池定标激光波长。在信号接收的光电倍增管前面有一块中心带孔的毛玻璃,用于抑制横模的拍频振动。通过对测量光谱的分析,获得了 IrC 分子的 $L^2\Phi_{7/2}$ 能级的精确带头,振动的与转动常数。

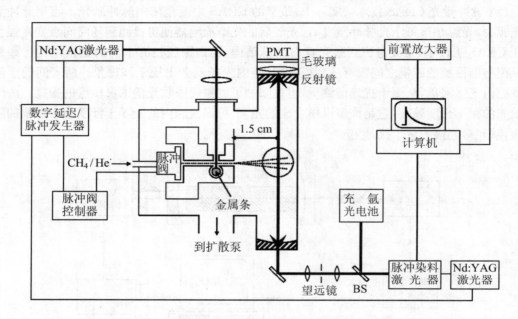

图 4-12　激光汽化与反应生成金属化合物的 CRAS 光谱测量装置

（2）连续波 CRAS 技术。由于吸收光谱技术是建立在满足朗伯-比尔定律基础上的,它要求激光光源的线宽必须远小于介质的吸收线宽,否则,腔内光强的衰减将不再遵循单指数规律而是多指数的。由于连续波(cw)激光谱线的线宽比脉冲激光谱线窄得多,保证激光谱线远小于介质的吸收线宽,能满足测量高分辨的分子光谱的要求,而且,如果使用连续波外腔二极管激光器作激光源,由于其价格相对比较便宜,而体积又很小,能造出高精度痕量气体测量的便携式装置,对于环保等诸多领域的实际应用具有重要意义。

1997 年,由于 D. Romanini 等人的研究工作使 CRAS 中使用 cw 激光源问题得到解决。其方法是,以单频 cw 激光为光源,在对振铃腔输入光束的同时,采用压电调制的方法对腔长进行长度调制,使振铃腔的某个腔模与单频 cw 激光谱线产生共振,入射光得以进入腔内。当在该腔模上建立起足够强度、腔后的光电检测器输出达到触发器的阈值电压后,触发器输出一触发脉冲去驱动装置在入射光路中的电光(EOM)或声光调制器(AOM),使其快速地关断激光。激光被关断的时间极为迅速,短于腔的振铃时间,于是在腔内便出现像激光脉冲过后那样的光强度的指数衰减。接着就象使用脉冲激光那样,由数据处理部分根据所得到强度衰减曲线,并由计算机给出研究体系的光谱。由于透过振铃腔的光强接近于进入腔内的光强,所检测到的 CRAS 信号的信噪比是非常高的,其光谱分辨率原则上只与激发腔的谐振宽度有关,与激光谱线宽度无关,所以 cw 激光 CRAS 技术是高灵敏的与高分辨的吸收光谱技术。

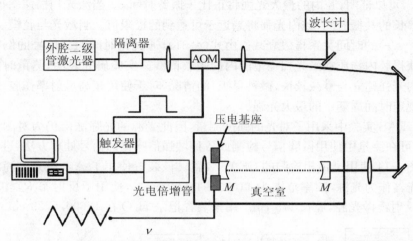

图 4-13　使用连续波外腔二极管激光作为光源的 CRAS 光谱测量装置

　　图 4-13 一台使用连续波外腔二极管激光作光源的 cw-CRAS 装置。激光器为带有光栅的外腔二极管激光器,输出波长约为 410 nm,最大输出功率为 4 mW。激光束经 40 dB 的光学隔离器与声光调制器(110 MHz)输出,其一阶偏移光束经透镜直接耦合进振铃腔。振铃腔为高精细度谐振腔,反射镜的曲率半径为 500 mm,平均反射率 $R=0.999956$,它的一个腔镜装置在压电传感器上,激光频率和振铃腔的一个 TEM_{00} 相匹配。装置在振铃腔后的光电倍增管接收输出光强,当信号强度达到某一选定的数值时,触发器输出触发电压去关断入射光束。CRAS 信号输入到数字示波器,其数据传输到计算机处理。利用本装置对 NO_2 的测量的最小可检测数密度为 9.8×10^9 分子 · cm^{-3},相当于在低对流层的大气条件下 0.4 ppbv 的浓度。

　　3. 腔增强吸收光谱(CEAS)技术

　　与 cw-CRAS 一样,CEAS 技术也是通过扫描激光频率,使之与谐振腔某一腔模频率共振而激发腔内光场。但是与 cw-CRAS 不同,CEAS 不是通过检测腔内光强的衰减速率,而是通过检测腔内建立的光强的时间积分或最大光强来获得被测物质的吸收光谱。因此在入射光路中不必设置如电光或声光调制器那样的用于快速切断光路的元件,也不必对光腔采取精密的稳定措施或将光腔对激光频率的锁定,从而在装置的结构上要比 CRAS 简单得多,但可达到或接近 CRAS 能达到的灵敏度。

　　在 CEAS 实验中,激光器和光腔单独或同时地进行扫描,使激光频率与某个腔模达到共振。腔内光场达到的最高强度比例于激光线形与腔模线形的光谱重叠情况。假设腔模具有洛仑兹线型,其宽度比例于腔的损耗(即 $1/\tau$),其强度比例于 τ^2,并设激光线宽远大于腔模宽度,$\Delta\nu_{laser} \gg \Delta\nu_{avity}$,可以证明,腔内的最大光强将正比于振铃时间 τ。当激光扫描速率很慢时,激光与腔模有足够长的共振时间,腔内光强将趋近于可达到的极限值。当激光与腔模一旦失谐,光强将以 $\exp(-t/\tau)$ 的时间关系指数衰减。由式(4-31),通过作时间积分信号的倒数对激光频率曲线便可获得腔内物质在激光扫描范围内的吸收谱线。实验研究表明,测量时间积分方法更适合于腔内光强建立与衰减较快(微秒量级)的情况,对于使用超高反射率作腔镜的光腔,应改用记录在规定时间周期中的最大光强。

　　由于在 CEAS 实验中采用了对光的强度测量,因此光源的光强涨落仍为对测量结果产生影响。为此,可在测量中使用微弱信号检测或各种增强信噪比的信号处理方法,进一步提高检测灵敏度。图 4-14 使用了锁相检测的 CEAS 装置。该装置使用了 Ar^+ 激光泵浦的高分辨钛宝石环行激光器作为光源,频率范围为 $11600 \sim 14600$ cm^{-1},使用了反射率 $R \geqslant 0.9997$、曲率半径 1 m 的反射镜做光腔,腔长 175 cm。用该装置记录 H_2O 在 12609.0729 cm^{-1} 的跃迁,吸

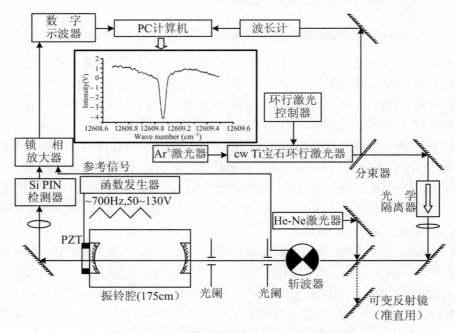

图 4-14　使用锁相检测的 CEAS 光谱测量装置

收灵敏度约 2.5×10^{-8} cm^{-1},相当于 4.4 ppm 吸收检测限。

第三节　耦合双共振与快速吸收光谱技术

耦合双共振吸收是一个分子体系同时地对频率为 ν_1 与 ν_2 两束激光的共振吸收,并且通过一个公共能级或弛豫过程使两个共振跃迁间具有一定的耦合。两束与原子或分子发生作用光场的频段可以相近,也可以相差很远,例如一个在可见光频段,另一个可以在可见光,也可以是红外、或是微波段,甚至是射频波段,因此相应地有光学—光学双共振、光学—红外双共振、光学—微波双共振以及光学—射频双共振等等。从光谱技术的发展史来看,早在激光问世以前,光学—射频双共振技术已在原子光谱测量中应用了,那时采用了大功率的放电光谱灯作为光频激发光源。自从作为新颖光源的激光器诞生以后,自然地将光学—射频双共振技术推广到了光学—光学频段的双共振。

耦合双共振吸收是一种高分辨光谱方法,在分子光谱学中,利用耦合双共振方法可以大大简化被测光谱成分,非常有利于对光谱的分析以及从分析中获得分子的能级结构及有关参数。由于超短脉冲技术的应用,近年来在耦合双共振技术的基础上进一步发展了一种快速吸收发光谱技术,为进行快速过程的研究提供了有力的工具。本节主要介绍光学—光学频段的耦合双共振技术的原理以及在此基础上发展起来的快速吸收发光谱技术。光学—射频双共振则是一种无多普勒光谱技术,它在技术上的特殊要求将在第六章中进行介绍。

一、光学-光学耦合双共振

1. 双共振耦合方式

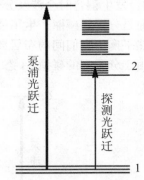

图 4-15　具有公共下能级的跃迁光学-光学双共振

(1) 公共能级耦合。设原子或分子有两个能级跃迁,并通过一个相关的公共能级发生耦合。其耦合过程如图 5-15 所示,设能级 1 为两个跃迁的公共能级,如果与之共振的两个光场都很弱,则两个跃迁都不会显著地改变公共能级 1 上的布居数,因此分子的两个跃迁是近似独立的;但是如果其中有一个强光束,称为泵浦光束,在它的作用下,与该光场相应的跃迁达到饱和状态,于是能级 1 的布居数将明显少于热平衡分布的布居数。当另一束强度较弱、频率可调谐的激光,常称为探测光束,与分子的另一跃迁发生共振时,因能级 1 的布居数已为泵浦光抽空,对探测光的吸收将变得很弱。实际上,两个共振跃迁的耦合不仅可以通过公共的下能级,也可以通过中间能级或公共的上能级发生耦合。

　　图 4-16 是进行这种双共振的实验装置。如图所示,两束激光同时穿过并交汇于样品池内,光电探测器 PM 接收探测光透过样品池后的透射光强。当用斩波器对泵浦光束进行调制时,并使光频逐一扫过分子能级而产生一系列共振吸收时,透射光强也将受到与泵浦光的斩波频率相同的调制,因此用锁相放大器在对探测光的透射光强进行测量时,可以求得相应跃迁的吸收光谱。

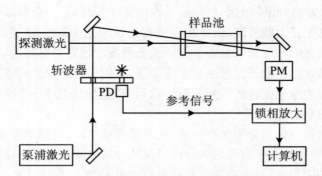

图 4-16　具有公共下能级的光学-光学双共振实验装置

　　(2) 弛豫过程耦合。除公共能级可以使两个跃迁产生耦合外,分子体系中能级间的弛豫过程也会使相关能级跃迁间发生耦合。分子体系中的弛豫过程耦合分自发发射和分子间的碰撞两种。发生耦合时会涉及分子的四个能级,其中两个是共振跃迁能级,如图 4-17 所示。图 4-17(a)是分子间碰撞产生了能级 A 与 X 之间耦合的例子。这时,能级 A 与 X 之间间隔较小,在热平衡下它们间的布居数差别不大,当泵浦光使能级 $X \to C$ 跃迁时,能级 X 上的布居数减小,由于分子间的碰撞,A 态上粒子将跃迁到 X 态以补充因 $X \to C$ 跃迁而出现的欠缺,而 A

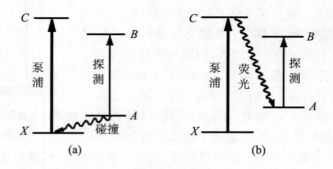

图 4-17　通过碰撞或自发发射耦合的光学-光学双共振

态上的粒子数也因此而减少。当探测光使能级 $A{\rightarrow}B$ 跃迁时,分子对探测光的吸收会因泵浦光的激发而减弱,于是被检测的透射光强因此增强。图 4-17(b) 是 $C{\rightarrow}A$ 间产生荧光发射而使两个跃迁发生耦合的情况。当泵浦光使能级 $X{\rightarrow}C$ 跃迁时,能级 C 上的布居数增加,而 $X{\rightarrow}A$ 的荧光跃迁导致能级 A 上的布居数也在增加,当探测光使能级 $A{\rightarrow}B$ 跃迁时,探测光的吸收会因泵浦光的激发而增加,因此透射光强也将减弱。

　　2. 耦合双共振的信号特征

　　如图 4-16,当用斩波器对泵浦光束进行调制时,耦合能级上的布居数也将受到调制,调制频率与泵浦光的调制频率相同。耦合双共振光谱技术也因此称为布居数调制技术。设调制频率为 f,泵浦光束的光强为 I_1,热平衡时能级 1 布居数为 N_{10},在泵浦光束照射下,能级 1 的布居数 N_1 为

$$N_1 = N_{10}(1 - M_1 I_1 \sin 2\pi f t) \tag{4-33}$$

式中 M_1 为 N_1 的调制幅度。假定探测光很弱,分子对探测光的吸收不会改变能级 1 上的布居数 N_1,但会使能级 2 的布居数 N_2 发生变化

$$N_2 = N_{20}(1 + M_2 I_1 \sin 2\pi f t) \tag{4-34}$$

式中 M_2 为 N_2 的调制幅度。由上面两式可见,能级 1 与 2 的布居数调制相位是相反的。在通过弛豫过程耦合时,调制幅度 M_1 与 M_2 与导致热平衡分布的碰撞或自发辐射等弛豫过程有关。

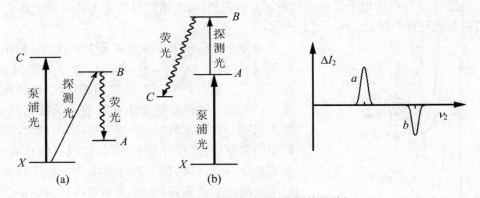

图 4-18　不同公共能级时透射光强信号特征

　　设 L 为两束激光穿过样品时交汇区长度,$\alpha(\nu_2)$ 为样品对探测光的吸收系数,则在有泵浦激光照射与没有照射时,测量得的探测光束的透射光强差为

$$\Delta I_2(\nu_2) = \alpha(\nu_2) L I_2 \tag{4-35}$$

　　式(4-35)说明,当公共能级为下能级时,透射光强出现增强的情况,因为当用探测光使能

级 $X \rightarrow B$ 跃迁时,探测光的吸收系数将减少,所以透射光强差信号 $\Delta I_2(\nu_2)$ 是正的。然而,透射光强差 $\Delta I_2(\nu_2)$ 信号的符号将因不同的耦合能级而不同。图 4-18 给出了两种不同公共能级时的透射光信号。例如当公共能级为中间能级时(图 4-18(b)),公共能级上的布居数会因泵浦光的激发而增加,当用探测光入射时,探测光的吸收系数不是减小而是加大,透射光强因此将减小,透射光强差信号 $\Delta I_2(\nu_2)$ 是负的。对于公共能级为上间能级,泵浦光的激发使上能级的布居数大大增加,因此对探测光的吸收很弱,可见透射光信号也是正的。除了透射光强差信号 $\Delta I_2(\nu_2)$ 的符号以外,它们的线宽也会有差别的。

3. 耦合光学双共振的应用

耦合光学双共振光谱的重要特点是可以大大地简化被测谱线的结构。因为一个分子体系的光谱是非常复杂的,当用一束可调谐激光对分子的各共振能级扫描时,往往记录到一幅非常密集的光谱图。对这种密度光谱图进行分析往往非常困难。耦合双共振简化谱线的原理是:耦合能级的布居数受到与泵浦光调制频率 f 相同的调制,锁相放大器的频率响应压缩在调制频率 f 附近一个很窄的范围内,使它仅选取与耦合能级相关的透射探测光信号。通过对简化了的双共振光谱的分析,可以获取许多分子电子激发态的信息,如确定分子电子激发态常数,测定微扰能级位置与位移等等。

此外,根据透射光信号符号与线宽,可以判定对探测光的吸收的公共能级。例如选取正号与窄线宽的信号,公共能级应是基电子态的下能级(图 4-18(a)),因而振动量子数 $\nu'' = \mathrm{const}$,谱图反映能级 B 所在的电子激发态的单 ν' 一谱带列;每个谱带仅包含由转动量子数 $J'' = \mathrm{const}$ 出发的两条或三条谱线($\Delta J = J'' - J = \pm 1, 0$)。

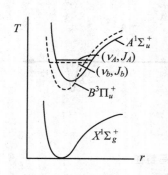

图 4-19 $\mathbf{Na_2}$ 的激发态 $A^1\Sigma_u^+$ 附近来自 $B^3\Pi_u^+$ 态的微扰

当分子的电子激发态或基态中的转动系列中存在微扰能级时,例图 4-19 所示,在 Na_2 分子的激发态 $A^1\Sigma_u^+$ 附近存在三重态 $B^3\Pi_u^+$,两态之间的自旋-轨道相互作用是一种微扰。这种微扰发生在转动量子数相同 $J_A = J_B$ 的能级间,对应能级的谱项越靠近,影响越大,其结果是谱带的支振-转谱线分布不均匀,谱线可位移或分裂,强度也会变弱,造成标识上的巨大困难。由于双共振光谱已大大简化了谱图,故无论是谱带间隔异常,还是 P、R 支谱线间隔异常,均可准确地确定下来。现在,这种中间态为单重态—三重态混合的双共振技术被称为微扰增强光学——光学双共振光谱技术,并它已成为研究双原子分子三重态的重要手段。

二、快速吸收光谱技术

1. 快速过程耦合双共振基本原理

在物理、化学和生物学等领域中存在着一些快速的光物理与光化学过程,例如:各种非线性光学过程,振动解相和振动弛豫过程,生物系统中视觉色素的弛豫,以及固体、液体和气体的分子间或分子内的能量传递过程等,其时间尺度为皮秒至飞秒量级。快速耦合双共振是以探测光脉冲去测量被泵浦脉冲扰动的能级布居的变化过程,以研究这些超快过程,它也常被称为泵浦-探测光谱技术。

泵浦-探测光谱技术的基本方法是:考察具有跃迁耦合的两个或几个能级,先以超短泵浦脉冲去扰动能级的热平衡布居,再用探测光对受布居扰动的热平衡恢复过程进行时间分辨监测,即检测能级布居的时间变化过程。图 4-20 是泵浦-探测光谱方法的能级示意图。介质在吸收泵浦脉冲的光子以后,在能级 1 与 2 上的布居数发生了扰动,探测激光则对这种扰动进行监测。

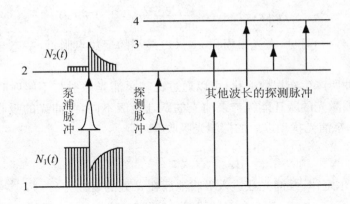

图 4-20　泵浦-探测光谱方法

现在先分析一下介质吸收泵浦光子后所造成的布居数的变化。由于探测光束是对泵浦光的聚焦区进行探测的,因此可以只考虑在聚焦点附近的布居数变化。设激光束的强度分布为具有轴对称的高斯分布,一个泵浦脉冲内含有 i_p 个光子,在离光束轴 r 处的径向元 $\mathrm{d}r$ 内,含有光子数为

$$i_p(r,z) = \frac{4r}{w_p^2(z)} i_p(z) \exp[-2r^2/w_p^2(z)]\mathrm{d}r \tag{4-36}$$

在光束传播方向 z 上,需要考虑到聚焦点附近光束半径 $w_p(z)$ 的变化与泵浦激光在样品

中被吸收造成的衰减。因样品吸收造成的光子流减少为

$$-\frac{\mathrm{d}i_p(r,z)}{\mathrm{d}z} = \sigma_p N_l^e i_p(r,z) \tag{4-37}$$

式中，σ_p 是泵浦波长上的吸收截面，N_l^e 是基态的平衡布居数。方程(4-37)对样品池全长 L 积分就是朗伯-比尔定律，即样品的每单位长度吸收与吸收截面和粒子浓度乘积间的关系

$$\frac{1}{L}\ln\left(\frac{I_0}{I}\right) = \sigma_p N_l^e \tag{4-38}$$

考虑在 r 处的径向元 $\mathrm{d}r$ 和长度 $\mathrm{d}z$ 的体积元 $\mathrm{d}V$ 等于 $2\pi r\mathrm{d}r\mathrm{d}z$，将方程(4-37)所表达的被吸收的光子数转换为体积元 $\mathrm{d}V$ 内能级 1 和 2 的布居数变化数，因此

$$\mathrm{d}N_1(r,z) = -\mathrm{d}N_2(r,z) = \frac{\mathrm{d}i_p(r,z)}{\mathrm{d}V} \tag{4-39}$$

泵浦脉冲所产生的基态和激发态的布居数为

$$N_1(r,z) = N_1^e\left[1 - \frac{2\sigma_p(r,z)}{\pi w_p^2(z)}\mathrm{e}^{-2r^2/w_p^2(z)}i_p(z)\right] \tag{4-40}$$

$$N_2(r,z) = N_1^e\frac{2\sigma_p(r,z)}{\pi w_p^2(z)}\mathrm{e}^{-2r^2/w_p^2(z)}i_p(z) \tag{4-41}$$

由方程(4-40)和(4-41)可见，在光束面积 $\pi w_p^2(z)$ 最小的聚焦点附近，基态与激发态布居数变化的百分比最大。

由泵浦光脉冲所产生布居数变化，可以通过比较泵浦光照射与不照射时探测光的透射率来求出。假设探测激光的跃迁能级与泵浦光的跃迁能级不同，泵浦光的吸收截面为 σ_{pr}，在体积元 $\mathrm{d}V$ 内产生的泵浦光扰动以后的探测光吸收有

$$-\frac{\mathrm{d}i_{pr}(r,z)}{\mathrm{d}z} = \sigma_{pr}N_1(r,z)i_{pr}(r,z) \tag{4-42}$$

根据朗伯-比尔定律，泵浦光在进入吸收池后在 d 处的衰减为

$$i_p(z) = i_p(0)\exp(-\sigma_p N_l^e z)$$

式中 $i_p(0)$ 是入射到样品上的泵浦流，对式(4-42)径向 z 积分，并利用式(4-36)、(4-40)得

$$i_{pr}^*(L) = i_{pr}(0)\exp(-\sigma_{pr}N_1^e L)\left\{\int_0^L \sigma_p\sigma_{pr}\frac{N_1^e}{\pi w^2(z)}i_p(0)\exp(-\sigma_p N_1^e z)\mathrm{d}z\right\} \tag{4-43}$$

在推导式(4-43)时假定，泵浦光束与探测光束具有相同的空间分布($w_{pr}=w_p=w$)。设聚焦点的光斑半径为 w_0，对于高斯光束，按式(3-20)在相距 d 处的光束半径有

$$w^2(d) = w_0^2\left[1 + \left(\frac{\lambda d}{\pi w_0^2}\right)^2\right] \tag{4-44}$$

设聚焦区全部在样品池内，在弱泵浦和探测条件下，通过适当的变换变量，对方程(4-43)

积分,得到

$$i_{pr}^*(L) = i_{pr}(L)\left\{1 + \frac{\pi\sigma_p\sigma_{pr}N_1^e i_p(0)}{\lambda}\right\} \tag{4-45}$$

式中 λ 是泵浦激光与探测激光的平均波长。

设泵浦激光不存在时探测激光的透过光流为 $i_{pr}(L)$,式(4-45)表明,在泵浦激光对态布居数漂白的影响下,透过光流幅度增加为 $i_{pr}^*(L)$。对式(4-45)所示的对探测激光吸收减弱,可以用'增益'来表示,增益定义为

$$G = \frac{i_{pr}^*(L) - i_{pr}(L)}{i_{pr}(L)} = \frac{\pi\sigma_p\sigma_{pr}N_1^e i_p(0)}{\lambda} \tag{4-46}$$

方程(4-46)适用于泵浦与探测光具有公共下能级系统。对于公共上能级的情况,探测光或处于受激发射区,或从能级 2 出发的激发态吸收,也可以推导出与(4-46)相类似的方程。

上面的'增益'表达式针对泵浦光与探测光为单脉冲情况。对于锁模的皮秒脉冲系列,只要在下一个脉冲到达时,前一个脉冲所激发的扰动已弛豫回到平衡态,则这些表达式也是适用的。如果皮秒锁模脉冲的脉冲间隔为大约 12 ns,则这种方法能研究寿命在 5 ps 到 5 ns 范围内的弛豫过程,实际上,锁模激光器还可以研究更长一些的能级寿命。

2. 布居数调制吸收光谱技术

由于实际激光的脉冲-脉冲重现率是很差的,因此从信号测量角度看,脉冲激光器本身就是一个很大的内在噪声源。使用这样的光源,通过直接测量透射样品后的探测光进行泵浦-探测实验,信号会有很大起伏,信噪比很差。因此一般不采用单脉冲激光器来做泵浦-探测光谱实验,而是采用高重复频率的锁模激光器,这种技术被称为布居数调制吸收光谱技术。锁模激光可以实现高重复频率,如采用电光调制器对锁模脉冲序列上进行幅度调制。一个 80 MHz 锁模脉冲序列用 10 MHz 进行调制,在一脉冲周期内可产生四脉冲'开'与四脉冲'关'的调制泵浦脉冲。通过快速调制来有效地减弱输出信号中的噪声,与 100 kHz 以下的低调制频率相比,使用 10 MHz 调制时可以将噪声降低几个数量级。

图 4-21 为典型的布居数调制测量系统。图中,泵浦激光与探测激光分别地由相同重复频率与相同波形的可调谐锁模激光共同驱动。其中一束激光通过电光调制器(EOM)/偏振合成器产生一强度调制,叠加在皮秒脉冲序列上,成为泵浦激光。另一束激光为探测脉冲,用一个直角反射器完成对泵浦激光的相对延时,反射器的位移为两倍延时光程,当位移为 1 mm 时,延时为 6.7 ps。在泵浦脉冲扰动下,样品对探测光的透射特性发生变化,并发生光学混合过程,泵浦脉冲上调制的一部分转移到探测脉冲。锁相放大器以泵浦脉冲调制频率为参考信号频率,它能容易地从光电检测器的输出中提取出很小的交变信号。'增益'方程(4-46)就从滤除检测器直流信号的相敏检波器的信号电压中得到了直接测量。由于在透过样品后的光束

中,泵浦光与探测光混合在一起的,如泵浦光与探测光的波长不同时,可以用衍射光栅或波长选择滤波器来分离。当两者使用相同波长时,可用偏振器来进行分离,这时将探测光束与泵浦光束设置成相互正交的偏振状态。

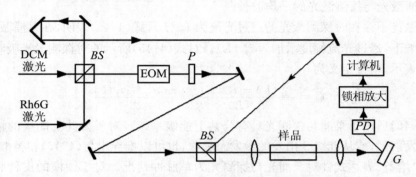

图 4-21　布居数调制吸收光谱技术实验装置

实验中,平稳地移动直角反射器以实现泵浦脉冲与探测脉冲之间所需要的时间延迟,探测光可从先于泵浦光变化到迟于泵浦光。因此信号电压的幅度是延时的函数,它记录了系统返回平衡状态的速率,因而也提供了关于态寿命的信息。

图 4-22 是透明光电流放电灯中 134000 cm^{-1} 附近氖的激发态布居数调制吸收光谱图。氖的这些吸收谱是其四个最低激发态(134044 cm^{-1}、134461 cm^{-1}、134821 cm^{-1}、135891 cm^{-1})给出的,原子密度相当低(典型值为 $10^{12}\sim10^{10}$ cm^{-1}),以致用线宽大约为 1 cm^{-1} 的皮秒

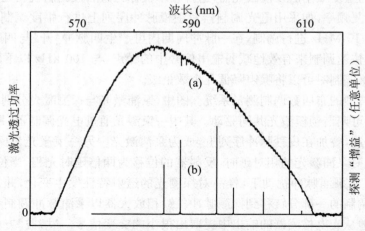

图 4-22　光电流放电灯中氖的激发态的布居数调制光谱(b)与吸收光谱(a)的比较

激光作这些能级吸收的直接透射光谱测量时,仅能勉强鉴别出各条谱线(谱线(a)),谱线(b)则是布居数调制吸收光谱,可见这是一幅信号－噪声比极高的光谱图。

第四节　外场扫描吸收光谱技术

如上所述,原子与分子的吸收光谱是基于对电磁场的共振吸收,因此,为了测量原子或分子在某一光谱范围内的吸收谱,需要利用该范围内的可调谐光源。然而我们还不能在全部的光谱区范围内都能得到方便的可调谐光源,特别在红外区,尤其是远红外光谱区更是如此,因此也就无法对固定能级进行共振测量。但是如果注意到另一方面,即某些原子或分子的能级在外场(磁场或电场)作用下会出现分裂或移动,即磁场中的塞曼(Zeeman)效应和电场中的斯塔克(Stark)效应,我们则可以采用外场扫描的方法,使能级间的跃迁频率与固定频率的激光线相共振,这就是外场扫描吸收光谱技术。

一、激光磁共振光谱技术

1. 基本原理

激光磁共振(LMR),这是微波频段的电子自旋共振(ESR)对光波段的直接推广,两者都是基于具有磁矩的原子或分子在磁场中的塞曼分裂(Zeeman 效应)。因此,可以采用磁场扫描塞曼支能级的移动的方法,来达到固定频率的辐射场与原子能级跃迁间发生共振。激光磁共振是一种高灵敏度高分辨的激光光谱技术,非常适合于测量化学反应中的短寿命自由基。与传统的光学光谱分析方法、微波波谱方法和红外傅立叶光谱方法相比,LMR 具有更高的灵敏度,而分辨率又与微波波谱相当。

由原子物理学知道,原子的磁矩是与电子的运动磁矩相联系的。电子的自旋与轨道运动都有磁矩,如果轨道量子数 L 与自旋量子数 S 是好量子数,则自旋磁矩为

$$\boldsymbol{\mu}_s = - g_s \mu_B \boldsymbol{S}$$

式中,朗德因子 $g_s = 2$,μ_B 为玻尔磁子,$|\boldsymbol{S}| = \sqrt{S(S+1)}$,$\mu_B = e\hbar/2m = 0.467\ \mathrm{cm}^{-1}\mathrm{T}^{-1}$。轨道磁矩为

$$\boldsymbol{\mu}_L = - g_L \mu_B \boldsymbol{L}$$

式中,朗德因子 $g_L = 1$。如 L 与 S 间发生耦合,形成合成磁矩 $\boldsymbol{\mu}_J$

$$\boldsymbol{\mu}_J = - g_J \mu_B \boldsymbol{J}$$

$$g_J = 1 + \frac{J^2 + S^2 - L^2}{2J^2}$$

在磁场 $\boldsymbol{B}$ 中,磁矩 $\boldsymbol{\mu}_J$ 具有附加能量

$$\Delta\varepsilon = -\boldsymbol{\mu}_J\boldsymbol{B} = g_J\mu_B\boldsymbol{J}\boldsymbol{B} \tag{4-47}$$

设磁场 $\boldsymbol{B}$ 为 z 轴。在磁场中，$JB = M_J\boldsymbol{B}$，M_J 取 J，$J-1$，$\cdots -J$，即分裂成 $(2J+1)$ 个支能级。式(4-47)可以写为

$$\Delta\varepsilon = g_J\mu_B\boldsymbol{B}M_J \tag{4-48}$$

ESR 研究基态分子在磁场中对辐射场能量的共振吸收。由塞曼能级的跃迁选择定则 $\Delta M_J = 0, \pm 1$ 得

$$\omega = \mu_B g\boldsymbol{B}/\hbar$$

在通常的强磁场（约 1T）下，能级间跃迁频率在微波段。

激光磁共振研究属于不同振动态的转动态的塞曼支能级间对辐射场的共振吸收，通常在红外波段。设有一具有磁矩的分子，其角量子数和磁量子数分别为 J 和 M_J，则在磁场中有 $(2J+1)$ 个塞曼支能级

$$\Delta\varepsilon = E_0 + g\mu_B\boldsymbol{B}M_J \tag{4-49}$$

E_0 为磁场 $\boldsymbol{B}$ 为零时能量。这时的跃迁频率为

$$\omega = \omega_0 + \mu_B(gM_J - g''M_J'')\boldsymbol{B}/\hbar$$

式中 g' 和 g'' 分别为分子上下转动态的朗德因子。如果上下转动态的朗德因子相等，则有：$g' = g''$，于是上式可以写为

$$\omega = \omega_0 + \mu_B g\Delta M_J\boldsymbol{B}/\hbar \tag{4-50}$$

根据上述讨论，LMR 与 ESR 能级跃迁可用图 4-23 所示来说明。

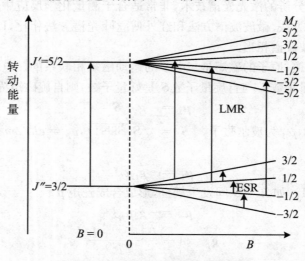

图 4-23 外磁场中分子能级塞曼分裂

由式(4-50)可见,分子吸收谱线的移动量与磁感应强度 B 及朗德因子 g 成正比。因子 g 是分子的内秉量,不能改变,而外加磁场的大小是可以任意改变的,因此只要改变磁场 B 的大小就可以移动分子吸收谱线的位置。激光磁共振的基本方法是:将固定频率的激光束穿过放在磁场内的样品池,通过改变磁场 B,便可实现分子跃迁谱线与固定波长的激光相共振。

2. 实验装置

激光磁共振的工作主要在红外光谱区。在 $5\sim10\ \mu m$ 中红外波段使用 CO、CO_2、N_2O 等激光器,在 $28\sim900\ \mu m$ 的远红外波段,用 H_2O、HCN 等激光器。

图 4-24 是一台外腔式中红外的激光磁共振光谱示意图,激光光源采用了 CO 激光器。激光腔镜由全反镜与光栅组成,光栅用于作激光谱线的选择。吸收池放在一均匀恒磁场中,内中充以实验气体样品,典型的实验气压为数百 Pa。TeCdHg 红外检测器检测透过样品的光强,用锁相放大器处理检测信号。当磁场进行扫描使分子的能级间隔与激光光子能量相等时,就对激光产生共振吸收,检测器就可以检测到相应的跃迁谱线信号。

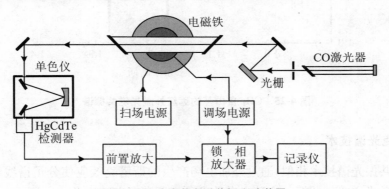

图 4-24　腔外激光磁共振实验装置

与调制光谱技术相似,通常采用交流调制的方法来增加检测灵敏度。不过在激光磁共振中一般不用激光频率调制的方法,而采用磁场调制,因为后者更简单易行。此时,在磁极上附加一对调制线圈,通以交流电流以进行磁场调制。与图 4-5 相类似,在调制过程中,随着扫描磁场扫过吸收谱线,调制磁场使吸收曲线产生交流调制。为获得较真实的谱线线型,调制幅度不应过大,通常将调制幅度限制在线宽的约 1/10 以内,这又是一个与调制光谱技术的不同之处。

采用腔内吸收激光磁共振技术是可以大幅度提高检测灵敏度的一种方法。这时,如在本章第一节所讨论过的腔内吸收激光光谱技术那样,将样品置于激光谐振腔内,并将激光谱线调谐到被测分子的吸收线上,激光器的运转特性将导致极大地提高检测置于腔内物质的灵敏度。

作为例子,图 4-25 给出的是 CH_2 自由基垂直极化上的远红外激光磁共振谱。这是用 CO_2 激光的 10P16 谱线泵浦 C_2H_3Br 的远红外激光谱线获得的,波长为 680.54 1μm。

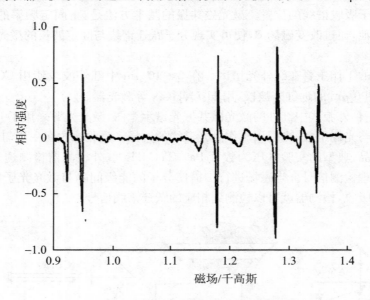

图 4-25　CH_2 自由基的远红外激光磁共振谱

二、斯塔克光谱技术

与激光磁共振光谱技术相似,通过外加电场产生的斯塔克效应使分子谱线移动来实现分子吸收谱线和激光谱线的共振。这种光谱技术称为斯塔克光谱技术。

1. 光谱线的斯塔克分裂

1913 年,斯塔克首次观察到氢原子的巴耳末线在电场中的分裂,自那以后,光谱线系在电场中的分裂现象称为斯塔克效应。与塞曼效应一样,斯塔克效应也是由于分子的总角动量矢量 $\boldsymbol{J}$ 相对于外场方向的不同取向对应于不同的能级引起的。当分子沿着它的总角动量矢量相同的方向上,具有自己恒定的电偶极矩时,将出现线性斯塔克效应。分子的电偶极矩是围绕着整个分子的电子云的非对称性造成的,因此大多数气体分子的电偶极矩 $\boldsymbol{\mu}_e$ 是很大的。只要外加一个不大的电场,如 100 V/cm,就会导致吸收线产生几百兆赫的典型裂分。

根据经典力学,一个多原子分子的转动能 ε_r 可以写为

$$\varepsilon_r = \frac{1}{2}(I_x \omega_x^2 + I_y \omega_y^2 + I_z \omega_z^2) \tag{4-51}$$

I_x、I_y、I_z 为相应坐标轴上的转动惯量分量，ω_x、ω_y、ω_z 相应坐标轴上的转动频率分量。相应的角动量分量为

$$M_x = I_x \omega_x$$
$$M_y = I_y \omega_y$$
$$M_z = I_z \omega_z$$

由总角动量 $\boldsymbol{M}$ 的平方 $M^2 = I_x^2 \omega_x^2 + I_y^2 \omega_y^2 + I_z^2 \omega_z^2$，得分子的转动能为

$$\varepsilon_r = \frac{1}{2}\left(\frac{M_x^2}{I_x} + \frac{M_y^2}{I_y} + \frac{M_z^2}{I_z}\right) \tag{4-52}$$

对于线性分子：$I_x = I_y = I, I_z = 0$。

$$\varepsilon_r = \frac{1}{2}\frac{M^2}{I} \tag{4-53}$$

对于对称陀螺分子：$I_x = I_y = I_B, I_z = I_A$。

$$\varepsilon_r = \frac{1}{2I_B}(M_x^2 + M_y^2) + \frac{1}{2I_A}M_z^2 = \frac{1}{2I_B}M^2 + \frac{1}{2}\left(\frac{1}{I_A} - \frac{1}{I_B}\right)M_z^2 \tag{4-54}$$

$$M^2 = J(J+1)\hbar^2, J = 0, 1, 2, \cdots$$
$$M_z = K\hbar, K = 0, \pm 1, \pm 2, \cdots, \pm J$$

J 为总角量子数，K 是描述较动量分量沿主轴的量子数。由此得

$$\varepsilon_r = \frac{\hbar^2}{2I_B}J(J+1) + \frac{\hbar^2}{2}\left(\frac{1}{I_A} - \frac{1}{I_B}\right)K^2 \tag{4-55}$$

如果对称陀螺沿其轴方向有永久偶极矩，就由选择定则 $\Delta J = 0, \pm 1, \Delta K = 0$ 决定辐射能级跃迁。由式(4-55)可见，绝对值相等的正或负的 K 值相对于同一个能量。

(1) 双原子或线性分子。当分子沿它的总角动量矢量相同的方向并不具有电偶极矩分量时，则因转动能量不能通过两个相互成直角耦合的矢量发生交换，所以不发生线性斯塔克效应。大多数的双原子或线性分子属于这种情况。因为这些分子的所有电荷的分布在核间轴上，所以电偶极矩 $\boldsymbol{\mu}_e$ 必然沿着这个方向且处于这个轴上，而分子转动所在的平面法线垂直于核间轴，因此角动量方向与偶极矩 $\boldsymbol{\mu}_e$ 方向是垂直的。这种情况只能有平方斯塔克裂分。对于平方斯塔克效应，可以理解为外电场在分子中产生感应偶极矩，并在总角动量方向上有一分量。感应偶极矩与外电场相互作用产生斯塔克分裂。

平方斯塔克效应产生能级的能量的变化可以写为

$$\Delta\varepsilon = \frac{\boldsymbol{\mu}_e^2}{2\hbar\boldsymbol{B}}\left[\frac{J(J+1) - 3M_J^2}{J(J+1)(2J-1)(2J+3)}\right]E^2 \tag{4-56}$$

式中，$\boldsymbol{\mu}_e$ 是恒定偶极矩，M_J 是"磁量子数"，它确定角动量沿外加场 E 方向分解的分量。这式

表明,支能级的裂分一方面和所加电场的平方成正比,另一方面和分子的转动惯量成比例。平方斯塔克效应裂分的实际值远小于线性效应,对于小 J 值,100 V/cm 电场,能产生约为 0.2 MHz 的裂分,而对于大 J 值,裂分将为更小。

(2) 对称陀螺分子。这种分子沿总角动量矢量方向有它们的偶极矩分量,其大小为

$$\mu_e K[J(J+1)]^{-1/2} \tag{4-57}$$

因此除 $K=0$ 之外,都会发生能级的一级斯塔克效应分裂。沿电场方向偶极矩的分量由下式给出

$$\frac{\mu_e K}{[J(J+1)]^{1/2}} = \frac{M_J}{[J(J+1)]^{1/2}}$$

能级裂距等于上式与所加电场 E 的乘积,故有

$$\Delta\varepsilon = \frac{\mu_e K M_J}{J(J+1)}E \tag{4-58}$$

因为跃迁遵守 $\Delta K=0,\Delta J=\pm 1$ 的选择定则,在谱线中观察到的裂分为

$$\hbar\Delta\nu = \frac{2\mu_e K M_J}{J(J+1)(J+2)}E \tag{4-59}$$

因此,裂分的大小仅决定于恒定偶极矩和所加的电场强度,与分子的转动惯量无关。此线性裂分远大于平方效应,即使外加一个小电场也会产生分辨很好的谱线。

2. 激光斯塔克光谱实验装置

图 4-26 为一台使用 HCN 激光的远红外斯塔克吸收光谱的装置框图,可以用于测量 CH_3OH 分子的吸收谱。HCN 激光波长在 330 μm,用一小黄铜反射镜从激光器中输出直径约 1 cm 的激光束,激光束经偏振旋转器和聚焦镜后射进斯塔克吸收池。偏振旋转器可以将光

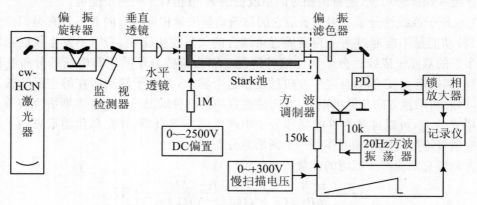

图 4-26　远红外激光斯塔克吸收光谱实验装置

束的偏振调整为平行于或垂直于斯塔克电极的缝隙。聚焦镜为两个聚乙烯柱面镜,分垂直与水平两个。垂直镜在与斯塔克电极间隙的垂直方向上聚焦光束,使之进入池内,水平镜把光束聚焦在斯塔克电极的远端。在斯塔克池出口置一偏振滤色器,以防止偏振轻度转动,保证偏振的纯度。出射光由 90°环面反射镜成象到红外检测器检测 D。斯塔克吸收池是一个不锈钢圆筒,用 0.1 mm 的聚酯薄膜做窗口。斯塔克电极为镀银玻璃板,尺寸为 8×61 cm,间距为 0.0514 ± 0.0001 cm。

在两个斯塔克电极上分别施加不同的电压。在上电极上加的是受方波调制的线性扫描电压。扫描电压的幅度为 $0 \sim 300$ V,典型的扫描时间为 100 分钟。方波发生器的输出通过一个三极管调制器将方波调制到线性扫描电压上,调制频率为 20 Hz。斯塔克下电极施加 $0 \sim -2500$ V 直流偏置电压。分子的吸收信号经红外检测器检测后由锁相放大器放大,锁相放大以方波的调制频率为参考信号,然后由 $x-y$ 记录下吸收光谱。

3. 例: $^{14}ND_3$ 的激光斯塔克光谱

氨及其同位素体多年来一直是微波与红外区域光谱的研究对象。氨的同位素体 $^{14}ND_3$ 的激光斯塔克光谱的测量装置与图 4-26 基本相同,使用 DCN 远红外激光。该激光有平行($\Delta M = 0$)和垂直($M = 0$)两种偏振,相应波长用 195 μm 和 $195'$ μm 表示。

氨及其同位素体 $^{14}ND_3$ 分子属对称陀螺分子,如图 4-27,N 原子位于由三个 D(H)原子组成的平面之上。$^{14}ND_3$ 分子中的 N 原子可在平面的任一侧呈平衡状态,它可在这两个可能的位置间振荡,相应的两个简并能级称反演能级。但在电场中应考虑 N 原子对三个氘原子平面反演起分裂,分裂能量为

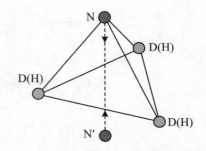

图 4-27　氨同位素体 $^{14}ND_3$ 的分子结构

$$\Delta \varepsilon^{(1)} = \frac{1}{2} \left[\nu_{inv}^2 + \left(\frac{\boldsymbol{\mu}_e K M_J}{J(J+1)} E \right)^2 \right]^{1/2} - \frac{\nu_{inv}}{2}$$

用二级微扰理论可以计算其他附近的转动态之间的相互作用产生的附加移动

$$\Delta \varepsilon^{(1)} = \boldsymbol{\mu}_e^2 E^2 \left[\frac{(\hat{J}^2 - K^2)(J^2 - M_J^2)}{(2BJ + \nu_{inv})J^2(2J-1)(2J+1)} \right.$$
$$\left. + \frac{[(J+1)^2 - K^2][(J+1)^2 - M_J^2]}{[-2B(J+1) \pm \nu_{inv}](J+1)^2(2J+1)(2J+3)} \right]$$

式中 ν_{inv} 为反演频率,±号相应于上面或下面反演能级 J。相应的能级图如图 4-28 所示。对每个能级 J,两个反演能级分别为对称(s)与反对称(a)。反对称能级的能量要高于对称能级的能量。在不加电场时,选择定则为 $\Delta J = 0, \pm 1$ 和 $\Delta K = 0$,因此只有 $a \leftrightarrow s$ 与 $s \leftrightarrow a$ 的跃迁是

允许的。但是在电场中,由于反演能级的混合,$s \leftrightarrow s$ 与 $a \leftrightarrow a$ 的禁戒跃迁也有一定的强度。在实验上,对 $\Delta M = 0$,所观察到的跃迁强度在 18%(约为 48V)到 94%(约为 1800V)之间。通过计算可得 $a \leftrightarrow a$ 与 $s \leftrightarrow s$ 禁戒跃迁的频率为

$$\text{对 } s \leftrightarrow s \text{ 跃迁}: \quad \nu_l = (\nu)_{ss} + \Delta \nu_L - \Delta \nu_U$$
$$\nu_l = (\nu)_{aa} - \Delta \nu_L + \Delta \nu_U$$

$$\text{对 } a \leftrightarrow a \text{ 跃迁}: \nu_l = (\nu)_{aa} - \Delta \nu_L + \Delta \nu_U$$

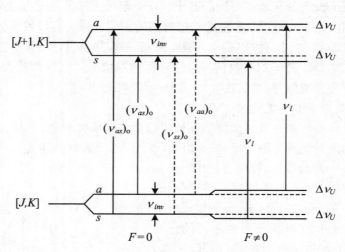

图 4-28 $^{14}\text{DN}_3$ 的 $[J, K]$ 态 $\rightarrow [(J+1), K]$ 态的跃迁能级图

第五节   光声与光热光谱技术

本节讨论在吸收光谱测量中应用的特殊检测技术,它们不测量光谱的本身,而检测物质在吸收辐射后产生的其他一些物理量的变化。当物质在吸收辐射以后,在通过无辐射跃迁返回基态时常常会将激发能转变成为热能,热能又往往能激发出声波来,通过接收热激发的声波来获取光谱信息,称为光声光谱技术;介质升温会使其折射率发生变化,从而使光束产生偏转,通过接收光束的热偏转来获取光谱信息,称为光热光谱技术。此外,在气体放电、等离子体或火焰中进行光谱研究时,光激发会导致它们的电学参数发生变化,通过检测电离电流的变化而形成光电流光谱技术。最后这部分的内容将在第七章中介绍。

一、光声光谱技术

1. 光声光谱仪的基本结构

光声光谱仪的基本原理可以用图 4-29 所示的结构表示出来。一束连续波光束在经调制器调制以后成了断续的光束,在照射进样品以后,样品吸收了光能后产生出光声波,该声波经声敏元件接受后由放大器放大后送到锁相放大器,经锁相放大器处理后便在记录仪上记录下反映物质对光吸收的光声光谱。

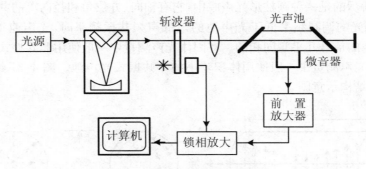

图 4-29　光声光谱仪的基本结构

光声光谱仪具有很高的检测灵敏度,一般可以达到 $10^{-9} \sim 10^{-11}$ cm^{-1} 量级,检测对象也从气相介质发展到液相及固体介质。光声光谱仪的主要部件包括激发光源、调制器、光声池、声敏元件及信号处理系统。

(1) 光源。要用可调谐激光或线调谐激光,主要在近红外到中红外光谱区。除要求有较高的光谱强度外,还要有较宽的调谐范围和较窄的光谱线宽。常用的激光器如表 4-1 所列。

表 4-1　光声光谱仪中常用的激光光源

激光器	波段范围	特　　点
CO_2 波导激光	$9 \sim 12$ μm	有约 200 多条谱线供调谐;并利用压力展宽在谱线上有约 500 MHz 连续调谐
CO 激光	$4.8 \sim 8.4$ μm 二倍频:$2.86 \sim 4.07$ μm	有 150 多条谱线供调谐
参量振荡器		商售 Nd:YAG 激光泵浦的参量振荡器,在 $1.45 \sim 8$ μm 连续调谐
钛宝石激光	$0.670 \sim 1$ μm	连续调谐
染料激光器	$0.40 \sim 1$ μm 在	给定染料范围内连续调谐

使用激光光源的最高检测灵敏度可达 ppt 水平。除激光光源外,有时也用光谱灯光源如,氙灯。这时需要先用滤光片或单色仪进行分光,然后由斩波器调制后照射光声池。使用光谱灯做光源可以设计成结构紧凑的光声光谱仪,检测灵敏度可达亚 ppm 水平,适合进行各种现场检测需要。

(2)光声池。光声池是光声光谱仪中的核心部件,它既是气体样品的容器,又装置了微音器或其他装置检测激光作用下产生的声波。光声池通常分为共振型与非共振型两类。对于共振式光声腔,腔的尺寸决定于所选的谐振频率。共振式光声腔的光声信号强度与腔的 Q 值成正比。图 4-30 所示的是一种圆柱形光声腔中,它有轴向、方位角和径向等的共振模,Q 值一般在 $300\sim500$。当光的调制频率低于光声池的最低声频共振频率时,光声池工作于非共振状态,这时光声池内的信号几乎是同相的。在固体光声测量中一般使用非共振式光声池,它的体积较小。在固体光声测量中一般使用体积较小的非共振式光声池。图 4-31 给出一款非共振式固体光声池的结构示意图。

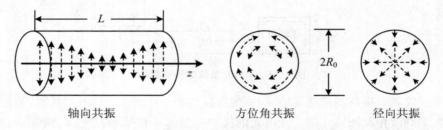

图 4-30　圆柱形谐振腔的轴向、径向与方位角声模示例

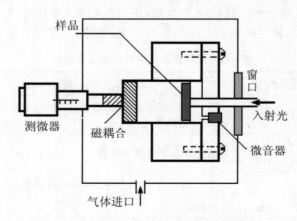

图 4-31　一种非共振固体光声池

（3）声敏元件。声敏元件的功能是将光声信号转变为电信号。对气体样品常用微音器作为声敏元件，对液体及固体介质常采用压敏元件。微音器要用精密测量级的，其灵敏度可达 1～5 mV/mB。现在用得最多的是电容式微音器与驻极体微音器。压敏元件是基于某些材料的压电效应。主要有钛酸钡（$BaTiO_3$）和锆钛酸铅（PZT）压敏陶瓷，ZnO 压电薄膜。

（4）信号处理系统。信号处理系统普遍采用具有低噪声特性的锁相放大系统。

2. 气体光声光谱理论

在光声检测技术发展的同时，也在光声信号理论方面有一定的发展。其中气体光声理论比较清楚，这里将略加介绍。凝聚物质的情况比较复杂，光声理论还不很完善，其基本的物理过程是：凝聚物质在周期调制的光束照射下，在固（液）-气的交界面处发生周期性的温度变化，并对固体表面的气体压力产生扰动，形成声波，因此光声效应主要依赖于固体内的热扩散方程。

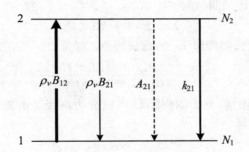

图 4-32　二能级之间的辐射跃迁与无辐射跃迁

对于气体光声信号，我们可以采用速率方程的方法加以讨论。在入射光的照射下，分子受到激发。为简单起见，我们研究一个二能级分子系统，如图 4-32 所示。设入射光的能量密度为 ρ_v，因热运动而使能级 2 的消激发速率为 k_{21}，对于光声光谱检测来说，应该有比较大的非辐射跃迁速率 k_{21}。设两能级的布居数分别为 N_1、N_2，系统的总粒子数 $N=N_1+N_2$。

如图 32，引入自发发射弛豫时间 $\tau_r=1/A_{21}$，无发射跃迁弛豫时间 $\tau_c=1/k_{21}$，根据能级跃迁理论，能级 2 的布居数 N_2 变化为

$$\frac{dN_2}{dt}=\rho_v B_{21}(N_1-N_2)-\tau^{-1}N_2 \tag{4-60}$$

式中 $\tau^{-1}=\tau_r^{-1}+\tau_c^{-1}$。同理可得能级能级 1 的布居数的变化

$$\frac{dN_1}{dt}=-\rho_v B_{21}(N_1-N_2)+\tau^{-1}N_2 \tag{4-61}$$

合并式（4-61）和式（4-60），可得

$$\frac{\mathrm{d}}{\mathrm{d}t}(N_2 - N_1) = -2\rho_\nu B_{21}(N_2 - N_1) - 2\tau^{-1}N_2 \tag{4-62}$$

考虑系统处于稳态情况,解式(4-62)可得

$$N_2 = \frac{\rho_\nu B_{21} N}{2\rho_\nu B_{21} + \tau^{-1}} \tag{4-63}$$

$$N_1 = \frac{(\rho_\nu B_{21} + \tau^{-1})N}{2\rho_\nu B_{21} + \tau^{-1}} \tag{4-64}$$

由光场能量密度 ρ_ν 与入射的光强的关系 $I = c\rho_\nu$,并令 $B = B_{21}/c$,得

$$N_2 = \frac{BIN}{2BI + \tau^{-1}}$$

$$N_1 = \frac{(BI + \tau^{-1})N}{2BI + \tau^{-1}}$$

当入射光受到频率为 ω 的正弦调制时

$$I = I_0(1 + M\mathrm{e}^{\mathrm{i}\omega t})$$

式中 M 为调制度,$0 < M < 1$,则能级 E_2 的布居数 N_2 写为

$$N_2 = \frac{BI_0(1 + M\mathrm{e}^{\mathrm{i}\omega t})N}{2BI_0(1 + M\mathrm{e}^{\mathrm{i}\omega t}) + \tau^{-1}} \tag{4-65}$$

如不考虑分子的转动振动,分子的内能 U 可以分为能级 2 的能量 $N_2 E_2$ 加上分子的动能 κ 为

$$U = N_2\varepsilon_2 + \kappa \tag{4-66}$$

对于一个分子体系,单位时间内的内能变化等于吸收能量减去辐射能量,即有

$$\frac{\mathrm{d}U}{\mathrm{d}t} = B_{21}\rho_\nu(N_1 - N_2)\varepsilon_2 \tag{4-67}$$

分子的动能 κ 的增加速率为

$$\frac{\mathrm{d}\kappa}{\mathrm{d}t} = k_{21}N_2\varepsilon_2 \tag{4-68}$$

另一方面,由热力学定律可得

$$\mathrm{d}\kappa = \left(\frac{\partial\kappa}{\partial T}\right)_V \mathrm{d}T + \left(\frac{\partial\kappa}{\partial V}\right)_T \mathrm{d}V$$

式中,T 为绝对温度,V 为吸收池体积。吸收池体积是不变的,故

$$\mathrm{d}\kappa = \left(\frac{\partial\kappa}{\partial T}\right)_V \mathrm{d}T = C_V \mathrm{d}T \tag{4-69}$$

C_V 为定容比热,对式(4-69)积分

$$\kappa = C_V T + f(V)$$

$f(V)$是体积 V 的函数,与温度无关。由此得

$$T = [\kappa - f(V)]/C_V \tag{4-70}$$

对于理想气体,气体的压力 $p = Nk_BT$,k_B 为玻耳兹曼常数。由式(4-70)得

$$p = Nk_B[\kappa - f(V)]/C_V \tag{4-71}$$

声波可表达为压力的时间变化率。由式(4-71)与(4-68)得

$$\frac{\partial}{\partial t}p = \frac{k_BN}{C_V}\frac{d}{dt}\kappa = \frac{k_BN}{C_V}k_{21}N_2\varepsilon_2 \tag{4-72}$$

将式(4-65)代入上式,得

$$\frac{\partial}{\partial t}p = \frac{k_B}{C_V}\frac{N^2\varepsilon_2}{\tau_c}\frac{BI_0(1+Me^{i\omega t})N}{2BI_0(1+Me^{i\omega t})+\tau^{-1}} \tag{4-73}$$

将式(4-73)按 $Me^{i\omega t}$ 的幂级数展开,且仅保留 $e^{i\omega t}$ 项

$$\frac{\partial}{\partial t}p = \frac{k_BN^2\varepsilon_2}{C_V}\left\{\frac{2\tau_c^{-2}BI_0M}{(2BI_0+\tau^{-1})[(2BI_0+\tau^{-1})^2+\omega^2]^{1/2}}\right\}e^{i(\omega t-\gamma)}$$

式中,$\gamma = \omega\tau_c$ 表示激光激发过程的相位滞后。上式积分可得

$$p = \frac{k_BN^2\varepsilon_2}{C_V\omega}\left\{\frac{2\tau_c^{-2}BI_0M}{(2BI_0+\tau^{-1})[(2BI_0+\tau^{-1})^2+\omega^2]^{1/2}}\right\}e^{i(\omega t-\gamma-\pi/2)} \tag{4-74}$$

声信号 S 与压力 p 成正比。在入射光强度较小时,光激发项 $2BI_0 \ll \tau^{-1}$,光声信号 S 为

$$S \approx \frac{k_BN^2\varepsilon_2}{C_V\omega}\left(\frac{\tau}{\tau_c}\right)^2\frac{2BI_0M}{(1+\omega^2\tau^2)^{1/2}}e^{i(\omega t-\gamma+\pi/2)} \tag{4-75}$$

可见光声信号 S 与光强 I_0 成正比,并与分子数 N 的平方成正比。由于 τ_c 随温度增加而减小,所以 S 将随温度的升高而增大。当入射光强增大时将出现饱和状态,当 $I_0 \gg \tau^{-1}/2B$,S 为

$$S \approx \frac{k_BN^2\varepsilon_2\tau_c^{-2}}{C_V\omega}\frac{1}{BI_0}Me^{i(\omega t-\gamma-\pi/2)} \tag{4-76}$$

3. 几种典型的光声光谱仪

(1) 长程光声腔光声光谱仪。在气体痕量分析中,微声器所记录的信号 V 与参与吸收的分子数 N 成正比

$$V = \eta PN\sigma$$

式中 P 为入射光波功率,σ 为分子吸收截面,η 为与光声腔的 Q 值及微音器灵敏度等相关的参数。吸收的分子数 N 与光程长度 L 成正比

$$N = SCL$$

式中 C 为分子数密度,S 为光束的截面。

图 4-33 为使用改进型汉洛特池的高灵敏的长程光声光谱仪。为方便光谱仪的调整,用平面镜取代 Heriott 池中的一块凹面镜。光源为钛宝石激光器,用计算机控制在 $680 \sim 900$ nm

波长范围进行扫描。斩波器的调制频率为 4 Hz~4 kHz，由灵敏度为 10 mV/Pa 驻极体微音器接收声波信号，最小可检测吸收为 1.98×10^{-9} cm^{-1}。

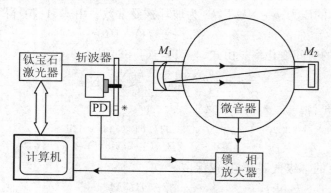

图 4-33   使用改进型汉洛特池的高灵敏光声光谱仪

　　(2) 激光器腔内光声池光声光谱仪。与激光器腔内吸收光谱技术一样，激光器腔内光声池光声光谱技术仪是获得高灵敏检测的另一种措施。如图 4-34，腔内除 CO/CO$_2$ 激光放电管外，还有光声池。如图，由反射光栅与反射镜 M 构成激光器的谐振腔，谐振腔长 200 cm。腔内的光束既是激光器振荡谱线，又是被测样品的激发光束。根据所需的光谱波段，选用不同的激光工作气体，对 CO(CO, N$_2$, He) 激光，波段为 5~8 μm，对 CO$_2$(CO, N$_2$, He)，波段为 9.2~10.9 μm。用 150/mm 的反射光栅作激光频率选频，光栅装置在一个转盘上，由计算机控制的步进电机完成选频。全反射镜 M 装置在压电陶瓷 (PZT) 架上，由计算机控制实施波长优化。该谱仪对 C$_2$H$_2$ 的检测灵敏度达到 2×10^{-11}。

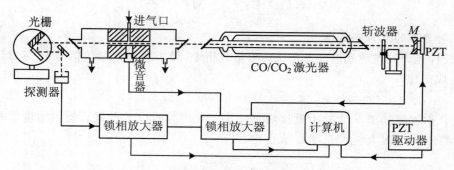

图 4-34   激光器腔内光声池结构的光声光谱仪

　　(3) 皮秒光声光谱仪。皮秒闪光光解时现阶段常用的直接观测光解过程中产生的瞬态中间体技术。图 4-35 是一种皮秒光声光谱装置图。光源分泵浦光和探测光，它们都是从同一束 YAG 激光经分束来的。探测光相对于泵浦光有一定的时间延时。

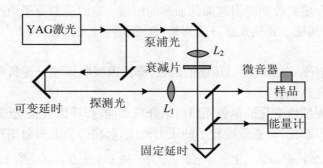

图 4-35　皮秒光声光谱装置

由于微音器 Mic 的时间响应相对较慢，它输出的光声信号振幅代表着其响应时间上的积分光声信号强度，与放出的热量成正比，不能跟踪快速的光化过程。在本装置中，泵浦光在体系上引发的光声信号通过测定泵浦光的脉冲能量来确定，而中间产物吸收探测光所引发的光声信号可以由总光声信号减去泵浦光引发的光声信号来得到。因此，时间分辨率由两光束之间的延时决定，与检测器的响应时间无关。

设由泵浦光照射引入的光声信号为 S_0，检测光引入的光声信号为 ΔS，则总的光声信号 $S = S_0 + \Delta S$。定义检测光存在而引入的光声信号为的净增加百分数为 $\Delta S / S_0$，则有

$$\frac{\Delta S}{S_0} = \frac{\nu_c}{\nu_0}[1 - \exp(-\sigma\Phi t_c)]\exp(-t_d/\tau) \tag{4-77}$$

式中，ν_c 与 ν_0 分别为探测光与泵浦光的频率，σ 中间体对探测光的吸收截面，Φ 为检测光通量（光子数/cm² · s），t_c 为检测光弛豫时间，t_d 为检测光延时，τ 为中间体的寿命。由于这种方法是测量中间体所占的百分比，因此从式（4-77）可见，$\Delta S / S_0$ 与中间体的浓度无关。$\Delta S / S_0$ 可以通过改变 Φt_c 与 t_d 来改变，当延时 t_d 增加时，中间体布居数以寿命为 τ 指数衰减，信号比也随之下降。若体系中存在几种不同的中间体时，则信号比可用下式表达。

$$\frac{\Delta S}{S_0} = a_0 + \sum_{n=1}^{N} a_n \exp(-t_d/\tau_n) \tag{4-78}$$

式中，N 为中间体数，τ_n 为它们的寿命，a_n 为相应的拟合常数

实验中设将 YAG 激光的三倍频激光（355 nm）用作泵浦光，两倍频激光（530 nm）为探测光。在高检测光通量（$\sigma\Phi t_c \gg 1$）和短延时 $t_d \ll \tau$ 条件下，$\Delta S / S_0$ 约为 2/3。用这种方法可以检测到浓度为 $10^{-10} \sim 10^{-9}$ mol · l^{-1} 的激发中间体。

二、光热偏转光谱技术

光热光谱基于介质吸收光能引起局部加热的原理。这时受激分子通过无辐射跃迁返回基态，激发能转变成为热能。光热光谱分为两类：光热偏转与光热透镜。

1. 光热偏转

基于介质的折射率 n_r 是温度与压强的函数，样品因吸收泵浦光使折射率 n_r 发生变化，当探测光通过时产生光热偏转。

设有频率为 ω 周期性变化的单色光照射某介质表面，介质因吸收光能而发热，引起周期性的温度变化。为简单起见，略去效应较小的压力效应，可将介质的折射率写为

$$n(r,t,T) = n(r,t,T_0) + \Delta n(r,t,T) = n(r,t,T_0) + \frac{\partial n}{\partial T}\delta T(r,t) \tag{4-79}$$

这里 T_0 和 $\mu(T_0)$ 分别为介质的平衡温度及均匀折射率，$\delta T(r,t)$ 为 r 处的温度增量，$\partial \mu/\partial T$ 为折射率的温度系数，对于液体，$\partial \mu/\partial T$ 为 $10^{-4}℃^{-1}$，固体的 $\partial \mu/\partial T$ 约为 $10^{-5}℃^{-1}$，液体约为 $10^{-6}℃^{-1}$。可见周期性变化的激光照射将引起介质折射率的相应变化。

设一束探测光通过因吸收泵浦光而形成的介质折射率梯度区，如图 4-36 所示，光束将偏

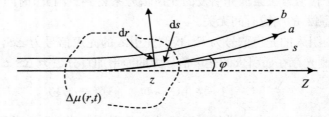

图 4-36　散射的几何图形

离原传播方向。设在介质的某点 z，光束的传播方向为 s，偏转角为 φ。取光束中两条光线 a 与 b，在点 z 处，在光线 a 上取光线元 ds，它与光线 b 相距 dr_0。由于介质折射率不同，两条光线的传播速度也不同。设光线 a 的光速为 c_a，光线 b 为 c_b，在相同的时间内，光线 a 将比 b 光线多走一段距离 Δ

$$\Delta = (c_a - c_b)\frac{ds}{dc_b}$$

在经过 ds 路程后又有偏转角 $d\varphi$

$$d\varphi \approx \tan(d\varphi) = \frac{\Delta}{dr_0} = \frac{ds}{dr_0}\left(\frac{c_a}{c_b} - 1\right) \tag{4-80}$$

光在介质中的传播速度 c 与真空光速 c_0 的关系 $c = c_0/\mu$，于是式(4-80)可以改写为

$$d\varphi = \frac{ds}{dr_0}\left(\frac{c_a - c_b}{c_b}\right) = \frac{1}{\mu_a}\frac{d\mu}{dr_0}ds$$

因 dr_0 垂直于 ds,可将 $\frac{d\mu}{dr_0}$ 用梯度 $\nabla_\perp \mu(r,t)$ 表示,于是就得到

$$\varphi = \frac{1}{\mu_a}\int_s \nabla_\perp \mu(r,t)ds \tag{4-81}$$

利用式(4-79),可将探测区内各区域的偏转角 φ_i 表示为

$$\varphi_i = \frac{1}{\mu_i}\frac{\partial \mu_i}{\partial T}\int_s \nabla_\perp T_i(r,t)ds \tag{4-82}$$

2. 光热偏转实验装置

在光热偏转方法中,加热泵浦光束垂直照射在样品表面,而探测光有两种设置方案,如图 4-37 所示,探测光与泵浦光束成直角的垂直检测(a),及探测光与泵浦光束成一小夹角的平行检测(b)。

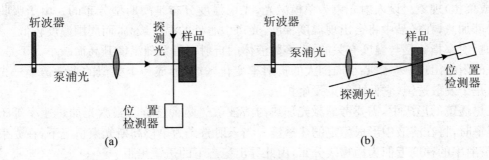

图 4-37 两种光热偏转实验装置

在垂直检测情况下,探测光在样品表面通过,探测空气中折射率梯度。这种方法用于测量不透明样品或光学特性差的样品。探测光的偏转角为

$$\varphi = \frac{l}{\mu}\frac{d\mu}{dT}\frac{dT}{dx} \tag{4-83}$$

式中,l 是探测光束和温度梯度场 dT/dx 的相互作用路径。

在平行探测方案中,探测光与加热光束间有一个小小的夹角,但是两者都射到样品的同一区域,一般并不严格共线。加热光束一般为可调谐激光,并将光束强聚焦以增大加热光的功率密度。探测光的偏转角为

$$\varphi = \frac{d\mu}{dT}\left(\frac{P}{\omega\rho_c\pi^2 w^2}\right)[1 - \exp(-\alpha l)] \times \left[-2\frac{x_0}{w^2}\exp\left(-\frac{x_0^2}{w^2}\right)\right] \tag{4-84}$$

式中,P 为入射激光的功率,ρ_c 为单位体积的热容量,w 为高斯光束半径,x_0 是泵浦光束与探测

光束极大之间的距离，α 为吸收系数。对于透明介质或弱吸收的样品，可以采用探测光正入射的方案测量。

　　加热光源可以是连续波光源，也可以是脉冲光源。当用连续波光源，要通过斩波的方法进行调制。探测光束可以用小功率的氦-氖激光器。位置检测器用以记录偏转角的大小，可用硅光电检测器，其输出信号由锁相放大器处理。检测器有象限式和横向式两种，它们都检测信号电压和直流电平电压之比：$\Delta V/V$。当调制频率为数百 Hz 时，$\Delta V/V$ 为 10^{-6} 量级，可测得 1.5×10^{-9} rad $\sqrt{\text{Hz}}$ 的偏转。用横向式检测器时，它的灵敏度为 0.55 PA/cm，其中 P 是探测光束的功率，单位为瓦，$\Delta V/V = 0.55 \cdot \varphi \cdot d$，这里 φ 是偏转角，d 是从聚焦光斑到检测器的距离。

三、光热透镜光谱技术

1. 光热透镜效应

　　光热透镜效应是基于折射率 n_r 因吸收入射光而发生变化，造成光在样品中传播时发生的发散（或聚焦）现象。设入射光束为单模激光，光束强度分布是高斯型分布的。由于吸收光能后的局部加热，在样品中将会出现温度梯度，光斑中心处的温度最高，而周围温度较低。另外，介质的折射率指数是与温度有关的，大多数液体的折射率指数随温度升高而减小。于是，在激光光斑的附近出现一个中心小周围大的折射率变化区域，形成一个类似的光学透镜——光热透镜。这是个发散透镜，它使入射束发生扩散。

　　在热透镜的形成中，需要考虑激光加热与溶液散热两个过程。当激光加热速率等于溶液散热速率时，将在溶液中形成稳定的热透镜。当入射激光为单模高斯光束情况下，在光束照射区内，折射率的梯度近似为抛物线分布，由此导出稳态下的透镜焦距

$$f = \frac{\pi k w^2}{P_r(\mathrm{d}\mu/\mathrm{d}T)} \tag{4-85}$$

式中，k_r 为样品的导热率（cal/cm · s · K），w 是光束半径，$\mathrm{d}\mu/\mathrm{d}T$ 为折射率温度系数（K^{-1}），P_r 为样品吸收光能后转变为热能的功率。对大多数溶剂，$\mathrm{d}\mu/\mathrm{d}T$ 为负数，所以热透镜是一个发散透镜。当样品为非荧光物质时，激光功率 P（mW）、样品吸光度 A 与 P_r 的关系为

$$P_r = 2.303 PA$$

对于荧光物质，设荧光量子效率为 η，则

$$P_r = 2.303(1 - \eta)PA$$

在一般情况下，透镜焦距是时间的函数

$$f(t) = \frac{\pi k w^2}{P_r(\mathrm{d}\mu/\mathrm{d}T)}\left(1 + \frac{t_c}{2t}\right) \tag{4-86}$$

式中，时间常数 $t_c = w\rho C_p/(4k)$，ρ 为溶剂的密度（g/cm³），C_p 为溶剂的比热（cal/g · K）。

如上所述,光热透镜效应基于介质对强光的吸收,因此也可以预期会出现光吸收中的非线性效应,如双光子吸收,即分子会同时吸收两个入射光子,激发到入射光频率两倍的激发态上。在双光子吸收中,也可以将透过样品对入射的吸收写成吸收系数为 $\alpha^{(2)}(\mathrm{cm}^{-1})$ 的朗伯-比尔定律的形式

$$P_t = P\exp(-\alpha^{(2)}L) = P\exp(-L)\alpha^{(2)} = \sigma^{(2)}CI \tag{4-87}$$

式中,L 是吸收长度,$\sigma^{(2)}$ 是双光子截面,C 是样品浓度,I 是入射光强。由定义可见,$\alpha^{(2)} = \sigma^{(2)}CI$,$\alpha^{(2)}$ 与入射光强有关。在弱双光子吸收极限下,样品吸收激光功率的百分比为

$$(P-P_t)/P = \Delta P/P = \sigma^{(2)}CIL$$

但是,与单光子吸收相比,双光子吸收是很弱的,为了产生强的双光子跃迁,需要很强的入射光功率,而且要将光束聚焦成一个很小光斑,以提高样品的吸收率。

2. **热透镜效应的光谱检测**

图 4-38 为利用光热透镜效应进行的光谱检测方法。如图,入射光束经透镜聚焦后穿过样品,投射到靶屏上,靶屏上沿光轴开一检测小孔,放置于小孔后面检测器测量透射小孔的激光功率。通过测量以波长为函数的透射激光功率即得到光热光谱。

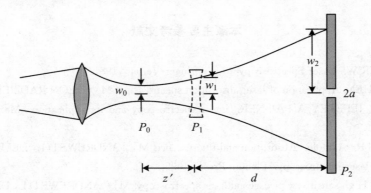

图 4-38　利用光热透镜效应的光谱检测

根据高斯光束特性,投射到靶屏上的光束强度为

$$I(r) = \frac{2P}{\pi w_2^2}\exp\left(\frac{-2r^2}{w_2^2}\right)$$

如果靶屏上的检测孔半径很小,$a \ll w$,则被检测到的透射功率为

$$P_d = \int_0^a I(r)2\pi r\mathrm{d}r \approx 2P\frac{\pi a^2}{\pi w_2^2}$$

光热信号的大小一般表达为被检测功率对其平衡值的相对大小,由上述式得

$$S = \frac{P_d(t=0) - P_d(t=\infty)}{P_d(t=\infty)} = \frac{w_2^2(t=\infty)}{w_2^2(t=0)} - 1 \tag{4-88}$$

图 4-39 为双光束热透镜测量装置,其中一束可调谐光束为对样品加热的强光束,另中一束为弱的探测光束,以探测热透镜信号的强弱。

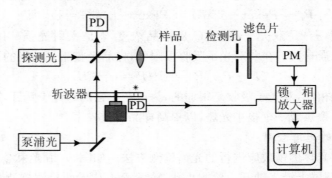

图 4-39　一种双光束热透镜测量装置

本章主要参考文献

［1］DEMTRÖDER W. Laser Spectroscopy［M］. springer-Verlag ,1981.

［2］HAO-LIN CHEN. Application of laser absorption spectroscopy［M］∥LEON RADZIEMSKI, RICHARD J W SOLAZ, JEFFREY A PAISNER. Laser spectroscopy and its application. Marcel Dekker, Inc. , 1987.

［3］MICHAEL N R. Ashfold. Absorption and fluorescence［M］∥ANDREWS D L, DEMIDOV A A. An introduction to laser spectroscopy. Plenum Press,1995 .

［4］JONES W J. High sensitivity picosecond laser spectroscopy［M］∥ANDREWS D L, DEMIDOVA A. An introduction to laser spectroscopy. Plenum Press,1995 .

［5］科尼 A.原子光谱学与激光光谱学［M］. 邱元武,译. 北京:科学出版社,1984.

［6］HARRIS T D. Laser intracavity-enhanced spectroscopy［M］∥DAVID S K. Ultrasensitive laser spectroscopy. Academic Press, Inc. , 1983.

［7］WALTHER H. Atomic and molecuar spectroscopy with Laser［M］∥WALTHER H. Laser spectroscopy of atoms and molecules. Springer-Verlag, 1976.

［8］SHIMODA K. Double-resonance spectroscopy of molecules by means of lasers［M］∥WALTHER H. Laser spectroscopy of atoms and molecules, Springer-Verlag , 1976.

［9］朱贵云,杨景和.激光光谱分析法［M］.2 版.北京：科学出版社, 1985.

[10] 夏慧荣,王祖庚.分子光谱学和激光光谱学导论[M].上海:华东师范大学出版社,1989.

[11] TONGMEI MA, LEUNG J W H, CHEUNG A S C. Cavity ring-down absorption spectroscopy of IrC [J]. Chem. Phys. Lett. , 2004(385):259.

[12] ROMANINI D, KACHANOV A A, SDEGHI N, et al. CW cavity ring down spectroscopy[J]. Chem. Phys, Lett. ,1997(264):316-322.

[13] MAZURENKA M I, FAWCETT B L, ELKS J M F , et al. 410-nm diod laser cavity ring down spectroscopy for trace detections of NO$_2$[J]. Chem. Phys, Lett. , 2003(367):1-9.

[14] CHEUNG A S C, TONGMEI MA, HONGBING CHEN. High-resolution cavity enhanced spectroscopy using an optical cavity with ultra-high reflectivety mirrors[J]. Chem. Phys. Lett,2002(353):275-280.

[15] DAVLES P B. Laser magnetic resonance spectroscopy[J] Phys. Chem. , 1981(85):2599.

[16] 陈扬侵.CO 激光磁共振装置对 NO$_2$ 分子谱的观测[J].波谱学杂志,1985(2):253.

[17] 陈扬侵.激光磁共振对于 NO$_2$ 分子的定量观测量[J].光学学报,1987(7):335.

[18] 黄光明,石丽华.光谱与光谱分析[J].2003(23):454-457.

[19] JOHNSTONL H, SRIVASTAVA R P, LEES R M. Laser-Stark spectrum of methyl alcohol at 890.761 GHz with the HCN laser[J]. Mol. spectr. , 1980(84):1.

[20] JACKSON M, SUDHAKARANT G R, GANSENT E. Far-infrared laser Stark spectroscopy of PH$_3$ [J]. Mol. spectr., 1997:446.

[21] TAM A C. Photoscoustics:spectroscopy and other applications[M]// DAVID S K. Ultrasensitive laser spectroscopy,Academic Press. Inc. , 1983.

[22] 宋小清.脉冲激光光声光谱技术[M].昆明:云南科技出版社,1990.

[23] FANG H L, SWOFFORD R L. The thermal lens in absorption spectroscopy[M]// DAVID S K. Ultrasensitive laser spectroscopy,Academic Press,Inc. , 1983.

[24] 殷庆瑞,王通,钱梦渌.光声光热技术及其应用[M].北京:科学出版社,1991.

第五章　发射光谱技术

第一节　激光诱导荧光光谱技术

在激光光谱中,激光诱导荧光光谱(LIF)是经常采用的、非常灵敏的检测技术,可用于测量原子与分子的浓度、能态布居数分布、探测分子内的能量传递过程等方面。

一、原子或分子的荧光发射

第一章中已指出,原子或分子可通过吸收光子而被激发到能量较高的能态,但处于激发态的原子是不稳定的,它要通过辐射的或非辐射的方式释放出能量而返回到基态。原子或分子通过自发发射返回基态所发射的光称为荧光。

由式(1-82)可知,原子在能级 $k{\rightarrow}i$ 间的自发发射系数 A_{ki} 为

$$A_{ki} = \frac{16\pi^3 e^2 \nu_{ki}^{\ 3}}{3\varepsilon_0 h^2 c^3} \mid \boldsymbol{R}_{ki} \mid^2 \tag{5-1}$$

式中 $\boldsymbol{R}_{ki} = \int \varphi_k{}^* r \varphi_j \mathrm{d}\tau$ 为跃迁偶极矩阵元。谱线强度为

$$I_{ki} \propto N_k A_{ki} h\nu_{ki} = N_k \frac{16\pi^3 e^2 \nu_{ki}^4}{3\varepsilon_0 hc^3} \mid \boldsymbol{R}_{ki} \mid^2 \tag{5-2}$$

N_k 为能级 k 的布居数,而频率 ν_{ki} 满足

$$h\nu_{ki} = \varepsilon_k - \varepsilon_i$$

由此可见,在 k 和 i 之间是否存在辐射跃迁,或者说是否有荧光发射,决定于跃迁偶极矩阵元,如果为零,就没有荧光发射。式(5-1)说明,原子的荧光发射有两个重要特征:①荧光发射是各向同性的,因为自发发射几率与跃迁偶极矩阵元的平方成正比,与偶极矩方向无关;②荧光发射和发射频率的三次方成正比,即随发射频率的增加,自发发射几率快速的增加,说明属于电子跃迁的可见和紫外的短波段,会有强的荧光发射,而属于分子的振动或转动跃迁的红外光的长波段,荧光一般很弱。因此荧光检测方法只适合在高频光谱区的测量中采用。

根据具体的能级结构的不同,有几种类型不同的荧光,如图 5-1 所示。

1. 共振荧光

如图 5-1(a),原子从激发光中吸收光子后从基态上升到激发态,再从激发态通过发射与

入射频率相同的光子返回到基态,发射光子的波长与激发光子的波长相同,称为共振荧光。由于荧光频率与激发光频率相同,因此在检测中,共振荧光容易受到激发光的散射光干扰,接收噪声很大,所以在高灵敏度测量中通常不采用共振荧光。

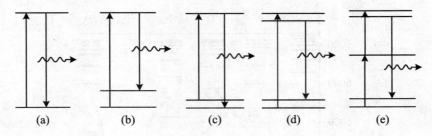

(a) 共振荧光,(b) 非共振 Stokes 荧光,(c) 非共振 anti-Stokes 荧光,
(d) 碰撞辅助非共振 Stokes 荧光,(e) 碰撞辅助双共振荧光

图 5-1　不同的荧光类型

2. 斯托克斯(Stokes)荧光

斯托克斯荧光是波长大于激发光波长的荧光发射。它有两种情况,一种是原子吸收光子被激发后,从激发态通过发射荧光返回到比基态稍高的某个能级上(图 5-1(b));另一种是所谓碰撞辅助发射,碰撞辅助是指两个很靠近的能级存在有效的碰撞混合。通过碰撞,被激发到高能级后的原子过渡到比激发态稍低的某个能级上,再从这能级向下跃迁发射荧光(图 5-1(d))。这两种荧光都因避开了激发光的干扰,因此测量得到的荧光信号的信噪比好,只要被测元素在测量波长范围内有合适的能级结构,通常会用来作高灵敏度检测。

3. 反斯托克斯(anti-Stokes)荧光

如图 5-1(c)所示,这是荧光发射的波长短于激发光的波长。产生反斯托克斯荧光的条件是某些元素的第一激发态的基态与能级靠得很近,这个态的能级简并度又比基态高,在较高的温度下就会出现第一激发态的布居会大于基态布居。于是,在合适波长的入射光激发下,原子的激发主要将从第一激发态出发,当对基态发射荧光时,荧光波长就短于激发光波长。反斯托克斯荧光检测比斯托克斯荧光检测具有更高的灵敏度和更好的信噪比,但适合作反斯托克斯荧光测量的原子并不多见。

4. 碰撞辅助双共振荧光

碰撞辅助双共振荧光跃迁如图 5-1(e)。这时用两束激光相继地与原子的两个跃迁发生共振,将原子分两步激发到较高的能态。如图 5-2 所示的对镉原子的激发,用波长为 228.8nm 和 643.8nm 的两束激光将镉原子从基态激发到 59220 cm^{-1} 的 $^1D_2$ 态。而在 59500 cm^{-1} 处有 $^3D_{1,2,3}$ 态,它与 $^1D_2$ 态之间只差约 300 cm^{-1},在 $^1D_2 \rightarrow {}^3D_{1,2,3}$ 态间存在高效的碰撞布居转移，$^3D_{1,2,3}$向下跃迁发射的荧光即为碰撞辅助双共振荧光。但是，双共振荧光的测量比较复杂，通常只在以下两种情况时采用：①采用其他的检测方式会遇到很强的背景辐射或散射光干扰；②除共振荧光外没有可用的一步激发方式。

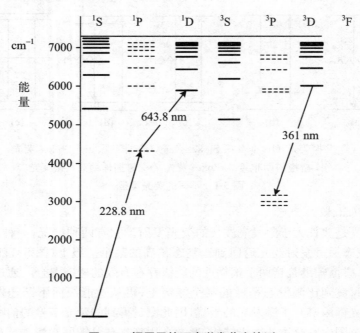

图 5-2　镉原子的两步激发荧光检测

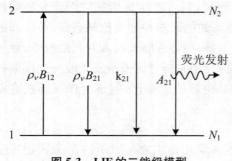

图 5-3　LIF 的二能级模型

二、荧光的速率方程理论

1. 二能级速率方程

在研究 LIF 中经常采用速率方程以计算相关能级的布居数与光子数变化。最简单的情况是共振荧光，因为这时只涉及原子的两个能级。对一个可用作激光诱导荧光（LIF）检测的能级体系，应具有足够大的自发发射系数 A_{21}，而热碰撞消激发速率 k_{21} 则很小。为简化计算，经常忽略其他能级对荧光的影响，于是就得到一个最简单的二能级系统，如图 5-3 所示。设低能级 1 的布居数为 N_1，高能级 2 的布居数为 N_2，激发光的能量密度为 ρ_ν。忽略热

碰撞激发速率 k_{12}，两能级上布居数随时间的变化可以写为

$$dN_1/dt = -\rho_\nu B_{12} N_1 + (\rho_\nu B_{21} + k_{21} + A_{21}) N_2 \tag{5-3}$$

$$dN_2/dt = -dN_1/dt = \rho_\nu B_{12} N_1 - (\rho_\nu B_{21} + k_{21} + A_{21}) N_2 \tag{5-4}$$

$$N_1 + N_2 = N \tag{5-5}$$

原子发射的荧光光子数 N_f 是在激光激发后的发射时间 τ 内的积分：

$$N_f = A_{21} \int_0^\tau N_2(t) dt$$

假定激光脉冲是一个矩形脉冲，则方程组(5-3)～(5-5)的精确解为

$$N_f = A_{21} \tau N \frac{\rho_\nu B_{12}}{\rho_\nu (B_{12} + B_{21}) + k_{21} + A_{21}} \left(1 - \frac{1 - \exp\{-[\rho_\nu(B_{21} + B_{12}) + k_{21} + A_{21}]\tau\}}{[\rho_\nu(B_{21} + B_{12}) + k_{21} + A_{21}]\tau}\right) \tag{5-6}$$

这个表达式比较复杂，为了定性地了解荧光发射的一些特征，只考虑稳态下的简单情况。在稳态下布居数不再随时间变化，式(5-3)和式(5-4)的布居数对时间导数等于零，这时式(5-6)中右边括号中第二项为零。考虑到能级可能存在简并情况，g_1，g_2 为分别它们的简并度，稳态下解式(5-3)～(5-5)可得

$$N_f = \frac{g_2}{g_1 + g_2} \frac{\rho_\nu B_{12}}{\rho_\nu B_{12} + \frac{g_2}{g_1 + g_2}(k_{21} + A_{21})} A_{21} \tau N \tag{5-7}$$

上式右边第二个乘子的分母有两项，第一项 $\rho_\nu B_{12}$ 为原子被激发的速率，决定于激光场的能量密度 ρ_ν；第二项为原子通过碰撞的与发射荧光的消激发速率。式(5-7)的结果与实验条件有关，这里讨论 $\rho_\nu B_{12} \ll (k_{21} + A_{21})$ 与 $\rho_\nu B_{12} \gg (k_{21} + A_{21})$ 两种极端情况。

（1）线性情况。这时 $\rho_\nu B_{12} \ll (k_{21} + A_{21})$，这是激发光强很弱的情况，这时式(5-7)变为

$$N_f = \frac{A_{21}}{(k_{21} + A_{21})} \rho_\nu B_{12} \tau N = \Phi \rho_\nu B_{12} \tau N \tag{5-8}$$

式中 $\Phi = A_{21}/(k_{21} + A_{21})$，称为量子效率或量子产额。因为荧光发射速率比例为 A_{21}，而 k_{21} 为碰撞消激发速率，量子产额描述了荧光发射在总消激发中所占的份额。式(5-8)说明荧光信号比例于激发光的能量密度，这就是线性的意思。根据量子产额定义，由于碰撞消激发的存在，量子产额总是小于1。当碰撞消激发过大时会使荧光测量发生困难。为此，在许多荧光测量中采取了多种方法来减小碰撞速率，譬如，采用分子束方法。在分子束中的分子运动以平动为主，其中的碰撞速率很小，荧光的量子产额可以接近于1。

（2）饱和情况。这时 $\rho_\nu B_{12} \gg (k_{21} + A_{21})$，这是在强光激发下的情况。这时，式(5-7)变为

$$N_f = \frac{g_2}{g_1 + g_2} A_{21} \tau N \tag{5-9}$$

可见这时荧光信号与碰撞速率无关,并能达到最大的可能值。如继续增强激发激光强度,荧光强度不会再增加,所以称饱和情况。

2. 三能级速率方程

除共振荧光外,原子的荧光发射往往涉及到三个以上的能级,如图 5-4 所示。考虑到碰撞速率 k_{12}、k_{13} 很小而加以忽略后,一个三个能级系统的上的粒子数变化为可以写为

$$\mathrm{d}N_1/\mathrm{d}t = -B_{12}\rho_\nu N_1 + (B_{21}\rho_\nu + k_{21} + A_{21})N_2 + A_{31}N_3 \tag{5-10}$$

$$\mathrm{d}N_2/\mathrm{d}t = B_{12}\rho_\nu N_1 - (B_{21}\rho_\nu + k_{21} + A_{21} + k_{23} + A_{23})N_2 \tag{5-11}$$

$$\mathrm{d}N_3/\mathrm{d}t = (k_{23} + A_{23})N_2 - (A_{31} + k_{31} + k_{32})N_3 \tag{5-12}$$

$$N_1 + N_2 + N_3 = N$$

我们讨论能级 2→1 跃迁的共振荧光,和能级 2→3 跃迁的斯托克斯荧光两种情况。这里也只考虑稳态情况。

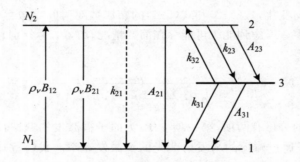

图 5-4　LIF 的三能级模型

(1) 共振荧光。为使表达式简洁,引进能级 2 和 3 的布居比 γ,它定义为

$$\gamma = \frac{N_3}{N_2} = \frac{A_{23} + k_{23}}{A_{31} + k_{31} + k_{32}} \tag{5-13}$$

在稳态情况下,解式(5-10)~(5-12)得

$$\frac{N_2}{N} = \frac{B_{12}\rho_\nu}{A_{21} + A_{23} + B_{12}\rho_\nu(1+\gamma) + B_{21}\rho_\nu + k_{21} + k_{23} - k_{23}\gamma} \tag{5-14}$$

将式(5-14)右边的分母分成两部分,一部分与受激跃迁速率有关,即 $B_{12}\rho_\nu(1+\gamma) + B_{21}\rho_\nu$,其余部分则与辐射的与非辐射的消激发过程有关。如入射光很弱,以致有

$$(B_{12} + B_{21})\rho_\nu \ll A_{21} + A_{23} + k_{21} + k_{23} - k_{23}\gamma$$

由式(5-14)得

$$N_2 = \frac{B_{12}\rho_\nu N}{A_{21} + A_{23} + k_{21} + k_{23} - k_{23}\gamma} \tag{5-15}$$

利用式

$$N_f = A_{21} \int_0^\tau N_2(t) \, dt$$

得弱入射光时得荧光光子数

$$N_f = A_{21} \frac{B_{12} \rho_\nu N \tau}{A_{21} + A_{23} + k_{21} + k_{23} - k_{23} \gamma} \tag{5-16}$$

由式(5-16)可见,荧光光子数与入射光强成正比,这是线性情况。设 $\Phi = A_{21}/(A_{21} + A_{23} + k_{21} + k_{23} - k_{23}\gamma)$ 为量子产额,则式(5-16)具有与二能级系统的表达式(5-8)相同的形式

$$N_f = \Phi B_{12} \rho_\nu \tau N$$

当入射光足够强时,受激跃迁速率远大于各种辐射的与非辐射的消激发过程,于是由式(5-14)得

$$N_f = A_{21} \frac{B_{12} N}{B_{12}(1 + \gamma) + B_{21}} \tau \tag{5-17}$$

因此,荧光光子数与入射光强无关,这是饱和情况。如果 $B_{12} = B_{21}$,则有

$$N_f = \frac{A_{21} N \tau}{\gamma + 2} \tag{5-18}$$

因为布居比 γ 与碰撞参数有关,所以在三能级情况下饱和荧光光子数也与碰撞参数有关。

（2）斯托克斯荧光。在原子激光诱导荧光检测中,多数情况是检测斯托克斯非共振荧光。一个具体的例子是铊原子的激光诱导荧光测量,图 5-5 是其能级示意图。斯托克斯荧光发射是能级 2→3 跃迁,发射的荧光光子数为

$$N_f = A_{23} \int_0^\tau N_2(t) \, dt \tag{5-19}$$

与共振荧光相比,现在情况要复杂得多,原因在于能级 3 的布居情况对荧光发射有很大的影响,而能级 3 布居情况直接与它的碰撞消激发速率有关。

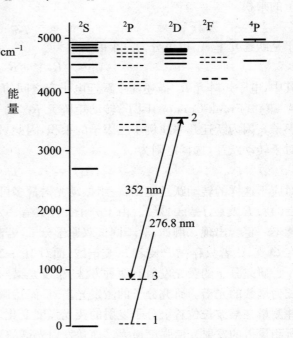

图 5-5　铊原子荧光检测的三能级模型

三、分子荧光光谱

由于分子结构与能级要比原子复杂得多,因此分子荧光发射过程与分子荧光的光谱结构也要比原子荧光复杂。一个分子的激发态包括了它的电子态、振动态和转动态。假定分子的一个电子激发态的一个振动-转动能级(ν_k', J_k')被选择性激发,ν_k'和J_k'为相应的振动量子数与转动量子数,布居数密度为N_k,在平均寿命为τ之内,分子要通过跃迁定则允许的所有低能级(ν_j'', J_j'')发射荧光。一条$k \rightarrow j$荧光线的强度I_{kj}为

$$I_{kj} \propto N_k A_{kj} h \nu_{kj} \tag{5-20}$$

跃迁几率A_{kj}比例于跃迁矩阵元的平方

$$A_{kj} \propto \left| \int \varphi_k^* \boldsymbol{r} \varphi_j \mathrm{d}\tau \right|^2 \tag{5-21}$$

在玻恩-奥本海默近似下,一个分子能态的总波函数φ可以写成电子分量、振动分量和转动分量的乘积

$$\varphi = \varphi_e \varphi_{\mathrm{vib}} \varphi_{\mathrm{rot}}$$

于是跃迁几率A_{kj}也可分为三个因子:

$$A_{kj} \propto |R_e|^2 |R_{\mathrm{vib}}|^2 |R_{\mathrm{rot}}|^2$$

其中,电子矩阵元R_e描述两个跃迁电子态之间的耦合;振动矩阵元R_{vib}的平方$|R_{\mathrm{vib}}|^2_{kj}$称夫兰克-康登(Frank-Condon)因子;转动矩阵元R_{rot}的平方$|R_{\mathrm{rot}}|^2_{kj}$称荷恩尔-伦敦(Honl-London)因子。因为跃迁几率比例于三因子的乘积,因此只有当这三个因子均不为零时才能出现荧光。对于转动跃迁,选择定则为

$$\Delta J = J_k - J_j = 0, \pm 1$$

对应于这样的转动跃迁定则,一组振动光谱最多可有三支转动谱线:P支$(\Delta J = -1)$、Q支$(\Delta J = 0)$和R支$(\Delta J = \pm 1)$线。由于分子往往具有一定的对称性,在一定的对称性下,某些谱线可能不一定会出现。例如,对于同核双原子分子,若激发态是Π态,则$\Pi \rightarrow \Sigma$间的跃迁,或者只存在Q支,或者只存在P支和R支谱线;而对$\Pi_u \rightarrow \Sigma_g$的跃迁,只出现$P$支和$R$支谱线。

研究分子的荧光发射有两种方法:激发光谱与荧光光谱。激发光谱是荧光强度以激发波长为函数的光谱。研究分子的激发光谱时,保持激发光强度不变,连续地调谐激发光的波长,并测量在某波长位置上分子发射的荧光强度变化。如测量波长选择在发射强度的峰值处,则所测量得的发射光谱强度最大。通常发射光谱的形状与吸收光谱的形状很相像,而且发射峰的位置也相同,因为分子的吸收过程也是它的激发过程。荧光光谱是荧光在发射波长上的强度分布。测量荧光光谱时,激发光的波长和强度均保持不变,用单色仪对记录的荧光光谱进行波长扫描,记录在不同波长上的荧光强度就得荧光光谱。荧光光谱反映了分子在不同波长上

发射荧光的相对强度。

一个分子的荧光发射有如下的特征。

(1) 斯托克斯位移。相对于吸收光谱,荧光光谱向长波长区方向移动,相当于原子荧光中斯托克斯荧光的波长对激发光波长的红移一样,称为斯托克斯(Stokes)位移。从能量的观点来看,斯托克斯位移反映了激发光和发射光之间存在一定的能量损失。这种能量的流失是激发态的部分能量通过非辐射弛豫变为分子的振动能。在溶液情况下,溶剂分子与受激分子之间的碰撞也会引起能量的流失。

(2) 荧光光谱与激发波长无关。不论用何种波长激发,荧光光谱不会发生变化。因为采用不同的激发光波长进行激发时,虽然可将分子激发到它的几个不同的电子激发态,但是分子具有很高的内转换和振动弛豫,不管起初激发到了那个电子态,以及其中的那个振动态及转动态,它们都将迅速地弛豫到第一电子激发态的基振动态。荧光发射都是从第一电子激发态的基振动态对基电子态的跃迁。由于这个原因,就产生了上面讲的斯托克斯位移,也说明在分子荧光中很难出现共振荧光。因此当用不同波长激发时可得到数个吸收带,如蒽乙醇溶液有两个吸收带,一个位于 350 nm 附近,另一个在 250 nm 附近,它们分别对应于第一与第二电子激发态的激发,但荧光光谱带只有一个。

(3) 镜象关系。荧光光谱和它的吸收光谱之间存在着镜象关系。如激发光波长不是很短,它只能使分子的第一电子激发态的各振动态得到激发,则吸收谱的结构反映第一电子激发态的各振动态得到激发的情况。当该电子激发态的基振动态对基电子态的各振动态发射荧光时,其能级结构反映了它基电子态的各振动态跃迁强度。因此,镜象关系来源于三个方面:① 基电子态中各振动能级的分布与第一电子态的各振动能级分布相类似;② 基电子态的基振动态对与第一电子态的基振动态的 0~0 跃迁激发波长,与第一电子态基振动能级对基电子态的基振动态的 0~0 发射波长相距最小,而基电子态的基振动态对与第一电子态的最高振动态的激发跃迁波长,与第一电子态基振动能级对基电子态的最高振动态发射波长相距最大;③ 按夫兰克-康登原理,能级跃迁过程非常迅速,分子中原子核的振动速度相对较慢,能级间的跃迁是垂直发生的。一般情况下两电子态间的 0~2 振动(基振动态到第二振动态)跃迁几率最大,成为吸收的与发射的峰值。图 5-6 给出了某分子的激发、荧光发射的能级跃迁,以及它的吸收光谱与荧光光谱。

除辐射跃迁以外,处于激发态的分子可以通过非辐射的弛豫过程返回基态。因此在荧光发射与非辐射的弛豫过程之间存在着竞争,分子吸收光子之后不会一定都有荧光发射。无论是分子的荧光发射,还是非辐射的弛豫过程,都与分子的结构、激发态特性有着密切的联系。对于液体说,荧光发射还对溶剂种类和溶液的浓度极为敏感。

假设一个分子 M 受激跃迁:

$$M + h\nu \rightarrow M^*$$

可能存在下列的各种过程，

类　　型	过　　程	速　　率
1. 吸收	$M + h\nu \rightarrow {}^1M^*$	I
2. 荧光	${}^1M^* \rightarrow M + h\nu$	$k_F[{}^1M^*]$
3. 内转换	${}^1M^* \rightarrow M + 热$	$k_{IC}[{}^1M^*]$
4. 系间交叉	${}^1M^* \rightarrow {}^3M^*$	$k_{ISC}[{}^1M^*]$
5. 光化反应	${}^1M^* \rightarrow 产物$	$k_R[{}^1M^*]$

上面诸式中$[{}^1M^*]$为分子 M 激发单重态的浓度。激发态分子浓度随时间的变化速率为

$$\frac{\mathrm{d}[{}^1M^*]}{\mathrm{d}t} = I - (k_F + k_{IC} + k_{ISC} + k_R)[{}^1M^*] \tag{5-22}$$

达到平衡态时有

$$[{}^1M^*] = \frac{I}{(k_F + k_{IC} + k_{ISC} + k_R)} \tag{5-23}$$

令

$$\Phi_F = \frac{k_F[{}^1M^*]}{I} = \frac{k_F}{(k_F + k_{IC} + k_{ISC} + k_R)}$$

Φ_F 称为分子荧光量子产额，它是被分子吸收的光子数中以荧光形式发射的分数，也是辐射与无辐射过程速率常数之比，表征两种过程相互竞争的结果。它是一个与动力学过程紧密相关的稳态参数。

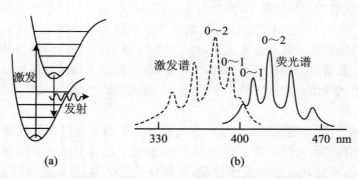

图 5-6　(a) 分子的激发、荧光发射的能级跃迁；(b) 分子的吸收光谱与荧光光谱

定义荧光自然寿命 τ_N

$$\tau_N = \frac{1}{k_F}$$

τ_N 也称荧光辐射寿命,它表征了当 Φ_F 为 1 时分子荧光衰减特性,它是分子的一个内禀值。实际上常用的分子荧光寿命 τ_F 定义为

$$\tau_F = \frac{1}{k_F + k_{IC} + k_{ISC} + k_R}$$

τ_F、τ_N 和 Φ_F 之间的关系为

$$\Phi_F = \frac{\tau_F}{\tau_N}$$

由于荧光自然寿命 τ_N 是无法直接测量的,仅通过理论来计算,但可通过测量 Φ_F 和 τ_F 来求得。因此荧光量子产率不仅有着实际的意义,而且在光物理、光化学和光生物学研究中起着重要的作用。

四、激光荧光实验装置

不论是原子还是分子的荧光检测,LIF 实验装置的基本方案是相同的。只是在具体的实验装置设计时,需要考虑分析的对象、所用的激光光源与检测手段,所以具体的装置有所差别。

与吸收光谱测量相似,在进行 LIF 检测时一般都有一个样品池,它们可以是气体密闭池、液体池。为防止杂散光的干扰,对样品池的要求一是窗口与光路上不产生激发光的散射,二是窗口与池壁不产生荧光,样品池的窗口通常作成布儒斯特角。

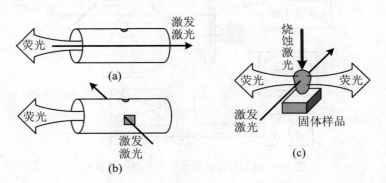

图 5-7　(a)、(b)管式原子化器;(c)激光烧蚀汽化

在对固体性样品进行 LIF 谱测量时,首先要用原子化器对其进行汽化。激光原子荧光研究中,原子化器基本上分为两类,一类是传统的加热汽化方式,这种方式的基本装置是电阻加

热的石墨炉。常用的石墨加热炉有管式石墨炉(包括不锈钢热管炉)与杯式石墨炉两种。图 5-7(a)为前向激发管式炉,与图 5-7(b)为侧向激发管式炉。杯式石墨炉是一种开放式原子化器,缺点是在观测区内有很大的温差,使样品产生凝聚、形成分子等等,使分析量损失。所以管式炉优于杯式炉,但少数易挥发、在杯式炉内原子化效率很高的元素使用杯式炉。典型圆柱形管式石墨炉的尺寸为:长 10~30 mm,直径 3~10 mm,壁厚 1 mm。样品从小空加入管内,用氩作为缓冲气,用电阻加热,温度可达 3000 K。另一类为新近发展起来的激光烧蚀方式,通过高功率激光聚焦于样品表面使其汽化,图 5-7(c)为这种激光烧蚀汽化方式。这时将样品置于真空室内,并充以适当气压的缓冲气体。一束高功率激光从固体样品的正面入射到其表面,一方面使样品表面熔化,同时在样品表面上方产生气体击穿,形成微等离子体。在等离子体的高温环境中,样品离解为原子与离子。不论采用何种汽化方式,当一束可调谐激光穿过原子化汽时,原子将发射由激光诱导的荧光。

　　图 5-8 为使用了连续激光器的测量气体 LIF 的实验装置。这里使用斩波器对激光束光强进行调制,并用锁相放大器处理检测信号。当激光频率调谐到样品分子的吸收线附近时,样品分子将吸收激光而发射出荧光。由于荧光发射是没有方向性的,为了避免来自激发光源的干扰,因此大多采用在激光入射方向的侧面接受荧光。为尽可能收集到更多的荧光,装置中使用大口径透镜,并用滤光片滤去激发光照射到样品池上产生的各种杂散光。光电倍增管输出的信号与来自斩波器的参考信号一起送入锁相放大器。经锁相放大器处理后在记录仪上记录下荧光谱。

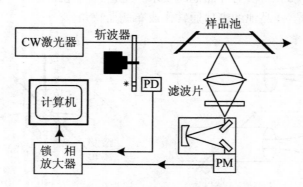

图 5-8　使用连续光源的荧光光谱测量装置

　　图 5-9 为使用了脉冲激光的测量气体 LIF 的实验装置。这是一种使用管式炉的前向激发的荧光测量实验装置,适合于脉冲激光光源,原子化炉的窗口作成布儒斯特角,可以减小窗口对激发光源的背反射,以降低收集荧光中的噪声电平。常用 YAG、准分子或铜蒸汽激光泵浦

染料激光,如将染料激光再经倍频可获得可调谐的远紫外波段的激光。如图,激光束穿过 45° 反射镜中心的小孔去照射样品,与激光束相反的方向的荧光再由 45° 的反射镜后被透镜收集, 并通过滤光片滤去干扰光,最后由单色仪分光、由光电倍增管接收,Boxcar 处理后给出荧光 谱。这里用分束器分束经光电二极管检出后作 Boxcar 的触发信号。如将光电倍增管的输出 连接到示波器,则可显示荧光的时间衰减曲线。

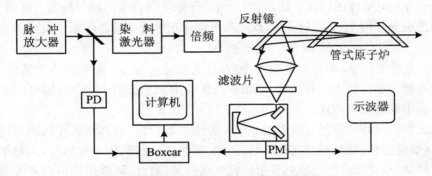

图 5-9　使用脉冲光源的荧光光谱测量装置

由上述可见,各种杂散光是妨碍荧光检 测的主要原因。在溶液的荧光测量中,常遇 到的杂散光主要有:溶剂的瑞利散射光、反 应池壁面散射光、胶粒或气泡散射光和溶剂 的拉曼散射光等。前三种散射光的波长与 激发光波长相同,而拉曼光的波长较长。作 为例子,图 5-10 给出了荧光谱中的各种散 射光的谱峰,样品为奎宁($0.04\mu g/mL$)硫酸 溶液($0.05\ mol/L$),激发光波长为 320 nm, 荧光峰为 450 nm,引起干扰的各种散射峰 有:320 nm 的一级瑞利散射,640 nm 的二

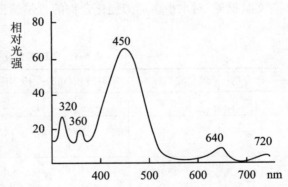

图 5-10　奎宁的硫酸溶液的荧光谱与各种散射峰

级瑞利散射、360nm 的水溶剂的一级拉曼散射和 720 nm 的二级拉曼散射。

一般瑞利散射光的强度较大,是重点抑制的对象。为此,在样品池设计中要使激发光照射 到样品池上引起的瑞利散射光尽可能小,并且避免将散射光引入接收系统。由于荧光峰与瑞 利散射光之间波长差还比较大,只要选择合适的激发波长,并使用适当的滤光片,可以容易地 将其抑制掉。比较麻烦的是拉曼散射光,它的强度虽然不大,但是与荧光谱峰可能靠得很近。 解决的办法是调节激光波长,使拉曼散射光谱峰离开荧光谱,因为荧光谱与激发光无关,而拉

曼散射光的波长则会随激发光波长的移动而移动。需要注意的是,激发光波长改变以后,荧光强度可能会因离开最佳激发波长而有所下降,但信噪比则会大大改善。

五、应用

1. 痕量分析

LIF 是一种高灵敏度的检测方法,它广泛应用于原子与分子的痕量检测。在激光激发下,原子所发出的荧光强度 I_F 与入射光强度 I_0 和单位体积中处于基态的原子数目 N 成正比,即

$$I_F = \Phi_F A I_0 \varepsilon_m L N \tag{5-24}$$

式中,Φ_F 为荧光量子产额,A 为有效照射面积,L 为吸收长度,ε_m 为摩尔消光系数。由式(5-24)可见,在检测中如保持入射光强度 I_0 和单位体积中原子数目 N 不变,则可以通过荧光强度来确定样品中被测元素的含量。

凡是能发射荧光的物质都可以采用分子荧光法进行分析,例如许多无机物、有机物、生物和生化样品(如维生素、氨基酸、蛋白质、酶、药物、荷尔蒙、农药、病原抗体等)。对于许多含量很低的生化样品,在高功率激光照射下很快发生热分解,对此,可改用峰值功率很高而平均功率很低的窄脉冲激光激发,从而能获得一定的荧光强度而不破坏样品。

文献报道,对水中多环芳烃化合物的含量检测结果,检定限达到了 ppt 量级,如表 5-1 所列。

表 5-1　多环芳烃化合物的检测限

化合物	激发波长(nm)	发射波长(nm)	检定限(mol/L)	检定限(ppb)	检测上限(mol/L)
苯	259.95	302.73	2.5×10^{-7}	19	$\times10^{-4}$
萘	273.0	340.0 360.0	1×10^{-11}	1.3×10^{-3}	$\times10^{-5}$
蒽	258.7 254.0	404.0 404.0	5×10^{-11} $<2.5\times10^{-11}$	$<4.4\times10^{-3}$	10^{-7}
荧蒽	287.0	450.0	5×10^{-12}	1.0×10^{-3}	10^{-9}
芘	273.0	395.0	2.5×10^{-12}	1.0×10^{-4}	10^{-9}

2. 燃烧系统中的应用

在燃烧系统中 LIF 的应用,包括测量温度,测量粒子浓度等方面。目前,LIF 已成为燃烧气流的络合物化学与结构研究的重要手段。LIF 方法在火焰中粒子浓度的测量包括:

(1) 瞬态自由基粒子的测量。瞬态自由基是燃烧中的反应中间体,如 OH、H、O 等,它们

在燃烧剂分子的复合与燃烧产物(如 CO、NO 等污染粒子)的形成中起着重要的作用,此外自由基在火焰反应区的输运、火焰的稳定与点燃中起着关键的作用。

(2)污染粒子测量,测量污染粒子主要用于对污染物的控制与排放,常见的污染粒子有 NO、CO、NO_2、SO_2 等分子,LIF 方法的空间与时间的分辨测量有助于深入理解燃烧过程中这些粒子形成的机理。

(3)金属粒子的测量。如 Na、K、V、Na_2S 等,这些原子在煤与油燃烧的污染、腐蚀及结渣中起着重要作用。

如上所述,粒子的浓度正于所测的荧光强度,但是在对燃烧系统进行定量诊断时,存在着碰撞猝灭的干扰。在大气压下,碰撞转移的速率常数达 $10^9 \sim 10^{10}$ s^{-1},比典型的自发发射速率 $10^5 \sim 10^8$ s^{-1} 快了几个数量级,因此荧光产率常常反比于猝灭速率常数。为此提出了多种方法来校正猝灭效应对荧光测量的影响。例如,Bechtel 和 Teets 采用激光拉曼散射来测量主要粒子的浓度,由测量室温下的碰撞截面来计算猝灭速率常数,以此校正线性荧光的测量。Muller 等人提出,采用压缩荧光检测的带宽,即只接收直接激发的上转动能级的荧光,因此有效的猝灭速率是转动、振动与电子碰撞速率之和,他们对掺入 H_2S 的 $H_2/O_2/N_2$ 大气压火焰中的 OH、SH、SO、S_2、SO_2 等进行了测量。

饱和吸收跃迁是抑制碰撞猝灭干扰的另一种方法。Lucht 等人对在 30～242 毛的火焰中的 OH 自由基的饱和荧光进行了测量,他们证明,如果激光激发转动跃迁饱和,并只测量激光泵浦的上转动能级的荧光,荧光信号对碰撞转移的依赖关系可以降低 5 到 10 倍。用单脉冲饱和方法可对喷流的湍流火焰中的 OH 进行荧光测量,从而更深入地探讨湍流和火焰化学之间的相互作用。

对火焰温度的测量是 LIF 在燃烧中的另一个重要应用。用 LIF 进行温度测量大多利用燃烧中的 OH 自由基,也有用 CN 或 CH 等粒子。在火焰中 OH 粒子的浓度一般都很高,R6G 倍频染料激光适合对 OH 的 $A^2\Sigma^+ - X^2\Pi$ 的电子态的(0,0)～(1,0)的振动跃迁进行激发。火焰中 OH 的 LIF 信号非常强,有利于精确的测量温度,而且,OH 的转动跃迁频率与辐射跃迁速率文献中有详细报道。如果在火焰中 OH 基的浓度不够,还可以在火焰中植入一些荧光粒子来进行 LIF 测量,如混入一定量的 NO 等分子。由于 LIF 测量温度是一种非接触式方法,具有很好的空间分辨率,而且在荧光很强时可以实现单次激光测量,因此是一种高精度的快速测量方法。

转动温度的测量一般是从与荧光相关的基态布居,或激发态布居数中计算出来的。通常方法是用窄带的染料激光对 OH 的转动跃迁进行扫描,并用宽带检测器测量所发射的荧光,再画出荧光强度对所探测的较低转动能级能量的玻耳兹曼斜线,从玻耳兹曼斜线的斜率可以计算出转动温度。

第二节　时间分辨荧光

当分子体系内存在着能量传递、生成活泼中间体或相互作用等过程,其荧光光谱将随时间而变化。以时间为变量,测量荧光在不同波长处的强度分布,就得到时间分辨荧光光谱图。时间分辨荧光提供了有关分子的动态结构,活泼中间体的生成和消失等方面的信息,是分子结构研究中极为有用的研究手段。

一、荧光寿命的测量

时间分辨荧光是研究荧光强度随时间的衰变过程。考虑一个最简单的,即荧光发射是一个单光子过程的情况,可以推出荧光强度 $I_F(t)$ 随时间变化的表达式

$$I_F(t) = I_F(0) e^{-t/\tau_F} \tag{5-25}$$

式中,$I_F(0)$ 是 $t=0$ 的初始时刻的荧光强度。图 5-11(a)是 $I_F(t)$ 对时间衰变曲线,τ_F 称荧光寿命,它指激光激发停止以后强度衰减到初始值的 $1/e$ 时所需的时间。因此,仅当荧光强度按指数关系衰减时,荧光寿命才有确切的涵义。对式(5-25)取对数得

$$\log I_F(t) = \log I_F(0) - t/\tau_F$$

将 $\log I_F(t)$ 对时间 t 的作图,这是一条斜率为 $-t/\tau_F$ 的直线,如图 5-11(b)所示。由直线的斜率可直接求得荧光寿命 τ_F。

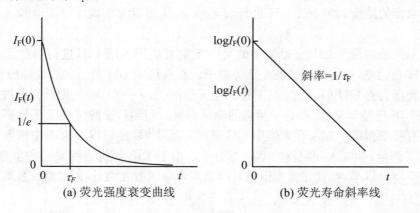

(a) 荧光强度衰变曲线　　　　　　(b) 荧光寿命斜率线

图 5-11

大多数有机分子和生物大分子的荧光衰减过程都具有上述的单指数特性,但是有些复杂体系可能会出现多指数的衰减过程。对于非单指数的衰减过程,可以定义一个平均分子荧光

寿命 τ_c

$$\tau_c = \frac{\int f(t) t \, \mathrm{d}t}{\int f(t) \, \mathrm{d}t} \tag{5-26}$$

由上述可见,荧光寿命是研究分子激发态弛豫的一个重要物理量。大多数芳香族和生物大分子的荧光寿命在 $1 \sim 100$ ns 数量级的范围内。

对 ns 量级信号的测试曾经是很不容易的,随着光电器件与测试技术的发展,荧光寿命的精确测量直到近年才逐步完善起来。荧光寿命的测量,按激发光源的不同所用的方法也不一样,如激发光源是用连续激光,可用相移法进行测量;当采用脉冲激光激发时,可用取样法或光子计数法。

1. 相移法

用相移法进行荧光寿命测量时,先用光电调制器或其他方法对一束连续激光进行正弦调制后激发样品,由于样品具有一定的荧光寿命,所以发射的荧光相位相对于激发光源有一相位移动,荧光寿命越长,相移越大,因此通过测量相位的偏移值就可以计算出荧光寿命。一种典型的实验装置如图 5-12 所示。

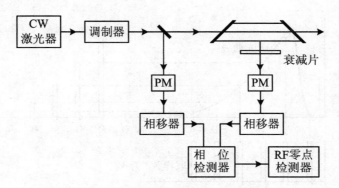

图 5-12　相位偏移法测量荧光寿命装置

设激光束的调制频率为 ω,调制度为 M,激发光与荧光信号之间的相位差为 φ,则样品荧光寿命 τ_F 与这些参数之间的关系为

$$\tau = \frac{\tan\varphi}{\omega} \tag{5-27}$$

或

$$\tau = \frac{\sqrt{1-M^2}}{M\omega} \tag{5-28}$$

只要在实验中测得 φ 或 M 值,即可以从上面式子中计算出荧光寿命 τ_F 值。调制频率 ω 要根据荧光寿命的长短来选择,对于在 $10^{-8} \sim 10^{-11}$ s 范围内的 τ_F 值,调制频率取 2~20 MHz。

2. 直接记录法与取样法

当用脉冲激光作为激发光源时,将图 5-9 中接收荧光的光电倍增管输出接入高频快速示波器,如脉冲宽度比荧光寿命小得多,在每次脉冲激光激发以后,就可在示波器的屏幕上得到如图 5-11(a)所示的荧光强度随时间衰减曲线,这种方法称直接记录法。但是如果荧光寿命很短,例如荧光强度衰减时间小于 5 ns,普通示波器本身的时间响应不够快(100 MHz 带宽的示波器的上升时间约为 3.5 ns),将会对测量曲线展宽,影响测量精度。

条纹照相机(Streak Camera)具有数皮秒的时间分辨力,可以直接记录更短的光脉冲。但是条纹照相机的灵敏度较低,不合适测量微弱的荧光,而且价格高昂。较简单的记录短寿命荧光的方法是取样法。与普通示波器相比,取样示波器有更快的时间响应(上升时间可达数十ps)。用取样示波器测量时,取样示波器以脉冲激光激发为时间起点,如图 5-13 所示,以极窄的门宽和不同的延时,对光电倍增管的输出信号依次取样。脉冲激光每激发一次,示波器取样一次,每次取样相对于前次要移动一个事先设定的延时。为得到一条完整的衰减曲线,需要脉冲激光重复激发若干次,然后按时间次序将取样脉冲组合在一起,构成荧光强度衰减曲线。

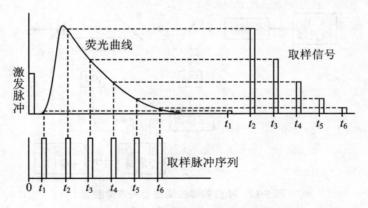

图 5-13　对光电倍增管输出信号的依次取样

3. 光子计数法

测量短寿命荧光的精确方法是光子计数法。光子计数法测量的基本思想是用一串光脉冲去激发样品,检测系统记录每次激发后样品发射的第一个荧光光子到达的时间,而光子到达时间分布反映了荧光强度的时间分布,即荧光强度衰减过程。

体现上述测量思想的实验设计如图 5-14 所示。一束入射激发光脉冲经分束片分出一束弱光,并被光电管 PD 所接收,光电管 PD 输出一脉冲去触发时间-幅度转换器使之产生一斜波电压,记触发时刻为 t_i;入射激光脉冲激发样品诱导荧光发射,荧光经衰减片衰减后被光电倍增管 PM 所接收,PM 输出一脉冲去终止斜波电压,记终止时刻为 t_e,时间-幅度转换器输出一方波。显然方波幅度决定于荧光脉冲到达时刻 t_e,即比例于时间差 t_e-t_i。由于荧光脉冲到达时刻 t_e 反映了样品发射荧光的几率,于是由时间-幅度转换器输出的方波幅度就反映了荧光发射的强度。多道分析仪将输入的方波脉冲按幅度的高低依次送入各通道中并累加与存储,待一个周期以后,输出一样品荧光衰变曲线。

实验的关键是要有确定的终止时刻为 t_e,为此将必须调节衰减片,使光电倍增管 PM 每次只接收一个荧光光子,这个光子也是每次激发后到达的第一个光子。根据这一要求,荧光光子的计数率很低,荧光光子计数率与激发脉冲的重复频率的比值控制在 $0.05\sim0.001$ 范围内。

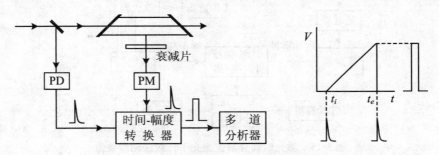

图 5-14　荧光光子到达时间分布转换为脉冲高度分布

实验装置如图 5-15 所示。采用锁模 Ar^+ 激光同步泵浦腔倒空染料激光器,它能给出脉冲宽度为数十 ps、重复频率从单次到数 MHz 可变、平均功率数是 mW、波长在可见光波段连续可调的光脉冲。如用非线性倍频,波长可扩充到紫外频段。对光电倍增管的要求与光子计数器的要求相同,要求放大器的频带在 100 MHz 以上,放大倍数在 100 左右即可。鉴别器有两个,即触发信号鉴别器与荧光信号鉴别器。对触发信号鉴别器,由鉴别电平削去噪声计数。荧光信号鉴别器是比例鉴别器,它将输入信号分为两路,一路延时倒相,另一路衰减,两路符合,反极性的过零交叉点作为它的启动时刻。多道分析器有两种工作方式,即脉冲高度模式与扫描方式,前者用于荧光寿命测量,后者用于测量时间荧光光谱。

为获得正确的荧光寿命要,对实验数据作适当处理。设 $I_F(t)$ 是样品的荧光衰减曲线,$S(t)$ 是仪器的响应曲线,则实验曲线 $M(t)$ 是 $I_F(t)$ 和 $S(t)$ 的卷积。

$$M(t) = \int_0^t S(t) I_F(t-t') \mathrm{d}t' \tag{5-29}$$

实验条件不同,实验数据的处理方法不同。如果样品的荧光寿命远大于系统的响应时间

（在大约 5 倍以上），则可以忽略测量系统响应的影响，直接从实验曲线获得荧光寿命，如图5-11。特别是当荧光曲线是单指数时，可用计算机对实验曲线和设定函数 $I_F(t) = I_F(0)\exp(-t/\tau_F)$ 进行拟合，从拟合曲线中求得 τ_F。

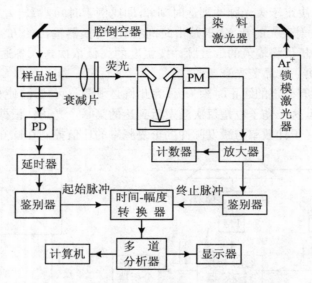

图 5-15　激光时间分辨荧光光子计数法测量装置

如果荧光寿命和系统的响应时间可以比拟，则要从实验曲线中扣除仪器 $S(t)$ 响应的影响，要求对式(5-29)进行卷积计算。解卷积有多种方法，最常用的是最小二乘法。这时，真实的荧光衰减曲线写成指数叠加形式

$$I_F(t) = \sum_{i=1}^{n} I_{Fi}(0)\exp(-t/\tau_{Fi}) \tag{5-30}$$

先任意设定式(5-30)中的 $I_{Fi}(0)$ 和 τ_{Fi} 值，然后将它和系统响应曲线卷积起来，可得一个计算得的衰减曲线 $G(t)$。通过适当的计算程序，反复调节式(5-30)中的参数，以使累加权重方差

$$x^2 = \sum_{i=n_1}^{n_2} \left\{ \frac{[M(t_i) - G(t_i)]^2}{M'(t_i)} \right\} \tag{5-31}$$

式中，$M'(t)$ 为权重因子，采用原始实验荧光衰减数据，$M(t_i)$ 是扣除了本底噪声后的实验荧光数据。n_1，n_2 分别为拟合所用的起、止通道数。最后所得到的 $I_{Fi}(0)$ 和 τ_{Fi} 即为所求的参数。

二、荧光寿命测量光子统计法理论

下面从光子统计的角度来分析上述光子计数测量荧光衰变的原理。根据光子统计原理，

样品被激发后光子发射的概率分布是泊松分布,表达式为

$$P_{T(k)} = \frac{(CT)^k}{k!}\mathrm{e}^{-CT} \qquad (k = 1, 2, \cdots) \tag{5-32}$$

式中,$P_{T(k)}$ 为在观察时间 T 的区间内,一次发射 k 个光子的几率。C 为常数,正值,意义为单位时间内平均发射的光子密度。设 m 为在 T 时间内发射的光子总数,容易得出 $m=CT$,它为数学期望值,可用表示如下:

$$m = \int_0^T n(t)\mathrm{d}t \tag{5-33}$$

式中 $n(t)$ 是时刻 t 瞬时光子发射数,称计数函数。因此式(5-32)可以写为

$$P_{T(k)} = \frac{m_k}{k!}\mathrm{e}^{-m} \tag{5-34}$$

从另一个角度分析,把在 T 时间内发生 k 个光子这一事件,作如下处理。在探测时间$(0,$ $T)$内所发生的泊松事件的时区划分出来。如 k 个光子,就能找出 k 个小时区,$(t_1, t_1+\Delta t)$,$(t_2, t_2+\Delta t)$,$\cdots$,$(t_k, t_k+\Delta t)$,在每个这样的小区内发射一个光子(事件的普遍性)。在事件的普遍性条件满足的条件下,在每个间隔 Δt 内只有一个泊松电子,在区间外无光电子发生,此种事件的全概率为

$$P = \prod_{j=1}^k P[1]_{(t_j, t_j+\Delta t)} P[0]_{(t_j+\Delta t, t_{j+1})} \tag{5-35}$$

由泊松分布

$$P[0]_{(t_j+\Delta t, t_{j+1})} = \mathrm{e}^{-m} = \exp\left[-\int_{t_j+\Delta t}^{t_{j+1}} n(t)\mathrm{d}t\right] \tag{5-36}$$

$$P[1]_{(t_j, t_j+\Delta t)} = \mathrm{e}^{-m} = \int_{t_j}^{t_j+\Delta t} n(t)\mathrm{d}t\exp\left[-\int_{t_j}^{t_j+\Delta t} n(t)\mathrm{d}t\right] \tag{5-37}$$

将式(5-36)和(5-37)代入式(5-35)得

$$P = \prod_{j=1}^k \int_{t_j}^{t_j+\Delta t} n(t)\mathrm{d}t\exp\left[-\int_0^T n(t)\mathrm{d}t\right] \tag{5-38}$$

由于光电子是独立事件,积分可写成下式

$$P = \prod_{j=1}^k n(t_j)\Delta t\mathrm{e}^{-m} \tag{5-39}$$

另外,

$$P = k!P_{t_j}(t_1, t_2, \cdots, t_j)(\Delta t)^k \tag{5-40}$$

由于式(5-39)和(5-40)描写同一事件,故两式相等,

$$P_{t_j}(t_1, t_2, \cdots, t_j)(\Delta t)^k = \frac{1}{k!}\prod_{j=1}^k n(t_j)\Delta t\mathrm{e}^{-m} \tag{5-41}$$

又由泊松分布

$$P_{T(k)} = \frac{m^k}{k!} e^{-m} \tag{5-42}$$

由全几率求部分几率,根据巴叶斯公式,用式(5-42)除以式(5-41),

$$P_{t_j}(t_1, t_2, \cdots, t_k/k) = \prod_{j=1}^{k} n(t)/m^k \tag{5-43}$$

光电子是独立事件,故 $P_{t_j}(t_1, t_2, \cdots, t_k/k)$ 可以写成连乘形式,即

$$P_{t_j}(t_1, t_2, \cdots, t_k/k) = P_{t_1}(t_1) P_{t_2}(t_2) \cdots P_{t_k}(t_k) \tag{5-44}$$

$$P_{t_j}(t_j) = \frac{n(t_j)}{m}$$

t_j 是连续变量,可以去掉脚标则式变为:

$$P_{t_j}(t) = \frac{n(t)}{m} \tag{5-45}$$

式(5-45)说明,光子发生时刻的概率密度 $P_{t_j}(t)$ 与该时刻的发射光子数 $n(t)$ 成正比。这样如测出了 $P_{t_j}(t)$ 随时间的变化规律,进而就可得到发射光强 $I(t)$ 的变化规律。

三、时间分辨荧光谱测量

时间分辨荧光光谱就是样品在被激发后的不同时刻发射的光谱。在光谱图上,这是以波长-时间为坐标平面的波长-时间-强度的三维光谱图。

时间分辨荧光光谱的测量方法,比较方便的是用光学多道分析仪(OMA),也可用图 5-15 的时间分辨荧光光子计数装置。用时间分辨荧光光子计数装置时,将其中的多道分析仪设置为选通工作方式。在这种方式下,它只接收时间-幅度转换器输出的某一幅度的方波信号,该信号对应于样品被激发后某一时刻 t 所发射的荧光。在实验中,需要同步地扫描光单色仪和多道分析仪,这样得到的输出信号就是样品被激光激发后在时刻 t 所发射的荧光谱。在进行上述的同步扫描时,如改变多道分析仪时间窗相对于激光激发的延迟时间,就可得到样品被激发后的不同时刻的荧光谱。

四、应用举例

1. NO₂ 分子可见光谱区的荧光激发谱研究

在光化学的空气污染形成过程中,现已公认 NO_2 起了核心作用。NO_2 分子吸收太阳中的紫外线导致 O 原子的产生,O 原子与 O_2 化合,形成 O_3。O 原子 OH 基,和 O_3 与烃类反应引起光化学污染。此外,在 CO_2 激光器研究中,也发现 NO_2 分子的有害影响。

另一方面,NO_2 分子具有多原子分子的一些典型特征,如态—态相互作用(曲线交叉效

应、Renner-Teller 效应等)、态内非谐效应(费米共振等)。在多原子分子的不同电子态的振动能级之间,往往存在强相互作用,导致某些振动光谱带出现涨落与复杂结构,因而不能用一组确定的量子数去标定它们。

(1) 实验装置。NO_2 分子荧光测量实验装置如图 5-16 所示。样品室为不锈钢圆柱体,内径 147 mm,高 300 mm,内壁涂黑。为抑制杂散光干扰,在圆柱体气室两侧装置进出光长臂通道,臂的长度为 486 mm,臂内装置四个孔径为 4 mm 的光栏,进出光口为布儒斯特窗。NO_2 气体样品瓶通过一个不锈钢的微型阀与气室相联。圆柱体气室的顶盖为平面不锈钢板,可根据需要在此加装样品的射流喷嘴,以对样品分子进行超声喷流冷却。气室下端与一高真空机组相连,背景真空度为 2×10^{-6} torr。

用 Nd:YAG 激光器泵浦的染料激光器作为可调谐光源。光脉冲宽度为 10 ns,线宽为 0.003 nm,单脉冲能量为 6 mJ。从染料激光器输出的光束经一长焦距的透镜 L 聚焦于气室中心。聚焦点处的光斑直径约 $0.01 \ mm^2$。荧光收集窗的直径为 65 mm。受激分子发射的荧光经收集透镜 L_1、L_2,滤色偏 F 后,进入光电倍增管 PM(R456),根据收集窗口的大小,计算出荧光收集率为 8%。光电倍增管 PM 输出信号馈入 Boxcar 平均器。用一米摄谱仪的二级谱作波长定标,光栅常数为 1200/mm,分辨率 0.045 nm 和读数误差小于 0.005 nm。用空心阴极灯(Na 灯、Fe 灯和 Cu 灯等)对摄谱仪自身定标。

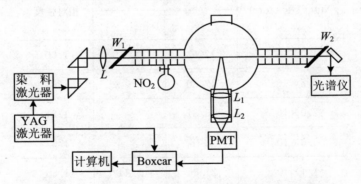

图 5-16　NO_2 分子可见光谱区的荧光测量实验装置

(2) 能级寿命测量。NO_2 分子在 570~600 nm 波段是 $A^2B_2 \to X^2A_1$ 的跃迁。利用上述装置可以测量 $^2B_2$ 态的寿命以及寿命与激光激发波长和气压等的关系。表 5-2 列出了六个不同的激发波长下的能级寿命值。表 5-3 列出了激发波长为 589.06 nm 时不同 NO_2 气压下的能级寿命值。这些数据说明 $^2B_2$ 态具有很长的反常寿命。此外,当 NO_2 气压增加到 1.4×10^{-2} 时,荧光衰减曲线出现了双指数的。这一结果可以用 NO_2 的电子激发态 $^2B_2$ 和 $^2B_1$ 之间存在碰撞弛豫来解释。在对电子态的寿命分析时,可以把能级的分布看成具有 Wigner 分布的高斯正交系综(GOE)系统,从能级间的非线性相互作用来解释了电子态具有反常的长寿命原因。

表 5-2   不同激发波长能级寿命(气压:9.8×10^{-4} torr)

激发波长(nm)	寿命(μs)
574.68	6.0
580.75	31.36
583.72	13.8
587.86	17.35
589.06	15.4
590.35	25.2

表 5-3   不同气压下的能级寿命(波长:589.06 nm)

NO₂ 气压(torr)	寿命(μs)		相对强度
	τ_1	τ_2	
1.0×10^{-4}	17.63		1.00
9.8×10^{-4}	17.30		1.04
2.0×10^{-3}	16.31		1.21
5.0×10^{-3}	9.78		1.62
1.4×10^{-2}	21.36	3.44	1.80
2.8×10^{-2}	19.40	1.25	1.85

(3) NO_2 在可见光谱区的不规则振动谱带 U。利用该装置可以测定出 NO_2 常温下在可见光谱区的数十个振动带,它们来自 $A^2B_2 \rightarrow X^2A_1$ 的跃迁。但是,只有少数振动带谱线的分布是规则的,而大多数的振动带呈现强度涨落和谱线密集,例如,图 5-17 所示的在 $505 \sim 510$ nm 附近就有这样的一个振动带,它们不能只以一组确定的量子数去进行标识。通过对这些振动带的转动分析,可以得到许多自旋和转动禁$^2B_2$戒跃迁。出现不规则振动谱带的原因,是$^2A_1$

态的高位能级与 $^2B_2$ 低位能级间存在强的非线性相互作用的结果。采用新的能级统计理论可以对这种现象进行解释。

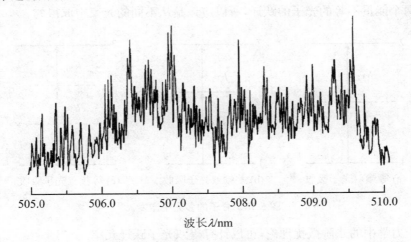

图 5-17　505～510nm 光谱区的荧光光谱

第三节　多光子荧光与超声射流技术

一、多光子激发

在激光问世以前,由于只能使用普通光源,光场的能量密度有限,原子与分子的对入射光的吸收每次只能是一个光子,光与物质间的相互作用限于线性范畴。正如在第三章说过,在高光场能量密度下,介质的光学性能会出现了非线性特性,能产生对入射光的倍频、混频、参量等过程。与此相似,在强光作用下,原子与分子一次能同时吸收入射光的两个光子乃至多个光子而跃迁到高能级,这就是原子与分子的双光子或多光子激发。由于多光子激发,原子与分子可以跃迁到吸收单光子无法到达的能态。例如,波长为数微米的单个红外光子的能量,相当于分子化学健能的几十分之一,当用功率密度 10^8 M/cm^2 的红外激光照射时,可以使部分分子离解,这说明每个离解的分子一次就吸收了高达数十个光子。

原子与分子所吸收的双光子或多光子可从一束入射光的光子中获得,也可以吸收来自不同光束的光子。为了解释双光子或多光子的激发过程,通常假定在两个激发能级之间存在一种虚能级 ν,双光子或多光子跃迁可通过这样的虚能级来实现。例如在双光子激发过程中,当某个分子同时吸收两个入射光的光子时,第一个光子使分子从低能级 1 跃迁到虚能级 ν,第二个光子使分子从虚能级 ν 跃迁到高能级 2,如图 5-18 所示。图 5-18(a)、(c)分别表示吸收了同一束激光中两个和三个多个光子的分子能级的跃迁,每个光子的能量是相等的;图 5-18(b)则是吸收了两个能量不等的光子的跃迁,所以应该是从不同的光束中取得的。

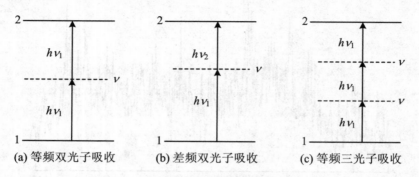

(a) 等频双光子吸收　　(b) 差频双光子吸收　　(c) 等频三光子吸收

图 5-18　分子的多光子激发

利用量子力学中的二阶微扰理论,可以计算得双光子跃迁几率

$$W_{12} = g(\omega) \left| \sum_i \left[\frac{(\boldsymbol{R}_{1i}\boldsymbol{e}_1)(\boldsymbol{R}_{i2}\boldsymbol{e}_2)}{\varepsilon_i - \varepsilon_1 - \hbar\omega_1} + \frac{(\boldsymbol{R}_{1i}\boldsymbol{e}_2)(\boldsymbol{R}_{i2}\boldsymbol{e}_1)}{\varepsilon_2 - \varepsilon_i - \hbar\omega_2} \right] \right|^2 I_1 I_2 \tag{5-46}$$

式中 $g(\omega)$ 为双光子跃迁的线型函数,I_1、I_2 为两束入射光的强度,ω_1 与 ω_2 为入射光的频率,e_1、e_2 为分别微两束光的偏振矢量,i 为某个中间能级,$\boldsymbol{R}_{i1}$、$\boldsymbol{R}_{i2}$ 为能级 $1 \to i$ 与 $i \to 2$ 的电偶极跃迁矩阵。由式(5-46)可见,与单光子不同,双光子跃迁的跃迁矩阵元 W_{12} 与两个电偶极跃迁矩阵$\langle 1|er|i \rangle$ 与 $\langle i|er|2 \rangle$ 的乘积成正比,即只有当它们都不等于零时,W_{12} 才不为零。说明双光子跃迁可以看成两个级联的电偶极跃迁。为了在能级 1 和 2 之间实现双光子跃迁,它们对中间能级 i 的单光子跃迁都是允许的。单光子电偶极跃迁是反宇称的,选择定则为 $1 \to i, i \to 2$,因此在 $1 \to 2$ 的双光子跃迁中,是对反宇称的两次变换。由此可见,在双光子的原子跃迁中,只有 $s \to s$、$s \to d$ 等的能级跃迁才是允许的,而 $s \to p$、$p \to d$ 等的跃迁是禁阻的;而在双光子分子能级跃迁中,只有 $\Sigma_g \to \Sigma_g$ 等是允许的。用量子数表示时,在双光子跃迁中应满足

$$\Delta L = 0, \pm 2$$

需要注意,上述的双光子过程似乎与第四章中的双共振,或者与分子的分步激发相似,但是,在双共振或分步激发中,中间能级是分子的一个本征态,即是一个实际存在的能级,而在多光子激发中,中间能级实际上并不存在。所以两者之间存在实质上的差别。然而,如果中间能级确实存在一个实能级的话,则这种双光子过程有很高的跃迁几率。如图 5-19,在虚能级 ν 附近存在一个实能级 3,能级 3 与虚能级 ν 间的能量差 $h\Delta = h(\nu_{13} - \nu_{12}/2)$。在这种情况下,对于

等频双光子跃迁，由式(5-46)可得双光子跃迁几率

$$W_{12} = g(\omega)R_{1i}^2 R_{i2}^2 \frac{1}{\Delta^2} I^2 \tag{5-47}$$

当 $\Delta \to 0$ 时为共振情况，可见这时跃迁几率 W_{12} 值将显著
增大。由于在上面这表达式中忽略了起重要作用的衰减
项，实际上 W_{12} 不会达到无限大值。

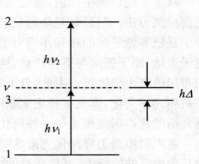

图 5-19　在虚能级 ν 附近存在
实能级的双光子跃迁

二、双光子与多光子荧光跃迁光谱技术

对于原子或分子的双光子(或多光子)激发，可以采
用直接测量样品对入射光的吸收。但是在气体介质情况
下，样品对入射光的吸收量实际上是很小的，因此这种测
量方法的灵敏度是不高的，不常采用。常用方法有：①荧
光测量方法，测量激发分子对某些较低能级发射的总荧
光；②离子测量方法，测量进一步光子激发所产生的离
子；③光电流测量方法，在放电状态下测量因多光子激发而引起放电管的电流的变化；④光声
测量方法，测量因多光子激发而引起对介质的热能转移。其中光声方法已在第四章中介绍过，
离子测量和光电流测量将在第八章中介绍，这里主要讲一下荧光测量方法。

当用荧光测量方法时，其基本装置与单光子吸收时的测量相同(可以参看图 5-9)，这时需
在样品池的侧面设置有荧光收集窗口，用光电倍增管收集从激光聚焦区发射的荧光。与单光
子实验时的差别在要用强激光及合适的短焦距聚焦透镜。透镜将泵浦染料脉冲激光束聚焦到
样品室的中心位置。重要的是聚焦透镜焦距的选择，这是实现多光子或是双光子激发是一个
关键问题。短焦距透镜产生一种所谓"硬聚焦"，在聚焦点上可以产生很高的光子密度，这时产
生的多光子激发过程往往超过双光子激发过程，并有可能引起分子的分解。当用焦距较长的
透镜聚焦时，称为"软聚焦"，双光子吸收占有优势，用于双光子吸收的典型焦距长度约为 15～
20cm。

在荧光收集窗口处设置一滤色片，以滤去入射激光的散射光。需要注意的是，在多光子激
发中，荧光波长要比激发光波长短得多，双光子激发的荧光波长约为激发光波长的一半，基本
上都在紫外区，因而荧光收集窗口一般都要用石英玻璃制的。

在脉冲激光激发下，光电倍增管所检测的荧光是与激发光脉冲速率相同的一列脉冲。如
果激光脉冲宽度(通常约为 10ns 量级)比荧光寿命短得多，如上节所述，荧光脉冲强度是一次
衰减曲线，利用 Boxcar 积分平均器处理，可以获得很好的信噪比。在第八章中，我们还将详细
讨论用接收电离信号的方法来检测多光子吸收。

三、超声射流技术

从上面的讨论中知道,激光诱导荧光(包括单光子与多光子)是一种高灵敏度与高分辨的光谱检测方法。但是在复杂的分子光谱分析中,仅有一般的高分辨率还是不够的。我们知道,分子是依靠原子间的相互作用力组合到一起的多原子集团。因此分子内部存在着三种运动:电子运动、原子振动与整体转动,从而使分子光谱变得十分复杂,对光谱进行标识,及相应能态的布居研究十分困难。因此,分子光谱学工作者在寻求高灵敏度与高分辨力的同时,还在设法使被测光谱简化,以获得特定能级的光谱信息。上一章的耦合双共振是一种光谱简化办法,这里介绍的超声射流则是另一种简化光谱的方法。

超声射流是怎样简化光谱的呢? 它是将气体快速冷却到很低的温度,使分子只布居在少数几个最低的能级上,其他较高的能级并未得到实际的布居,因此能级的跃迁只能从少数几个最低能级出发,于是就减少了相应的吸收谱线数目,这就是光谱简化的原理。在近代的分子光谱研究中,往往将 LIF 与超声射流技术结合在一起,以期在获得高灵敏度的同时,简化被测的分子光谱。超声射流技术除在 LIF 中采用外,在其他一些光谱技术(例如量子拍频光谱,见第六章)中也是常被采用的。

超声射流原理是当气体以高压通过一个细小的喷嘴时,气体会因突然膨胀而冷却下来,称绝热膨胀冷却。气体冷却的程度与喷嘴两侧的压力差有关,压力差越大,冷却越大;还与气体的热容量有关,热容量小,冷却较高。氦等的单原子气体由于没有转动与振动自由度,热容量很小,因而会产生很大的冷却。将氦气从室温下的 100 大气压向真空室膨胀,可以得到 0.03 K 的温度,而用氩气可以达到 2 K 温度。

从气体分子运动论知道,温度是分子无规热运动的量度。无规热运动的结果是分子间出现激烈的碰撞。理论分析表明,快速射流产生低温度的条件与消碰撞及超声速度有关。这些条件使气体射流不同于光谱实验中的喷射分子束。在喷射分子束中,分子束的出射孔的尺寸远小于分子碰撞之间的平均自由程,与此相反,超声射流中喷嘴尺寸要远大于平均自由程。

气体射流情况常用气体动力学中的马赫数 $\mathcal{M}$ 表示,即气体的流速 v 与气体中的声速 c_s 之比

$$\mathcal{M} = v/c_s$$

声速 c_s 为

$$c_s = (\gamma k_B T/m)^{1/2} \tag{5-48}$$

式中 $\gamma = C_p/C_v$ 为定压热容与定体热容之比,k_B 为玻耳兹曼常数,T 为温度,m 为分子质量。

为获得大的降温,通常 $\mathcal{M} > 1$,这就是超声射流名称的来历。但是 $\mathcal{M} > 1$ 并不意味气体分

子具有非常大的运动速度,因为这是气体的突然膨胀过程,是气体分子的随机热运动转变为定向流动的过程。与喷射分子束相比较,即使 $\mathcal{M}=\infty$,热运动全部转变定向流动,分子定向速度也不比分子束的速度大多少。由(5-48)可见,声速 c_s 与温度 T 的平方根成正比,温度越低,声速越小,因此超声射流中的高马赫数不是靠增加流速 v,而是从降低声速 c_s 获得的。

超声射流实验分连续射流与脉冲射流。脉冲射流的优点是可获得更高的射流密度,更好的转动与振动冷却,以及较小的凝聚现象,所以脉冲射流用得较多。射流脉冲的宽度约为 10 μs,如果用脉冲染料激光激发荧光,则可在射流脉冲与激光脉冲之间实现同步工作。

在超声射流实验中,可以用纯样品分子通过喷嘴得到射流分子束,但由于降温程度与热容量有关,往往得不到所需的温度。为得到很低的降温,常使用氦气射流,这时它是载体,样品分子作为种子,以很少的比例混入其中。在射流气体膨胀冷却的同时,样品分子同样受到了冷却。在热平衡条件下,分子的每个自由度具有相同的平均能量 $(1/2)k_B T$,因此它们的平动温度 T_t,转动温度 T_r 与振动温度 T_v 也就有相同。但经绝热膨胀之后,振动能降低最小,转动能降低次之,平动能降低最大,因此相应的温度之间也不再相等,一般有

$$T_t < T_r < T_v$$

经绝热膨胀冷却之后,只有分子的电子基态上的最低转-振能级得到布居。设每个自由度内部都达到了热力学平衡,一个振动量子数 ν 与转动量子数 J 的能级的布居 $N(\nu,J)$ 为

$$N(\nu,J) = \frac{2(J+1)}{N} \exp\left[-\left(\nu+\frac{1}{2}\right)\frac{\hbar\omega_e}{k_B T_v}\right] \exp\left[\frac{-B_e J(J+1)}{k_B T_r}\right]$$

式中,$N = \sum N(\nu,J)$ 为总分子数,$\nu\hbar\omega_e$ 为能级 ν 的振动能量,$B_e J(J+1)$ 为转动能量。

由于吸收线的强度比例于布居能级的布居数密度 $N(\nu,J)$,而 $N(\nu,J)$ 集中于很少几个能级,因而相应的吸收谱线数目大大减少,从而使谱线得到大大的简化。图 5-20 给出了 NO_2 在相同光谱段(580 nm~613 nm)上的三个激发谱的例子,它们分别是:常温下的激发谱(图 5-20(a)),转动温度为 30 K 的纯 NO_2 超声束的激发谱(图 5-20(b)),与转动温度为 3 K 的含 5‰ NO_2 的氦超声束的激发谱(图 5-20(c))。这个范围内的吸收谱主要是 $A^2 B_1 \sim X^2 A_1$ 间的电子跃迁,由图 5-20(a)可见,转-振跃迁密集地堆积在一起,要对振动带进行标识非常困难,但由图 5-20(c)可见,在氦超声束中各条谱线清楚地分辨开来了。

超声射流技术引起重视的另外重要原因是可以用于研究范德瓦耳斯分子与团簇。由于转动温度与振动温度很低,在超声分子束中可以形成结合能 D_e 不大的松散耦合分子,就是所谓范德瓦耳斯分子。在室温下,$k_B T \gg D_e$,这类分子可以直接离解,很难研究,而超声射流方法为研究这类提供了一个很好条件,开创了一个长程相互作用势研究的新领域。在这以前,长程相互作用势只能通过散射实验来研究。除范德瓦耳斯分子外,在超声分子束中可以形成团簇,例如在超声碱金属分子束中观察到 $x=2$ 到 $x=12$ 的 Na_x 分子,这对于阐明从自由分子和固体

之间的过渡区域的分子结构非常有用。

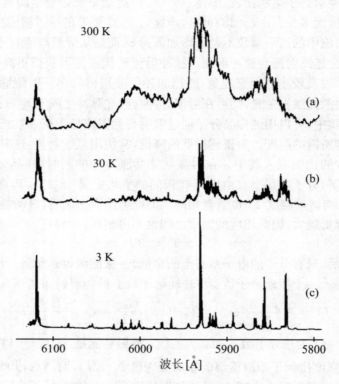

图 5-20 NO_2 在相同光谱段上的三个激发谱

四、多光子荧光应用举例：光解 CH 自由基研究

CH 自由基是一种最简单的碳氢自由基，燃烧系统中的许多现象都与它有关，在星际空间，如在星云的"黑云"区，在 Titan 星、木星和彗星的大气层中都发现有 CH 自由基的存在。为了弄清在上述环境中物理化学过程规律，对 CH 自由基所起的作用研究自然会引起许多实验和理论工作者的注意。

CH 自由基可以通过多种方法产生。由于用激光光解制备具有很高的选择性，因此是一种最好的制备方法，尤其是通过紫外激光光解，选择合适的波长离解母体分子就可获得 CH 自由基。以 $CHBr_3$ 为例，在 266 nm 的激光照射下，$CHBr_3$ 得到激发成 M^* 。但 M^* 是不稳定的，它离解出处于电子激发态的 CH^* 。CH^* 在向基态跃迁时发射荧光，过程如下：

$$CHBr_3 \xrightarrow{h\nu} M_i^* \longrightarrow CH^* + 其他产物 \tag{a}$$

$$CH^* \longrightarrow CH(X) + h\nu \tag{b}$$

另一方面，CH^* 可以通过和其他分子或离解碎片 (M_i)，或猝灭剂分子 (Q) 的碰撞到达基态，称为碰撞猝灭：

$$CH^* + M_i \longrightarrow CH(X) + M_i^* \longrightarrow 产物 \tag{c}$$

$$CH^* + Q \longrightarrow CH(X) + Q^* \longrightarrow 产物 \tag{d}$$

显然，CH^* 通过发射荧光或碰撞猝灭到达基态是一个竞争的过程。这个过程可以通添加不同的碰撞伴侣对荧光产生的影响来研究。在理论上，可以通过速率方程来处理。设光解激光的光脉冲宽度很小，以致可以认为 CH^* 的产生是瞬间完成的，与 CH^* 相关的动力学过程可以描述如下：

$$\frac{d[M^*]}{dt} = -k_p[M^*] \tag{5-49}$$

$$\frac{d[CH^*]}{dt} = k_p[M^*] - (k_A + k_q[Q] + \sum_i k_i[M_i])[CH^*] \tag{5-50}$$

式中，$[M^*]$ 为 CH^* 的浓度，k_p 为 CH^* 的生成速率，k_A 为 CH^* 的自发辐射速率，$[Q]$ 为猝灭分子的浓度，k_q 表示猝灭分子对 CH^* 的猝灭常数，$k_i(i=1,2,3\cdots)$ 表示其他分子或离解碎片 (M_i) 对 CH^* 的猝灭常数。由式(5-49)，得 CH^* 浓度 $[M^*]$ 随时间的变化

$$[M^*] = [M^*]_{t=0} e^{-k_p t} \tag{5-51}$$

将(5-51)式代入(5-50)式，且令

$$k_A + k_q[Q] + \sum_i k_i[M_i] = k$$

则

$$\frac{d[CH^*]}{dt} = [M^*]_{t=0} k_p e^{-k_p t} - k[CH^*]$$

$$[CH^*] = \frac{k_p[M^*]_{t=0}}{k_p - k}(e^{-kt} - e^{-k_p t})$$

于是我们得到荧光强度随时间变化的双指数关系，

$$I_f \propto k_A[CH^*] = \frac{k_A k_p[M^*]_{t=0}}{k_p - k}(e^{-kt} - e^{-k_p t}) \tag{5-52}$$

如果光激发的速率很大，满足 $k_p \gg k$，则式(5-52)中右边第二项可以忽略，荧光强度的衰变是单指数的，

$$I_f = I_{0f} e^{-k't} \tag{5-53}$$

利用实验测量得的光强数据，通对式(5-53)的拟合或作图可以计算出速率常数 k' 值。实验结

果证明,对于激发态 $CH(A^2\Delta)$、$CH(B^2\Sigma^-)$,由于其荧光寿命较长,上述的近似是成立的。但是,$CH(A\to X)$荧光信号与时间的关系是双指数关系,表明 $CH(A^2\Delta)$ 自由基不是直接由光解产生的,而是有激发态中间产物生成和其他受激过程存在。

$$CHBr_3 \longrightarrow CH(X) + Br_2 + Br \qquad \Delta H = 7.15 \text{ eV}$$
$$CHBr_3 \longrightarrow CH(A) + Br_2 + Br \qquad \Delta H = 10.03 \text{ eV}$$
$$CHBr_3 \longrightarrow CH(B) + Br_2 + Br \qquad \Delta H = 10.33 \text{ eV}$$
$$CHBr_3 \longrightarrow CH(C) + Br_2 + Br \qquad \Delta H = 11.09 \text{ eV}$$

波长为 266 nm 的光子其能量等于 4.466 eV,证明 $CHBr_3$ 过程是三光子过程。

通过分别检测 $CH(A, B \to X)$ 的时间分辨荧光和 $CH(C \to X)$ 的总荧光强度,测定猝灭速率常数 k_q 和猝灭截面 σ_q。CH_3Cl 对 $CH(A, B \to X)$ 的猝灭常数分别为

$$(1.10 \pm 0.05) \times 10^{-10} \text{ cm}^3 \text{molec}^{-1} \text{s}^{-1}$$
$$(1.74 \pm 0.05) \times 10^{-10} \text{ cm}^3 \text{molec}^{-1} \text{s}^{-1}$$

CH_3Cl 对 $CH(C \to X)$ 的猝灭常数为

$$(1.79 \pm 0.14) \times 10^{-10} \text{ cm}^3 \text{molec}^{-1} \text{s}^{-1}$$

激发态 $CH(A^2\Delta)$、$CH(B^2\Sigma^-)$、$CH(C^2\Sigma^+)$ 的猝灭是一个复杂的动力学过程。$CH(A^2\Delta)$、$CH(B^2\Sigma^-)$、$CH(C^2\Sigma^+)$ 都由比较大的猝灭截面,由于 CH 具有较高的化学反应活性,因此 $CH(A, B, C)$ 的猝灭主要是化学猝灭。

第四节　激光等离子体发射光谱技术

等离子体(Plasma)是指电离度大于 1‰的电离介质,其共同特征是其中的电子数与离子数基本相等。以激光为能源产生的等离子体称为激光等离子体。近年来,由于薄膜的激光溅射技术、同位素激光富集技术、激光痕量分析技术等的研究的发展,都要求对激光等离子体的性质有深入的研究。此外,作为一种新的分析手段,激光等离子体技术越来越引起了人们的重视。

用高功率激光产生的等离子体是高温等离子体,它能将各种材料汽化,为进行元素分析提供了一种独特的条件。激光等离子体光谱技术大致可分成两部分,一是像原子化器一样,将激光作为材料的烧蚀手段,使用各种光谱技术手段(吸收光谱、激光诱导荧光、激光质谱分析等)对烧蚀出的材料进行光谱检测。另一类是直接利用激光火花等离子体的发射光谱进行分析。对于前一种,其吸收光谱、激光诱导荧光等方法和前面所讲的几种光谱技术基本相同,将不再作详细介绍,而激光质谱分析的内容将在第八章中作专门介绍。本节主要介绍一下通过直接利用等离子体的发射光谱的分析技术。

一、气体中的等离子体击穿

激光等离子体的形成是一个很复杂过程,它与许多实验条件有关。当一束高功率脉冲激光经聚焦进入气体时,在聚焦点出会出现明亮的闪光,并伴随着很大的响声,形成火花等离子体。Maker 在 1964 年第一个报道了所观测的这种现象,并称之为光诱导气体击穿。

在激光脉冲作用下,气体的击穿过程大体可分为两个阶段。第一个阶段,在激光的聚焦区内,原子、分子、乃至微粒经多光子电离,产生初始的自由电子。当聚焦区内激光脉冲的功率密度高达 10^6 W/cm^2 以上时,在高光子通量作用下,原子便有一定的几率通过吸收多个光子而电离,产生出一定数量的初始电子。第二个阶段是发生雪崩电离过程而形成等离子体。用经典方式来描述雪崩电离过程是这样的:设激光电场足够强,脉冲持续时间足够长,自由电子便在激光作用下加速,当这些电子获得足够高的能量去轰击原子时,原子便有可能电离。原子电离便产生出了一些新的自由电子,这些电子从电场中还进一步获得能量而使原子继续电离,因而在整个的光脉冲期间内将发生电子的倍增过程。电子的倍增过程也是原子的不断电离过程,从而最终导致介质发生击穿,形成一个微等离子区。

可以建立一个数学表达式来描述等离子体中的电子数增长。该表达式需要考虑两方面的电子数变化,即既考虑电子数的倍增过程,还要考虑电子数的减少与电子能量降低过程。根据动量守恒定律,电子在与原子的每次弹性碰撞期间会损失一部分能量,在非弹性碰撞中,电子损失能量会导致原子的电子激发、分子的振动激发和低振动态的分子被激发到高振动态等过程。导致电子数减少的因素有:因扩散而飞离雪崩区、与正离子复合、被负电性分子的捕获等过程。考虑了这些增益与损耗机理,电子密度 n_e 的变化速率为

$$\frac{dn_e}{dt} = (k_i - k_a - k_d)n_e + k_r n_e^2 \tag{5-54}$$

$k_i n_e$ 为总电离速率,$k_a n_e$ 为被分子的捕获速率,$k_d n_e$ 为电子扩散出聚焦区的净速率,$k_r n_e^2$ 为电子-离子的复合速率。如果光脉冲的脉宽 τ_L 很窄,则因复合引起减少电子数的份额较小,因此可以忽略方程(5-54)的最后一项。

设发生击穿时的电子密度为 n_{eb},对方程(5-54)积分,得击穿条件为

$$\ln \frac{n_{eb}}{n_{eo}} \leqslant (k_i - k_a - k_d)\tau_L \tag{5-55}$$

n_{eo} 是由多光子电离产生的起始电子密度。

在光频段,常常将击穿电子密度 n_{eb} 定义为:当电子密度超过此值时,因电子-离子的逆韧致吸收加热等离子体超过了电子-中性原子的逆韧致吸收。实验数据证明,当电子密度与中性原子密度之比达到 0.001 时开始出现击穿。当超过 n_{eb} 时,由于电子-离子过程的吸收系数远

大于电子-中性原子的相互作用,于是快速的电离过程便将持续地进行下去。

为了描述激光引起的击穿,需要定义一个击穿阈值功率密度 I_{th},它是聚焦斑处产生火花所需要的最小激光脉冲功率密度。根据雪崩理论,假定扩散与复合过程并未显著地改变聚焦区的电子分布,则短脉冲激光的击穿阈值为

$$I_{th} = \frac{n_a}{c_i}\left(\frac{\omega_L}{k_{ea}}\right)^2 \frac{1}{\tau_L} \ln(n_e V_f) \tag{5-56}$$

式中,V_f 为聚焦区体积,n_a 为中性原子的密度,c_i 为与气体相关的参数,ω_L 为激光频率,k_{ea} 为中性原子的碰撞频率。由于 k_{ea} 随 n_a 而变化,由式(5-56)可得击穿阈值将比例于气压的倒数(p^{-1})。式(5-56)适用的压力范围为 200 毛至 10^4 毛,但是,与激光频率的关系比较复杂。I_{th} 并不随激光频率单调地下降,在可见光频率附近,击穿阈值最大,并与气体种类有关,而在高频端或低频端阈值均将降低。高频率端阈值下降的原因可能是存在多光子过程,但在雪崩理论中并没有考虑这个效应。对于脉宽为 15~50 ns 的调 Q 红宝石激光或 Nd:YAG 激光,在 760 毛的气压下,典型的击穿阈值为 10 MW/cm^2,相应的电场强度为 10^5 V/cm。

气体击穿以后,发光的等离子体由聚焦区向各个方向扩散开去。对于绝大部分气体,等离子体沿聚焦镜方向上的扩展速率最大,因为光能是从这个方向进入等离子体的,入射光的大部分能量被向透镜方向运动的等离子体的前沿所吸收。但是在氢或氦气中情况有些不同,在中等压力的氢或氦气中,激光等离子体具有一定的透明度,因而大部分入射激光将在等离子体内部被吸收,而不是面向透镜的那些部分。等离子体的起始扩展速率约为 10^5 m/s。随着等离子体的扩展,扩展速率逐步下降。伴随着等离子体的扩展出现冲击波,于是从聚焦区将发出冲击波响声。

二、激光等离子体的局部热平衡

等离子体内部的粒子间能量分布状态是等离子体的一个重要特性。我们考察一下等离子体内部热平衡的建立过程。这是一个能量交换过程。能量交换过程包括粒子间的碰撞与等离子体辐射两个方面。在热平衡下,因电子碰撞激发的原子数等于激发原子的碰撞消激发数,原子的碰撞电离数等于撞击粒子间的复合数,以及辐射等于吸收。随着温度的升高,辐射作用将越来越重要,最后成为能量交换的主要形式。显然,建立等离子体的完全热平衡的要求是很苛刻的,脉冲激光等离子体是瞬态的,建立完全的热平衡的可能性较小。然而激光火花等离子体具有很高的电子密度,而且在激光脉冲过后处在衰减状态。因此,在激光激发后一小段时间以后,等离子体将进入局部热平衡(LTE)状态。Radziemski 等人的工作表明,当用 20 ns 脉宽的激光激发时,LTE 建立时间约为 1 μs,而一般进行光谱测量都在这段时间以后,也就是说已进入了局部热平衡状态。

设原子或离子有两个束缚态 1 和 2，相应的能量为 ε_1 和 ε_2，在热平衡下，按玻尔兹曼定律，布居数 n_1 和 n_2 的关系为

$$\frac{n_1}{n_2} = \frac{g_1}{g_2} \exp\left(\frac{\varepsilon_2 - \varepsilon_1}{k_B T_e}\right) \tag{5-57}$$

式中，g_1、g_2 分别为能级 1 和 2 的简并度，k_B 为玻尔兹曼常数，T_e 为热平衡温度。另一方面，电荷为 z 的与 $z+1$（$z=0,1,2,\cdots$）的基态原子或离子密度 n_z 与 n_{z+1} 间的关系由沙哈（Saha）方程描述

$$\frac{n_z n_{z+1}}{n_z} = \frac{2(g_0)_{z+1}}{(g_0)_z} \left(\frac{2\pi m_e k_B T_e}{h^3}\right)^{1/2} \exp(-\chi_z/(k_B T_e)) \tag{5-58}$$

式中，$(g_0)_z$、$(g_0)_{z+1}$ 分别为电荷为 z 或 $z+1$ 的基态原子或离子的统计权重，m_e 为电子质量，h 为普朗克常数，χ_z 为电荷为 z 的基态原子的电离能。式（5-58）可以改写为

$$\frac{n_z}{n_{z-1}} p_e = \frac{2U_z}{U_{z-1}} \frac{(2\pi m_e)^{3/2}(k_B T_e)^{5/2}}{h^3} \exp(-\chi_{z-1}/(k_B T_e)) \tag{5-59}$$

式中，下标 z 表示电离级次，$z=1$ 为中性原子，$z=2$ 为一次电离，p_e 为自由电子产生的压力，χ_{z-1} 为由 z 态的电离能，U_z、U_{z-1} 为配分函数。

LTE 假定，原子和离子在不同能级上的布居全部由电子的碰撞所决定，而将辐射的作用予以忽略。为了要实现等离子体的 LTE，需要有足够高的电子密度，而辐射作用很弱，使电子碰撞产生的消激发比所有由辐射跃迁引起的衰变大得多。

在等离子体中还有一个辐射的再吸收问题，即由一个粒子发射的光可能为其他粒子所吸收。为此需要定义一个等离子体的光学厚度 $\sigma(\nu)$，它是频率的函数，表达式为

$$\sigma(\nu) = \int \kappa(\nu) dx \tag{5-60}$$

式中，$\kappa(\nu)$ 为单位长度上的吸收系数，x 为发射方向的坐标。对于均匀等离子体，式（5-60）简化为

$$\tau(\nu) = \kappa(\nu) l$$

式中，$\kappa(\nu)$ 发射层的长度。在光学薄的情况下，吸收可以忽略。这相当于要求电子密度 N_e

$$N_e \geqslant 1.6 \times 10^{12} T_e (\Delta\varepsilon)^3_{\max} \text{ cm}^{-3} \tag{5-61}$$

式中，$\Delta\varepsilon$ 为等离子体中原子或离子相邻能级的最大间隔，单位为 eV，T_e 的单位为 K。在光学厚的情况下，对电子密度 N_e 的要求低一些，因为对于所有的原子或离子，$(\Delta\varepsilon)_{\max} < 0.8\chi$，LTE 适用的条件为

$$N_e \geqslant 8 \times 10^{11} T_e^{1/2} \chi^3_{\max} \text{ cm}^{-3}$$

$\chi_{\max}$ 是原子或离子的最大电离能。

三、激光烧蚀光谱技术

1. 激光烧蚀与等离子体形成过程

激光等离子体可用于固体表面分析与物质中元素的痕量分析,这是因为激光照射固体表面产生烧蚀,汽化,使物质原子分子进入等离子体。激光烧蚀过程大致可以描述如下:在激光束作用下,样品表面因吸收光子而加热,并发生熔化,这时将有热电子从表面逸出形成自由电子。如上所述,自由电子的出现给等离子体击穿创造了必要条件。被熔化的样品,包含着样品原子、分子、离子、团簇、颗粒等,沿着固体表面的法线方向快速扩展开来,形成所谓等离子体雾汽。与此同时,固体表面附近的缓冲气也因受激光照射发生等离子体击穿。实际上,在固体样品情况下,可以将一个 ns 光脉冲的作用分成两个阶段。首先,当光脉冲的前沿部分作用到固体表面时,固体的蒸发就开始了。随后光脉冲的后续部分对蒸汽进行强烈的加热与电离,并最终形成等离子体。这些过程可以用图 5-21 示意说明。

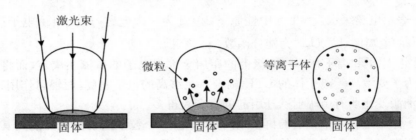

图 5-21　激光等离子体的形成与样品的原子化过程

从光与物质相互作用机理上看,在等离子体的形成过程中存在两种不同的光子吸收机理。一是逆韧致辐射吸收机理,在这过程中自由电子从激光束获得动能,并通过与中性粒子的激发态或基态的碰撞而增加其电离与激发。另一种是激发态粒子的光电离机理,包括在高激光能量下能产生从基态的多光子电离过程。电离逆韧致辐射对光子吸收与波长呈 λ^3 关系,当光脉冲的前沿部分作用到固体表面时,相对较冷的中性蒸汽对激光的吸收和电离与激光波长相关密切。对波长较长的可见光,主要通过逆韧致辐射吸收后导致的电子碰撞电离;对于紫外光,主要是蒸汽中激发态的直接光电离。关于激光对等离子体的加热过程,实验表明,在电离度较低时逆韧致辐射对等离子体的加热效率随波长的平方递减;而在电离度很高时,随波长的立方递减。逆韧致辐射吸收的光子吸收效率正是等离子体对激光辐射屏蔽的原因,它可使激光脉冲的后半部分难以到达样品靶的表面。

　　2. 发射光谱

　　上面已经看到,激光等离子体是一个高温体系。例如将能量为数 mJ 的 YAG 激光脉冲聚焦,所产生的等离子体的温度可高达 2×10^4 K 以上。在这样的高温体系中,一切物质都可以熔化成为颗粒,分解成分子或原子,高温体系中粒子之间的激烈碰撞又使分子或原子电离为离子,而且分子、原子或离子可以布居到各个能级上,高能级对低能级的跃迁,使激光等离子体有很强的发射光谱。激光等离子体的发射光谱有如下两个重要特征。

　　第一个是有很强的连续背景。实验测量表明,在激光激发后的早期阶段,将出现很强的连续背景谱。连续背景谱产生的原因可以用如图 5-21 的等离子体能级图来说明。如该图所示,在原子的离化限以上是能量的连续区,接近离化限处有一片准连续能级区,这是由于高密度电子与离子的电场与高温展宽了的原子与离子的能级,它们相互靠得很近以致发生能级重叠。等离子体温度越高,电离程度越高,准连续区越宽。电子在连续区或连续与分立能级之间的跃迁构成了连续光谱。由于产生连续跃迁的范围很大,连续光谱区很宽,从紫外到红外都有。但是,影响连续背景的大小与诸多因素有关,特别是与所加的缓冲气的气压和等离子体的温度有关。缓冲气气压越高,背景辐射越大。此外,从时间分辨光谱图上可以发现,激光等离子体的连续背景辐射持续时间很短。如图 5-22 所示,在短延时(约 1.0 μs)下,连续背景辐射谱的强度非常高,而且原子或离子谱线的展宽也非常大;但随着延时的推移,连续背景谱强度很快减弱,各分立谱线也迅速变窄,且离子谱线的强度也迅速衰减,说明等离子温度在迅速下降。直到在约 5.0 μs 延时下,续背景辐射已基本消失了,谱图以分立谱线为主。

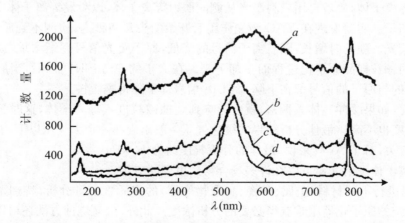

图 5-22　Mg 470.30 nm 附近的谱线,延时:a:1.0 μs,b:2.0 μs,c:3.0 μs,d:5.0 μs

　　第二个特征是分立离子、原子与分子光谱具有不同衰减速率。分立光谱来自原子与分子的束缚能级之间的跃迁。时间分辩测量表明,各谱线随时间变化的速率差别很大。①随着连续背景的强度的快速衰减,各种离子与原子的分立谱线强度先是很快地增长,而后又逐渐下降;②离子线随时间快速地上升先达到最大值,然后又以较快的速率衰减到接近于零;原子线的强度增长相对较慢,且下降速率更慢,可以维持数十秒之久。作者在进行的 YAG 激光照射固体样品的实验中,曾考察了 285.2 nm 处的 Fe I 铁原子线与 288.2 nm 处的 Fe II 铁离子线的强度变化。发现在激光激发以后约 0.5 μs 时,离子线先达到最大值,其强度比同一时刻的原子线强度大约 50 倍,原子线则在激光激发以后约 1.0 μs 处才达到最大值,而在激光激发以后的 10 μs 时,原子线的强度则可比离子线强 8 倍。

3. 激光等离子体发射光谱的光谱化学应用

由于激光等离子体的高温可使物质蒸发与汽化,对于那些难熔金属特别有意义。因此激光等离子体的发射光谱可用于高灵敏度的痕量元素检测。

然而,在真空条件下进行激光烧蚀时,因为没有等离子体中的原子化过程,因此分析效率很低,分析中的系统误差也大。实践表明,在对元素进行高灵敏度检测中,充入某种气体作为缓冲气体往往是很重要的。如上所述,在激光烧蚀过程中,缓冲气体等离子体是固体样品蒸发、汽化为分子、原子与离子的高温介质。分子、原子的蒸发、汽化与电离过程同时是等离子体的温度速下降的过程,而随着蒸发、汽化与电离过程的完成,温度的变化也缓慢下来。等离子体温度随时间的变化可以采用激光烧蚀—激光诱导荧光(LIF)方法来测量。一个实际的例子是对含镁元素的合金钢样品分析,以 Ar 作缓冲气,样品用含有镁元素的合金钢,用 YAG 激光照射以产生等离子体,接着再用染料激光从侧向照射等离子体,以激发等离子体中处于基态的镁原子和镁离子。实验发现在 YAG 激光作用后开始的头几微秒内,检测不到原子荧光,但有很强的离子荧光。随延时增长,随着离子信号的降低,原子荧光信号逐渐增加,说明在此时间内等离子体因颗粒样品原子化过程而冷却下来。在大于约 60 μs 时间以后,当原子化过程全部完成,离子的与原子的信号都在下降,而 LIF 信号却下降得很缓慢。

另一方面,如果缓冲气体太稠密,就会影响到烧蚀微粒进入等离子体,这时分析信号也很小,分析灵敏度也不高。最佳分析结果的缓冲气压一般出现在一个大气压以下,并与选用的缓冲气的种类有关,对于 Ar 气来说,最佳的分析气压约为 14 kPa。

激光等离子体发射光谱可以在许多场合得到重要的应用:

(1) 可以进行不同材料(金属、陶瓷、高聚物等等)的多元素痕量分析,特别是对于那些难熔元素,用传统的原子化器很难获得必要的分析浓度。此外,激光烧蚀方法还可以用于现场分析。检测灵敏度与元素种类及测试条件有关,一般绝对检测限可达到 $10^{-13} \sim 10^{-15}$ g 的量级。

(2) 固体表面分析:利用高光束质量(高稳定度与单模光束)的激光,光束聚焦光斑直径小于 0.1 mm。因此将样品对光束相对移动时,可以测量出固体中的各种元素含量及空间分布情况,因此这是一种重要产品质量分析与检验手段。

(3)气体分析:利用激光火花等离子体的发射光谱,可以用对气体、火焰等进行元素分析。

(4)液体分析:激光火花也可以在液体中产生,因此用激光火花的发射光谱可以对液体中的元素进行分析。

4. 实验装置

(1)激光等离子体光谱的传统实验装置。传统激光等离子体光谱研究早期是从单脉冲激发开始的。图 5-23 是一种研究固体激光等离子体发射光谱的常见实验装置。被研究的样品置于一封闭的气室内。气室中常充以某种惰性气体作为缓冲气,例如 Ar 气。缓冲气的作用有二:一是防止样品在空气烧蚀时的氧化,二是在样品表面形成缓冲气等离子体,样品分子处在缓冲气等离子体中。在作痕量分析时的研究证明,合适的缓冲气体可明显的提高检测灵敏度。一束 YAG 激光经透镜 L_1 聚焦后正向投射到样品表面上,在此附近生成的等离子体。由透镜 L_2 收集等离子体在侧向发射出的光谱,并成像于光谱仪的入射狭缝上。经光谱仪分光后被光电列阵或 CCD 所检测,并由光学多道分析仪(OMA)进行处理。

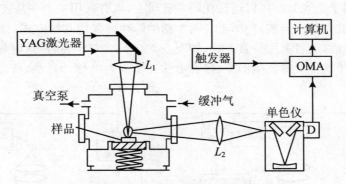

图 5-23　传统的激光等离子体发射光谱实验装置

样品应放置在一个可调节的支架上。支架调节的有两种作用,一是使激光束准确地聚焦到样品的表面上,因此支架应沿光束方向能前后移动;二是在工作中激光不应长时间的照射在样品的一个点上,需要照射数次(例如 10~20)后移到另一点再照射。因为在样品的一个点上长时间的照射将使烧蚀的孔愈来愈大,使聚集不准,每次脉冲烧蚀的样品材料减少,发光区下移,在定量分析中造成误差,因此支架应能在与激光相垂直的平面内移动。

虽然 YAG 激光器是激光等离子体光谱技术中最常用的激光光源,实际上,从紫外的准分子激光到红外的固体激光器都有应用。由于激光光源具有许多参数:功率、波长、脉宽等,它们都会对激光等离子体光谱产生影响。因此在实际应用中,应根据检测对象与工作环境,合理地选择所需的激光及其工作参数。

　　关于激光功率,首先激光的功率密度必需超过一定的击穿阈值,对于 ns 脉宽的激光,典型的功率密度约为数 J/cm^2。根据入射功率的大小与聚焦激光束的光斑面积可以容易地计算出功率密度。在衍射极限下,聚焦棱镜在波长 λ 上的焦点的光斑直径为

$$d = 2.44 \frac{f}{d_1} \lambda$$

式中,d_1 为聚焦前的入射光束直径,f 是聚焦棱镜的焦距。实验表明,采用更高的激光功率对提高检测灵敏度是有好处的,因为一方面可以增加烧蚀出的物质质量,以及可以提高等离子体的温度,更有利于等离子体中被烧蚀出物质的离解与激发,从而获得更强的发射光谱。此外,烧蚀出的物质质量与入射功率存在饱和现象,即当入射功率增加到一定程度时,由于等离子体的自保护效应使烧蚀出的物质质量不再增加,于是烧蚀出的物质质量对激光脉冲一脉冲的起伏不再敏感,从而可以获得更好的信噪比。

　　(2)双脉冲激发。在单脉冲激发的基础上,为提高分析质量,近年发展了双脉冲甚至多脉冲激发方法。双脉冲激发是指相隔数纳秒至数十微秒的相继两个激光脉冲作用到被研究物质的同一位置上。两个激光脉冲可以运转在同一波段上,也有采用一个在基波运转,而另一个在其谐波(从二次谐波到四次谐波)频率上。两个相继脉冲可采用共线方式(如图 5-24(a))通过聚焦入射到样品表面,或者采用垂直方式(如图 5-24(b))。对于后者,这时先用脉冲 1 聚焦到样品采集点表面,使这里气体发生击穿,接着由脉冲 2 入射并烧蚀样品,所以后者也被称为预置双脉冲激发。

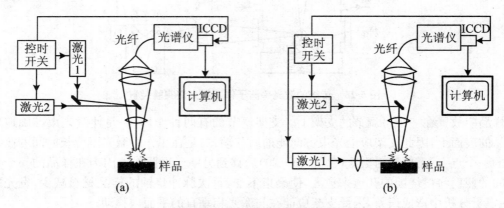

图 5-24　两种双脉冲激发等离子体发射光谱实验装置

　　实验研究证明,采用双脉冲激发可以有效地增强发射信号强度,降低分析检测限。因为在双脉冲激发下,可以获得更多的汽化质量,等离子的温度也更高也更均匀,持续时间也更长。图 5-25 是铝合金样品用 YAG 激光的基波(NIR)单脉冲、基波+基波(NIR+NIR)双脉冲、基

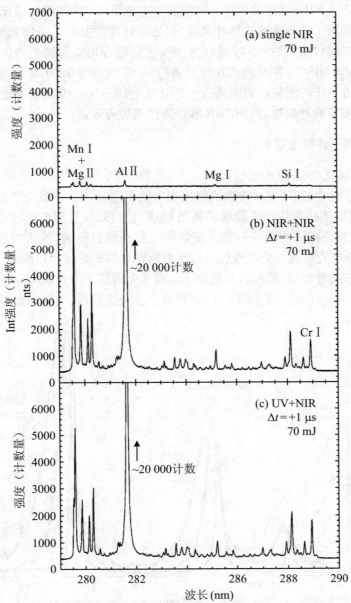

图 5-25　用(NIR)单脉冲、(NIR＋NIR)双脉冲、(UV＋NIR)双脉冲
三种方式激发铝合金的发射光谱比较,双脉冲间隔延时为 0.5 μs

波＋四次谐波(UV＋NIR)双脉冲三种不同激发方式的等离子体发射光谱比较。由图可见,虽然三种激发方式都用了 70 mJ 的总脉冲能量,但是双脉冲激发不仅可使光谱线强度增强 1 个量级以上,而且在单脉冲激发中不曾显现的谱线也都显现出来。测量表明,对波长为 288.1 nm 的 Si I 线,UV＋NIR 比 NIR 方式信号增强约 30 倍,而对波长为 281.62 nm Al II 线,信号增强约 100 倍。进一步的测量还表明,UV＋NIR 比 NIR＋NIR 方式信号也有一定的增强,对此的解释是先用 UV 脉冲烧蚀,再用 NIR 脉冲加热更为有效。

四、激光等离子体性能研究

1. 谱线的斯塔克(Stark)展宽

在高温等离子体中,原子某些光谱线将出现展宽。这是该原子受到邻近带电粒子的电场作用的结果,特别是某些高位原子能级的辐射跃迁,它们最易受到带电粒子碰撞的影响。因此,这种谱线展宽就是斯塔克效应展宽。正如第一章中所讨论的,斯塔克展宽公式为:$\Delta\omega=C_n/r^n$,指数 n 将斯塔克展宽分为线性($n=2$)斯塔克展宽与平方($n=4$)斯塔克展宽。氢原子与类氢离子光谱属于线性斯塔克展宽,其他原子与离子光谱属于平方斯塔克展宽。

图 5-26 所示的是镁 Mg 原子的 $4^3S\rightarrow3^3P$ 的三条跃迁谱线,实验条件是用 Ar 作缓冲气,

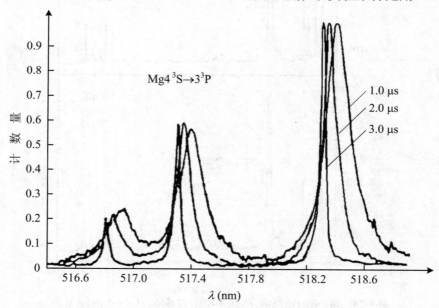

图 5-26　镁 Mg 的 $4^3S\rightarrow3^3P$ 的三条跃迁谱线的斯塔克展宽(归一化强度)

气压为望 20 kPa。

　　谱线的斯塔克展宽有线宽与线移两方面，由图 5-26 可见，镁 Mg 的 $4^3\text{S} \rightarrow 3^3\text{P}$ 谱线的斯塔克线移是红移的。在延时为 1.0 μs 时，其中 516.73 nm 的谱线线宽量达 0.061 nm，而线移达 0.054 nm。随着激光激发后延时的增加，线宽变窄，线移减小。理论研究证明，斯塔克展宽谱线具有洛仑兹线型

$$I(\Delta\lambda) = \frac{\omega/\pi}{(\Delta\lambda - d)^2 + \omega^2}$$

式中，d 为线移量，ω 为单边线宽。与实验曲线相比较，除在谱线的左侧线翼处稍有一些不对称以外，整条线的拟合情况是很好的。因为斯塔克展宽主要是电子碰撞的影响，离子的碰撞在线翼处，它是造成不对称的原因。

　　2. **等离子体电子温度的确定**

　　由于等离子体的温度很高，原子或离子的各个能级都有一定程度的布居，因此，从可见到紫外的各个波段上，原子或离子的各条谱线都可被检测到。在等离子体的局部热平衡已建立的情况下，属于相同原子的两条谱线 I_1 和 I_2 的强度关系由下式给出

$$\frac{I_1}{I_2} = \frac{A_1 g_1 \lambda_1 U_1 n_1}{A_2 g_2 \lambda_2 U_2 n_2} \exp\left(-\frac{\varepsilon_1 - \varepsilon_2}{k_B T}\right) \tag{5-62}$$

式中，下标 1，2 分别指第一与第二条谱线，g_1、g_2 分别为能级 ε_1 和 ε_2 的简并度，k_B 为玻尔兹曼常数，T 为热平衡温度，U_1 和 U_2 为其配分函数，n_1 和 n_2 为它们的基态数密度，如果两条谱线属同一电离级次，它们就分别相等，在这样的情况下，有

$$\frac{I_1}{I_2} = \frac{A_1 g_1 \lambda_1}{A_2 g_2 \lambda_2} \exp\left(-\frac{\varepsilon_1 - \varepsilon_2}{k_B T}\right) \tag{5-63}$$

取上式对数，可得同一原子两条谱线强度之比的对数于相应的能级间距成正比关系，常称为玻尔兹曼斜线，其斜率就是温度。因此就可以利用该原子的一组谱线的相对强度来确定等离子体电子温度。在计算中需要知道跃迁几率 A_1 和 A_2，但是跃迁几率的理论计算值有很大的不确定值，因此会使得到的电子温度有很大的误差。因此常采用多条谱线的办法来提高测量的精度。作为例子，图 5-27 利用 11 条 Fe I 谱线所作的玻尔兹曼斜线，所用的参数见表 5-4。由该图所得电子温度为 15000 K，不确定度为 ±10%，实验条件为：激光波长 308 nm，脉宽 28 ns，单脉冲能量 40 mJ，缓冲气为 0.5 torr 大气压的空气。

　　3. **等离子体电子密度的估算**

　　基于光谱线的宽度是等离子体电子密度的函数，我们可以从实验测得的斯塔克展宽来获得等离子体电子密度。对于氢原子或类氢离子谱线，特别是 H_β 线，它们的线性斯塔克展宽量是很大的，它的线型用 $S(a)$ 描述，$a = 2.61 \Delta\lambda e n_e^{2/3}$，$e$ 为电子电量，$\Delta\lambda$ 为实验谱线的线中心与

未受扰谱线的线中心间的距离。$S(a)$可以从实验上求得,通过归一化 $\int S(a) = 1$ 来求得等离子体的电子密度 n_e。

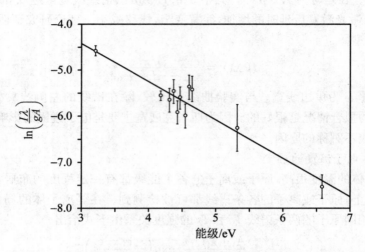

图 5-27 用 Fe I 谱线所作的玻尔兹曼斜线

表 5-4 Fe I 谱线作玻尔兹曼斜线所用的参数

λ (nm)	A ($10^8\,\mathrm{s}^{-1}$)	ΔA (%)	g	E (eV)
385.99	0.079	10	9	3.21
387.25	0.105	0	5	4.19
386.93	0.24	25	7	4.61
400.52	0.22	25	5	4.65
404.58	0.75	25	9	4.55
411.85	0.58	25	13	6.58
426.05	0.37	50	11	5.31
430.79	0.35	25	9	4.44
432.58	0.51	25	7	4.47
438.35	0.46	25	11	4.31
440.48	0.25	25	9	4.37

在平方斯塔克展宽的情况下,还没有计算电子密度的一般公式。对单电离离子,斯塔克展宽谱线的线宽与电子密度 N_e 的关系

$$\Delta\lambda_{1/2} = 2\omega\left(\frac{N_e}{10^{16}}\right) + 3.5A\left(\frac{N_e}{10^{16}}\right)^{1/4}(1 - 1.2N_D^{-1/3})\omega\left(\frac{N_e}{10^{16}}\right)\mathring{A} \qquad (5\text{-}64)$$

其中右边第一项表示电子展宽的贡献,第二项为离子展宽贡献。ω 为电子碰撞参数,A 为离子展宽参数,两者与温度关系不十分密切。N_D 为德拜球体内的粒子数,

$$N_D = 1.72 \times 10^9 \frac{T^{3/2}(\text{eV})}{N_e^{1/2}(\text{cm}^{-3})}$$

在激光等离子体条件下,式(5-64)中离子对线宽的贡献远小于电子展宽的贡献,在计算中常可将右边第二项省略,因此式(5-64)简略为

$$\Delta\lambda_{1/2} = 2\omega\left(\frac{N_e}{10^{16}}\right)\mathring{A} \qquad (5\text{-}65)$$

在实际计算中,通常需要扣除仪器展宽的影响。

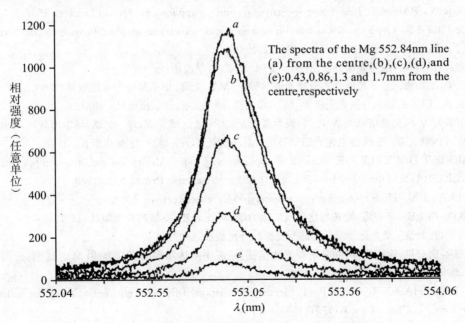

The spectra of the Mg 552.84nm line (a) from the centre,(b),(c),(d),and (e):0.43,0.86,1.3 and 1.7mm from the centre,respectively

图 5-28　Mg I 552.84 nm 谱线在不同径向区域的线形

离中心距离:a. 0mm,b. 0.4mm,c. 0.8mm,c. 1.2mm,d. 1.6mm,e. 2.0mm

　　如果对图 5-23 的实验装置适当改动一下,即将等离子体成像透镜 L_2 转在可移动的支架上,使透镜 L_2 可在与接收光垂直的水平方向上移动,就可对等离子体的径向不同点成像,也就研究了等离子体径向区域的光谱。作为例子,图 5-28 是作者对 Mg Ⅰ 552.84 nm 谱线的空间分辨的测量结果。由图 5-28 可见,在离等离子体中心的不同点,除在强度上不同外,各条谱线的线型与线宽基本上是相同的。这意味着离等离子体的电子密度,在径向上的分布是均匀的。因此,在这样等离子体的中心区域,是研究其性质的一个理想区域。

本章主要参考文献

[1] DEMTRÖDER W. Laser spectroscopy[M]. Springer-Verlag, 1981.

[2] MICHAEL N R, ASHFOLD. Absorption and fluorescence[M] // ANDREWS D L, DEMIDOV A A. An introduction to laser spectroscopy. Plenum Press, 1995.

[3] LUCHT R P. Application of the laser-induced fluorescence spectroscopy[M] // RADZIEMSKI L J, SO-LAZ R W, PAISNER J A. Laser spectroscopy and its application. Marcel Dekker, 1987.

[4] SJÖSTRÖM S. Laser excited atomic fluorescence spectrometry in graphite furnace electrothermal atomizer[J]. Spectrochomica Acta Rev. , 1990(13):407.

[5] 朱贵云,杨景和. 激光光谱分析法[M]. 2 版. 北京:科学出版社,1985.

[6] 夏慧荣,王祖赓. 分子光谱学和激光光谱学导论[M]. 上海:华东师范大学出版社,1989.

[7] 科尼 A. 原子光谱学与激光光谱学[M]. 邱元武,译. 北京:科学出版社, 1984.

[8] 莱托霍夫 V S,契勃塔耶夫 V P. 非线性激光光谱学[M]. 邱元武,译. 北京:科学出版社, 1984.

[9] MAC D. 利文森. 非线性激光光谱学导论[M]. 滕家炽,译. 北京:宇航出版社,1988.

[10] HARRIS T D, LYTLE F E. Analytical application of Laser Absorption and emission Spectroscopy[M] // KLIGER D S. Ultrasensitive laser spectroscopy, Academic Press, Inc., 1983.

[11] HOLLAS J M. High resolution spectroscopy[M]. Butterworths , 1982.

[12] 蔡继业,周士康,李书涛. 激光与化学反应动力学[M]. 合肥:安徽教育出版社,1992.

[13] 马兴孝,孔繁敖. 激光化学[M]. 合肥:安徽教育出版社,1990.

[14] 张兴康,唐有棋,徐广智. 时间分辨荧光光谱法:活泼中间体结构的研究方法[M]. 昆明:云南科技出版社,1990.

[15] LU T X, ZHAO X Z, CUI Z F. Theoretical calculation of the spectral fluctuation of the molecular NO_2 spectrum[J]. Phys. Lett. A,1991(158):63.

[16] ZHAO X Z, LU T X, CUI Z F. An experimental study of the lifetimes of excited electronic states of NO_2[J]. Chem. Phys. Lett. , 1989(162):140.

[17] SMALLEY R E, Wharton L, Levy D H. The fluorescence excitation spectrum of rotationally cooled NO_2[J]. Chem. Phys. , 1975(63):4977.

[18] ELDER M L, Winefordner J D. Temperature measurements in flames[J]. Prog. Anal. At. Spectrosc, 1983(6):293.

[19] Bechtel J O, TEETS. Hydroxyl and its concentration profile in methane-air flames[J]. Appl. Opt., 1980 (18):4138.

[20] LUCHT R P, SWEENEY D W. Single pulse, Laser-saturated fluorescence measurments of OH in turbulent nonpremixed flames[J]. Opt. Lett. , 1984(9):90.

[21] CREMERS D A, RADZEMSKI L J. Laser plasmas for chemical analysis[M]//RADZIEMSKI L J, SOLAZ R W, PAISNER J A. Laser spectroscopy and its application. Marcel Dekker, Inc, 1987.

[22] ST-ONGE L, DETALLE V,SABSABI M. Enhanced laser-induced breakdown spectroscopy: using combination of fourth-harmonic and fundamental Nd:YAG laser pulses[J]. Spectrochimica Acta Part B,2002 (57):121-135.

[23] TOGNONI E, PALLESCHI V, CORSI M, et al. Quantitative Micro-analysis by laser-induced breakdown spectroscopy: a review of the experimental approaches[J]. Spectrochimica Acta Part B, 2002(57): 1115-1130.

第六章　无多普勒展宽光谱技术

我们知道,人们关于原子、分子与物质结构的许多知识是从光谱学的研究中获得的。随着认识的深化,对光谱学的要求也越来越高,不仅要求有高的检测灵敏度,而且更重要的要有高的光谱分辨率。从第一章光谱线线型的讨论中知道,除了自然线宽以外,光谱线还有许多加宽机制,其中最重要的有碰撞展宽与多普勒展宽。例如在可见与紫外光谱区,分子有很稠密的电子光谱,谱线之间的间隔远小于加宽机制所给出的最小间隔,换句话说,当我们用常规的光谱方法去测量时,测到的是一片准连续的谱带。因此,反映原子、分子与物质结构更精细结构信息被各种加宽机制掩盖起来了,成了人们认识物质精细结构的重要障碍,光谱工作者也一直在为消除这些加宽机制而努力。实践证明,由原子间的相互作用产生的谱线加宽,即碰撞加宽,可以通过测量低压气体的谱线来弥补,而分子运动的多普勒效应带来的谱线展宽,则要采用一些新的、特殊的光谱技术来解决,因此形成了无多普勒加宽这一重要的光谱技术课题。第四章中讨论过的外场扫描光谱技术是一种无多普勒加宽的光谱技术,本章将进一步讨论由于应用激光光源而发展起来的其他几个典型的无多普勒展宽光谱技术。

第一节　饱和吸收光谱技术

一、拉姆凹陷与饱和吸收

由于辐射衰减,按式(1-89),一个静止、孤立的受激原子的辐射线型为

$$g(\omega) = \frac{\gamma/(2\pi)}{(\omega_0 - \omega)^2 + \gamma^2/4}$$

然而在常态温度下原子总是处在不断运动之中。一个以速度 u 运动的原子,相对于实验室坐标系发射中心频率 ω_0' 的辐射存在着多普勒频移: $\omega_0' = \omega_0 + ku$,于是其辐射的线型函数为

$$g(\omega) = \frac{1}{2\pi} \frac{\gamma}{(\omega_0 - \omega + ku)^2 + \gamma^2/4}$$

现在考虑一入射光束与处于热运动的 N 个二能级原子间的相互作用。设频率为 ω 的单色光沿 z 方向通过样品池。原子吸收该入射光后从基态 1 跃迁到激发态 2。在实验室坐标系中,原子的吸收线型可以写为

$$g(\omega_0 - \omega + ku_z) = \frac{\gamma}{(\omega_0 - \omega + ku_z)^2 + \gamma^2/4} \tag{6-1}$$

原子的跃迁将使它的两个能级上的粒子数密度发生变化。对于能量密度 $\rho(\omega) = I(\omega)/c$ 的入射光,能级 1 上的粒子数变化为

$$\frac{dN_1}{dt} = -N_1 B_{12}\rho(\omega)g(\omega_0 - \omega + ku_z) + R(N_1^0 - N_1) \tag{6-2}$$

上式右边第一项为能级 1 上的粒子数 $N_1(u_z)$ 因受激吸收引起的减少;第二项描述因弛豫又被重新布居,系数 R 为弛豫速率。对于 $dN_1/dt = 0$ 的稳态情况,由(6-2)式可得

$$N_1(u_z) = \frac{N_1^0(u_z)}{1 + B_{12}\rho(\omega)g(\omega_0 - \omega + ku_z)/R} \tag{6-3}$$

对于气体,热平衡时,原子的速度分布遵从麦克斯韦分布。速度分量在 u_z 到 $u_z + du_z$ 间的第 i 能级上的分子数为

$$N_i(u_z)du_z = \frac{N_i}{u_p\sqrt{\pi}}e^{-(u_z/u_p)^2}du_z \tag{6-4}$$

$$N_i = \int n_i(u_s)du_z$$

式中,$u_p = (2k_{\mathrm{B}}T/m)^{1/2}$ 为在绝对温度 T 下原子的最可几速度,m 为原子质量,k_{B} 为玻尔兹曼常数。

利用式(6-4)、(6-3),$N_1(u_z)$ 可以写为:

$$N_1(u_z) = \frac{N_1^0(u_z)}{1 + \dfrac{S\gamma}{(\omega_0 - \omega + ku_z)^2 + (\gamma/2)^2}}e^{-mu_z^2/(2k_{\mathrm{B}}T)} \tag{6-5}$$

式中,$S = B_{12}\rho/R$ 为受激吸收速率与弛豫速率之比,称饱和参数。类似地我们可以求出能级 2 上的粒子数表达式:

$$N_2(u_z) = \frac{N_1^0(u_z)}{1 - \dfrac{S\gamma}{(\omega_0 - \omega + ku_z)^2 + (\gamma/2)^2}}\exp\left(-\frac{mu_z^2}{2k_{\mathrm{B}}T}\right) \tag{6-6}$$

式(6-5)和式(6-6)可用图像来表示,如图 6-1 所示。由图 6-1 可见,在频率为 ω 的单色光作用下,在 $N_1(u_z)$ 的多普勒分布曲线上,有一个以 $(\omega_0 - \omega)/k$ 为中心的"烧孔",称为贝纳特(Bennet)孔。孔的半宽度为 γ

$$\gamma = \gamma_0(1 + S)^{1/2} \tag{6-7}$$

γ_0 为自然线宽。另一方面,在 $N_2(u_z)$ 的多普勒分布曲线上,有一个以 $(\omega - \omega_0)/k$ 为中心的凸峰,因为在从能级 1 跃迁到能级 2 时,原子的速度分量 u_z 没有变化。

饱和吸收无多普勒光谱就是通过测量布居数速度分布曲线上的贝纳特孔来实现的。为了

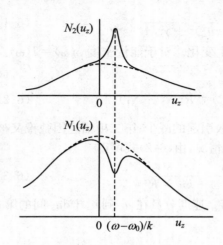

图 6-1   在布居数速度分布曲线上，
$N_1(u_z)$ 的烧孔与 $N_2(u_z)$ 的凸峰

测量贝纳特孔，我们考察一个原子吸收截面

$$\sigma_{12} = (\hbar\omega/c)B_{12}g(\omega_0 - \omega - ku_z) \qquad (6\text{-}8)$$

吸收系数 α_{12} 与吸收截面 σ_{12} 的关系为

$$\alpha_{12}(\omega) = \sigma_{12}\Delta N$$

$\Delta N = N_1 - N_2 g_1/g_2$ 为能级的布居数差。在 ΔN 计算中要利用式(6-5)和(6-6)，并对所有可能的速度 u_z 进行积分。当 $\gamma \ll \Delta\omega_D$（多普勒线宽）时，可得

$$\alpha(\omega) = \alpha_0(\omega)(1+S)^{-1/2} \qquad (6\text{-}9)$$

式中 $\alpha_0(\omega)$ 为 $S=0$ 时的吸收系数。这时多普勒线型下降了一个因子 $\sqrt{1+S}$，并且与频率无关。这说明如果我们用一束可调谐激光，使其扫过原子的吸收区，则发现不了有贝纳特孔存在。

如何测量贝纳特孔？可以采用两束激光来实现，一束波称为泵浦波，另一束为探测波。对吸收系数很小的稀薄气体介质，我们可以通过一个简单方法来获得这两束波，即在样品池的一端设置一反射镜，将入射进样品池上的波称为泵浦波，通过样品池后从反射镜反射回的称为探测波。设泵浦波为

$$E_0 \cos(\omega t - kz)$$

从反射镜反射回的探测波的幅度近似与入射波相等，即有

$$E_0 \cos(\omega t + kz)。$$

这样两束光就在多普勒分布曲线 $\Delta N(u_z)$ 上烧出了两个贝纳特孔。两个孔分别的位于

$$u_z = +(\omega_0 - \omega)/k, \ u_z = -(\omega_0 - \omega)/k$$

处。现在调谐入射光的频率 ω，使 ω 接近布居数速度分布曲线的中心频率 $\omega \to \omega_0$，于是两孔将在 $u_z = 0$ 处合并，其物理含义是两束光波与 $u_z = 0$ 的同一群原子相互作用。其结果是饱和参数 S 增大了一倍，光对 $\Delta N(u_z = 0)$ 的消耗也将大于 $u_0 \neq 0$ 的消耗。于是，在吸收曲线 $\alpha(\omega)$ 上出现一个吸收系数减小的凹陷区，它与非均匀介质激光器的功率曲线上的凹陷一样，称为拉姆凹陷，如图 6-2 所示。显然拉姆凹陷不受多普勒效应的影响，常称之谓无多普勒（Doppler-free）凹陷。经过计算可得吸收系数的表达式为

$$\alpha_s(\omega) = \alpha_0(\omega)\left[1 - \frac{S_0}{2}\left(1 + \frac{(\gamma_s/2)^2}{(\omega-\omega_0)^2 + (\gamma_s/2)^2}\right)\right] \qquad (6\text{-}10)$$

式中，$\alpha_0(\omega) = AN_0 \exp\{-[(\ln 2)(\omega-\omega_0)^2/\Delta\omega_D^2]\}$，是多普勒线型的，而式中的括号内的表达式则表示在谱线中心有一个小的拉姆凹陷。

拉姆凹陷位于吸收曲线 $\alpha(\omega)$ 上的 $\omega=\omega_0$ 处,是两束光对同一群分子共同作用引起吸收饱和的结果。拉姆凹陷的线型为洛仑兹线型,半宽度为 γ_s。在 $\omega=\omega_0$ 中心处,$\alpha_s(\omega_0)$ 降低为 $\alpha_s(\omega_0)(1-S_0)$,而在离中心较远处则降低为 $\alpha_s(\omega)(1-S_0/2)$。当 $\omega-\omega_0>\gamma$ 时,两束光对不同群分子起饱和作用,就跑出了凹陷区。

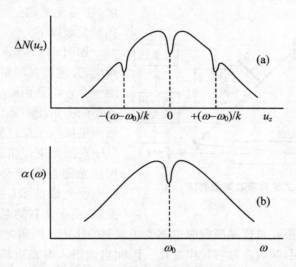

图6-2　(a)与在双向传播的光场中的贝纳特孔;(b)拉姆凹陷

二、几种实验技术

1. 腔内饱和吸收光谱技术

腔内饱和吸收是最早使用的一种高分辨光谱实验。将分子吸收池放进激光谐振腔内,并调谐激光频率。腔内的驻波激光场就是使分子饱和吸收的两束相反方向的光场。如在内腔吸收光谱技术中已讲过,对激光腔来说,吸收体是腔的附加损耗,它使激光输出功率减小。根据上述的饱和吸收原理,当激光频率调谐到吸收线的中心时,样品的吸收系数减小,激光器的输出突然增加,因此,这种测量方法非常灵敏。有人曾使用 He-Ne 激光器,研究了碘分子的 $X\Sigma_{0g}^{+}\rightarrow B^3\Pi_{0u}^{+}$ 电子跃迁,因为 $X\Sigma_{0g}^{+}\rightarrow B^3\Pi_{0u}^{+}$ 中 11-5 振动带的 $R(127)$ 转动吸收与 632.8nm 激光谱线相重合,实验观测到了碘分子的在这处的 14 个超精细分量。

如上所述,腔内吸收技术要求被研究的分子的吸谱线处在激光振荡的调谐范围内,否则就不能采用这种方法。因此能用这种方法进行研究的样品不多,尽管这种方法简单,灵敏度很高,但它的应用范围受到了限制。

2. 腔外饱和吸收光谱技术

这是一种基本的饱和吸收光谱技术。实验装置如图 6-3 所示,图中用一台宽调谐的范围的可调谐激光器,如染料激光器。原则上,两束饱和吸收的两束激光可以来自不同的激光器,但是在许多实验种往往只用同一台激光器来产生。所用激光的线宽应远小于样品的多普勒宽度,在可见光谱区,所需的激光线宽约在兆赫量级以下。

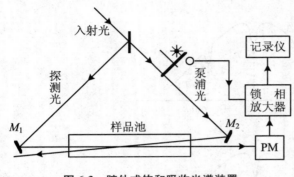

图 6-3　腔外式饱和吸收光谱装置

如图 6-3,经分束器将一束激光分成两束:强度较强的泵浦光和强度较弱的探测光。它们分别经反射镜 M_1 和 M_2 后以很小的夹角反向地穿过样品池,光电检测器测量探测光穿过样品池后的光强变化。其中泵浦光束用斩波器进行光强调制的,探测光则直接进入样品池。与布居数调制吸收光谱技术(参见第四章)的情况相类似,由于调制的泵浦光束引起了分子布居数变化,因此探测光束在被样品吸收时也感受了调制的作用。当激光频率接近被测谱线时,由于泵浦光的饱和作用,吸收系数将发生变化。因此当调谐入射光束频率扫过被测跃迁频率时,光电检测器便检测量出穿过样品池后调制的探测光强的变化,经锁相放大器处理,输出无多普勒加宽的信号。

3. 强度内调制光谱技术

为了检测方便,图 6-3 中泵浦光和探测光不是严格反向的,它们之间有一个小小的夹角,其不良后果是产生一定的剩余多普勒展宽背景。为了解决这个问题,Sorem 和 Schawlow 提出了一种改进方案,称为内调制荧光技术。该方案如图 6-4 所示,将一束单模染料激光分成两束等强度激光,它们以反向共线的方式通过样品池,另外在样品池的侧面用透镜 L 收集样品分子发射的总荧光,以取代原来对透射探测光的光强的检测。

设两束激光分别以不同的频率 f_1 和 f_2 斩波来调制它们的幅度。假定两束调制的激光的强度为

$$I_1 = I_0(1 + \cos 2\pi f_1 t), \quad I_2 = I_0(1 + \cos 2\pi f_2 t)$$

根据激光诱导产生的荧光光强与激发光强光强成正比,有

$$I_f = CN_s(I_1 + I_2) \tag{6-11}$$

式中,N_s 为吸收态的饱和布居密度,常数 C 与跃迁几率和荧光收集效率等因子有关。在吸收线的中心,饱和布居密度为

$$N_s = N_0(1 + S_0) = N_0[1 - A(I_1 + I_2)]$$

代入式(6-11)得

$$I_f = C[N_0(I_1 + I_2) - AN_0(I_1 + I_2)^2] \quad (6\text{-}12)$$

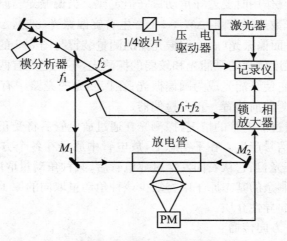

图 6-4　强度内调制饱和光谱测量装置

由式(6-12)可见,在荧光 I_f 中包含有光强的线性项与平方项。线性项反映了具有多普勒线型的正常激光诱导荧光,它的调制频率为 f_1 和 f_2;平方项描述的是饱和效应,它使荧光信号中出现 $f_1 + f_2$ 与 $f_1 - f_2$ 的调制频率分量。锁相放大器以 $f_1 + f_2$ 为参考频率进行锁相放大,便可以将频率为 f_1 和 f_2 的线性多普勒背景抑制掉,而调制频率为 $f_1 + f_2$ 的无多普勒的饱和信号便顺利的检测出来。

第二节　偏振调制光谱技术

一、偏振光谱技术

实验发现,在气体放电的饱和光谱测量中,当样品的气压在 0.1 毛以上时,所记录的无多普勒饱和光谱有一个很强的多普勒展宽背景。究其原因,这是原子间的碰撞要使它们的速度发生变化,使基态的与激发态的麦克斯韦速度分布产生重新分布,从而降低了饱和光束的选择性。为了解决这个多普勒展宽背景问题,在强度饱和吸收的基础上诞生了偏振光谱技术。偏振光谱技术就是用特定的偏振光去激发原子,造成原子角动量取向的饱和效应,所以称为偏振光谱技术。

我们已经知道,光子的固有角动量:$\hbar = h/2\pi$,其自旋量子数为整数为 1。它在特殊方向上的投影用量子数 μ 表示,$\mu = 0, \pm 1$,它们对应于线偏振光、左旋和右旋偏振光。由于光子具有角动量,在光与原子相互作用时要遵守角动量守恒定律。当偏振光与原子或分子作用时,原子跃迁要用相应的磁量子数选择定则:$\Delta M = +1$ 产生右旋偏振光(σ^+),$\Delta M = -1$ 产生左旋偏振光(σ^-),$\Delta M = 0$ 产生平面偏振光(π)。偏振光谱的测量装置与图 6-3 的饱和光谱装置很相似。激光束经分束器分成强度较强的泵浦光和较弱的探测光,不同之处有两点:在泵浦光的光路中有一四分之一波长片,它使泵浦光成为圆偏振光;在探测光的光路中有一起偏器,它使探测光成为线偏振光,并在探测器前装置一正交检偏器。

先设没有泵浦光通过放电管的情况,探测光在通过放电管后将受正交检偏器阻挡,到达不了探测器,也就没有光信号产生。在平衡态下,放电管中原子在各个方向上的取向是均匀的。设泵浦光是左旋圆偏振光,当它从右向左穿过放电管后,某种角动量取向的原子在吸收了泵浦光光子后出现饱和,在剩余的基态原子中将缺少该种角动量取向的原子,造成角动量在空间分布上的不均匀,成了各向异性介质。

设一线偏振光沿 z 方向传播

$$E = E_0 e^{i(\omega t - kz)}, \ E_0 = \{E_{0x}, 0, 0\}$$

它可以分解为一个右旋偏振光和一个左旋偏振光。当探测光穿越放电管时,它左旋偏振成分将不再被吸收而保持原有强度,但右旋偏振成分仍将受到原子的吸收而减小。设样品中泵浦区的长度为 L,则两个圆偏振光分量为

$$E^+ = E_0^+ e^{i[\omega t - k^+ L + i(\alpha^+/2)L]}$$

$$E^- = E_0^- e^{i[\omega t - k^- L + i(\alpha^-)/2]L}$$

式中

$$E_0^+ = \frac{1}{2}(E_{0x} + iE_{0y})$$

$$E_0^- = \frac{1}{2}(E_{0x} - iE_{0y})$$

通过样品后产生的结果是:

(1) 两个偏振成分受到不同的衰减,亦即有不同的吸收系数,两个分量的幅度差为

$$\Delta E = (E_0/2)[e^{-(\alpha^+/2)L} - e^{-(\alpha^-/2)L} \tag{6-13}$$

(2) 两个偏振成分受到不同程度的色散,它们对应不同的折射系数,$\Delta n = n_+ - n_-$,亦即存在"双折射"现象,因此在传播过程中,它们的相位有不同的变化,合成的相位发生变化的线偏振光。两个分量的相位差为

$$\Delta\varphi = (k^+ - k^-)L = (\omega L/c)(n^+ - n^-) \tag{6-14}$$

由于上述二个原因,通过吸收池以后它们的合成不再是线偏振光,而是椭圆偏振光了,其主轴相对于 x 轴略有转动,其 y 分量为:

$$E_y = -\,\mathrm{i}(E_0/2)\mathrm{e}^{[k^+ - k^- + \mathrm{i}(\alpha^+ \pm \alpha^-)/2]L + \mathrm{i}b}\exp[\mathrm{i}(\omega t + \varphi)] \tag{6-15}$$

式中 b 是考虑到样品池窗口有一个小的双折射,从而引入一个附加的椭圆率,通常 $b\ll1$。在实际情况下, $\Delta\alpha$ 与 Δk 通常是很小的,因而有:

$$(\alpha^+ - \alpha^-)L \ll 1 \text{ 和 } (k^+ - k^-)L \ll 1$$

即双折射现象很微弱。如果检偏器的透射轴接近于 y 轴 $(\theta\ll1)$,对式(6-15)作指数展开,在一级近似下得透射振幅

$$\begin{aligned}
E_t &= E_0[\theta + \mathrm{i}b + (\omega L/2c)(n^+ - n^-) \\
&\quad + \mathrm{i}(\alpha^+ - \alpha^-)L/4]\exp[\mathrm{i}(\omega t + \varphi)]
\end{aligned} \tag{6-16}$$

式中, α^+ 与 α^- 属多普勒展宽线型,在 ω_0 处有一个拉姆凹陷。它们的差值 $\Delta\alpha$ 由这两个拉姆凹陷来决定,如图6-5,它与频率的关系属于洛仑兹线型

$$\Delta\alpha = \Delta\alpha_0/(1 + x^2) \tag{6-17}$$

式中, $x = (\omega_0 - \omega)/\gamma$; $\Delta\alpha_0$ 为在 $\omega = \omega_0$ 处的最大差值。折射率差可由利用克拉姆-克朗关系式求出,

$$\Delta n = \Delta\alpha_0\frac{c}{\omega_0}\frac{x}{1 + x^2} \tag{6-18}$$

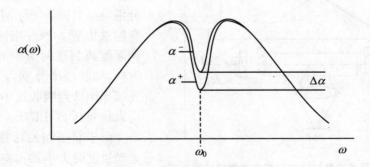

图 6-5　吸收系数 α 的频率曲线

由式(6-16)得透射光强

$$I_T = E_T E_T^* = \left[I_0\xi + \theta^2 + b^2 + \frac{1}{2}\theta\Delta\alpha_0 L\frac{x}{1 + x^2} + \frac{b}{2}\Delta\alpha_0 L\frac{x}{1 + x^2} + \frac{1}{4}(\Delta\alpha_0 L)^2\frac{1}{1 + x^2}\right] \tag{6-19}$$

由式(6-19)可见,在偏振光信号中,存在一恒定的背景信号 $I_0(\xi+\theta^2+b^2)$。它的产生有以下几个原因:①在 $\theta=0$ 时检偏器的残余透射率 $I_0\xi$,这是在检偏器不完全的消光所引起的;②窗口的双折射 I_0b^2;③检偏器的的非正交角 $I_0\theta^2$。在窗口的双折射率很小的情况下,式(6-19)中第三项和第五项可以忽略。这时信号分为三项:常数项 $I_0(\xi+\theta^2)$、色散项 $(\theta\Delta\alpha_0 L/2)x/(1+x^2)$ 与洛仑兹项 $(\Delta\alpha_0 L/2)^2/(1+x^2)$。这三项可以通过 θ 角来改变它们在信号中所起的作用,当 θ 角较大时,色散项为主项,相反当选择 $\theta=0$ 时,洛仑兹项成为主项。

二、偏振内调制光谱技术

由上述的讨论可见,探测器检测到光谱信号来自两方面的贡献:吸收系数的变化 $\Delta\alpha$ 与折射系数的变化 Δn。$\Delta\alpha$ 与频率的关系属于洛仑兹线型,而 Δn 与频率的关系是色散函数。由这两种成分构成的信号将使测量谱线出现不对称性:谱线中心发生移动,线型偏离洛仑兹线型。将偏振光谱技术进一步改进,利用一种所谓偏振内调制光谱技术(POLINEX),既可消除饱和光谱技术中由于原子间的碰撞引起速度变化所产生的多普勒展宽背景,又能解决偏振光谱技术中谱线不对称性的困难,形成了一种比较完善的高灵敏无多普勒光谱技术。

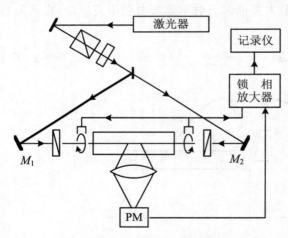

图 6-6　荧光测量偏振内调制光谱测量装置

偏振内调制光谱技术的实验装置如图 6-6 所示。从激光器出射的光束经 $\lambda/4$ 成为圆偏振光。再经分束器分成强度几乎相等的两束光 I_1 和 I_2。它们分别经反射镜 M_2 与 M_1 反射后反向地穿越放电管。另外用两个旋转的偏振调制器调制这两束激光的线偏振态的方向,调制频率分别为 f_1 和 f_2。当激光频率调谐到吸收线中心时,检测器就可以接收到 POLINEX 信号。

由于原子间的碰撞不仅使原子的运动速度的大小和方向发生变化,而且也使原子的角动量发生改变。因此经受碰撞后的原子,尽管保持它们碰撞前受到振幅调制的"记忆",却不能保持碰撞前的角动量状态的"记忆",所以在 POLINX 信号中,碰撞后的原子只受到频率为 f_2 的第二束激光的偏振调制,并不保持原有的频率为 f_1 的偏振调制。由于偏转器每旋转一周,偏振态改变了两次,于是锁定在 $2|f_1\pm f_2|$ 上的锁相放大器,就不会放大这些原子发射的荧光信号,使多普勒背景得以消除。只有当激光频率 ω 调谐到原子的跃迁频率 ω_0 上时,才有相应的 POLINEX 信号。由于

接收到的荧光信号比例于原子的总吸收率,与介质的色散无关,所以所记录到的信号没有因色散引起的不对称。

　　两束激光是以不同的调制频率周期性地改变它们的偏振状态。设某一时刻两束光具有相同的线偏振态,某种取向的原子的吸收截面较大,应有较大的互饱和吸收。而在另一时刻,两束光的偏振态转为正交的,则两束光将分别为两种取向的原子所吸收,互饱和吸收较弱。检测器接收的荧光信号的幅值正比于两种情况下总吸收率的差值,接收不到荧光信号。如果只有一路光束,气体原子又是个向同性的,就根本不可能接收到这种吸收的互饱和的变化,这种变化的频率取决于偏振调制的频率。因此在 POLINX 光谱中,即使只调制一路光束,另一路光束保持其固定的线偏振态,由于此时仍然有交替出现的相互平行和相互正交的线偏振态,亦即依然存在上述两种情况下的总吸收率的差,我们依然可以接收到 POLINX 信号。

　　图 6-7(a)是 Ne 原子的 $1s_5 \rightarrow 2p_2$ 跃迁的偏振内调制饱和光谱,为了比较,图 6-7(b)给出了用强度内调制测到的同一光谱。

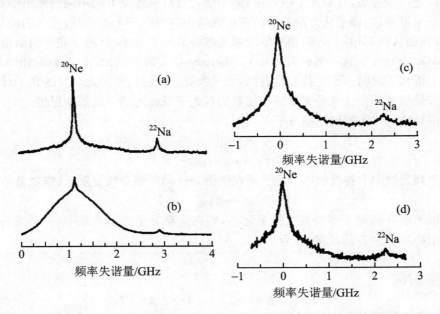

（a）偏振内调制光谱；（b）强度内调制光谱；（c）、（d）分别为射频光电流、调制荧光内调制光谱。

图 6-7　Ne 原子的偏振内调制饱和光谱

第三节　双光子无多普勒光谱学

一、基本原理

我们已经知道,光子具有动量 p,它与频率 ν 和传播方向 n(或传播常数 k)相关

$$p = \frac{h\nu}{c}n = \hbar k$$

因此频率相同但传播方向不同的两束光具有不同的动量,特别是两束传播方向相反的光,它们的动量绝对值相同但方向是相反的。

谱线多普勒加宽在实质上就是运动速度不同的原子发射(或吸收)不同的光子动量所引起的。在上一章中已经讲到,原子可以同时吸收两个光子并在宇称相同的能级间发生跃迁。于是我们可以进一步考虑,在双光子吸收中,原子能否可以从传播方向不同的光束中各吸收一个光子呢? 如果可能,当原子从方向相反的两束光波中各吸收一个光子时,光子的动量将发生相消作用,特别当从频率相同、方向相反的两束光波各取一个光子时,两个光子的动量相减为零:$p_1 + p_2 = \hbar(k - k) = 0$。这一思想首先由 Chebatoev 等人提出,后来由 Cagnac 和 Levenson 等人从实验上得到了证明。于是我们就看到,原子吸收(或发射)的是无动量的光子,谱线也就不会出现多普勒加宽了。这就是无多普勒加宽的双光子吸收光谱学的基本思想。

设有两列波同时入射到样品分子上,

$$E_1 = A_1 \exp\mathrm{i}(\omega_1 t - \boldsymbol{k}_1 r)$$
$$E_2 = A_2 \exp\mathrm{i}(\omega_2 t - \boldsymbol{k}_2 r)$$

当分子从两列光波中个各吸收一个光子而在能级 i→j 间得到受激发跃迁,则能量条件为

$$\varepsilon_j - \varepsilon_i = \hbar(\omega_1 + \omega_2)$$

如果分子以速度 u 相对于实验室坐标系运动,则在运动分子的参考系中,一个波矢为 k,角频率为 ω 的电磁场的多普勒频移 $\delta\omega$ 为

$$\delta\omega = \omega - \boldsymbol{k}u$$

因而有共振条件

$$(\varepsilon_j - \varepsilon_i)/\hbar = (\omega_1 + \omega_2) - u(\boldsymbol{k}_1 + \boldsymbol{k}_2) \tag{6-20}$$

设两束激光的频率相等,传播方向相反,$\omega_1 = \omega_2 = \omega$,$\boldsymbol{k}_1 = -\boldsymbol{k}_2$。则由式(6-20)可见,这时的多普勒频移 $\delta\omega$ 为零。

双光子跃迁的线型函数形式与单光子跃迁相同,考虑了多普勒效应后有

$$g(\omega_{ij} - \omega) = \frac{\gamma_{ij}}{[\omega_{ij} - \omega_1 - \omega_2 - u(\boldsymbol{k}_1 + \boldsymbol{k}_2)]^2 + (\gamma_{ij}/2)^2} \tag{6-21}$$

式中，$\omega = \omega_1 + \omega_2$。设两束入射光具有相同的偏振 e 与相等的强度 I，则双光子跃迁几率

$$W_{ij} = \left[\frac{4\gamma_{ij}}{(\omega_{ij} - 2\omega)^2 + (\gamma_{ij}/2)^2} + \frac{\gamma_{ij}}{(\omega_{ij} - 2\omega - 2ku)^2 + (\gamma_{ij}/2)^2} \right.$$

$$\left. \times \frac{\gamma_{ij}}{(\omega_{ij} - 2\omega + 2ku)^2 + (\gamma_{ij}/2)^2} \right] \times \left| \sum \frac{(\boldsymbol{R}_{ik}e)(\boldsymbol{R}_{kj}e)}{\omega - \omega_{ik}} \right|^2 I^2 \qquad (6\text{-}22)$$

式中 $\boldsymbol{R}_{ij}$ 为跃迁矩阵元，γ_{ij} 为均匀线宽。其中第一项为分别从两束光中各吸收一个光子，第二项为从正向入射的光束中吸收了两个光子，第三项则是两个光子都来自反向传播的光束。可见，第一项是无多普勒加宽线型，而第二、三项是具有多普勒加宽的，它们构成了谱线的加宽背景。式(6-22)表示的线型函数如图 6-8 所示，第一项为图 6-8(b)谱线中心的窄共振峰，而第二、三项是窄共振峰下面的多普勒加宽基座。

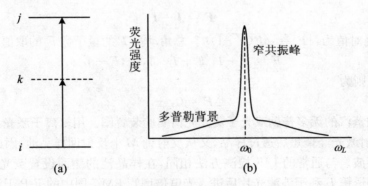

图 6-8　双光子吸收及其线型

在大多数情况下，式(6-22)中以第一项为主，而其他各项的贡献则可以忽略。在 $\omega_{ij} = 2\omega$ 的情况下，第一项为 1，于是总的跃迁几率为

$$W_{ij} = - \left| \sum \frac{(\boldsymbol{R}_{jk}e)(\boldsymbol{R}_{ki}e)}{\omega - \omega_{ik}} \right|^2 I^2 \qquad (6\text{-}23)$$

设光束的传播方向为 $\pm z$，样品的长度为 $2L$。通过检测能级 j 所发射的荧光来获得双光子吸收信号

$$S_{ij} = \int_{-L}^{L} \int_{-w}^{w} A_{ij} n(E_i) 2\pi r \mathrm{d}r \mathrm{d}z$$

$$\propto \left| \sum \frac{(\boldsymbol{R}_{jk}e)(\boldsymbol{R}_{ki}e)}{\omega - \omega_{ik}} \right|^2 n(E_i) \times \int_{-L}^{L} \int_{-w}^{w} I^2(z) r \mathrm{d}r \mathrm{d}z \qquad (6\text{-}24)$$

式中，$n(E_i)$ 为下能级 E_i 上的分子密度，w 为高斯光束半径。

从上面的讨论中可以看出，与饱和吸收光谱一样，在合适的实验条件下，双光子吸收光谱可以实现无多普勒加宽的。但是，在饱和吸收光谱中，只有一小部分的分子对无多普勒窄共振有贡献，而在双光子吸收中，几乎所有的原子都对信号做出了贡献，这是双光子吸收的优势之处。

二、应用举例

1. 钠无多普勒双光子吸收谱

无多普勒双光子吸收的第一个实验是测量了钠原子的超精细分裂。原子光谱的超精细分裂是由电子运动的磁场与核自旋磁场相互作用产生的，它使 J 值相同的精细能级进一步产生分裂。电子运动与核自旋相互作用的结果是电子角动量 J 与核角量 I 耦合成一个新的总角动量 F

$$F = J + I$$

总角动量 F 的绝对值为：$|F| = \sqrt{F(F+1)}\hbar$。总角动量 F 的量子数 F 的取值范围为

$$F = F + I, \ F + I - 1, \cdots, F - 1$$

F 的跃迁选择定则为

$$\Delta F = 0, \pm 1$$

图 6-9 是钠蒸汽的无多普勒双光子荧光光谱实验装置图。用氩离子激光泵浦的染料激光作激发光源，入射激光经聚焦后透过样品，又从反射镜 M 上反射回样品池，因此在样品池中存在两个方向的行波。与通常的 LIF 检测方法相同，在样品池的侧面设置荧光收集窗口，由样品发射的荧光经透镜 L 和干涉滤光片后进入光电倍增管 PM。图中的 F-P 干涉仪是作波长定标用的。

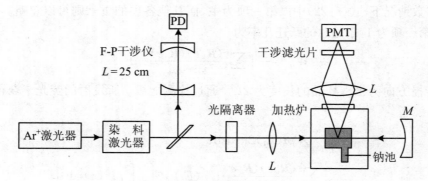

图 6-9　无多普勒双光子吸收的荧光检测

　　图 6-10(a)是 Na 原子 $3S \rightarrow 5S$ 跃迁的超精细结构能级图。染料激光波长为 602.2 nm,功率约 10 mW,线宽为 10 MHz。处于 $3S$ 基态的 Na 原子通过吸收两个光子跃迁到 $5S$ 态。由于中间的 P 能级在跃迁能级的中间附近,因此会出现共振现象,这时式(6-23)应改为

$$W_{ij} = -\left| \sum \frac{(\boldsymbol{R}_{jk}e)(\boldsymbol{R}_{ki}e)}{\Delta} \right|^2 I^2$$

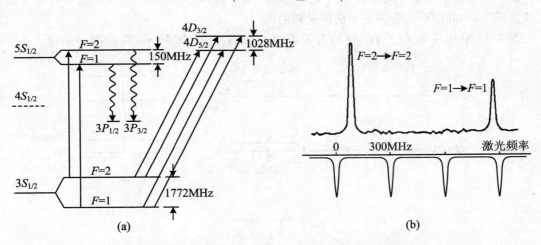

图 6-10　Na 原子能级图与 $3S \rightarrow 5S$ 跃迁的超精细谱

Δ 为 $\omega(5S \rightarrow 3S)/2$ 与 $3P$ 间的频率差,因此 $3S \rightarrow 5S$ 间有较大的跃迁几率。从 $5S$ 态通过自发发射向 $3^2P_{1/2,3/2}$ 态衰变发射荧光,荧光波长为 615.4 nm,6 156.0 nm。光电倍增管接受这个波长的荧光。图 6-10(b)为 $F=2 \rightarrow 2$ 和 $F=1 \rightarrow 1$ 两个双光子吸收峰。图的下部为由 F-P 干涉仪给出的频标,由该频标知,吸收峰的频宽为 24 MHz。

　　对于碱金属原子除了 $S \rightarrow S$ 跃迁以外,也可以实现 $S \rightarrow D$ 的无多普勒跃迁。在文献中已有许多关于高位 D 态的精细结构、S 态的精细结构、同位素位移以及斯塔克分裂等精确测量的报道。

　　2. 氢原子的拉姆移动测量

　　尽管氢原子是由一个电子与一个原子核组成的最简单的原子,但是对它光谱的研究无疑在近代物理的发展上起过重要的作用。其中氢原子的精细结构就是一例。首先,按照相对论量子力学,主量子数 n 相同,但轨道量子数 l 不同的能级要产生分裂,例如 $n=2,l$ 可取 1 或 0,但是电子有自旋 $s=1/2$,当 $l=1$ 时,角动量 $j=l\pm s=3/2,1/2$,当 $l=0$ 时,角动量 $j=1/2,0$。这样一个玻尔能级分裂为两个能级,一个为 $j=3/2,l=1$,另一个为 $j=1/2,l=1,0$,后者为双重简并的,两能级间隔为 0.365 cm^{-1}。

1947 年,拉姆(Lamb)与卢瑟福(Retherford)指出,即使相对论量子力学也不能完全描述氢原子光谱。他们用微波技术研究了氢的 $2^2P_{3/2} \rightarrow 2^2S_{1/2}$ 跃迁,发现两能级的间隔要比理论计算的要小0.035 4 cm^{-1},这就是著名的拉姆移动。拉姆与卢瑟福将他们的结果加以推广,指出所有 n 与 j 相同,但量子数 l 不同的能级也要分裂,而且所有 $S_{1/2}$ 能级要高于 $P_{1/2}$ 能级。拉姆与卢瑟福的结论正是量子电动力学的实验检验。由于拉姆移动是很小的,在谱线有多普勒展宽的情况下,如此细小的分裂是无法测量到的。

图 6-11 给出了氢原子 H_α 线的有关能级。如图 6-11(b)所示,实验测量能级 $1^2S_{1/2} \rightarrow$

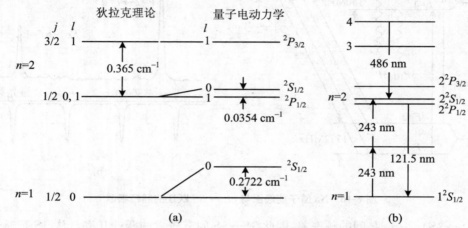

图 6-11 氢原子 H_α 线的能级(a)与无多普勒双光子测量能级(b)

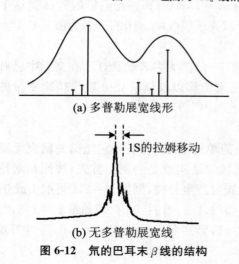

(a) 多普勒展宽线形

(b) 无多普勒展宽线

图 6-12 氘的巴耳末 β 线的结构

$2^2S_{1/2}$间的跃迁。根据偶极跃迁定则,$1^2S_{1/2} \rightarrow 2^2S_{1/2}$ 是相同宇称间的跃迁,用单光子激发是不可能。在实验中,染料激光器的输出波长为 486.0 nm 的激光,经倍频晶体倍频转换为波长 243 nm 的光束,经聚焦后进入氢气室,并从出射端的反射镜 M 反射后在回到氢气室。然而,$2^2S_{1/2} \rightarrow 1^2S_{1/2}$ 的辐射是禁戒的,不会产生辐射跃迁。但是,由于原子间的碰撞,受到双光子激发的 $2^2S_{1/2}$ 能级的布居很快地转移到能级 $2^2P_{1/2,3/2}$ 上。因此光电倍增管接收了 $2^2P_{1/2,3/2} \rightarrow 1^2S_{1/2}$ 跃迁的荧光。图 6-12 给出了用双光子无多普勒光谱方法测量的氘的巴耳末 β 线的结构。

3. 分子双光子激发

对于分子来说,由于各电子态具有数以千计的振动能级,它们可以成为双光子跃迁的共振能级,因此在分子的双光子激发中,跃迁几率往往是很大的。例如热管炉中的钠蒸汽,钠原子的浓度可以比钠分子的浓度高两个数量级,钠原子的电子跃迁振子强度又比钠分子振转跃迁振子强度高 3~4 个速量级。然而实验结果却是钠分子的双光子信号很强,比钠原子的双光子信号大许多。原子就在于在钠原子的 $3S{\rightarrow}4D$ 跃迁中,中间能级 $3P$ 的失谐量 Δ 很大(约为 300 cm^{-1}),起不到共振作用,因此跃迁几率很小,而钠分子则存在很近的共振中间能级。分子中的中间近共振能级为研究分子的高位态(原子与分子的高位态在第七章中介绍)创造了非常有利的条件。

第四节　线性无多普勒光谱技术

一、量子拍频光谱技术

1. 基本原理

从第五章的 LIF 知道,当激发原子通过自发发射从激发态返回基态时,激发态的布居数因自发发射而随时间减少,因此,荧光发射的强度是随时间指数减小的,这是当激发能级为单能级时的简单情况。如果原子所处的激发态是两个或数个相互靠得很近的能级,则原子所发射的荧光在其强度随时间衰减的同时,还会观察到受调制的现象。这种荧光强度的调制现象称为量子拍频。量子拍频的调制频率决定于两激发能级的间距,因此远小于光学跃迁频率,也就基本上不受多普勒展宽的影响,所以量子拍频光谱技术也属于无多普勒展宽的光谱技术。

为了解释量子拍频现象,设想有一个三能级的原子系统,能级 0 为基态,如图 6-13 所示。能级 1 和 2 是两个相互靠得很近的激发态,能级间隔为 $\omega_{12} = (\varepsilon_1 - \varepsilon_2)/\hbar$。现在用一激光脉冲去进行激发,激光的中心频率为 ω_0,相当于从基态到能级 1 或 2 之一的跃迁频率,脉冲宽度 $\Delta\tau$ 满足:$\Delta\tau \leqslant 1/\omega_{12}$。当激发态为能级 1 时,将发射频率为 $\omega_{10} = (\varepsilon_1 - \varepsilon_0)/\hbar$ 荧光光子,当激发态为能级 2 时,发射频率为 $\omega_{20} = (\varepsilon_1 - \varepsilon_0)/\hbar$ 荧光光子。两个光子的差拍为:$\omega_{12} = \omega_{20} - \omega_{10}$。

量子拍频的理论处理要用量子力学。以图 6-13 所示的三能级的原子系统为例,设在时间 $t = 0$ 时,激

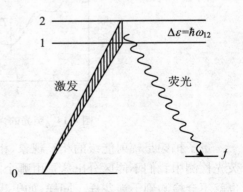

图 6-13　量子拍频产生示意图

发态的波函数写为

$$\varphi(r,0) = \alpha_1\varphi_1(r) + \alpha_2\varphi_2(r) \tag{6-25}$$

式中 $\varphi_i(r)$ 为电子在能级 $i=1$ 或 2 时波函数，α 为初始状态决定的系数。随着对基态的自发发射，能级 1 或 2 的布居数将以常数 2Γ 的速率衰减，而基态 $\varphi_0(r)$ 的布居数则随时间增加，于是有

$$\varphi(r,t) = \alpha_1\exp(-\mathrm{i}\varepsilon_1 t/\hbar - \Gamma t)\varphi_1(r)$$
$$+ \alpha_2\exp(-\mathrm{i}\varepsilon_2 t/\hbar - \Gamma t)\varphi_2(r) + \alpha_0(t)\varphi_0(r) \tag{6-26}$$

式(6-26)中系数 $\alpha_0(t)$ 是能给出拍频信息的量，它可写为两部分

$$\alpha_0(t) = c_1(t) + c_2(t)$$

系数 c_j 的形式如下：

$$c_j(t) = \alpha_j eR_{0j}a\,\mathrm{e}^{-\varepsilon_j t/\hbar}(\mathrm{e}^{-\Gamma t} - \mathrm{e}^{\mathrm{i}(\omega_{j0}-\omega)t}) \tag{6-27}$$

式中 a 是比例系数，由式(6-27)可见，系数 c_j 与初始系数 α_j、荧光的偏振态 e、基态与激发态的偶极矩 R_{0j} 等因子有关。在时间 $t=0$ 时，系数 c_j 为零，以后逐渐增大直至等于 1。利用式(6-26)和式(6-27)，可以求得找到一个光子存在的概率 $|\alpha_0|^2$ 为

$$|\alpha_0|^2 = \mathrm{e}^{-\Gamma t}[A + B\cos\omega_{12}(t+\varphi)] \tag{6-28}$$

式中 A 和 B 是与时间无关的常数。这一结果可以解释图 6-14 所示的强度受到调制荧光时间衰减曲线。

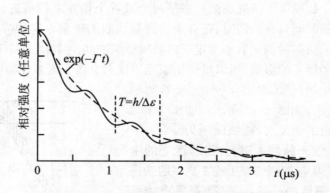

图 6-14　荧光的强度在随时间衰减的同时受到调制

　　量子拍频是辐射能级的相干现象，相干的两个能级同时地与一个光子相互作用。在对其荧光检测中我们不能区分出这是由哪个能级发射的。如果我们知道了荧光发射的路径，那么也就不会检测到干涉花样。同样，如果我们观察到了干涉花样，那么也就会丢失路径的信息。因此，量子拍频光谱是被两个不可分的通道所散射的，是单粒子(原子或分子)与单光子的效

应。早期的量子拍频工作主要是证明这种效应。第一个量子拍频实验是由 Alexandrov 与 Dodd 等人于 1964 年独立报道的,当时他们用光谱灯斩波获得短光脉冲,以产生处于相干叠加态的原子。随着可调谐染料激光器的诞生,这种波长可调的窄带光脉冲极大地增强了量子拍频的研究,使量子拍频光谱技术发展成一种重要的时域光谱技术,不仅应用于原子,而且也应用到了于分子,包括生物大分子的研究。

　2. 实验测量

（1）原子的超精细量子拍频实验。如上所述,进行量子拍频实验,所用的激光脉冲的宽度 $\Delta\tau$ 需要满足条件:$\Delta\tau\leqslant 1/\omega_{12}$,也即激发脉冲的带宽要能覆盖到两个能级的间隔。一般染料激光的脉冲宽度约为 5 ns,可以用于能级间隔 ω_{12} 约 30 MHz 的量子拍频实验。

　　Haroche 等人首先将量子拍频用于对 Cs 原子的超精细结构研究。铯 ^{133}Cs 原子的核量子数为 $I=7/2$,它的基态 $6^2S_{1/2}$ 有两个超精细分量,$F=3,4$,激发态 $7^2P_{3/2}$ 有四个超精细分量,$F=2,3,4,5$,图 6-15(a)为其能级图。图 6-16 铯原子的核超精细量子拍频实验装置。激发光源为 N_2 分子激光泵浦的染料激光。激光线宽约为 1 GHz(约 0.03 cm^{-1}),脉冲宽度 $\Delta\tau$ 约为 $2ns$,满足

$$\Delta\tau\leqslant 1/(\omega_{54}+\omega_{43}+\omega_{32})$$

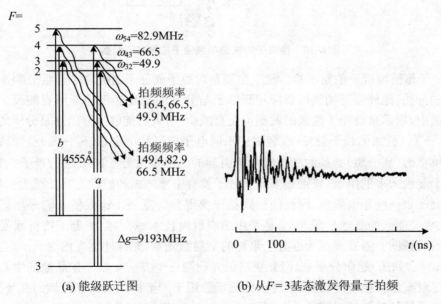

(a) 能级跃迁图　　　　　　　　　　(b) 从 $F=3$ 基态激发得量子拍频

图 6-15　铯 ^{133}Cs 原子 $I=7/2$ 的核超精细态的量子拍频

的量子拍频的条件。在染料激光激发下 ^{133}Cs 原子 $F=2,3,4,5$ 激发态 $7^2F_{3/2}$ 可处于相干迭加态。测量量子拍频的基本方法是测量激发能级所发射的荧光,如图 6-16,由染料激光激发得荧光被光电倍增管接收后,由取样示波器显示与进行分析。Cs 原子的两组跃迁 a 及 b 的选择定则为 $\Delta F=0,\pm1$,当激发光源采用平面偏振光时,转动检测器的接收偏振器,可以接收偏振平行或垂直于激发光的荧光强度 I_π 或 I_σ。图 6-15(b)是铯原子 $F=3$ 基态 $6^2S_{1/2}$ 到 $F=2,3,4,5$ 激发态 $7^2P_{3/2}$ 的量子拍频谱。

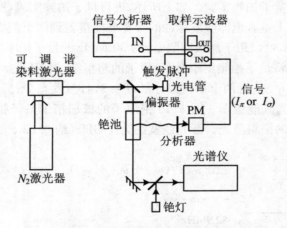

图 6-16　铯原子的核超精细量子拍频实验装置

(2) 分子超精细量子拍频实验。量子拍频是对原子或分子能级的小能量分裂测量的一种非常有效的方法,此外量子拍频可以应用到原子与分子的塞曼能级与斯塔克能级。在分子量子拍频测量中,根据来自相干能级的调制荧光衰减曲线,人们能够区分出这是分子的单重态与三重态($S_1 \rightarrow T_1$)叠加的相干激发,或者属于不同电子构形的单重态($S_1 \rightarrow S_0$)叠加或属于相同电子态的单重态($S_1 \rightarrow S_1$)叠加的相干激发所引起的。但是对分子能级进行量子拍频研究时,遇到了相干能级太多的困难,特别是多原子分子具有密集的振转能级。当能级太密集时,在能级相干中会产生一些相消效应,因此使拍频花样变得非常复杂。这促使人们采用超声射流技术,以简化相关能级的跃迁。图 6-17 是采用超声射流技术,对多原子分子进行塞曼能级量子拍频实验的装置图。激发光源为准分子泵浦的染料激光器,光脉冲宽度约为 5 ns,光谱分辨率为 0.04 cm^{-1}。如图,超声分子束、激光束与荧光检测三个方向交汇于样品池的中心。在样品池外安置三对亥姆霍兹线圈,线圈所提供的磁场除用于产生样品所研究能级的塞曼分裂外,还用于抵消地磁等外磁场的影响。

傅立叶变换是将时域信号变换为频域信号的常用方法。因此,将时域的量子拍频信号进行傅立叶变换,就可以在获得一个分子的荧光拍频曲线的同时,可以得到它的光谱图,并立即可以得到谱线的强度分布与能级间隔数据。图 6-18(a)为乙炔醛(HC≡CCHO)分子的复杂量子拍频荧光衰减图,该荧光调制曲线涉及到分子 7 个能级以上的相干激发。图 6-18(b)由荧光衰减曲线由傅立叶变换得到的光谱图。

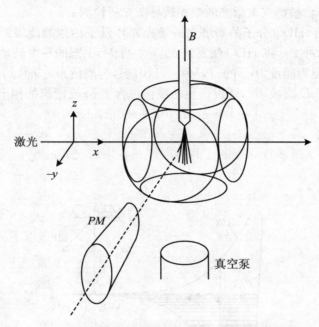

图 6-17　超声喷流塞曼超精细量子拍频实验装置

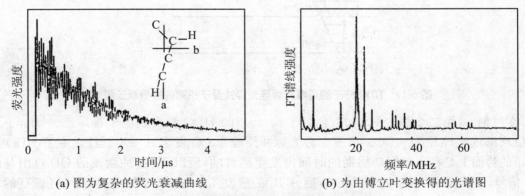

(a) 图为复杂的荧光衰减曲线　　　　　(b) 为由傅立叶变换得的光谱图

图 6-18　HC≡CCHO 分子的量子拍频光谱

（3）斯塔克诱导光碎片量子拍频实验。斯塔克光碎片量子拍频是分子激光离解的光碎片的斯塔克能级上的相干激发。为了测量光碎片的斯塔克诱导量子拍频，需要用到三个激光脉冲。第一个脉冲激光将分子激发的所希望的转动态，并加外电场 E_{stark} 使波包发生演化，第二个激光脉冲将分子激发到达一个排斥电子激发态，并在这里分子发生离解。最后，包含有量子拍频信息的光碎片产物被第三束激光的激光诱导荧光所检测。

图 6-19 是应由于 HDO 分子的斯塔克诱导光碎片量子拍频的能级跃迁图。设在时刻 t_1 $=0$，一个纳秒激光脉冲 P_1，将 HDO 激发到 $\nu_{OH}=4$ 的 $J=1$ 态的一个转动能级。外加电场将简并的 M 支能级分裂为能量为 ε_0 的 $|J,M\rangle=|1,0\rangle$ 态，与能量为 ε_1 的 $|J,M\rangle=|1,\pm\rangle$ 态。因为 P_1 是线偏振的，与 E_{stark} 成 45°，激发产生的波包包含了 M 支能级的相干迭加

$$|\varphi_1\rangle = \alpha_1 |1,0\rangle + \beta_1 |1,\pm1\rangle$$

相干态发生时间演化

$$|\varphi_1(t)\rangle = \alpha_1 |1,0\rangle e^{-i\omega_0 t} + \beta_1 |1,\pm1\rangle e^{-i\omega_1 t}$$

式中 $\omega_i=\varepsilon_i/\hbar$。

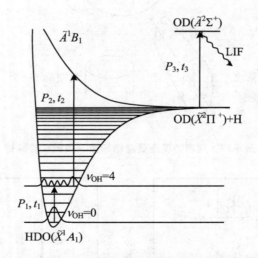

图 6-19　HDO 分子的斯塔克诱导光碎片量子拍频的能级跃迁图

在时刻 t_2，第二个激光脉冲 P_1 使处于 $|\varphi_1(t)\rangle$ 的 HDO 激发到电子排斥态 $\tilde{A}^1B_1$，于是 HDO 离解成光碎片 H＋DO。第三个激光脉冲使碎片 DO 发生 $\tilde{A}\leftarrow X$ 跃迁。由于 HDO 在 $\tilde{A}^1B_1$ 的势面上是在一个振动周期的时间内发生离解的，所以 P_3 脉冲激发的 OD 自由基的 LIF 信号，直接反映了 P_2 的激发几率，而 $\tilde{A}^1B_1$ 的激发几率与（1）P_1 的偏振与 0→4 跃迁的对称类型，（2）P_1 与 P_2 间的时间演化，（3）P_2 的偏振与 $\tilde{A}\leftarrow X$ 跃迁的对称性质有关。OD 自由基

的 LIF 信号可以写成

$$S(E) \propto \sin[(\omega_0 - \omega_1)\Delta t + \varphi] = \sin(\omega_S \Delta t + \varphi)$$

式中 $\Delta t = t_2 - t_1$，为光脉冲 P_1 与 P_2 的时间延迟，$\omega_S = \omega_0 - \omega_1$ 为斯塔克分裂，φ 为相位因子。由于为斯塔克分裂 ω_S 是由 2 阶斯塔克效应引起的，因此荧光 $S(E)$ 曲线可以以 Δt 或 E^2 为函数。

　　图 6-20 是 HDO 斯塔克诱导光碎片量子拍频实验装置图。如图，实验使用尺寸约 $10 \times 10 \times 20$ cm 的金属样品池。池的两端装有光学隔离器和布儒斯特窗。在池的内部，用一对间隔为 10 mm 的平行平板电极以产生电场，电极上所加的电压为 $0 \sim 5000$ V。H_2O 与 D_2O 以 1∶1 的混合比蒸汽以 15 mTorr 的准静态压力缓慢地通过样品池。三激光束在样品池中重迭。光束 P_1 与 P_2 用焦距为 50 cm 透镜聚焦到两 Stark 电极之间。P_1 与 P_2 激光束的波长视激发 HDO 到的振动能级而定，在 $\nu_{OH} = 4$ 的情况下，P_1 的波长为 720 nm，P_2 的波长为 266 nm，P_3 的波长为 310 nm。在池的顶部装有棱镜将 OD 的荧光成象到光电倍增管检测器。光电倍增管的检测信号随后由微机控制的采集系统进行分析。

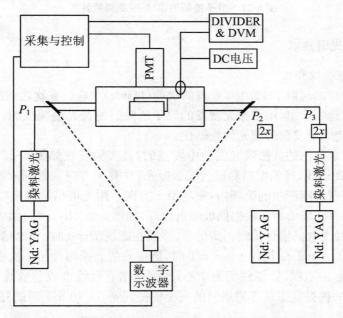

图 6-20　HDO 分子的斯塔克诱导光碎片量子拍频实验装置图

　　（4）量子拍频的泵浦-探测测量。除了测量被激发的荧光发射外，还可采用泵浦-探测技术测量相干激发态的量子拍频。这是类似于偏振光谱技术的测量方法。如图 6-21 所示，将样品放在放在两个正交的偏振器之间。以脉冲染料激光作为泵浦光，以连续激光（如 Ar⁺ 激光泵浦的染料激光）作探测光。两束激光以近似共线的方式通过样品池，探测光的偏振方向相对于泵浦光偏转 45°。先用脉冲激光对原子的数个上能级进行相干激发，相干激发态迭加的时间演化将导致样品的复极化率 χ 随时间变化。与荧光强度的拍频情况相类似，极化率 $\chi(t)$ 中包含了振动的非各向同性成分。穿过样品池的探测光被光电倍增管检测，采用两个正交的偏振器很容易地检测出极化率 $\chi(t)$ 中所包含的非各向同性成分。

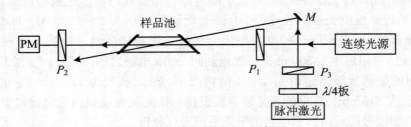

图 6-21　量子拍频的泵浦-探测测量装置

二、能级交叉光谱技术

1. 汉勒效应与能级交叉

能级交叉光谱技术起源于 1923 年发现的汉勒（Hanle）效应。在这之前的 1922 年，瑞利在一个共振荧光的实验中指出，用偏振光激发的原子所发射的荧光是偏振的。而汉勒的实验证明，外加磁场可以使原子发射的荧光偏振退化。

汉勒效应是在汞蒸汽的共振荧光实验中发现的，其实验装置如图 6-22(a)所示。从汞灯发出的 253.7 nm 光谱线，经偏振器后成为线偏振光，并沿 x 方向入射到汞原子样品上。样品池放置在由亥姆霍兹线圈产生的磁场内，磁场沿 z 方向。用光电倍增管接收受激原子在 y 方向发射的荧光。如果磁场 $B=0$，根据偶极辐射原理，如图 6-22(b)，感应偶极子在 y 方向的辐射场分布为零，这时光电倍增管检测不到信号，然而在磁场 $B\neq0$ 时，光电倍增管是有输出的。当磁场缓慢地从 −0.5 mT 变化到 +0.5 mT 时，被接收的光强将经历一次变化。以检偏器的透射轴的取向（夹角 α）不同，以零磁场为中心，光强呈洛仑兹线型或色散线型的方式变化，如图 6-22(c)。荧光的偏振状态从零磁场时的完全偏振到 5～10 mT 时的完全退偏振，这就是汉勒效应。

从塞曼效应知道，在磁场中原子的能级会产生分裂，所以上述磁场变化时观察到的现象是在一对塞曼能级上发生的现象，磁场 $B=0$ 是能级处的交叉点。与此相似，根据原子理论，原子的支能级可以在 $B\neq0$ 的磁场中发生交叉。因此常把汉勒效应称为零场能级交叉效应。更一般地,除在磁场中发生能级交叉以外,外电场中的斯塔克效应也会导致能级交叉。在此基础上发展起来的光谱技术称为能级交叉光谱技术。

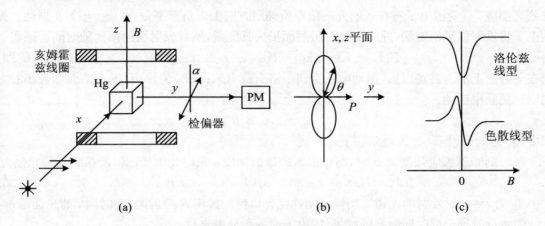

图 6-22　能级交叉光谱的实验装置(a)与荧光线型(b)

图 6-23 给出了 $J=1$, $I=1/2$ 在磁场中超精细能级的分裂,由图可见,在磁场 B_0 处,$F=1/2$ 的 $+1/2$ 分量与 $F=3/2$ 的 $-1/2$ 分量发生了交叉。

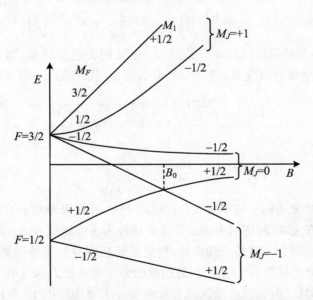

图 6-23　$J=1$, $I=1/2$ 在磁场中超精细的能级交叉

2. 能级交叉信号的经典分析

对于能级交效应的经典解释如下。设在 $t=t_0$ 时刻,原子吸收入射偏振光后从低能级 1 激发到高能级 2。受激电子将在入射光的偏振所确定方向上以角频率 $\omega_{12}=(\varepsilon_2-\varepsilon_1)/\hbar$ 振动。振动电子将发射偶极辐射场,并因受辐射阻尼而损失其能量,所以辐射场的幅度随时间而减弱

$$E(t) = E(0)\exp[-(\mathrm{i}\omega_{12} - \gamma/2)(t-t_0)] \tag{6-29}$$

当在 z 方向上加上磁场以后,振动电子受到一洛仑兹力 $e(\nu\times B)$ 的作用,振动平面绕着场的方向以拉莫频率进动:

$$\omega_\mathrm{L} = g_\mathrm{J}\mu_\mathrm{B}B/\hbar$$

式中,g_J 为朗德因子,μ_B 为玻尔磁子。

在时刻 t,磁感应强度为 B 时,与检偏器的透射轴成 α 角时光电检测器所接收到的光强为

$$I(t,B,\alpha) = I_0\mathrm{e}^{-\gamma(t-t_0)}\cos^2[\omega_\mathrm{L}(t-t_0)-\alpha] \tag{6-30}$$

式中 I_0 为 $t=t_0$ 时发射的光强。当样品用连续光以恒定速率 R 照射时,在时刻 t 的光强是 $t=-\infty$ 到测量时刻全部时间激发的结果,即由下面的积分来求得

$$I(B,\alpha) = R\int_{t=-\infty}^{t} I_0\mathrm{e}^{-\gamma(t-t_0)}\cos^2[\omega_\mathrm{L}(t-t_0)-\alpha]\mathrm{d}t_0 \tag{6-31}$$

利用三角公式 $2\cos^2 x=1+\cos 2x$,式(6-31)积分得汉勒光强信号为

$$I(B,\alpha) = \frac{RI_0}{2}\left(\frac{1}{\gamma} + \frac{\gamma\cos 2\alpha}{\gamma^2+4\omega_\mathrm{L}^2} + \frac{2\omega_\mathrm{L}\sin 2\alpha}{\gamma^2+4\omega_\mathrm{L}^2}\right) \tag{6-32}$$

式(6-32)信号的线型与检偏器的取向有关,当 $\alpha=\pi/4$ 时为色散线型,当 $\alpha=0,\pi/2$ 时,检偏器在 y 或 x 方向,信号呈洛仑兹线型。对于 $\alpha=\pi/2$,将 ω_L 代入式(6-32)可得

$$I(B,\alpha) = \frac{RI_0}{2\gamma}\left[1 - \frac{1}{1+\left(\dfrac{2g_\mathrm{J}\mu_\mathrm{B}B}{\hbar\gamma}\right)^2}\right] \tag{6-33}$$

该信号的半宽度为

$$\Delta B_{1/2} = \frac{\hbar\gamma}{g_\mathrm{J}\mu_0} = \frac{\hbar}{g_\mathrm{J}\tau\mu_0} \tag{6-34}$$

由式(6-34)可见,能级交叉信号的半宽度与朗德因子 g_J 和能级寿命 τ 的乘积成反比。如果朗德因子 g_J 已用其他方法求得,则可由能级交叉光谱技术求得能级寿命。对于许多分子的激发态来说,它们的角动量耦合方式是不知道的,特别是超精细分裂使情况更加复杂化,而总角动量 F 是核自旋 I、由分子转动 N 与电子自旋组成的分子角动量 J 以及电子角动量 L 之和。另一方面,如果能级寿命已知,就可由能级交叉光谱信号求得朗德因子,并由此获得角动量偶合方面的信息。

三、光学-微波双共振技术

1. 基本方法

与光学-光学耦合双共振（OODR，曾在第四章中讨论）一样，微波（或射频）-光学共振也是一个分子体系同时地和两个单色电磁场的相互作用。与 OODR 不同的地方是，在微波-光学双共振（MODR）中，两个光子的能量差别很大，一个是微波（或射频）的光子，另一个是光学频段光子，正是这一点，使 MODR 技术成为一种无多普勒光谱技术。

微波-光学双共振最早出现于 1952 年。那年，Brossel 和 Bitter 完成了一个在外磁场中 Hg 原子的光激发实验。如图 6-24 所示，充有 Hg 蒸汽的样品池放在由一对亥姆霍兹线圈产生的磁场 B_0 中，磁场 B_0 使 $^3P_1$ 态分裂为 $m_j = 0, \pm 1$ 的三个塞曼能级。当用 π 线偏振进行激发时，Hg 原子被激发到 $^3P_1$ 的 $m_j = 0$ 能级上，当对基态发射荧光时，所发射的也是 π 线偏振光。如果在与 B_0 相垂直的方向上加上射频 ν 的磁场 B_1，B_1 场将产生 $\Delta m_j = \pm 1$ 跃迁，于是能级 $m_j = \pm 1$ 都会有布居。从 $m_j = \pm 1$ 能级上发射的将是 σ 圆偏振光，σ 圆偏振光的方向与 π 偏振光相垂直。于是，测量 σ 圆偏振光的发射就测量了 $\Delta m_j = \pm 1$ 的塞曼能级跃迁。由此可见，

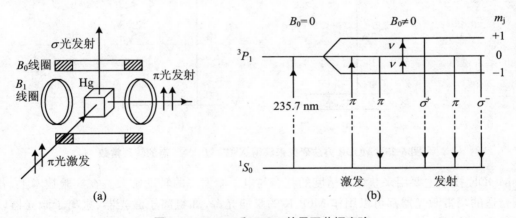

图 6-24　**Brossel 和 Bitter 的汞双共振实验**

我们采用测量荧光发射的方法测量了射频磁共振。这就是微波（射频）-光学双共振。当年，Brossel 和 Bitter 所用的激发光，是汞灯发出的 253.7 nm 谱线经偏振器后成为线偏振光。随着激光的应用，光学-微波双共振已有了很大的发展。现在不仅以高性能的激光光源代替了原来的放电灯，而且所研究的能级体系也从外场中的分裂能级扩展到分子的转动-振动能级。

MODR 技术有两个显著的特点：

（1）由于通过检测荧光光子 ν_{ph} 发射来检验分子对微波光子 ν_{mw} 的吸收。ν_{ph} 与 ν_{mw} 两者数

值相差甚大，ν_{ph}约为 10^{14} Hz，ν_{mw}约为 $10^{5} \sim 10^{9}$ Hz，ν_{ph}/ν_{mw}是能量增益因子，因此，MODR 技术有很高的灵敏度；

（2）根据多普勒展宽公式，$\Delta \nu_D = 7.16 \times 10^{-7} \nu_0 (T/M)^{1/2}$，微波跃迁的多普勒展宽仅是光频跃迁的 ν_{mw}/ν_{ph}约为 $10^{-5} \sim 10^{-9}$倍，因此微波段的多普勒展宽比光学频段的多普勒展宽小得多。而且，如果分子的自由程小于微波辐射的波长，由于 Dicke 效应，这个很小的多普勒展宽也会消失。

图 6-25 是采用 MODR 技术研究分子转动常数所用的两种能级图。图 6-25(a)中，能级 1 与 2 是分子基态 $X^1\Sigma^+$ 的两个转动能级，间隔很小，能级 3 是电子激发态 $A^1\Sigma^+$。图 6-25(b)中，能级 1 是分子基态 $X^1\Sigma^+$，能级 2 与 3 是电子激发态 $A^1\Sigma^+$ 上的的两个转动能级，间隔也很小。以图 6-25(b)为例，如果光学光子使分子从能级 1 跃迁到能级 2，那么当微波光子使分子从能级 2→3 跃迁时，就可以观察到由能级 2 发射的荧光减弱，而从能级 3 发射的荧光增强。

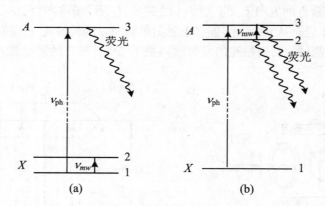

图 6-25　MODR 方法研究来获得 $X^1\Sigma^+$ 与 $A^1\Sigma^+$ 态的转动常数

　　MODR 技术主要用来获得高精度的基态与电子激发态的转动常数。在实验技术上，各种波长合适的窄带激光器都可以用作 MODR 的泵浦光源，如氩离子激光器、氪离子激光器以及染料激光器等，但以可调谐的染料激光器更为方便。通常采用速调管产生微波。下面以 BaO 分子为例，介绍 MODR 技术如何研究分子基态与电子激发态的转动常数的。BaO 分子是由钡原子束通过反应：$Ba + O_2 \longrightarrow BaO + O$。

　　由于微波跃迁一般都可以达到饱和的水平，因此在 MODR 实验中，激光可以使跃迁饱和，也可以不使饱和。如果不饱和，朗伯-比尔定律成立，称为线性光泵浦，如果跃迁是饱和的，朗伯-比尔定律不再适用，称为非线性光泵浦。两种光学泵浦的检测特点不同。先看线性光学泵浦，对于图 6-25(a)，光学跃迁为能级 1→3，微波使基态的转动跃迁 1→2 饱和。光学泵浦对能级 1 的布居数 N_1 没有明显影响，而只受微波饱和的影响。例如，在 BaO 实验中，能级 1 与 2 是 $J'=1,2$ 的转动能级。微波饱和使布居数 N_1 降低百分之 0.2，N_1 变化可以对能级 3 发射的荧光的进行监测中求得，因为荧光强度比例于 N_1。对于图 6-25（b），光学跃迁也为能级 1→3，微波产生激发电子态的转动跃迁饱和，但这时微波饱和对能级 2 和 3 发射的荧光影响很小。然而，如果监测能级 3 与 2 的总荧光，当微波辐射使 3→2 跃迁饱和，偏振特性将发生变化。此外，如果荧光能级 3 与 2 的荧光的波长不同，是可以分辨开的，当微波饱和时，可以观察到荧光强度的变化。

再看非线性光学泵浦，用 100 mW 激光可以得到的非线性泵浦情况。这时能级 3 上的布居数将可与能级 1 相比拟。这时对图 6-25（a），微波在基态的饱和使能级 1 的布居数得到补充，因为降低了荧光强度。对图 6-25（b），微波在激发态饱和将分子从能级 3 转到能级 2，因此会影响这些能级的总荧光的偏振。

本章主要参考文献

［1］DEMTRÖDER W. Laser spectroscopy［M］. Springer-Verlag , 1981.

［2］科尼 A. 原子光谱学与激光光谱学［M］. 邱元武，译. 北京：科学出版社，1984.

［3］莱托霍夫 V S，契勃塔耶夫 V P. 非线性激光光谱学［M］. 沈乃澂，译. 北京：科学出版社，1984.

［4］MAC D. 利文森. 非线性激光光谱学导论［M］. 滕家炽，译. 北京：宇航出版社，1988.

［5］DELSART C, KELLER J C. 无多普勒激光感生二向色性和双折射［M］// 霍尔 J L，卡尔斯登 J L. 激光光谱学 Ⅲ. 北京：科学出版社，1985.

［6］WALTHER H. Atomic and Molecuar Spectroscopy with Laser［M］// WALTHER H. Laser spectroscopy of atoms and molecules. Springer-Verlag , 1976.

［7］MICHAEL HOLLAS J. High Resolution Spectroscopy. Butterworths［M］. 1982.

［8］BEDDARD G. Molecular photophysics［J］. Rep. Prog. Phys. 1993(56)：63.

［9］BITTO H, HUBER J R. Molecular quantum beat spectroscopy［J］. Optics Comm. 1990(80)：184.

［10］HAROCHE S, PAISNET J A. AL. Schawlow［J］. Phys. Rev. Lett. 1973(30)：948.

［11］DUBS M, MUHLBACH J, BITTO H, et al. Huber. Hyperfine quantum beats and Zeeman spectroscopy in the polyatomic molecule propynal HC≡CCHO［J］. Chem. Phys. , 1985(63)：3755.

［12］THEULE P, CALLEGAN A, RIZZO T R, et al. Dipole moments of highly excited vibrational states measured by Stark phtofragment quantum beat spectroscopy［J］. Chem. Phys, 2005(122)：124312.

［13］ZARE R N. Molecular level-crossing spectroscopy［J］Chem. Phys. , 1966(45)：4510.

［14］ARIMONDO E, GLORIEUX P, OKA T. 激光腔内射频波谱学［M］// 霍尔 J L，卡尔斯登 J L. 激光光谱学Ⅲ. 北京：科学出版社，1985.

第七章　　激光拉曼光谱技术

第一节　自发拉曼散射

　　1928年,印度科学家拉曼(C. V. Raman)与克里希南(K. S. Krishnan)报告了他们在液体与蒸汽中发现的一种新的光散射现象:当一束光入射到分子上时,除了产生与入射光频率 ω_0 相同的散射光以外,还有频率分量为 $\omega_0 \pm \omega_M$ 的散射光,ω_M 是与分子振动或转动相关的频率。这种光散射现象后来被称为拉曼散射。由于这一发现,拉曼获得了1930年度的诺贝尔奖金。其实这一现象在拉曼之前已由伍特(Wood)记录到了,但伍特仅把它当作光谱板上的一个污斑而忽略了。此外,在1928同一年,前苏联科学家兰茨别尔格(Landsberg)与曼杰斯塔姆(Mandelstam)在晶体中也独立地发现了这一现象。此后,拉曼光散射的研究有了很大发展,特别自20世纪60年代激光问世以后,这种强单色光源被引入了拉曼光散射研究,迅速地发展起了一门崭新的激光拉曼光谱技术。它与红外光谱技术相结合,成为物质结构研究的强大工具。

一、拉曼散射理论

1. 经典处理

　　拉曼光散射是入射光与物质间发生能量转移的非弹性散射。当能量为 $\hbar\omega_i$ 的入射光子与处于能级 ε_i 的分子发生碰撞时,分子在激发到能级 ε_f 的同时散射出能量为 $\hbar\omega_S$ 的光子,其能量关系为

$$\hbar\omega_i + M(\varepsilon_i) \rightarrow \hbar\omega_S + M(\varepsilon_f)$$

能量差 $\Delta\varepsilon = \varepsilon_i - \varepsilon_f = \hbar(\omega_i - \omega_S)$ 为分子的振动能,或转动能,或电子能。

　　拉曼光散射是光与物质的相互作用的一种特殊形式,全面的论述要用全量子理论的方法,即光场与原子状态都是量子化的,但是经典方法也能直观、定性地说明其中的一些重要现象。用经典方法时,将介质极化看成为电磁场的激发源,即原子与分子在经典场的作用下产生诱导偶极矩而导致极化,而极化的原子与分子发射散射光。

　　在入射光的电场 E_i 的作用下,分子的偶极矩矢量 $\boldsymbol{\mu}$ 的一般表达式为

$$\boldsymbol{\mu}_i = \boldsymbol{m}_i^{(1)} + \boldsymbol{m}_i^{(2)} + \boldsymbol{m}_i^{(3)} + \cdots$$
$$= \boldsymbol{m}_i + \alpha_{ij}\boldsymbol{E}_j + \beta_{ijk}\boldsymbol{E}_j\boldsymbol{E}_k + \gamma_{ijkl}\boldsymbol{E}_j\boldsymbol{E}_k\boldsymbol{E}_l \tag{7-1}$$

式中,下标 i,j,k,l 各分别表示空间坐标的三个方向 x,y,z。右边第一项 $\boldsymbol{m}_i = \boldsymbol{m}_i{}^{(1)}$ 为常数项,它是分子的永久偶极矩,与入射光无关。第二项与入射光电场 $\boldsymbol{E}$ 成正比,是线性项,α_{ij} 称为线性极化率,它一般是张量。其余项是电场的高阶项,称非线性项。

为简单起见我们只考虑因分子的振动引起的永久偶极矩与极化率随时间的变化,这时,$\boldsymbol{\mu}_j$ 与 α_{ij} 可以用分子简正模坐标展开成的泰劳级数

$$\boldsymbol{\mu}_i = \boldsymbol{m}_i + \sum \left(\frac{\partial \boldsymbol{\mu}_i}{\partial q_n}\right)_{q=0} q_n \tag{7-2}$$

$$\alpha_{ij} = \alpha_{0ij} + \sum \left(\frac{\partial \alpha_{ij}}{\partial q_n}\right)_{q=0} q_n \tag{7-3}$$

如果原子的位移很小,就可以将原子的位移与光波电场随时间的变化近似为正弦的,即有

$$q_n(t) = q_{0n} \cos \omega_n t \tag{7-4}$$

$$\boldsymbol{E}_i(t) = \boldsymbol{E}_{0i} \cos \omega_L t \tag{7-5}$$

将式(7-4)和(7-5)代入式(7-1),并在略去非线性项后有

$$\boldsymbol{\mu}_i = \boldsymbol{m}_i + \alpha_{ij}\boldsymbol{E}_j + \cdots$$

$$= \boldsymbol{m}_i + \sum_n \left(\frac{\partial \boldsymbol{\mu}_i}{\partial q_n}\right)_{q=0} q_{0n} \cos(\omega_n t) + \alpha_{0ij}\boldsymbol{E}_{0j} \cos(\omega_L t)$$

$$+ q_{0n}\boldsymbol{E}_{0j} \sum_n \left(\frac{\partial \alpha_{ij}}{\partial q_n}\right)_{q=0} \{\cos(\omega_n + \omega_L)t + \cos(\omega_L - \omega_n)t + \cdots\} \tag{7-6}$$

可见式(7-6)包含直流项与多种频率的变化项。由于物质的各种发射都和它的相应偶极矩的变化有关,因此式(7-6)中每一项都有某种相应的辐射发射机制。首先看第二项

$$\sum_n \left(\frac{\partial \boldsymbol{\mu}_i}{\partial q_n}\right)_{q=0} q_{0n} \cos(\omega_n t) \tag{7-7}$$

它代表了分子各项偶极矩随时间周期的变化之和,它是由 n 个分子的振动之一所引起的,ω_n 为由确定模引起的对偶极矩的调制频率。由式(7-7)可见,只要 $((\partial \boldsymbol{\mu}_i/\partial q_n)_q \neq 0$,分子可以以频率等于振动频率的光波交换能量,即可对等于分子振动频率红外光产生吸收。所以第二项称为红外活性项。

第三项为

$$\alpha_{0ij}\boldsymbol{E}_{0j} \cos(\omega_L t) \tag{7-8}$$

这是在入射光诱导下出现的电偶极矩变化项,所以它与光频相同的频率振动。它发射出的光的频率与入射光相同,也可以将它称作为入射光的再发射。用光散射的说法,它被称作为对入射光的弹性散射,也称瑞利散射光。

最后一项是以频率 $\omega_n \pm \omega_L$ 的振荡项

$$q_{0n}\boldsymbol{E}_{0j}\sum_{n}\left(\frac{\partial\alpha_{ij}}{\partial q_n}\right)_{q=0}\cos(\omega_n\pm\omega_L)t \tag{7-9}$$

它可以看作为入射光在介质中的诱导偶极矩，并受到了分子的振动调制。诱导偶极矩与分子的极化率成正比，可见，这项既与入射光有关，又比例于极化率的振荡部分，是入射光与振动模的乘积。由式(7-9)可见，只要$(\partial\alpha_{ij}/\partial q_n)_q\neq0$，在入射光作用下就会发射相应的和频或差频辐射，即拉曼散射光。因此最后的这一项称为拉曼活性项，相应的振动模被称为"拉曼活性模"。人们通常将频率降低的差频光散射称为斯托克斯散射，而频率升高的和频光散射称为反斯托克斯散射。为了与非线性受激拉曼散射区别起见，这种散射又称为正常拉曼散射，又由于散射光无相干性，具有自发发射性质，所以也称为自发拉曼散射。

由上述讨论可见，在式(7-6)中有两项涉及分子的振动光谱：红外活性项与拉曼活性项。视分子结构上的差异，这两项可能都存在，但也可能只存在其中的一项。假设某分子的两个振动模，既有拉曼活性，也有红外活性，则上述各项间的关系可以用光子的能量坐标来说明，如图7-1所示。如图所示，分子的红外吸收带的位置出现在红外入射光子能量的位置上，也即相应于分子振动量子的能量位置上；瑞利散射光的位置则是位于能量较高的入射光的光子能量位置，而斯托克斯散射与反斯托克斯散射带则分布在入射光光子能量的两侧。由此可见，拉曼光谱的测量是以高频光波(可见光、紫外光)去研究分子的红外运动。

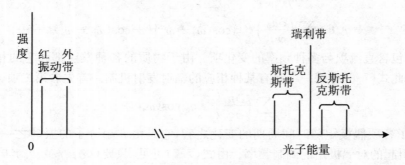

图 7-1 具有两个振荡模系统的红外与散射光谱

2. 量子论观点

上面介绍的经典表达式(7-9)能正确地告诉我们拉曼散射光会在哪些频率上出现，但从该式看来，似乎斯托克斯线与反斯托克斯散射线在强度上没有差别。这显然与事实不符，例如图7-2是CCl_4的拉曼散射的实验谱，该谱的斯托克斯散射线的强度与反斯托克斯散射线的强度明显不相等，前者强于后者。这是经典方法无法解释的问题。

然而，采用量子理论很好回答这个问题。在量子理论中，分子的振动是量子化的。拉曼散射过程可以看成入射光子在介质中产生或湮灭声子(分子的振动量子)。斯托克斯散射是将入射光子损失的能量交给了分子,即光子在系统中产生了振动量子(声)。产生声子与原有声子无关,所以斯托克斯散射的几率是与温度无关的。反斯托克斯散射将从分子吸收能量,使声子湮灭。但声子湮灭的几率与系统所处的激发振动态的几率有关,因而与温度有关。因此斯托克斯带的强度与反斯托克斯带的强度之比反映了玻耳兹曼因子 $\exp(-\hbar\omega/k_{\mathrm{B}}T)$,式中 $\hbar\omega$ 是振动量子的能量,k_{B} 为玻耳兹曼常数(注意,散射强度之比并不只与玻耳兹曼因子有关。)

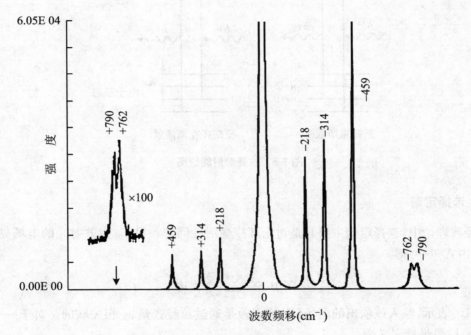

图 7-2　CCl₄ 的拉曼散射光谱

图 7-3 是拉曼散射图,图中 n 是存在的振动量子数。假定振动能级的能量间隔远小于电子态之间的间隔。如图所示,入射光使分子上升到电子激发态,再从电子激发态返回到电子基态的不同的振动态上。入射光子的斯托克斯散射的能量损失转交给了分子,因此系统处具有了较高的振动量子数。与此相反,反斯托克斯散射从分子获得能量,因此分子跃迁到了较低的振动态。

由此可见,拉曼散射过程是经过了一个电子激发态的中间态跃迁过程。但是与激光诱导荧光的能级跃迁不同,在 LIF 中,中间态是分子的一个电子本征态,吸收与发射是明确的两个相继发生的过程。而在拉曼散射中，这是在由测不准关系确定的很短时间内，分子增加了一个数量上等于入射光子损失（或增加）的能量。用量子力学的语言来说，拉曼散射是系统经过了一个"虚"激发态的跃迁过程。虽然，如果用可调谐激光作激发光源，可以找到在某些波长上，拉曼散射的中间态与分子的真实本征态相重合的能级，并且这时的拉曼散射的截面会大大增加。但这是一种共振拉曼散射，与荧光发射机制完全不同。

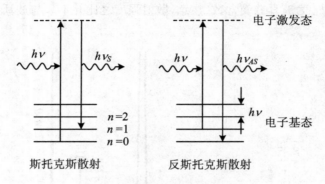

图 7-3　拉曼散射能级图

二、选择定则

在经典理论中，选择定则主要其是讨论其拉曼活性问题。设 E_{si} 为散射光的电场矢量的 i 分量，则由式（7-9）得

$$E_{si} \propto \boldsymbol{\mu}_i \propto \sum_n \left(\frac{\partial \alpha_{ij}}{\partial q_n} \right) E_{0j} \tag{7-10}$$

方程（7-10）表示，输入或输出的电场（E_{0j} 或 E_{si}）是通过拉曼张量 α_n 相关联的。对于一个给定振动模 n，拉曼张量定义为

$$\begin{pmatrix} E_{sx} \\ E_{sy} \\ E_{sz} \end{pmatrix} = \begin{pmatrix} \alpha_{xx} & \alpha_{xy} & \alpha_{xz} \\ \alpha_{yx} & \alpha_{yy} & \alpha_{yz} \\ \alpha_{zx} & \alpha_{zy} & \alpha_{zz} \end{pmatrix} \begin{pmatrix} E_{0x} \\ E_{0y} \\ E_{0z} \end{pmatrix} \tag{7-11}$$

由此可见，如果下标为 i,j 的张量元不为零，那么 E_{0j} 和 E_{si} 之间的拉曼散射是可能的。拉曼张量元 α_n 是否为零要从群论的计算中来确定。

由上述可知，只有分子在振动过程中，分子的极化率发生变化才属于拉曼活性。而对于红外光谱，分子的偶极矩发生变化才属于红外活性。这就是两种光谱选择定则方面的区别。图7-4用三个简单分子以列表的方式对振动模的红外活性和拉曼活性作一些定性讨论。

图 7-4 中,第 1 行是三种简单分子类型,即同核双原子分子、异核双原子分子与线性三原子分子。第 2 行为它们的振动模,双原子分子只有一种振动模,即伸缩振动,而三原子分子则有三种振动模式,它们是对称伸缩振动、反对称伸缩振动和弯曲振动。第 3 行是极化率对在平衡位置附近对位移的变化率,$(d\alpha/dq)_0$。第 4 行是相应的拉曼活性。对于双原子分子,伸缩振动引起它们的极化率发生变化,$(d\alpha/dq) \neq 0$,所以具有拉曼活性。对于三原子分子来说,只有对称伸缩振动,极化率才是变化的,具有拉曼活性,反对称伸缩振动和弯曲振动时,极化率都不发生变化,$(d\alpha/dq) = 0$,没有拉曼活性。第 5、6 行是偶极矩在平衡位移的变化率及相应的红外活性,同核双原子分子的伸缩振动与三原子分子的对称伸缩振动,不会引起偶极矩变化,没有红外活性,而异核双原子分子的伸缩振动、三原子分子的反对称伸缩振动及弯曲振动,它们的偶极矩会发生变化,所以有红外活性存在。

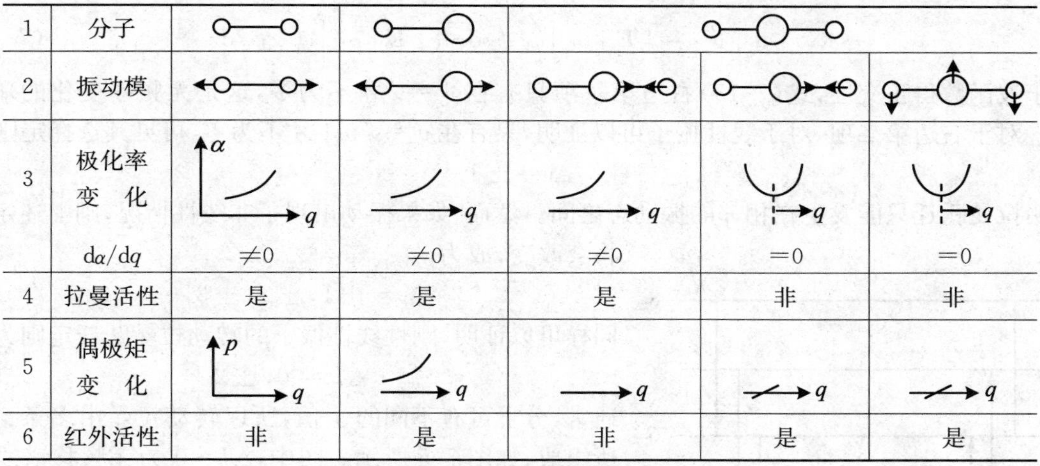

1	分子	○—○	○—○	○—○—○		
2	振动模	←○—○→	←○—○→	○→○←○	○→○←○	↕○↕
3	极化率变化	α 曲线	曲线	曲线	抛物线	抛物线
	$d\alpha/dq$	$\neq 0$	$\neq 0$	$\neq 0$	$= 0$	$= 0$
4	拉曼活性	是	是	是	非	非
5	偶极矩变化	p 平直	曲线	曲线	斜线	斜线
6	红外活性	非	是	非	是	是

图 7-4 拉曼与红外的选择定则缘源

由图 7-4 可知,虽然有一些分子(如异核双原子分子)既有拉曼光谱,又有红外吸收光谱,但有些跃迁只能在拉曼光谱中观察到,而另一些只能在直接吸收光谱中观察到,也有一些跃迁在吸收光谱或 Raman 光谱中部观察不到。一般来说,极性基团的振动、分子的非对称振动使分子的偶极矩发生变化,因而是红外活性的;非极性基团的振动、分子的全对称振动使分子的极化率发生改变,产生拉曼活性。大多数有机分子一般具有不完全的对称性,因而在红外与拉曼光谱中都有反映。极性基团与分子的非全对称振动产生红外吸收带,一些强极性基团,如:—OH,—C≡O,—C—X(X 为卤素)等在红外光谱中有强吸收带,而测不到拉曼光谱。非极性的、但易于极化的键(或基团),如:—C=C—C=C—,—N=N—,—S—S—等,不会产生红外光谱,但有明显的拉曼光谱。由此可见,红外与拉曼这两种光谱技术是相互补充的,我们可以从它们间的结合中获得关于分子结构的丰富而完整信息。

在量子力学里，能量间的跃迁的选择定则是用量子数的变化来表示的。拉曼散射的诱导电偶极矩矩阵为

$$\langle n \mid \boldsymbol{\mu} \mid m \rangle = \int \phi_n^* \boldsymbol{\mu} \phi_m \mathrm{d}\tau$$

ϕ_n 与 ϕ_m 为系统的状态波函数。代入式(7-10)，得

$$\langle n \mid \boldsymbol{\mu} \mid m \rangle = \mid \boldsymbol{E} \mid \int \phi_n^* \alpha \phi_m \mathrm{d}\tau \tag{7-12}$$

对线性振子的振动，极化率 α 可以写为

$$\alpha = \alpha_{0\nu} + \alpha_{0\nu}' x \tag{7-13}$$

式中 $\alpha_{0\nu}' = \partial\alpha/\partial x$，代入式(7-12)，

$$\langle \nu' \mid \boldsymbol{\mu} \mid \nu'' \rangle = \mid \boldsymbol{E} \mid \alpha_{0\nu} \int \phi_{\nu'}^* \phi_{\nu''} \mathrm{d}\tau + \mid \boldsymbol{E} \mid \alpha_{0\nu}' \int \phi_{\nu'}^* x \phi_{\nu''} \mathrm{d}\tau \tag{7-14}$$

由于波函数得正交性，式(7-13)右边第一项只有在 $\nu' = \nu''$ 才不为零，这是无频率变化的瑞利项。对于右边第二项，对于线性振子可以证明，只有在 $\nu' = \nu'' \pm 1$ 才不为零，可见其选择定则为

$$\Delta\nu = \pm 1$$

说明拉曼跃迁只能发生在相邻的振动态之间。然而，如果振动出现了非线性情况，则上述定则将会改变，成为

$$\Delta\nu = \pm 1, \pm 2, \pm 3, \cdots$$

同样可以证明，刚性线性振子的转动拉曼跃迁定则为

$$\Delta J = 0, \pm 2$$

通常，分子可有不同的 J 值，所以转动拉曼由多条谱线所组成，如图 7-5 所示。图中，$\Delta J = 0$ 为无频移谱线，$J \to J+2$ 为长波方向的谱线，即斯托克斯线；$J+2 \to J$ 为短波方向的谱线，即反斯托克斯线。图 7-6 为氧分子 O_2 的转动拉曼光谱图。

三、拉曼信号强度

1. 拉曼信号强度

拉曼散射光的强度与散射物质的性质有关。按照原子的偶极辐射原理，分子的斯托克斯频率的感应偶极矩为 $\boldsymbol{\mu}(\omega_S)$ 的辐射功率为

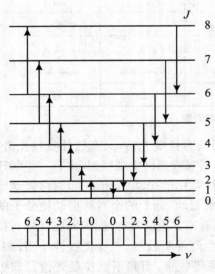

图 7-5　刚性线性振子的转动
拉曼能级跃迁

$$p(\omega_S) = \frac{\omega_S}{3c^3} \mid \boldsymbol{\mu}(\omega_S) \mid^2 \tag{7-15}$$

由于 $\boldsymbol{\mu}(\omega_S) = 1/2(\partial\alpha/\partial q)q_0\boldsymbol{E}_L$，式(7-15)可以改写为

$$P(\omega_S) = \frac{\omega_S}{3c^3}\left(\frac{1}{2}\frac{\partial\alpha}{\partial q}q_0\boldsymbol{E}_L\right)^2 \tag{7-16}$$

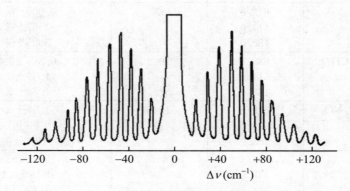

图 7-6　氧分子 O$_2$ 的转动拉曼光谱

通常用微分散射截面来表征物质的拉曼散射能力，微分散射截面的定义为

$$\frac{\mathrm{d}\sigma}{\mathrm{d}\Omega} = \left(\frac{\partial\alpha}{\partial q}q_0\right)^2\left(\frac{\omega_S}{c}\right)^4 \tag{7-17}$$

表 7-1 为几种分子的拉曼频移与微分截面。一块厚度为 l 的介质，在 ω_S 频率上发射的散射光的功率 $P(\omega_S)$ 为

$$P(\omega_S) = P(\omega_L)Nl\left(\frac{\mathrm{d}\sigma}{\mathrm{d}\Omega}\right)\Delta\Omega \tag{7-18}$$

式中，$P(\omega_L)$ 为入射光的总强度，N 为单位体积内的分子数，$\Delta\Omega$ 为收集立体。

由表 7-1 可见，拉曼散射的微分截面的典型数值为 10^{-30} cm^{-2} · Ω^{-1}。对于 1 cm 长的 1 Torr 气压的气体样品，每立体角的信号强度约为 $P(\omega_S) = 10^{-14}P(\omega_L)$，由此可见，自发散射拉曼信号的强度是十分微弱的。

2. 共振拉曼散射

前面已经指出，当拉曼散射的中间态与分子的真实本征态发生重合时，拉曼散射的截面会大大增加。其实，根据能级的跃迁情况，拉曼散射可以分为：正常拉曼散射、预共振拉曼散射、分列共振拉曼散射与连续共振拉曼散射四类，如图 7-7 所示。正常振动拉曼散射是在虚态与任何电子态相距远离时的情况。当虚态接近于激发电子态的振动和转动本征态时，这种情况

称为预拉曼散射。当虚态位于激发电子态的振动和转动本征态上时,发生所谓分列共振拉曼散射。而当虚态处在离解限上面的连续区内时,发生所谓连续共振拉曼散射。

表 7-1　几种分子的拉曼频移与微分截面

物质	激发波长 nm	频移 ν_R (cm^{-1})	微分截面 ($d\sigma/d\Omega$) 10^{-29} cm^2 分子$^{-1}$立体角$^{-1}$
苯(C_6H_6)	632.8	992	0.800±0.029
	514.5		2.57±0.08
	488.0		3.25±0.10
氯苯($C_6H_5CH_3$)	632.8	1002	0.353±0.013
	514.5		1.39±0.05
	488.0		1.83±0.06
硝基苯($C_6H_5NO_2$)	632.8	1345	1.57±0.06
	514.5		9.00±0.29
	488.0		10.3±0.4
CS_2	694.3	656	0.755
	632.8		0.59±0.034
	514.5		3.27±0.10
	488.0		4.35±0.13
CCl_4	632.8	459	0.628±0.023
	514.5		1.78±0.06
	488.0		2.25±0.07

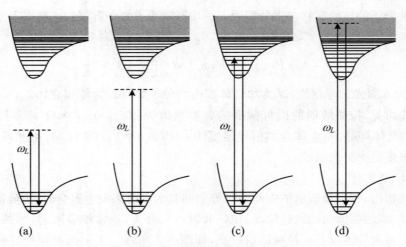

图 7-7　拉曼散射的四种类型

在共振拉曼情况下,拉曼散射功率的经典表达式(7-15)不再适用,代之以量子力学的表达式。与式(7-15)对应的量子力学表达式为

$$I_{mn} = \frac{8\pi}{3}(\omega_L \pm \omega_R)^4 \sum_{ij} |(\alpha_{ij})_{mn}|^2 I_0 \qquad (7-19)$$

式中,I_0 与 ω_L 为入射激光的强度与它的频率,ω_R 为拉曼振动频移,c 为光速,i 和 j 可以为 x、y 或 z,α_{ij} 为极化张量元。对于近共振拉曼散射或共振拉曼散射,拉曼散射强度公式(7-19)已不再成立,这时,态 m 与 n 之间的极化张量元 α_{ij} 为

$$(\alpha_{ij})_{mn} = \sum_r \left[\frac{R_j^{rm} R_i^{nr}}{\varepsilon_r - \varepsilon_m - \varepsilon_0 + \Gamma_r} + \frac{R_j^{rm} R_i^{nr}}{\varepsilon_r - \varepsilon_n + \varepsilon_0 + \Gamma_r} \right] \qquad (7-20)$$

式中,i 和 j,和式(7-19)中相同,可以为 x、y 或 z,r 为任意的中间态。R_i 和 R_j 为相应态间的跃迁矩阵元,ε_r、ε_m、ε_n 为态的能量,ε_0 为入射激光的能量。当 $\varepsilon_0 = \varepsilon_r - \varepsilon_m$ 时,而态 r 处在连续区,则入射光被吸收并产生共振拉曼散射,Γ_r 为中间态的衰减常数。当发生共振拉曼散射时,式(7-16)中的第一项的分母仅剩下 Γ_r,说明这项在共振区中大大地增大了。一般共振拉曼散射线的强度可比正常拉曼谱线的强度增加 $10^4 \sim 10^6$ 倍。所以在共振拉曼散射对于实际的光谱研究是很有意义的。

但并不是在所有的情况下都能得到共振拉曼散射的,如果被测物质在近红外、可见或紫外光区没有电子吸收带,也就无法达到共振条件;某些物质在这些光谱区虽有电子吸收带,但是在激光激发下具有强烈的荧光发射,形成了对拉曼散射的干扰,甚至出现对拉曼谱产生湮灭的现象;某些物质激光照射下会出现光化反应。由于这些因素,这些物质就不能采用共振拉曼散射的方法来研究。

四、激光拉曼光谱实验装置

1. 一般装置

不论普通激光拉曼散射,还是共振激光拉曼散射,其实验装置基本上是相同的,它们由样品池、激光照射系统、散射光收集与分光系统、信号处理系统等部分组成。图 7-8 是激光拉曼光谱仪的典型装置。

(1)激光照射系统。激光光源通常采用 He-Ne 激光器的 632.8 nm 和氩离子激光器的 514.5 nm 固定波长的激光谱线。但是如果需要进行共振拉曼激光测量,就要求使用可调谐激光器,例如可以使用氩离子激光泵浦的染料激光器,通过调谐激光波长来寻找合适的共振拉曼能级。近年为了进行生物大分子等方面的研究,发展用高功率的准分子紫外激光进行拉曼光谱测量。例如,采用准分子激光泵浦染料激光,并经 BBO 晶体与 KDP 晶体倍频,可获得从

$220\sim970$ nm 波段范围内连续可调的激发光源。近年来我国也在大力开发共振拉曼激光光谱测量系统的研究，为开展生物大分子与其他分子相互作用的紫外拉曼光谱提供有效的研究手段。

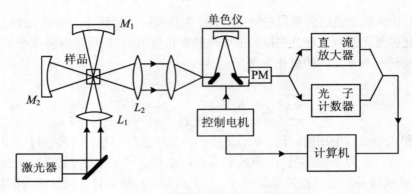

图 7-8　激光拉曼光谱实验装置

如图 7-8 所示，在激光照射光学系统中，除激光器外，还有透镜 L_1 与反射镜 M_1。透镜 L_1 将激光束聚焦于样品上，反射镜 M_1 对透射过样品的光再反射回样品，以提高对光束能量的利用，增强信号的强度。这种设置对于弱吸收的气体样品是比较有效的。对于固体、液体及强吸收等样品。

（2）样品池。与吸收光谱中采用的方法相同，在拉曼光谱技术中也可以将样品放在激光腔内，或是放在激光腔外。将样品放入激光腔内时，检测灵敏度将会显著地增加。然而，内腔工作方式只对于弱吸收的样品适用，对于大多数样品，特别是液体、固体等物质，一般都置于激光腔外。

样品池的式样由试样的材料决定。对于常量样品，可以放在常规的试剂瓶、安瓿瓶中，对于微量样品，包括液体、固体、微晶等可放入毛细管中。由于激光经聚焦后功率密度很高，在聚焦点上，会产生局部的样品过热现象，以致使某些有机物、生物高分子化合物出现分解的可能。为此常采用一种特殊装置，将样品装置于高速旋转的电机上，使激光的光束聚焦点相对于样品表面产生高速相对运动，从而避免了样品的局部过热。图 7-9 给出了三种常用的样品旋转装置。

（3）散射光的收集与分光系统。通常，拉曼散射信号是十分微弱的。例如，当激光束的功率为 1W 时，光电倍增管上接收到的拉曼散射功率仅为 $10^{-10}\sim10^{-11}$ W。为了尽可能的获得大的拉曼散射信号，需要提高对散射光的收集率，因此，透镜 L_2 的设计要考虑到最佳的收集立体角，并要和单色仪的收集立体角相匹配。图 7-8 中的凹面反射镜 M_2，其目的也是为了增加对散射光的收集立体角。

分光系统一般采用光栅单色仪。对单色仪的要求是光谱纯度高，即单色仪所调到的窄带区 $\omega\pm\delta\omega$ 同其他频率的光的区分能力。单色仪分辨不同光谱的能力决定于单色仪本身的分辨率、色散和狭缝宽度。除了分辨率外，分光系统还要有优良的抑制杂散光的能力。一般来说，单个单色仪的杂散光抑制能力是不够的，为此，常将两个单色仪组成双联单色仪，甚至组成三联单色仪。当采用双联单色仪时，它的分辨率可达 $0.5\ \text{cm}^{-1}$，杂散光为 $10^{-11}\ \text{W}$。

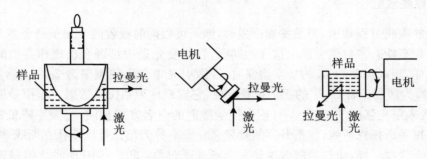

图 7-9　几种拉曼池旋转装置

近来在光谱仪上的一个重要的改进是采用阶梯光栅。阶梯光栅具有很高的色散率，但是对不同级次的重迭不能很好解决。现在可采用 CCD 检测器，它与阶梯光栅组成直角的低分辨率光栅，能使不同级次相互错开。这种光谱仪的还具有覆盖波数范围很宽的优点，一次采集就以高分辨率覆盖全部的振动模频率范围。

（4）信号处理系统。现代的激光拉曼光谱仪通常采用光电技术方法处理散射信号，这是将光电倍增管（在多道检测时采用光电列阵器件或电荷耦合器件—CCD）安装于单色仪的出光口。信号处理系统包括直流放大器或光子计数器、记录仪等部分。对于信号较强的拉曼光谱，可在光电倍增管输出直接送到放大器进行放大，而对于微弱的拉曼信号则进入单光子计数器，这时光电倍增管的选择要符合单光子计数的要求。在现代的激光拉曼光谱仪中还常采用计算机控制技术，使拉曼信号的采集、处理与定标等集于一身。

2. 荧光干扰的消除

用激光激发分子，不可避免产生荧光发射，特别共振拉曼涉及在电子吸收带附近的激发，分子发射的荧光的波长也往往与拉曼线波长相近，因此造成对拉曼检测的强烈干扰。解决荧光干扰的办法一是添加适当的猝灭剂使荧光猝灭，或者将样品冷却，或用基质隔离减弱荧光，也可适当改变激发波长，使拉曼线与荧光线分离。

在实验技术上，还可以采用时间鉴别技术，从测量时间上避开对发射荧光的接收。这是因为从发射过程上,荧光发射与拉曼发射是不同的。荧光发射是受激分子在荧光寿命的时间内的再发射过程,拉曼散射是在由测不准关系所确定的时间内对分子振动态的布居过程。由此可见,拉曼发射很快,约 10^{-14} s,荧光寿命则要长得多,通常在 $10^{-8} \sim 10^{-12}$ s 范围内。在时间分辨拉曼测量中,通常可以采用锁模激光器产生的超短脉冲激发,使用具有电子快门的光子计数器处理,就可实现时间鉴别,把拉曼光谱信号从强荧光背景中提取出来。

五、超拉曼散射

从原子的吸收过程知道,当激发光很强时,原子可以同时吸收两个光子乃至多个光子而从低能态跃迁到高能态。自然会提出这样的问题,在拉曼光谱中是否会出现相类似的情况出现呢? 确实这样,当入射激光 ω_0 的功率增强时,在散射光中会出现频率为 $2\omega_0 \pm \omega_R$,甚至为 $3\omega_0 \pm \omega_R$ 的分量,为区别于 $\omega_0 \pm \omega_R$ 的正常拉曼散射,它们被称为超拉曼散射。超拉曼散射谱线很弱,一般仅为入射光强度的 10^{-13}。与正常拉曼散射的命名方式相同,将频率降低的 $2\omega_0 - \omega_R$ 分量称为超拉曼斯托克斯线,频率升高的分量 $2\omega_0 + \omega_R$ 称为超拉曼反斯托克斯线。

与双光子吸收一样,超拉曼散射也是一个三光子过程,如图 7-10 所示。但是超拉曼散射与双光子吸收有本质的差别,两者的主要差别是:在双光子吸收中只有中间能级是虚能级,它的上能级是一个分子的本征能级;而在超拉曼散射过程中,分子在吸收两个入射光子 $h\nu_L$ 与散射一个光子 $h(2\nu_L \pm \nu_R)$ 的过程中都涉及了虚能级,即存在两个虚能级。

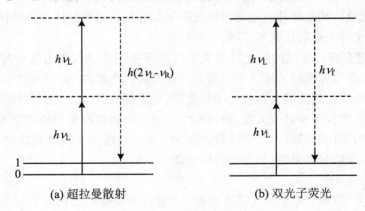

(a) 超拉曼散射   (b) 双光子荧光

图 7-10 超拉曼散射能级图

在理论解释上,超拉曼是由诱导偶极矩式(7-1)中的二阶分量 $\boldsymbol{\mu}_i^{(2)}$ 产生的

$$\boldsymbol{\mu}_i^{(2)} = \beta_{ijk} \boldsymbol{E}_j \boldsymbol{E}_k \tag{7-21}$$

β_{ijk} 是超极化率 β 张量的元素,β 是三阶张量,因此 β_{ijk} 有 27 个元素,式(7-21)可写为

$$\begin{pmatrix} \boldsymbol{\mu}_x^{(2)} \\ \boldsymbol{\mu}_y^{(2)} \\ \boldsymbol{\mu}_z^{(2)} \end{pmatrix} = \begin{pmatrix} \beta_{xxx} & \beta_{xyy} & \beta_{xzz} & \beta_{yzx} & \beta_{xyz} & \beta_{zxx} \\ \beta_{yxx} & \beta_{yyy} & \beta_{yzz} & \beta_{xyy} & \beta_{zyy} & \beta_{xyz} \\ \beta_{zxx} & \beta_{zyy} & \beta_{zzz} & \beta_{xyz} & \beta_{yzz} & \beta_{xzz} \end{pmatrix} \begin{pmatrix} E_x^2 \\ E_y^2 \\ E_z^2 \\ 2E_xE_y \\ 2E_yE_z \\ 2E_zE_x \end{pmatrix} \tag{7-22}$$

为简单起见,设入射光是 $E_x = E_y = 0, E_z \neq 0$ 的偏振光。于是式(7-22)可以简化为

$$\boldsymbol{\mu}_x^{(2)} = \beta_{xxx} E_x^2$$

略去脚标后有

$$\boldsymbol{\mu}^{(2)} = \beta E^2 \tag{7-23}$$

设分子以频率为 ω_R 作谐振动,即在分子坐标中 $q = q_0 \cos\omega_R t$。在一级近似下,β 对分子简正坐标 q 的依赖关系为

$$\beta = \beta_0 + \left(\frac{\partial \beta}{\partial q}\right)_0 q \tag{7-24}$$

将式(7-24)代入式(7-23),考虑到入射光电场为频率为 ω_0 正弦场,经过一些三角变换后可得

$$\boldsymbol{\mu}^{(2)} = \boldsymbol{\mu}^{(2)}(\omega = 0) + \boldsymbol{\mu}^{(2)}(2\omega_0) + \boldsymbol{\mu}^{(2)}(2\omega_0 \pm \omega_R) + \boldsymbol{\mu}^{(2)}(\omega_R) \tag{7-25}$$

其中

$$\boldsymbol{\mu}^{(2)}(\omega = 0) = \frac{1}{2}\beta_0 E_0^2 \tag{7-26}$$

$$\boldsymbol{\mu}^{(2)}(2\omega_0) = \frac{1}{2}\beta_0 E_0^2 \cos 2\omega_0 t \tag{7-27}$$

$$\boldsymbol{\mu}^{(2)}(2\omega_0 \pm \omega_R) = \frac{1}{4}\left(\frac{\partial \beta}{\partial q}\right)_0 q_0 E_0^2 \{\cos(2\omega_0 + \omega_R)t + \cos(2\omega_0 - \omega_R)t\} \tag{7-28}$$

$$\boldsymbol{\mu}^{(2)}(\omega_R) = \frac{1}{2}\left(\frac{\partial \beta}{\partial q}\right)_0 q_0 E_0^2 \cos\omega_R t \tag{7-29}$$

由式(7-26)至(7-29)诸式可见,所有二阶诱导偶极矩都与场强的平方成正比。$\boldsymbol{\mu}^{(2)}(\omega = 0)$ 为常数项,表示产生了静电场;$\boldsymbol{\mu}^{(2)}(\omega_R)$ 产生以分子振动频率的辐射,这是红外辐射;$\boldsymbol{\mu}^{(2)}(2\omega_R)$ 产生频率为 $2\omega_0$ 的辐射,称为超瑞利散射;最后,$\boldsymbol{\mu}^{(2)}(2\omega_0 \pm \omega_R)$ 产生频率为 $2\omega_0 \pm \omega_R$ 的辐射,即超拉曼斯托克斯线与超拉曼反斯托克斯线。

超拉曼散射光谱的实验装置与普通拉曼光谱仪没有本质差异。只是因为超拉曼散射比普通拉曼散射更弱,因此从单色仪出射的超拉曼线一般都用光子计数处理。有时,为了不使测试时间拉长,可以采用光学多道光谱处理系统。

由式(7-28)可知,出现超拉曼散射的条件是 $(\partial \beta / \partial q)_0 \neq 0$。但与正常拉曼散射的选择定则

不同,在具有中心对称的分子中,超极化率 β 可以为零,此时由式(7-27)可知,在散射光中不会出现超瑞利散射光,这对于接收超拉曼散射特别有利。此外,有些对于红外与正常拉曼都是非活性振动,但对于超拉曼散射却是活性的。图 7-11 给出了乙烷 C_2H_6 的超拉曼线。乙烷分子属于 D_{3d} 点群,具有中心对称,所以没有超瑞利线。在 D_{3d} 点群中,a_{1u},a_{2u} 和 e_u 对称振动是超拉曼允许的,但只有 a_{2u} 和 e_u 振动是电偶极允许的。在波数 $3000\ cm^{-1}$ 附近的强 $2\tilde{\nu}$ 带包括了 CH 的伸缩振动 $\nu_2(a_{2u})$ 和 $\nu_u(e_u)$,在 $1400\ cm^{-1}$ 附近是 CH_3 的扭曲振动 $\nu_6(a_{2u})$ 和 $\nu_8(e_u)$,在 $900\ cm^{-1}$ 附近的是分子整体的弯曲振动 $\nu_9(e_u)$。而在 $300\ cm^{-1}$ 附近的带是红外与拉曼均为非活性的 a_{1u} 扭曲振动。

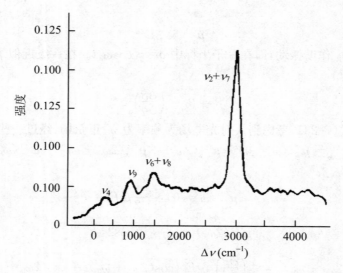

图 7-11 乙烷 C_2H_6 的超拉曼线

六、表面增强拉曼光谱

表面增强拉曼散射(Surface-Enhanced Raman Scattering-SERS)是一种高灵敏度的拉曼散射检测技术。SERS 现象是:当分子吸附在某种金属表面时,其散射截面比不吸附时增大好几个数量级,例如当吡啶分子吸附于银电极表面时,其散射截面比常态吡啶分子增大了 5~6 个数量级。其主要特点表现为:

(1)表面增强拉曼散射与吸附金属种类有关,目前发现有表面增强效应的金属有:金、铜、银、锂、钠、钾等,其中以银的增强效应最显著。

(2)与吸附金属表面的粗糙度有关,当金属表面具有微观(原子尺度)或亚微观(纳米尺

度)结构时,才有表面增强效应,实验发现,当银的表面粗糙度为 100 nm,当铜的表面粗糙度为
50 nm 时,增强效应较大。

(3) 由式(7-12)可知,正常拉曼散射光的强度与激发光的频率的四次方成正比,而对表面
增强拉曼散射这一关系并不成立,表现为宽频带的共振关系。与此相关,选择定则也放宽了,
实验发现,某些只有红外活性的介质,却测量到了增强拉曼散射信号。

(4) 表面增强拉曼散射与分子的振动模式有关,振动模式不同,增强因子也不同;此外如
在分子的吸收带内激发,会有更大的增强因子,最大时增强因子可达约 10^8。

目前对表面增强拉曼散射的理论还不完善,一般从物理与化学两方面去进行解释。在物
理方面,假设表面是由一些与入射波长相当的金属球组成,当入射光子和金属球相互作用时,
金属球的电子产生位移,因而产生振荡偶极子并发射拉曼光。振荡偶极子有自己的固有振荡
频率,振荡频率的大小决定于金属的种类与颗粒的形状与大小。固体理论中,常用等离子体描
述金属中自由电子气的集体振动。在忽略阻尼时,它的振动频率为

$$\omega = 4\pi Ne^2/m$$

这里,N 为电子密度,e 和 m 为电子的电荷与质量。对于金、铜、银等金属,它们位于可见到近
红外区,当入射光的频率和振荡偶极子的固有振荡频率相等时,就产生共振效应。该理论认
为,对于阻抗较大的 d 区过渡族金属,拉曼散射的增强效应不会很大,而在入射光作用下几乎
可以产生自由电子的金属,即金、铜、银、锂、钠、钾等,如实验结果那样,应有很强的增强拉曼
散射效应。这种模型被称为等离子体共振模型,此外还有所谓镜象场模型与天线共振模型等多
种理论。

从化学方面来看,分子极化率 α 的增强与膜层及基体的相互作用有关。膜层分子与金属
基体间发生电荷转移,或者说两者形成了化学键,会使极化率 α 增加。以金属铜吸附吡啶为
例,吡啶分子有充满电子的 π 轨道和空 π^* 轨道,Cu 的外层电子的排列为 $3d^{10}4s^1$,在可见光子
的作用下,充满电子的 $3d$ 轨道有一个电子跃迁到吡啶分子的空 π^* 轨道上。这种电子迁移会
使 Cu 的极化程度增强,从而增强了拉曼散射。在对吡啶分子在银胶体溶液中的吸附研究表
明,吡啶分子在银胶体表面吸附有"平躺"和"竖立"两种状态。当吡啶分子"平躺"于银胶体表
面时,认为是依靠吡啶分子的 π 键上的电子与银表面的作用。当吡啶分子"竖立"在银胶体表
面时,是依靠吡啶氮原子上提供的孤对电子与银成键的维系作用。后者比前者更为稳定。

第二节　相干反斯托克斯拉曼散射光谱

如上所述,自发拉曼散射光的强度是相当弱的,这给测量带来了许多困难。自发拉曼效应
是一阶线性极化效应,但是实验研究发现,随着激光功率的提高,由强激光电场诱导的二次以

上的高阶极化现象越来越显著,产生了一些新的拉曼散射现象。这些拉曼散射光具有良好的方向性与相干性,所以称它们为相干拉曼散射。相干拉曼散射现象有:受激拉曼散射(SRS)、受激拉曼增益散射(SRGS)与逆拉曼散射(IRS)、相干斯托克斯拉曼散射(CSRS)与反斯托克斯线拉曼散射(CARS)、拉曼诱导克尔效应(RIKES)等。这些新的拉曼散射现象的共同特点是信号强度大,可比自发拉曼散射光的强度提高 10^9 量级。用相干拉曼散射进行光谱测量,发现了一些用自发拉曼散射无法发现的光谱信息,此外,相干拉曼散射还有其他一些重要应用。

一、三阶非线性极化系数

如上节所述,用经典的方法处理拉曼散射时,将入射光对分子作用看成为使分子产生诱导偶极矩:

$$\boldsymbol{\mu}_i = \boldsymbol{m}_i + \alpha_{ij}\boldsymbol{E}_j + \beta_{ijk}\boldsymbol{E}_j\boldsymbol{E}_k + \gamma_{ijkl}\boldsymbol{E}_k\boldsymbol{E}_l \tag{7-30}$$

各种光学现象都可以用光诱导偶极矩来解释。式(7-30)右边第二项与入射光电场 $\boldsymbol{E}$ 成正比,是线性项,α_{ij} 称为线性极化率,它产生各种线性光学现象,自发拉曼散射的产生有赖于这一项。右边第三项是电场的平方项,除了上述的超拉曼散射,超瑞利散射外,还有产生二次谐波、和频与差频等等混频现象。更高次电场的三次非线性项,是产生相干拉曼散射和三次谐波等非线性光学现象的根源。本节与下节主要讨论电场的三次非线性项。

忽略常数项,可把式(7-1)改写为

$$\boldsymbol{\mu} = \chi^{(1)}\boldsymbol{E} + \chi^{(2)}\boldsymbol{E}^2 + \chi^{(3)}\boldsymbol{E}^3 \tag{7-31}$$

$\chi^{(1)}$、$\chi^{(2)}$、$\chi^{(3)}$ 分别为一阶、二阶和三阶极化率张量。极化强度 $\boldsymbol{P}$ 与感应偶极矩 $\boldsymbol{\mu}$ 的关系为

$$\boldsymbol{P} = N\xi\boldsymbol{\mu} \tag{7-32a}$$

式中,N 为分子密度,ξ 为表示宏观作用场与介质中局域场关系的因子。大多数光学折射率接近于 1 的物质,宏观作用场与局域场是相等的。因此有

$$\boldsymbol{P} = N\boldsymbol{\mu} \tag{7-32b}$$

$$\chi^{(1)} = N\alpha ; \quad \chi^{(2)} = N\beta ; \quad \chi^{(3)} = N\gamma$$

本节有兴趣的是三阶张量 $\chi^{(3)}$,它的计算要用到量子力学,推导过程及表达式比较复杂,完整的介绍它们超出了本书的要求,我们只是在某些必要的场合给出一些简化的结果。

为简单起见,我们不考虑极化率的张量性质,而把它看做为标量。在这种情况下,三阶极化强度有

$$\boldsymbol{P}^{(3)}(\boldsymbol{r}, t) = \chi^{(3)}\boldsymbol{E}^3(\boldsymbol{r}, t) \tag{7-33}$$

由三阶极化强度 $\boldsymbol{P}^{(3)}(\boldsymbol{r}, t)$ 可以推导出许多三阶非线性现象。这些非线性现象有如下特点:

(1) 三阶非线性现象与介质的对称性无关。

（2）参与三阶非线性光学过程是四光子过程，通称为四波混频。在参与作用的四光子中，三个光子来自入射波，另一个光子为新产生的，因此 $\chi^{(3)}$ 是四个光子频率的函数。

（3）由于是四波混频，三个入射光子的频率可以是相等的，也可以不等。四波的混频过程便产生出众多的频率分量，它们分别对应不同的非线性光学现象。与 $\chi^{(3)}$ 相关的非线性光学现象有：

①三次谐波：$\chi^{(3)}(3\omega;\omega,\omega,\omega)$，产生频率为入射波频率三倍的谐波。

②四波混频：$\chi^{(3)}(\omega_1+\omega_2\pm\omega_3;\omega_1,\omega_2\pm\omega_3)$，产生频率为两束光的频率之和并与第三束光混频的谐波。

③拉曼散射：$\chi^{(3)}(\omega\pm\omega_R;\omega,\omega,\omega\pm\omega_R)$，$\omega_R$ 为分子的振动频率。

④光克尔效应：$\chi^{(3)}(\omega;\omega,\omega,-\omega)$，在拉曼介质内由激光诱导产生的双折射效应。

⑤布里渊散射：$\chi^{(3)}(\omega\pm\Omega;\omega,-\omega,\omega\pm\Omega)$，这是入射光对介质声振动的散射，$\Omega$ 为声子频率，其频率范围约为 $10^{10}\,\mathrm{Hz}$。

⑥ 双光子吸收：$\chi^{(3)}(\omega;\omega,-\omega,\omega)$，入射光对分子的双光子激发。

在 $\chi^{(3)}$ 后的括号中注明了相关非线性光学现象所涉及的光波频率。由此可见，与 $\chi^{(3)}$ 相关的非线性光学现象非常复杂的，本节仅讨论与 $\chi^{(3)}$ 相关的非线性拉曼散射。

二、相干反斯托克斯与斯托克斯拉曼散射

相干反斯托克斯与斯托克斯拉曼散射是一种特殊三阶非线性混频现象。设有频率为 ω_1 和 ω_2 的两束激光入射到样品上，假定 $\omega_1>\omega_2$，并且 ω_1 激光有足够强度。当满足 $\omega_1-\omega_2=\omega_R$，$\omega_R$ 是拉曼活性振动或转动跃迁的频率时，三阶极化系数将产生效率很高的混频。混频产生频率为 ω_3 的拉曼散射光

$$\omega_3 = 2\omega_2 - \omega_1 = \omega_2 - \omega_R \tag{7-34}$$

或

$$\omega_3 = 2\omega_1 - \omega_2 = \omega_1 + \omega_R \tag{7-35}$$

由式（7-34）与（7-35）可见，这种非线性混频是两个 ω_1 光子与一个 ω_2 光子间的混频。由于混频效率很高，混频产生的 ω_3 拉曼散射光强度高，方向性好，具有相干性。式（7-34）的散射光频率 ω_3 低于入射光的 ω_2，称相干斯托克斯（CSRS）散射，式（7-35）的散射光频率 ω_3 与高于 ω_1，称相干反斯托克斯（CARS）散射。从原理上说，CARS 与 CSRS 是两种对称的相干拉曼散射现象，哪一种都不占更多应用优势。但是，由于 CSRS 频率 $\omega_3=2\omega_2-\omega_1$ 既低于频率 ω_2，也低于 ω_1，另一方面，分子受激发射的荧光也低于激发光频率，因此在 CSRS 散射光测量中容易受到

荧光干扰。显然，作为一种实用的光谱技术，采用 CSRS 散射方法是有缺陷的。而 CARS 散射的频率既高于频率 ω_2，也高于 ω_1，因此在 CARS 散射的测量中避开了荧光干扰，这就成了它更受到重视的原因。图 7-12 就是 CARS 过程的能级图。由图 7-12 可见，介质中的式中 CARS 过程是吸收频率为 ω_L 的两个光子，而同时发射一个频率为 ω_S 和一个频率为 ω_{AS} 的光子的过程。

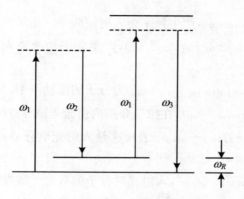

图 7-12　CARS 过程能级图

下面对 $\chi^{(3)}$ 相关的非线性混频产生 CSRS 与 CARS 散射作简单计算。设有两束激光同时入射到拉曼介质上，一束为频率 ω_L 的泵浦光，另外一束为斯托克斯频率光 ω_S，且 $\omega_L-\omega_S=\omega_R$，总的入射光场是这两束光波的迭加。设两个激光场为沿 z 方向传播的平面波

$$E(z,t) = E_L\cos(\omega_L t - k_L z) + E_S\cos(\omega_S t - k_S z) \tag{7-36}$$

产生 CSRS 与 CARS 散射的三阶极化系数 $\chi^{(3)}(-\omega_{AS}, \omega_L, -\omega_S, \omega_L)$，含有 ω_L、ω_S、ω_{AS} 等的频率分量。将式(7-36)代入式(7-33)，进行简单三角的计算之后，可以发现在 $P^{(3)}$ 中出现许多新的频率分量，其中有频率为 $(2\omega_L-\omega_S)$ 的分量，即式(7-35)所说的 CARS 极化分量

$$2\omega_L - \omega_S = \omega_L + (\omega_L - \omega_S) = \omega_L + \omega_R = \omega_{AS} \tag{7-37}$$

CARS 极化强度为

$$P^{(3)}_{CARS}(z,t) = \frac{3}{4}\chi^{(3)}(-\omega_{AS}, \omega_L, -\omega_S, \omega_L)E_L^2 E_S\cos[(2\omega_L - \omega_S)t - (2k_L - k_S)z] \tag{7-38}$$

进一步的讨论需要用到电磁场与物质相互作用方程(3-65)，该方程的思想是：非线性极化是相应频率电磁波的激发源。忽略介质的损耗，即 $\sigma=0$，对于 CARS 极化，方程(3-65)可以改写为

$$\nabla^2 \boldsymbol{E} = \frac{1}{c^2}\frac{\partial^2 \boldsymbol{E}}{\partial t^2} + \mu_0\frac{\partial^2 \boldsymbol{P}^{(3)}_{CARS}}{\partial t^2} \tag{7-39}$$

极化 $P^{(3)}_{\text{CARS}}$ 是产生频率为 ω_{AS} 的电磁波的激发源。将式(7-38)代入式(7-39),就可求得所产生的 CARS 场。考虑到激发波是沿 z 轴传播的平面波,CARS 场是在一定长度的介质中产生的,在小信号近似下,场幅随传播距离的增长和随时间变化相比是慢变化过程,在此近似如下

$$k_{\text{AS}}\frac{\partial}{\partial z}E_{\text{AS}} \gg \frac{\partial^2}{\partial z^2}E_{\text{AS}} \tag{7-40}$$

式中 $k_{\text{AS}}=\omega_{\text{AS}}/c^2$ 为 CARS 波的传播常数。在此近似下,CARS 波的传播方程为

$$\frac{\mathrm{d}E_{\text{AS}}}{\mathrm{d}z} = \frac{\mathrm{i}\omega_{\text{AS}}}{2\varepsilon_0 n_{\text{AS}}c}P_{\text{CARS}}\exp(-\mathrm{i}k_{\text{AS}}z) \tag{7-41}$$

由式(7-41)解出 ω_{AS} 的 CARS 波

$$E(z,t) = E_{\text{AS}}(z)\cos(\omega_{\text{AS}}t - k_{\text{AS}}z) \tag{7-42}$$

在样品中 CARS 波从 $z=0$ 传播到 $z=l$ 后

$$E_{\text{AS}}(l) = \frac{3\pi\omega_{\text{AS}}}{2c}E_L^2 E_s\chi^{(3)}_{\text{CARS}}l\,\frac{\sin(\Delta kl/2)}{(\Delta kl/2)} \tag{7-43}$$

式中,$\Delta k=2k_{\text{L}}-k_{\text{s}}-k_{\text{AS}}$ 为 CARS 场与频率为 $2\omega_{\text{L}}-\omega_{\text{S}}$ 的驱动场之间的相位失配。CARS 场的信号强度为

$$I_{\text{AS}}(l) = \left(\frac{12\pi^2\omega_{\text{as}}}{c^2}\right)^2 I_{\text{L}}^2 I_s\mid\chi^{(3)}_{\text{CARS}}\mid^2 l^2\left[\frac{\sin(\Delta kl/2)}{(\Delta kl/2)}\right]^2 \tag{7-44}$$

因子 $[\sin(\Delta kl/2)/(\Delta kl/2)]^2$ 称相位匹配函数,其图像如图 7-13 所示。当 $\Delta k=0$ 时,达到相位匹配,于是

$$I_{\text{AS}}(l) = \left(\frac{12\pi^2\omega_{\text{as}}}{c^2}\right)^2 I_{\text{L}}^2 I_s\mid\chi^{(3)}_{\text{CARS}}\mid^2 l^2 \tag{7-45}$$

式(7-44)与式(7-45)说明,I_{AS} 随长度 l 而变化,对于一个给定的 Δk 可以定义一个相干长度 l_{c}

$$\sin^2(\Delta kl/2) = (2/\pi)^2$$

得

$$l_{\text{c}} = \pi/\Delta k$$

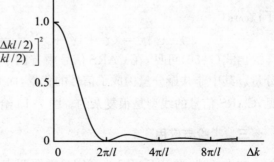

图 7-13　相位匹配函数的归一化曲线

图 7-14 给出了 CARS 光谱中的两种相位匹配方式。对于液体、固体和高压气体等色散介质,CARS 光与泵浦光束方向不同,为相交光束的匹配。对于低压气体等无色散介质采用 CARS 光与泵浦光束方向相同的共线匹配。

为了研究分子 CARS 光谱的频率特性,需要研究 $\chi^{(3)}_{\text{CARS}}$ 与频率的关系。$\chi^{(3)}_{\text{CARS}}$ 可以写为

$$\chi^{(3)}_{\text{CARS}} = \frac{\Delta N c^4}{\hbar \omega_S^4} \frac{d\sigma}{d\Omega} \frac{\omega_R}{\omega_R^2 - (\omega_L - \omega_S)^2 - i\Gamma(\omega_L - \omega_S)} \tag{7-46}$$

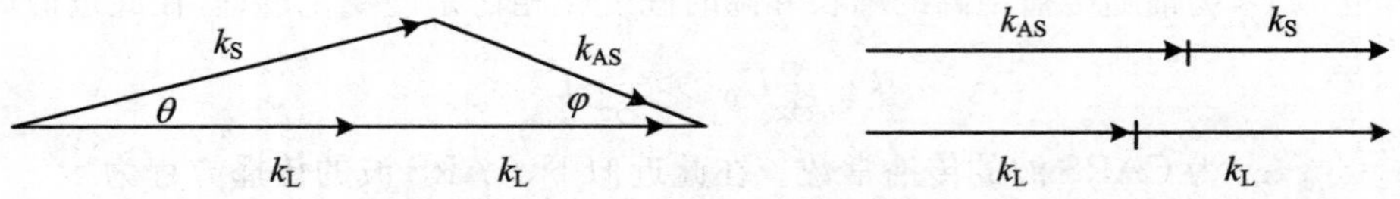

(a) 相交光束的匹配
（适用于液体、固体和高压气体等色散介质）

(b) 共线匹配
（适用于低压气体等无色散气体）

图 7-14　CARS 光谱中的相位匹配

式中，ΔN 为频率为 ω_R 的拉曼跃迁相关的能级间的布居数差，Γ_R 为拉曼跃迁线宽。$\chi^{(3)}_{\text{CARS}}$ 为一复数，将其写成实部与虚部：

$$\chi^{(3)}_{\text{CARS}} = \chi' + i\chi'' + \chi^{\text{NR}} \tag{7-47}$$

式中

$$\chi' = \frac{\Delta N c^4}{\hbar \omega_S^4} \frac{d\sigma}{d\Omega} \frac{\omega_R [\omega_R^2 - (\omega_L - \omega_S)^2]}{[\omega_R^2 - (\omega_L - \omega_S)^2]^2 - \Gamma_R^2 (\omega_L - \omega_S)^2} \tag{7-48}$$

$$\chi'' = \frac{\Delta N c^4}{\hbar \omega_S^4} \frac{d\sigma}{d\Omega} \frac{\omega_R \Gamma_R (\omega_L - \omega_S)}{[\omega_R^2 - (\omega_L - \omega_S)^2]^2 - \Gamma_R^2 (\omega_L - \omega_S)^2} \tag{7-49}$$

χ^{NR} 为非共振的贡献，与 ω_L、ω_S 和 ω_{AS} 无关，是一常数。由式(7-44)可知，CARS 信号强度比例于 $|\chi^{(3)}_{\text{CARS}}|^2$

$$|\chi^{(3)}_{\text{CARS}}|^2 = (\chi' + i\chi'' + \chi^{\text{NR}})^2 = (\chi')^2 + (\chi'')^2 + (\chi^{\text{NR}})^2 + 2\chi'\chi^{\text{NR}} \tag{7-50}$$

由式(7-50)可见，在 CARS 信号中有四个分量：色散分量、共振分量、非共振分量与交叉分量。其中非共振分量构成了信号的背景，而交叉分量随调谐频率而或正或负地变化，由此可见，CARS 信号的线型是很复杂的。图 7-15 给出了 $\chi^{(3)}_{\text{CARS}}$ 与 $|\chi^{(3)}_{\text{CARS}}|^2$ 随频率的变化曲线。

三、实验与应用

如上所述，进行 CARS 光谱实验需要两束激光，一束为频率 ω_L 的泵浦光，另外一束为斯托克斯频率光 ω_S，是通过对差频 $\omega_L - \omega_S$ 扫频获得 CARS 拉曼光谱，因此两束激光中要有一束的频率是可调谐的。由式(7-44)可知，拉曼信号的强度 I_{AS} 比例于 $I_L^2 I_s$，因此在 CARS 光谱实验中，要用强激光泵浦，以利于增强信号，通常还常将光束聚焦成 $50 \sim 200~\mu\text{m}$ 大小的光斑。然而，当激光太强时，会在聚焦光斑处出现光学击穿或由强激光电场诱导产生动态斯塔克效应，所以应有一个最大聚焦强度的限制值。

　　在 CARS 光谱实验中,一些常见的脉冲染料激光器,如氮分子、准分子激光等泵浦的染料激光都可以使用,但是习惯上 Nd:YAG 激光器用得最多。通常将 YAG 激光的二次谐波(532 nm)作为频率 ω_L 固定的泵浦光束,而用它泵浦染料产生的可调谐激光为斯托克斯频率光 ω_S。两束光的脉冲功率都在 1 MW 以上,并要求有高质量的光束,重复频率也较高,常用 $10\sim30$ Hz。

　　图 7-16 是 CARS 光谱实验原理图。两束激光以夹角 θ 入射到样品上,夹角 θ 要满足相位匹配的要求 $\Delta k = 2k_L - k_S - k_{AS} = 0$。对于凝聚介质,$\theta \approx 1\sim3°$,出射的 CARS 光束与入射光也有一夹角 φ。对于无色散的低压气体,$\theta \approx 0°$,这时,出射的 CARS 光束则与入射的聚焦光束是共线的。

　　虽然 CARS 光束有很强的方向性,在检测中可以不用分光仪器进行分光,但在实际的 CARS 光谱实验中,常常还是使用了单色仪。实际上,单色仪的功能是一台高质量的带通滤色器,其目的是将 CARS 光束与入射光分离开来,这点对于 CARS 光束与入射光共线情况特别重要。由于 CARS 光束本身就是一束激光,发散度小,相干性好,因此在进行光谱与空间分离时信号损失很小。如要进行大光谱范围的观测,可以考虑在单色仪的出光口安装光电列阵检测器,采用光学多道分

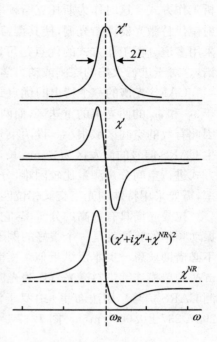

图 7-15　$\chi_{CARS}^{(3)}$ 与 $|\chi_{CARS}^{(3)}|^2$ 随频率变化曲线

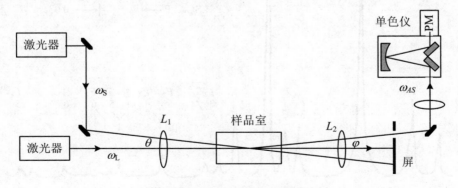

图 7-16　CARS 光谱实验原理图

析工作方式。这时作为斯托克斯频率光 ω_S 光源的染料激光器要在宽带状态工作,即用宽带反射镜代替激光器调谐光栅,使其覆盖整个所研究的波段区域,一般要有 $100\ cm^{-1}$ 以上的带宽。采用多道分析工作方式的优点是可以在一个纳秒或皮秒光脉冲下记录到一个完整的拉曼光谱,这对于进行火焰的探测或动力学的研究是很有意义的。

CARS 光谱的一个特出的优点是可以实现空间分辨测量。这是因为 CARS 信号仅产生于 ω_L 和 ω_S 的两光束的重迭区,而两束光是高聚焦的,光斑面积很小,并要满足相位匹配要求,因此有效的空间区域很小。设两束光的夹角 θ 为 2°,光束直径为 1 cm,透镜焦距为 50 cm,产生 CARS 信号的激发区为 2 mm 长,0.1 mm 直径。对于共线匹配气体样品,采用这样简单的方式进行空间分辨测量比较困难,分辨率仅在 1 cm 以上。在共线匹配情况下的高的空间分辨率,需要采用特殊的光束交叉相位匹配技术。

拉曼光谱具有很高的分辨率,它可用于对理论分子计算的验证,例如,对 D_2 分子的 $Q(2)$ 振动频率的验证就是一个很好的例子。选用氢的同位素作为例子是因为振动频率的计算可以不必借助玻恩-奥本汉默近似。实验中使用功率为 5W 的单模氩离子激光器作为光源 ω_1,50 mW 的单模连续染料激光器作为光源 ω_2,将激光频率调谐于 $Q(2)$ 的峰值,用一米光谱仪来监测 CARS 信号。用法布里-珀罗干涉仪的干涉环作定标,以精确的测量激光频率,结果为 $2987.237\pm0.001\ cm^{-1}$。图 7-17 是气相样品 CH_4 的高分辨 CARS 谱。

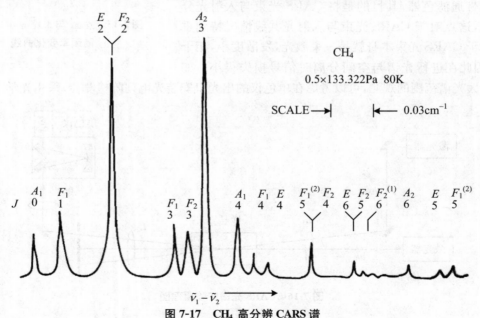

图 7-17　CH_4 高分辨 CARS 谱

第三节　受激拉曼散射

一、受激拉曼散射

1. 基本原理

受激拉曼散射最早是由 Woodbury 等人在 1962 年发现的。当时他们用硝基苯液体作为克尔盒 Q 开关，进行红宝石激光器的调 Q 实验。在实验中他们发现，当红宝石激光通过克尔盒后，在光束中除 694.3 nm 的入射激光的波长外，还有波长为 767.0 nm 的存在。经分析，767.0 nm 谱线为硝基苯的一级斯托克斯拉曼散射线。实验发现，当激光功率增强时，767.0 nm 谱线强度迅速增加，发散角减小，线宽变窄，具有了受激发射性质，它们被称为受激拉曼散射（Stimulated Raman scattering-SRS）。当激发光的功率进一步增强时，可以得到波数为 $\omega_0 \pm n\omega_R$ 的多级斯托克斯与反斯托克斯受激拉曼散射线，这里 ω_0 为入射激光的波数，ω_R 为分子某个拉曼活性振动模频率，$n=1,2,3,\cdots$，表示散射级次。

如果让正向散射光投射到与入射光相垂直的彩色胶片上，就会得到一张彩色的同心圆照片。图 7-18 由红宝石激光器照射液体苯所得的受激拉曼图。各环的颜色，由内到外依次为从暗红到绿，说明受激拉曼散射具有特殊的角度分布。圆中心对应红宝石激光及各级斯托克斯线，694.3 nm 波长为红宝石激光基波波长，颜色为暗红。各级斯托克斯线在长波一侧，进入红外区，它们的发射方向与入射激光相同。中心以外的色环对应于波长较短的各级反斯托克斯线，每级反斯托克斯线都与入射激光有一不同的角度，于是将各级的颜色分离开来。第一个环为红色，它是一级反斯托克斯线，其波长为 649.6 nm（波数 $\bar{\nu}_0+\bar{\nu}_R$ 为 15394 cm^{-1}），第二个环为橙色，它是二级反斯托克斯线，其波长为 610.3 nm（波数为 16836 cm^{-1}），$\cdots$。

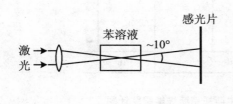
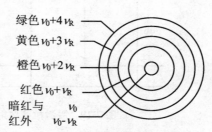

(a) 苯溶液受激拉曼散射实验　　　　(b) 前向受激拉曼散射同心圆

图 7-18

　　受激拉曼散射的方向性很好,散射的方向有前向的与后向的,它们分别称为前向拉曼散射与后向拉曼散射。与自发拉曼效应相比,受激拉曼效应有明显的阈值性。只有当入射光的强度超过某一阈值时才会出现受激的拉曼散射,要用足够强的功率激光照射才能获得。

　　从量子观点来看,拉曼散射是分子振动的声子对入射光散射的结果。声子是由热振动激发的,其相位呈无规分布。对于自发拉曼散射,散射光可以看成入射光与无规相位分布的声子相碰撞的结果。因此虽然入射激光是相干光,但散射光的相位却是无规分布的,是非相干光。但是在受激拉曼散射过程中,相干的入射光被受激的相干声子所散射,因此散射光是相干光。例如对于一级斯托克斯线的受激散射情形,入射光子与介质中声子相碰撞,产生一个斯托克斯散射光子,并增添一个受激声子。这增添的一个受激声子又与入射光子碰撞,又增加一个受激声子,如此等等,重复进行,受激声子数就迅速地增长起来。由于受激声子是在相干光激发下形成的,所以受激产生的散射光也是相干的。

　　由于在受激散射过程中,由泵浦光对斯托克斯线有很高的转换效率,一般可以达到50%,因此受激斯托克斯线的强度是很高的。这条强的受激斯托克斯线,在其产生和传播过程中,又作为泵浦源对介质进一步激发,产生二级受激斯托克斯线,而这二级受激斯托克斯线又可进一步激发出三级,继而四级…等多级受激的斯托克斯线。多级受激的斯托克斯线是拉曼频移器的基础,这是受激拉曼效应一个重要应用。图 7-19 受激拉曼散射中斯托克斯线的能级跃迁能级图。

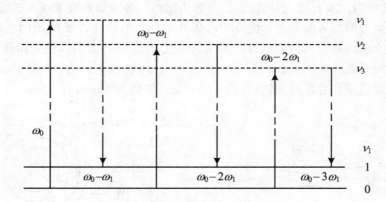

图 7-19　受激拉曼散射中斯托克斯线能级跃迁图

　　受激反斯托克斯线的产生机理比较复杂。与自发拉曼散射情况不同,受激反斯托克斯线的强度与斯托克斯线的强度差别不大,因此不能采用自发拉曼中的反斯托克斯线产生的理论来解释。现在一般将受激反斯托克斯波散射的产生解释为:当发生 $\omega_L - \omega_S = \omega_{AS} - \omega_L$ 的拉曼共振时,泵浦波与斯托克斯波在介质中混频,并诱导产生频率为 $2\omega_L - \omega_S = \omega_{AS}$ 的反斯托克斯波的三阶非线性极化率 $P^{(3)}(\omega_{AS})$。

下面从理论上推导一下受激拉曼散射方程。当入射光足够强时,可以认为有两个光子同时在与分子发生作用,设一个频率为 ω_L 的入射激光,另一个 $\omega_S = \omega_L - \omega_R$ 的斯托克斯频率光。为简单起见,我们仅考虑入射激光 ω_L 与斯托克斯频率光 ω_S 是共线的情况,它们都是沿 z 方向传播的平面波,于是有

$$E(z,t) = \frac{1}{2}E_L e^{i(\omega_L t - k_L z)} + \frac{1}{2}E_S e^{i(\omega_S t - k_S z)} + cc \tag{7-51}$$

SRS 散射中非线性极化率可以写为

$$P_{SRS} = \varepsilon \chi_{SRS}^{(3)}(-\omega_S, \omega_S, -\omega_L, \omega_L) \mid E_L \mid^2 E_S \tag{7-52}$$

式中 $\chi_{SRS}^{(3)}$ 为一复数,将其写成实部与虚部

$$\chi_{SRS}^{(3)} = \chi'_{SRS} + i\chi''_{SRS} \tag{7-53}$$

式中

$$\chi'_{SRS} = \frac{\Delta N c^4}{\hbar \omega_S^4} \frac{d\sigma}{d\Omega} \frac{\omega_R[\omega_R^2 - (\omega_L - \omega_S)^2]}{[\omega_R^2 - (\omega_L - \omega_S)^2]^2 - \Gamma_R^2(\omega_L - \omega_S)^2}$$

$$\chi''_{SRS} = \frac{\Delta N c^4}{\hbar \omega_S^4} \frac{d\sigma}{d\Omega} \frac{\omega_R \Gamma_R(\omega_L - \omega_S)}{[\omega_R^2 - (\omega_L - \omega_S)^2]^2 - \Gamma_R^2(\omega_L - \omega_S)^2}$$

按方程(7-39),SRS 拉曼散射传播的波动方程变为

$$\nabla^2 E_S = \mu_0 \varepsilon \frac{\partial^2 E_S}{\partial t^2} + \mu_0 \frac{\partial^2 P_{SRS}}{\partial t^2} \tag{7-54}$$

仅考虑一维情况,且将泵浦激光 E_L 的强度近似地看成是常数。设斯托克斯波为

$$\widetilde{E}_S(z,t) = E_S(z,t) e^{i(\omega_S t - k_S z)} \tag{7-55}$$

将式(7-55)与(7-51)一起代入式(7-54)得

$$\left(k_S - \frac{n_S \omega_S^2}{c^2}\right) E_s = \mu_0 \varepsilon_0 \omega_S^2 E \chi_{SRS}^{(3)} \mid E_L \mid^2 E_S \tag{7-56}$$

式中 k_S, n_S 分别为斯托克斯波的传播常数与折射率。利用 $c^2\mu_0 = 1/\varepsilon_0$,由式(7-56)得斯托克斯波的传播常数方程

$$k_S^2 = \frac{n_S^2 \omega_S^2}{c^2}\left(1 + \frac{\chi_{SRS}^{(3)}}{n_S^2} \mid E_L \mid^2\right) \tag{7-57}$$

利用 $x \ll 1$ 时,$\sqrt{(1+x)} \approx 1 + x/2$,并考虑到 $\chi_{SRS}^{(3)}$ 为复数,则由式(7-55)求得 k_S 为

$$k_S = k'_S + k''_S = \frac{n_S \omega_S}{c}\left(1 + \frac{\chi'_{SRS}}{2n_S^2} \mid E_L \mid^2\right) + i\omega_S \frac{\chi''_{SRS}}{2n_S c} \mid E_L \mid^2 \tag{7-58}$$

式(7-58)中实部使介质的介电常数发生变化,它导致产生介质的光诱导双折射及自聚焦等效应,对 SRS 无直接的影响,而虚部则使斯托克斯波获得增益。斯托克斯波的强度将在传播中增长。

$$|E_S|^2\exp(2k_Sz)=|E_S|^2\exp(G_Sz) \tag{7-59}$$

式中 G_S 为增益系数

$$G_S=\frac{2\pi\chi''_{SRS}}{\lambda_S n_S}|E_L|^2=\frac{4\pi\chi''_{SRS}}{\lambda_S n_S n_L \varepsilon_0 c}I_L \tag{7-60}$$

式(7-60)中 $I_L=n_L\varepsilon_0 c|E_L|^2/2$, n_L 为泵浦光的折射率。由式(7-59)得光强 I_S 增长方程

$$\frac{\partial}{\partial z}I_S=G_S I_S \tag{7-61}$$

方程(7-61)说明,斯托克斯波的强度增长比例于它自身的强度,所以这是受激散射。象在激光振荡中一样,在完整受激拉曼论述还应包括散射光的损耗。在考虑损耗以后,受激拉曼散射存在一阈值 G_{th},阈值条件为斯托克斯波在长度为 L 上获得的增益等于损耗 δ

$$G_{th}L=\delta$$

显然,阈值 G_{th} 应由介质的激化系数 χ''_{SRS} 与具体的实验条件确定。

对于受激反斯托克斯波散射的计算也从三阶非线性极化率 $P^{(3)}(\omega_{AS})$ 出发,将 $P^{(3)}(\omega_{AS})$ 作为受激反斯托克斯波激发源。如上所述,反斯托克斯波的三阶非线性极化率 $P^{(3)}(\omega_{AS})$ 是通过泵浦波与斯托克斯波混频产生的。在受激斯托克斯波散射过程中,泵浦波与斯托克斯波在介质中发生混频,并诱导产生出频率为 $2\omega_L-\omega_S=\omega_{AS}$ 的 $P^{(3)}(\omega_{AS})$。

$$P^{(3)}(\omega_{AS})=\chi^{(3)}_{AS}E_L E_L$$

与 SRS 一样,只有三阶非线性极化系数的虚部 χ''_{AS} 才对反斯托克斯波的增益有贡献,按方程(7-39),并采用场幅增长的慢变化近似,得受激反斯托克斯线的行波方程为

$$\frac{d\widetilde{E}_{AS}}{dz}=i\frac{\omega_{as}\chi''_{AS}E_L^2}{2c}\widetilde{E}_{AS}^*\exp[i(2k_L-k_S-k_{AS})|z|] \tag{7-62}$$

根据式(7-62),如果相位满足条件

$$2k_L-k_S-k_{AS}=0$$

反斯托克斯波就能在传播中增长。$2k_L-k_S=k_{AS}$ 称为相位匹配条件,该条件如图 7-20(a)所示。对于一般的色散介质,k_{AS} 与 k_L 的方向是不一致的,即反斯托克斯线的发射方向不在入射光的同一方向上。这就说明图 7-18 所示的反斯托克斯线的发射发生在一个以入射为轴的锥体内。

在受激的拉曼散射实验中需要考虑的几个问题是:

(1) 泵浦光要有足够强的功率,通常脉冲功率要达到 10^6 W 以上,一般要用调 Q 激光器或

锁模激光器。

（2）选择合适的脉冲宽度，除了受激拉曼散射以外，在受激散射过程中还存在受激的布里渊散射、瑞利散射和自聚效应等非线性过程，这些过程与拉曼散射间会有相互竞争，相互制约。选择合适的脉冲宽度，可以抑制其他的非线性过程。实际证明，当光脉冲宽度 τ_L 小于声子寿命 τ_p，大于分子振动弛豫时间时，对产生受激拉曼散射有利。

（3）选择合适的波长，拉曼散射光的特点是散射光的波长随入射光波长不同而改变，但拉曼移动量不变，即各散射线之间的间距是固定的。因此选择适当的激发光波长可以使散射光波长处在检测器的高灵敏度区内，以利于提高检测灵敏度。

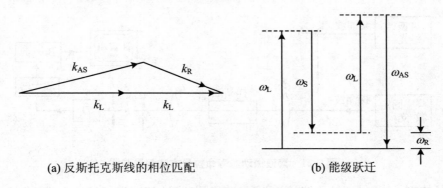

(a) 反斯托克斯线的相位匹配　　　　　(b) 能级跃迁

图 7-20　受激拉曼效应

2. 受激拉曼散射应用

（1）测量振动态寿命。利用受激拉曼散射测量振动态寿命的基本思想为：首先以强泵浦激光 ω_0 通过拉曼散射使能级 $\nu_i=1$ 得到高度布居，该能级上的粒子数远远高于热平衡的玻耳兹曼分布，随之再用频率为 ω'_0 第二束激光在对样品进行激发。第二束激光为弱探测激光，它从能级 $\nu_i=1$ 出发，激发出频率为 $\omega'_0+\omega_i$ 的正常反斯托克斯线。相对于 ω_0 激光，连续改变探测光 ω_0 的激发时间，并设泵浦激发过程比能级 $\nu_i=1$ 对 $\nu_i=0$ 弛豫过程快得多，则频率为 $\omega'_0+\omega_i$ 的反斯托克斯线的强度将随探测光激发延时而衰减，显然，这衰减速率直接反映了 $\nu_i=1$ 振动态布居的弛豫速率。

原则上，对探测激光的频率没有要求，可以采用与泵浦光相同的频率，但一般使用 $\omega'_0\neq\omega_0$，探测激光的脉宽应远小于振动态的弛豫时间。气相样品的振动寿命相对较长，例如 H_2 振动寿命约为 $10\ \mu s$，探测光脉宽可以较宽。但是液相样品的振动寿命很短，约为 $10\ ps$，这时，泵浦激光与探测激光要用皮秒以下的超短脉冲激光器。

图 7-21 是测量溶液的振动态寿命的基本装置。图中使用了钕玻璃锁模激光器，用选模技

术,选取出脉宽为 5 ps 的单脉冲。经放大与倍频以后,获得 10 mJ 的基频光(1.06 μm)和 0.5 mJ 的倍频光(0.53 μm)。将 10mJ 的基频光用作泵浦光,而较弱的 0.53 μm 倍频光用作探测光。两束激光经反射镜 M_1 分离开来,其中 1.06 μm 的基频光束经滤色器 f_1 和固定延时器 FD 后进入样品池,而 0.53 μm 的探测光束经滤色器 F_2 和可变延时器 VD 后进入样品池。通过改变可变延时器 VD,可调节探测光脉冲相对于泵浦光脉冲进入样品池的延迟时间,因为液体弛豫时间很短,只要数 ps 的时间延迟调节量即可。如图,样品经探测光激发的正常反斯托克斯散射由透镜 L 收集,经滤色器 F_3 后由光电检测器 D_1 所检测。而光电检测器 D_2 则检测由基频泵浦光所激发的受激斯托克斯散射。

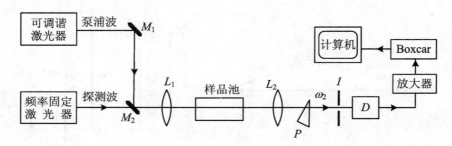

图 7-21　溶液振动态寿命拉曼方法测量装置

　　一个具体例子,测量三氯乙烷(Cl_3CCH_3)的对称 C-H 伸缩模(波数 $\tilde{\nu}_R=2939cm^{-1}$)的振动弛豫。泵浦脉冲的能量为 10 mJ,它使大约 $5×10^{15}$ 个分子发生对称 C-H 伸缩模的 0→1 跃迁,这个数量约占总分子数的 10^{-3} 被激发,比热布居数高出了 10^3 倍。设接收立体角为 0.2 球面度,当用 0.5 mJ 的探测光进行探测时,受激发分子发射的反斯托克斯散射光约有 10^4 的光子被接收,所以获得的信号是比较强的。此反斯托克斯散射光的波数为 21807 cm^{-1}(18868+2939cm^{-1}),而受激斯托克斯散射光的波数为 6495cm^{-1}(9434-2939cm^{-1}),所测得的振动弛豫时间为$(5±1)×10^{-12}$ s。在对乙醇(C_2H_5OH)的测量中,得到振动弛豫时间为$(20±5)×10^{-12}$ s。

　　(2)拉曼频移器。由于受激拉曼散射具有很高的转换效率,因此可采用拉曼频移的方法将泵浦激光的波长转换到另一个波长区。如果泵浦激光是可调谐的,则拉曼频移后的受激散射光也是可调谐的,从而大大地拓宽了相干光的频带范围。

二、受激拉曼增益与逆拉曼光谱技术

　　已经看到,在受激拉曼散射中,入射的强激光束可以在介质中激发出多级受激拉曼谱线。可以设想,如果在输入泵浦光的同时,再对输入一斯托克斯散射频率的光,则该频率的光将会

被放大。实验发现,当样品除受频率为 ω_L 的泵浦光照射外,还受另一束探测光束 ω_S 的照射,当两束光间的频率差等于分子的激发拉曼频移时 $\omega_L - \omega_S = \omega_R$,则探测光 ω_S 在传播中其强度会逐渐增强(或衰减)。在这基础上形成的光谱技术称为受激拉曼光谱技术。当 $\omega_L > \omega_S$ 时,探测光的强度出现增强,称为受激拉曼增益光谱(Stimulated Raman gain spectroscopy-SRGS),当 $\omega_L < \omega_S$ 时,探测光的强度出现衰减,称为受激拉曼损耗光谱,也称为逆拉曼光谱(Inverse Raman spectroscopy-IRS)。

1. 受激拉曼增益光谱技术

从理论上讲,受激拉曼增益(或损耗)散射产生的原因是由 $P^{(3)}(r,t)$ 中的 ω_L 与 ω_S 频率分量所激发的。设沿 z 方向传播的为平面波,在 ω_S 频率分量上的极化强度 $P^{(3)}_{SRGS}(z,t)$ 为

$$P^{(3)}_{SRGS}(z,t) = \frac{3}{2}\chi^{(3)}(-\omega_S,\omega_S,-\omega_L,\omega_L) \times E_L^2 E_S \cos(\omega_S t - k_S)z \tag{7-63}$$

设样品长度为 l,则由 $P^{(3)}_{SRGS}(z,t)$ 极化产生的 SRGS 信号强度

$$I_{SRGS}(l) = I_{SRGS}(0)\exp\left(\frac{24\pi^2\omega_S}{c^2}\right)|\chi''_{SRGS}|^2 lI_L \tag{7-64}$$

式中, χ''_{SRGS} 为 $\chi^{(3)}(-\omega_S,\omega_S,-\omega_L,\omega_L)$ 的虚部。由于受激拉曼增益散射的强度很小,因此可以将式(7-64)作线性展开

$$I_{SRGS}(l) = I_{SRGS}(0)\left(1 + \frac{24\pi^2\omega_S}{c^2}\chi''_{SRGS}lI_L\right) \tag{7-65}$$

如果与式(7-45)比较,可以发现,SRGS 信号与 CARS 信号相比有如下不同:①SRGS 信号只与非线性极化系数的虚部有关,且是线性关系,而在 CARS 信号中是平方关系,因此 SRGS 信号的线型比较简单;②在 SRGS 信号中不含 $\chi^{(3)}$ 中的非共振部分 χ^{NR},所以不存在由 χ^{NR} 产生的背景信号;③在 SRGS 信号中不要求相位匹配,因此探测光束既可以和泵浦光束共线,也可以有任意的夹角。

在受激拉曼增益光谱中,泵浦波与探测波间没有特别的匹配要求,因此,如图 7-22 所示,两个入射光束可通过反射镜 M_2 共线重迭的入射进样品。P 是一色散棱镜,用于将泵浦波与探测波分离,I 为作空间滤波用的可变光阑。由于检测器所接收的是全部的探测光,因此对它提出一定的要求,即必须要有一个饱和的与损耗电平。固体光电检测器一般都能满足这一要求,一般不使用光电倍增管。光电倍增管阴极只有经探测光斩波或光电倍增管阴极是门控的情况下才能采用。

2. 逆拉曼光谱技术

逆拉曼效应是一种特殊的受激拉曼效应,它是当入射的探测光束 ω_S 为连续光谱情况下发生的。如图 7-23 所示,在正常散射情况下,散射的拉曼或瑞利线是从虚能级 ν_1 与 ν_2(图

7-23(a))出发的发射过程,图中的 AS 与 S 分别表示为反斯托克斯与斯托克斯散射线。而逆拉曼散射效应与这过程相反,这时系统同时受到波数为 $\omega_0 \pm \omega_i$ 与 ω_0 辐射的照射,斯托克斯与反斯托克斯过程是对 $\omega_0 \pm \omega_i$ 辐射的吸收(图 7-23(b))。这样,逆拉曼效应将在入射探测光的连续谱中出现尖锐的吸收峰。由于振动基态的粒子布居数大于振动激发态的布居数,所以在逆拉曼过程中,反斯托克斯谱线的强度更大一些。

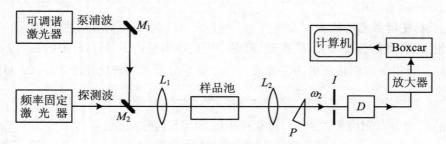

图 7-22　受激拉曼增益光谱装置

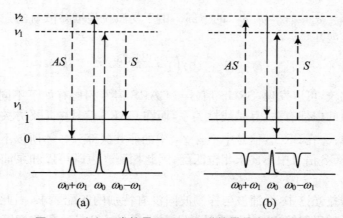

图 7-23　(a) 正常拉曼跃迁;(b) 逆拉曼效应能级跃迁

　　在理论处理上,一般将逆拉曼(IRS)散射看成为受激拉曼增益散射过程中 $\omega_L < \omega_S$ 时情况。这时频率为 ω_S 的探测光因被吸收而在传播中受到损耗,所以也称为受激拉曼损耗散射。逆拉曼效应产生的原因,也是由于 $P^{(3)}(r,t)$ 中有 ω_L 与 ω_S 频率的极化分量的缘故。

　　设沿 z 方向传播的为平面波,设样品长度为 l,则由 $P^{(3)}_{IRS}(r,t)$ 极化产生的 IRS 信号强度为

$$I_{IRS}(l) = I_{IRS}(0)\exp\left(-\frac{24\pi^2\omega_L}{c^2}\right)|\chi''_{IRS}|^2 l I_L \tag{7-66}$$

由于 IRS 散射的强度很小,将式(7-66)作线性展开后得:

$$I_{\mathrm{IRS}}(l) = I_{\mathrm{IRS}}(0) \left(1 - \frac{24\pi^2 \omega_{\mathrm{S}}}{c^2} \chi''_{\mathrm{IRS}} u I_{\mathrm{L}}\right) \tag{7-67}$$

与式(7-65)比较可知，IRS 信号也同 SRGS 信号一样，有如下特点：只与非线性极化系数的虚部有关，且是线性关系；在信号中不含 $\chi^{(3)}$ 中有非共振产生的背景信号；不要求相位匹配。为了进行逆拉曼散射实验，需要有一高功率频率为 ω_0 的泵浦光和一束宽带探测光，探测光的带宽应要能覆盖从反斯托克斯与斯托克斯线的整个波段范围。在光束设计上，两束光源应在空间与时间上都产生。

3. 光声拉曼光谱

将受激拉曼效应与光声光谱技术相结合，形成一种新的光声拉曼光谱技术。这是通过物质受到受激拉曼激发后转换成的光声信号。有关的光声检测原理、样品池的设计与检测方法等在可参看第四章中的光声光谱方法。

图 7-24 为光声拉曼光谱的测量装置。如图，在激光器与光路设计方面，与受激拉曼散射装置基本相同，主要的差别在样品池与检测器 D_1 上。样品池要按光声光谱的要求进行设计。例如在气相研究中，常采用是高 Q 的声学共振池，池的窗口用高质量的石英片，并以布儒斯特角取向。但在进行极化的偏振研究时，窗片以正向取向。有时，窗片与激发光路的配置是使射到池壁或检测器的杂散光最小，因为杂散光会导致局部加热，引起附加信号。检测器 D_1 是光声检测器，在气相研究中采用微音器，在液相研究中采用压电变换器。在研究液相样品时，需要考虑到压电变换器与液体间的耦合问题。

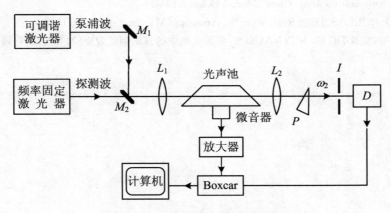

图 7-24　光声拉曼光谱的测量装置

在信号的处理方面，与光声光谱基本相同。图中的信号平均器由所用的激光类型来确定。如用连续激光，光强以频率 ω 调制，则信号平均器是调谐在频率 ω 上的锁相放大器，如采用脉冲激光,则信号平均器 Boxcar 积分器。图中的检测器 D 用于对激发光的功率监测,此外 D 的输出信号可用于光声信号的归一化。

本章主要参考文献

［1］WOLVERSON D. Raman spectroscopy［M］// ANDREWS D L,Demidov A A. An introduction to laser spectroscopy,Plenum Press,1995.

［2］朗 D A. 喇曼光谱学［M］.北京:科学出版社,1983 .

［3］郑顺旋. 激光喇曼光谱学［M］.上海:上海科技出版社,1985 .

［4］吴征铠,唐敖庆. 分子光谱学专论［M］.济南:山东科技出版社,1999.

［5］Eesley G L. Coherent raman spestroscopy［M］. Pergamon Press,1981.

［6］DEMTRÖDER W,Laser spectroscopy［M］. Springer-Verlag,1981.

［7］CHERLOW J M, POTRTO S P S. Laser Raman spestroscopy of gases［M］// WALTHER H. Laser Spectroscopy of Atoms and Molecules. Springer-Verlag, 1976.

［8］朱贵云,杨景和. 激光光谱分析法［M］.2 版. 北京:科学出版社,1985.

［9］孙凯. 共振喇曼光谱［M］.昆明:云南科技出版社,1990.

［10］莱托霍夫 V S,契勃塔耶夫 V P. 非线性激光光谱学［M］.沈乃徵,译.北京:科学出版社,1984.

［11］利文森 M D. 非线性激光光谱学导论［M］.滕家炽,译. 北京:宇航出版社,1988.

［12］VALENTINI J J. Laser raman techniques［M］//RADZIEMSKI L J, SOLAZ R W, PAISNER J A. Laser spectroscopy and its application. Marcel Dekker,1987.

［13］MICHAELJ HOLLAS. High Resolution Spectroscopy［M］. Butterworths,1982.

［14］COHEN-TANNOUDJI C, REYNAUD S. 强激光场中的自发喇曼效应［M］.王淑瑚,译.北京:科学出版社,1985.

第八章　光电离光谱技术

　　通过激光对原子与分子电离,或对分子离解,进行检测的光谱技术称为光电离光谱技术。这种技术的特点是灵敏度高,分辨率好,如用质谱进行检测,具有很高的质量分辨率,在分子结构与生物分子的研究中具有很重要的应用。

　　原子与分子在通过吸收光子到达激发态后,可以通过多种渠道电离。与激光光谱相关电离通道有以下几种:

　　(1)光电离。原子或分子吸收一个或几个光子而电离。

　　(2)红外、微波电离。采用分步激发的方式,使原子与分子逐步地进入高激发态,再用红外、微波等长波辐射使高激发态的原子或分子电离。

　　(3)场电离。采用分步激发的方式,使原子与分子逐步地进入高激发态。再用外场,通常采用电场使原子或分子电离。

　　(4)自电离。原子或分子继续吸收一个或几个光子而激发到电离限以上的自电离态,在自电离态原子或分子有很高的自动电离几率。

　　(5)碰撞电离。这是一类很复杂的电离机制,受激发的原子与分子可以与电子、离子、中性粒子以及在同种粒子之间碰撞而电离。

第一节　原子、分子的高激发态研究

一、原子与分子的自电离态

　　原子除可使单电子激发外,在多原子中,可以有两个以上的电子同时得到激发。当原子有两个以上的电子激发时,在高于通常单电子电离的离化限区域中,还存在一些特殊的束缚态,它们被称为原子的自电离态。

　　我们知道,原子在电离前,电子受到原子核的束缚,电子运动不是自由的,其能量状态是量子化的。按照原子结构理论,原子的能量是量子化的。一个核电荷为$+Ze$的类氢离子其能量为

$$E_n = -\frac{Z^2 e^4 m}{32\pi^2 \varepsilon_0^2 \hbar^2}\frac{1}{n^2} \tag{8-1}$$

式中 n 为主量子数。通常原子处于 $n=1$ 的基态，也是原子的能量最小状态。$n>1$ 的状态称为激发态，从式(8-1)来看，原子可以处在 n 为任意值的激发态。从原子中移去一个电子所需的能量称为电离能，也称电离势 IP，显然 $IP=E_1$。对于氢原子，按式(8-1)可得 $IP=E_1=13.6$ eV。一旦电离，电子便脱离原子核的束缚，成为自由电子。这时电子的运动能量可以取任意的数值，或者说，电子运动的能量可以取连续的数值，因此电离后的状态是连续态。

通常，原子只有一个价电子被激发，因此在通常的原子能级图中所有的能级都收敛于一个离化限。设原子 M 电离为电子 e^- 与离子 M^+：

$$M \rightarrow e^- + M^+$$

于是，离化限的能量就是离子 M^+ 的基态能量加上零动能的电子能量。在离化限外是原子能量的连续区，在这区域中电子便具有一定大小的动能。设想原子中同时有两个电子得到激发，或者其内壳层的电子(例如碱金属原子的 p^6 闭壳层的一个 p 电子)得到了激发，就会在离化限外的连续态中出现束缚态。但在这样的束缚态上原子是不稳定的，它会自发电离，故称自电离态。

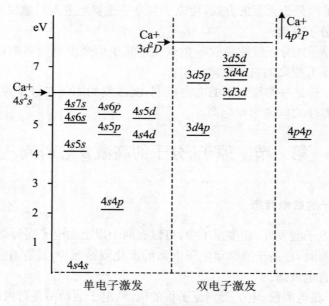

图 8-1　有两个电子激发的钙能级图

为了解释这个问题，图 8-1 给出了有两个电子激发的钙能级图。图的左边是正常的 $4nsl$ 谱项能级，所有能级都收敛于 Ca^+ 的基态(Ca 的离化限)。图的右边是'反常'谱项能级图，其

中一个电子处在 $3d$ 态或 $4p$ 态,另一个电子被激发到更高的态。设想如果从原子中移走这个电子,留下的钙离子处在 $3d^2D$ 或 $4p^2P$ 态。于是,几乎所有的束缚态都收敛于这两个态,这是它的新离化限。显然,这两个离化限的能量高于正常能级的能量,它们可以和对称及能量相同的连续态发生混合,束缚态成为连续态的扩展部分,是一个宽带。它们是一种准束缚态,或电离不稳定态,如图 8-2。从能态混合的观点来看,双电子激发的原子就有一定的几率处于电离状态,或具有一定的无辐射跃迁的几率。而且这个几率很大,可以高达 $10^{13}\,\mathrm{s}^{-1}$,远大于 $10^8\,\mathrm{s}^{-1}$ 的原子偶极跃迁几率,人们将这个过程称为自电离过程。

所有的多电子原子或离子都会有自电离态,在分子中也可出现自电离态。从低能态对这些自电离态的跃迁属于束缚—束缚跃迁。但由于它们处在正常线系的离化限以外,这些态的吸收线落在远紫外区域。根据测不准原理,$\Delta t\Delta\nu$ 约为 1,Δt 相当于自电离能级的寿命,$\Delta\nu$ 相当于能级的宽度很宽。由于自电离能级的 Δt 比正常束缚能级小好几个数量级,因此它的吸收线是很弥散的,其线宽甚至可以扩散到数千波数量级。例如镁原子的 $2s3p^1P_1^0\rightarrow3p^{2\,1}S_0$ 的自电离跃迁,跃迁截面为 $8\times10^{-16}\ \mathrm{cm}^2$,线宽为 $300\mathrm{cm}^{-1}(9\times10^{12}\ \mathrm{Hz})$,相应的跃迁振子强度为 0.43。由跃迁宽度推得自电离的衰减寿命为 18 fs。

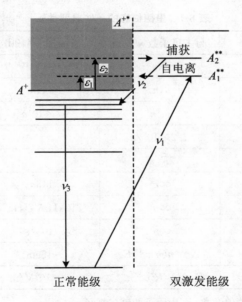

图 8-2　自电离能级

二、原子与分子的高激发态

在传统的原子光谱研究中,只涉及主量子数 n 很低(例如在 5 以内)的能态。对于 n 高达到数十乃至数百,它们的状态不甚了解,而且对于现实世界中原子是否能处于这样的状态人们尚存疑虑。但是这样的状态却被天文学家发现了,他们用射电望远镜观察星际空间,发现原子的主量子数 n 可以很高,曾经发现过 n 高达 350 的情况。原子主量子数 n 值很大的状态称为高激发态,也称里德伯态。天文学家的发现引起了物理学家的巨大兴趣,高激发态的研究迅速成了原子分子物理学中的热点。对里德伯态研究受到很大重视的主要原因有以下两个方面:

(1)里德伯态接近于电离状态,通过这些态可以对同位素进行有效分离,具有巨大的应用前景。

(2)可以对原子结构提供十分有用的信息,如:量子亏损,反常的精细结构,极化率,组态相互作用及电离电位等。这是这项研究的理论价值。

研究发现,原子的里德伯态具有一系列非常有意义的性质。表 8-1 列出了里德伯态的一些典型性质。

表 8-1　里德伯态的一些典型性质

物理量	与主量子数 n 关系	Na 原子(10d)	H 原子($n=50$)
束缚能	$-Rn^{-2}$	0.14 eV	0.027 eV
轨道半径	$a_0 n^2$	$147a_0$	$2500a_0$
几何截面	$\pi a_0^2 n^4$	$7\times10^4 a_0^2$	$6\times10^6 a_0^2$
电子均方根速度(cm/s)	$2.2\times10^8/n$		4.4×10^6
相邻能级间隔(eV)	$2R/n^3$		5.5×10^{-5}
偶极矩	$\propto n^2$	$143a_0$	—
极化率	$\propto n^7$	$210\text{kHzV}^{-2}\text{cm}^{-2}$	—
辐射寿命	$\propto n^3$	10^{-6} s	10^{-3} s
斯塔克分裂($E_s=1$ kV/cm)	$\Delta\varepsilon\propto n(n-1)E_s$	$\sim15\text{cm}^{-1}$	$\sim10^2\text{cm}^{-1}$
场电离临界场强 E_c	$E_c=\pi\varepsilon_0 R^2 e^{-3} n^{-4}$	3×10^6 V/m	5×10^3 V/m

注:表中,R 为氢原子里德伯常数;a_0 为原子的玻尔半径

由表 8-1 可见,对于里德伯原子,凡是一些与主量子数相关的物理量都表现出了意想不到的变化。例如原子的轨道半径,基态氢原子的轨道的半径即玻尔半径 $a_0\approx0.0529$ nm,但是当

它被激发到 $n=100$ 的激发态后,轨道的直径达到 $d\approx1.06~\mu m$,长大成几乎用普通显微镜可以看得到的尺寸。不论那个元素,当处于里德伯态时,它的一个外层电子就处于远离原子核的地方。从该电子看来,它处在原子核与所有内层电子组成原子实的点电荷电场中,原子实的电荷为 $+1$,与氢原子非常相象。由此可见,里德伯态原子具有一种类氢原子的特征。

当分子的一个外层电子被激发到远离分子实时,也可以用氢原子的谱项公式近似描写分子的能量状态,称为里德伯态分子。对于分子的里德伯态系列的描述常采用下面两种方法。

(1) 考察外层电子的能量 T_e 对氢原子能量的偏差

$$\varepsilon(n) = \varepsilon_\infty - \frac{R}{2n^2} \tag{8-2}$$

或者,类氢原子量子数亏损时能级的偏差

$$T_e(n,\Lambda) = \varepsilon(n,l) = \varepsilon_\infty - \frac{R}{[n-\delta(n,l)]^2} \tag{8-3}$$

式中 ε_∞ 为 $n\rightarrow\infty$ 时分子的能量,R 为里德伯常数,$T_e(n,\Lambda)$ 为分子的电子能量,它为分子电子态势能曲线底的能量。

(2) 采用分子轨道模型,由分离原子的电子组态构成分子态。例如具有两个外层电子的 Na_2 分子,由 $(3s+ns)$ 电子组态组成分子里德伯系列 $(n)^1\Sigma_g^+$,由 $(3s+nd)$ 电子组态组成分子里德伯系列 $^1\Sigma_g^+$、$^1\Pi_g$ 和 $^1\Delta_g$,由 $(3p+np)$ 电子组态组成分子里德伯系列 $^1\Sigma_g^+$、$^1\Sigma_g^+$、$^1\Pi_g$ 和 $^1\Delta_g$。

如何获得原子与分子的里德伯态? 在长时间内人们没有对其进行研究的主要原因之一是无法获得主量子数足够高、数目上足够多的原子。自从激光(特别是可调谐激光)问世以来,这种状况得到了根本的改变。这是因为:①高激发态原子的相邻能级间隔与 $1/n^3$ 成比例,也就是说,随 n 的增加,能级间隔很小,能级非常密集,为了要将原子激发到特定的能级,只有使用极窄线宽的激光才能实现;② 激光具有很高的功率密度,能产生浓度足够大的高激发态原子;③ 激光谱线的可调谐性允许对原子进行选择性激发。借助于当前的激光技术,人们已有可能在实验室中模拟产生和研究主量子数 n 达 200 的里德伯原子了。

由于高激发态已接近原子的离化限,大多数原子和分子的电离势在 5 eV 以上,能量很高,而一个波长为 300 nm 的紫外光子的能量仅约 3.8 eV,因而采用单光子激发是达不到高激发态激发的,通常的方法是采用分步激发的方法。按照偶极跃迁定则的条件,原子可以通过吸收多个光子而到达它的高激发态。在分步激发时,只要原子在其衰减掉以前,再吸收另外的光子,便可使原子逐步地激发到高激发态,一般来说,受激原子约有 10 ns 的能级寿命,因此只要求两个相继被吸收的光子之间的间隔小于 10 ns。图 8-3 便是采用两步将 Na 原子从基态激发到里德伯态,用一台 N_2 激光器同步泵浦两台染料激光器,第一束染料激光波长 589.0 nm,将 Na 原子从 $3s$ 基态激发到 $3p$ 态,第二束激光为可调谐的,通过波长扫描,使 Na 到达 ns 或 nd

的任意里德伯态系。

三、原子与分子的零动能态

从上述可知,原子与分子的里德伯态的寿命很长,如表 8-1 所列,它比例于 n^3。然而,进一步的实验发现,高激发 n 态的寿命还可能更长,实验中曾观测到长达 $100~\mu s$ 的寿命,与 n 的合理关系应为 n^5,而不是通常的 n^3。

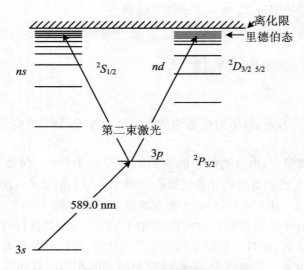

图 8-3　钠原子的两步激发

原来,除主量子数 n 外,描述原子状态的还应有角量子数 l 与磁量子数 m_l,l 的取值为 0,$1,2,\cdots,n-1$;m_l 的取值为 $-l \leqslant m_l \leqslant l$。用两步激发可以产生里德伯态,但用光学方法只能产生的低 l 值(图 8-3 中为 $l=0,2$)里德伯态。在具有高 l 的里德伯态中,低 l 态的电子轨道是很扁的椭圆,核位于椭圆轨道的一个焦点上,电子离核的最近距离为 $l(l+1)$。当 l 增加时,轨道趋于圆形,变成类氢轨道,于是远离了核,量子亏损也减小。然而,只有当电子在核附近时在能改变状态,在远离核的情况下甚至不能吸收光子,因此高 l 的里德伯电子成了一个流浪者。

然而,高 n 的里德伯态的态密度是很高的,在 $n>100$ 的情况下,高密度的态将发生混合,使原来低 l 值的布居过渡到高 l、m_l 值布居。正是这种高 l、m_l 值的里德伯态的具有极长的寿命。如上所述,处于束缚态的电子动能为零,离化限的能量就是离子的基态能量加上零动能的电子能量。由于高 n 的里德伯态是接近离化限的状态,因此人们把经态混合的长寿命的高 l、m_l 态称为零动能(ZEKE-Zero Kinetic Energy)态。目前已提出了几种进入 ZEKE 态的机理,一种认为是转动与电子的耦合引起的,另一种认为是由于无处不在的弥散场在斯塔克态中的相互作用,使这些态发生耦合,也可能两种机制都在起作用。

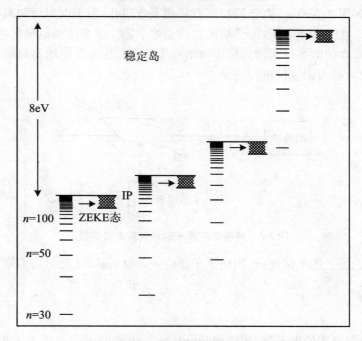

图 8-4 由高 n 的里德伯态产生 ZEKE 态

图 8-4 给出了由态混合的 ZEKE 态。如图所示,在收敛于离子基态的里德伯系列中,有一个约为 8 cm^{-1} 宽的 ZEKE 态。不仅离子基态有 ZEKE 态,而且位于电离势 IP 之上的各个离子激发态都有 ZEKE 态。它们的特征是即使总能量远超过自电离所需的能量,但仍能稳定存在,在电离连续区内很高的态也是如此。它们成了嵌在连续区内的"稳定岛",都具有很长的寿命。

四、原子里德伯态的场电离检测

由于里德伯态的寿命很长,对基态的自发发射几率很小,说明它们的荧光发射很弱,因此我们不能通过测量荧光的方法来检测里德伯态原子与分子。但是另一方面,如果考虑到高激发态已接近于离化限,很小的外场扰动就可以使之电离,可以采用施加外场,使里德伯态原子与分子电离而加以研究。例如,采用红外、微波辐射场电离或外加直流电场电离。这里介绍一下常被人们采用的直流场电离检测方法。

　　场电离检测基本装置如下：一束从原子炉中飞出的原子，从加有直流电场的两个电极板间穿过，两束激光束间的夹角很小，它们与原子束相接近正交地穿过电极板，并在电极板中心与原子束相交汇。如图 8-5 所示，在负极板上有一离子收集孔，原子电离后的离子通过该孔被电子倍增器所收集。在激光激发下，原子被激发到里德伯态。逐步改变电极间的电场大小，当外加电场超过某个临界的电场值 E_c 时，原子将电离为离子。用电子倍增器对电离的离子进行收集，并经放大器放大后由记录仪进行记录。

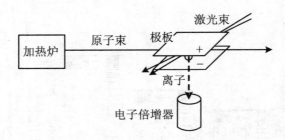

图 8-5　里德伯态原子的场电离实验装置

　　根据里德伯态原子的类氢性质，当用原子单位表示时，根据式(8-1)，主量子数 n 的氢原子的能量可以写为

$$\varepsilon_n = \frac{1}{2n^2} \tag{8-4}$$

一个氢原子，或类氢原子的电子，它的势能为 $-e^2/r$，r 为离原子中心质子的距离，其图像如图 8-6(a)所示。原子如处在外电场 $\boldsymbol{E}$ 中，则在 z 轴方向要叠加由电场引起的势能：$-e\boldsymbol{E}z$，如图 8-6(b)中的斜线所示。因此，以原子为单位，一个在电场中的类氢原子的电子的电势为

$$U = -\frac{1}{r} - \boldsymbol{E}z \tag{8-5}$$

于是在低场方向的原子的势能曲线出现一个势垒，其最大值的位置为 $r_{max} = 1/E^2$，势能的最大值为

$$U(r_{max}) = -2E^{1/2} \tag{8-6}$$

当电场中势能的最大值与有效主量子数 n^* 所相应的原子能量相等时，原子将发生电离。由式(8-5)和(8-6)，得发生电离的临界电场 E_c 为

$$E_c = \frac{1}{16n^{*4}}(原子单位) = 3.21 \times 10^{18} \frac{1}{16n^{*4}}(\text{V/cm}) \tag{8-7}$$

实际上，外电场的存在，原子的能级可以受到斯塔克效应的扰动，另一方面，根据量子力学中的隧道效应原理，即使原子的能量小于电场中势垒，仍会有一定几率的电子穿过势垒而电离。而

且在足够高的电场中,原子的能量将高于势垒,电子将自由地离开原子而电离。

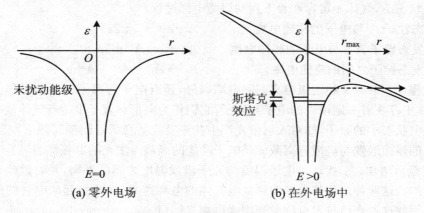

(a) 零外电场　　　　　(b) 在外电场中

图 8-6　原子的势能曲线

第二节　光电流光谱技术

一、光电流效应

　　光电流光谱技术是利用激光改变气体放电电离状态的一种光谱技术。当用适当的波长的激光照射时,放电气体的电离程度将会发生变化,并在它的放电电流中反映出这种变化,这就是所谓光电流效应。

　　光电流效应(Opto-galvanic Effect-O. G)最早是由 Foote 和 Mohler 在 1925 年发现的。当时,他们发现在热离子二极管的铯蒸汽中具有空间电荷放大作用。1928 年,Penning 在把两个氖放电管相互对着照射时,发现放电管的阳极电压出现了变化,这也属于光电流效应。然而用普通光源进行实验,光电流效应信号太弱,在激光问世以前,这种效应并未引起人们的重视。直到 1965 年以后,罗马尼亚 Popescu 等人利用热二极管中的这种效应对碱金属元素进行了一系列的高激发态研究,取得了一批有价值的结果。1976 年,Green 等人将可调谐染料激光照射放电管,发现了原子的许多分立谱线,证明在空心阴极管的放电中对光谱线的测量具有很高的灵敏度。他们还将激光光电流效应应用于火焰原子光谱分析中,当激光波长与火焰中某一元素的分析线共振时,引起火焰碰撞电离的增加。此后,光电流效应作为一种高灵敏度的光谱技术,在痕量与杂质的检测中得到了重要的作用,美国国家标准局还将火焰中激光增强电离技术用作为一种标准的检验技术。

实质上,光电流信号是放电状态中原子或分子的激发态布居被激光共振激发而改变的结果。在放电状态下,气体中可存在着下列的碰撞电离过程:

(1) 基态粒子 A 与电子的碰撞电离　　　　　$A+e=A^++2e$

(2) 激发态粒子 $A*$ 与电子的碰撞电离　　　 $A^*+e=A^++2e$

(3) 激发态粒子之间的碰撞电离　　　　　　　 $A^*+A^*=A^++A+e$

上面过程(2)和(3)又称逐级电离。除电离以外,还有电子与离子的复合过程。在热平衡下,放电气体中存在着一定浓度的电子与离子,它们作为电荷载流子维持着气体放电。

处于放电状态中的原子,如对入射激光产生共振吸收就会跃迁到较高的激发态,如图 8-7 所示。原子的碰撞激发与碰撞电离截面是电子动能的函数。激光的共振激发就会导致:① 电子碰撞电离截面增加;② 扰动了电子温度与原子激发温度之间的平衡,并通过超弹性碰撞使电子温度增加。这两种过程都会影响到放电气体的电离速率,从而引起放电管的放电电阻与电流变化。因此这种光谱技术也称激光增强电离光谱(Laser-enhanced Ionization Spectrometry-LEIS)。在激光共振激发下,放电管两端出现的典型的信号电压幅度可达数毫伏至数伏,很容易测量。

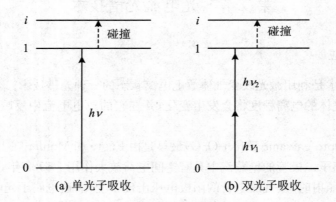

图 8-7 原子对入射激光共振吸收

二、低压气体和金属蒸汽中的光电流效应

光电流效应可分为两种类型:低压气体或金属蒸汽放电中的光电流效应和火焰中的光电流效应,下面分别予以讨论。

1. 放电管

低压气体和金属蒸汽中的光电流研究要使用放电管,被研究的原子样品封在管内,管内气体呈放电状态。放电管主要有三种类型：热离子二极管、空心阴极管和射频放电管，如图 8-8 所示，其中以空心阴极管用得更为普遍。

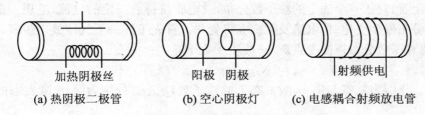

(a) 热阴极二极管　　　　(b) 空心阴极灯　　　　(c) 电感耦合射频放电管

图 8-8　三种气体放电等离子体管

（1）热离子二极管。通过加热灯丝的加热，热离子二极管的阴极向空间发射热电子，在阴极表面附近出现一层电子云，从而形成一个电荷空间区。当二极管阳极加上正电压后，空间电子被阳极吸引，在外电路中出现电流。热离子二极管具有电荷放大作用，其原理如下：设阴极与阳极间所加的电压很低，约为 1 V 左右，调节阴极加热灯丝的温度，使二极管电流很小。当由于光照或其他原因，在阴极与阳极之间原子发生电离而产生电子-离子对时，电子会快速地奔向阳极，而正离子由于质量大而慢慢地移向负电荷空间中的电势最小点。如正离子没有与电子复合，它就会对空间电势产生扰动，这种扰动使阴极发射的电子增加，造成了电荷的放大。一个离子扰动可增加 10^6 个电子，所以其放大率相当于一个光电倍增管的放大率。热离子二极管光电流信号主要测量光照引起的电流的变化。

（2）空心阴极管。从物理原理上，空心阴极管与热离子二极管没有本质差别。主要差别在空心阴极管中使用了很高的阳极电压。该电压达数百伏，因此阴极不再需要通过加热产生电子。当所加电压超过最低的点燃电压时，管内将突然地建立起放电状态。在最低点燃电压下，发光区主要集中在阴极附近的负辉光区。管中最强的电场区是阴极暗区，这是一个正电荷空间电荷区，它是气体击穿所产生的许多正离子被吸引过来所形成的。对于空心阴极管光的电流信号，一般从测量放电管的放电电阻或管端电压的变化来反映。

（3）射频放电管。这是通过绕在放电管上的线圈与射频变压器相耦合，在放电管中引起放电。与上述放电灯相比，射频放电的优点是可以获得均匀的等离子体和较高的电子温度。对于光电流信号的检测因不同的射频耦合方式而不同，通常采用下面三种方式：

①检测振荡器功率单元上的反射场；

②利用接收线圈接收电流变化；

③利用两个电极测量电流的起伏图。

2. 光电流光谱原理

下面主要介绍用得比较普遍的空心阴极管的光电流光谱原理。如图 8-9 所示，用一氩离子激光泵浦的连续染料激光作激发光源,用电容 C 耦合出光电流信号,用锁相放大器进行放大。下面以该图为例,分析在激光照射下放电管的放电电流及阻抗的发生变化的原理。

从宏观上看,对于一个确定的粒子数分布,放电管维持着一定的电流,呈现一定的放电阻抗。当这一分布发生变化时,电流及阻抗也将变化。首先了解一下气体放电过程。在热平衡时,各能级上粒子数分布遵循麦克斯韦-玻耳兹曼分布

$$N_m = N_0 g_m \exp[-(\varepsilon_m/(k_B T))] \tag{8-8}$$

式中,N_0、N_m 分别为基态与第 m 激发态上的粒子数,g_m、ε_m 分别为第 m 激发态的简并度及能量。

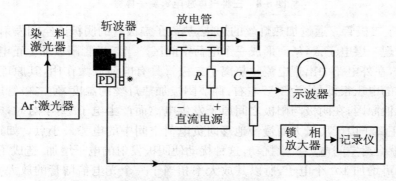

图 8-9   光电流光谱测量装置

设激光频率与 $m \to n$ 能级跃迁频率 ν_{nm} 相等,则单位时间由能级 m 跃迁到 n 上的粒子数为

$$N_{nm} = B_{nm} N_m \rho(\nu_{nm}) = \frac{\pi e^2}{3 m_e c^2 \hbar} \lambda_{nm} f_{nm} \rho(\nu_{nm}) N_m \tag{8-9}$$

式中,B_{nm} 为爱因斯坦受激吸收系数

$$B_{nm} = \frac{\pi e^2}{3 m_e c^2 \hbar} \lambda_{nm} f_{nm}$$

这里,f_{nm} 为振子强度。设能级 m 的碰撞电离截面为 σ_m,则单位时间内从各能级产生的电子-离子对总数

$$K = \sum_m N_m \sigma_m$$

则在 Δt 时间内原子系统吸收光子产生的电子-离子对增量

$$\Delta K = \sum_m \Delta N_m \sigma_m = \Delta N_m \sigma_m + \Delta N_n \sigma_n = (\sigma_n - \sigma_m) N_{nm} \Delta t \tag{8-10}$$

单位时间内电子-离子对增量 η

$$\eta = \frac{\Delta K}{\Delta t} = \frac{\pi e^2}{3 m_e c^2 \hbar} \rho(\nu_{nm})(\sigma_n - \sigma_m) \lambda_{nm} f_{nm} N_m \tag{8-11}$$

在恒定的管电压下,阻抗的变化 Δz 应当与 η 成正比,得

$$\frac{\Delta z}{I} \propto (\sigma_m - \sigma_n)\lambda_{nm}f_{nm}g_m\exp[-(\varepsilon_m/(k_BT))] \tag{8-12}$$

(8-12)式表明,Δz 可正可负,正负决定于上下能级碰撞电离截面的差值,当 $\sigma_n > \sigma_m(\varepsilon_n > \varepsilon_m)$ 时,Δz 为负,当 $\sigma_n < \sigma_m$ 时 Δz 为正。通常情况为 $\sigma_n > \sigma_m$,所以一般情况下 Δz 为负值。当上能级接近于电离限时,$\sigma_n \gg \sigma_m$,及 $\sigma_n \approx 1$,式(8-12)近似为

$$\frac{\Delta z}{I} \propto -\lambda_{nm}f_{nm}g_m\exp[-(\varepsilon_m/(k_BT))] \tag{8-13}$$

对上式取对数得

$$\ln\left(\frac{\Delta z}{I\lambda_{nm}f_{nm}g_m}\right) = -\frac{\varepsilon_m}{k_BT} + C \tag{8-14}$$

此式表明,在 $\sigma_n \approx 1$ 的条件下,Δz 与能级无关。另外,$\ln(\Delta z/(I\lambda_{nm}f_{nm}g_m))$ 与 ε_m 成线性关系,从直线的斜率我们可以估算出放电气体的温度 T,还可以从直线计算出振子强度 f_{nm}。

3. 光电流光谱技术

光电流光谱的最大优点是信号的检测方法很简单。其中,热二极管主要用于原子的高激发态测量。因为激发态原子的能级寿命与主量子数 n 关系为 $\propto n^3$,高激发态的荧光效率很低,光电流光谱方法刚好可以发挥热二极管高灵敏的优点。空心阴极管和射频放电管用于放电状态的研究,辉光放电具有很高的电子温度,有利研究金属蒸汽。

在实验方法方面,一般光谱学方法中的原子激发方式在这里都可以应用上,例如单光子、双光子与多光子激发,饱和吸收、偏振内调制及双光子无多普勒光谱技术,能级交叉光谱技术等。那些采用荧光测量的地方,现在大多可以改为光电流测量。与荧光测量相比,采用光电流测量不仅方法简单,而且检测灵敏度与分辨率毫不逊色,甚至还有超过的地方。图 8-10 就是将图 6-6 的荧光测量偏振内调制饱和光谱(POLINEX)装置改为光电流方法测量。由图 8-10 可见,改动的地方只是将原有的荧光收集装置改为电流测量。

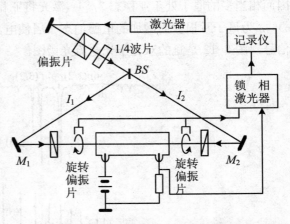

图 8-10 偏振内调制饱和光谱测量装置

图 8-11 是一个氩光电流光谱实验的例子。这是用双光子吸收光电流光谱研究氩的里德

伯态。所用的脉冲染料激光的线宽小约为 0.2 cm^{-1},脉冲能量约 5 mJ。用焦距为 80 mm 聚焦进入放电管。在记录氩的双光子光谱以前,用氩的空心阴极灯波长标定检验染料激光的扫描线性。放电直径 30 mm,长 120 mm,内装两个镍圆柱电极,其直径为 10 mm,电极间距 25 mm。放电管内充氩气压约为 mbar。放电管通过 70 kΩ 镇流电阻加 220 V 电压。光伏电流通过 0.1μf 偶合电容进行检测。放电中主要的电子碰撞,发生两级电离过程

$$\text{Ar}(^1S_0) + e^- \longrightarrow \text{Ar}(3p^54s) + e^-$$
$$\text{Ar}(3p^54s) + e^- \longrightarrow \text{Ar}^+ + 2e^-$$

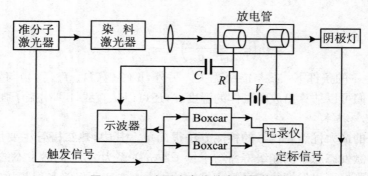

图 8-11 双光子光电流效应测量装置

因而相当多的原子处于亚稳态 $3p^54s$,激光将亚稳态 $3p^54s$ 布居转入里德伯态,其寿命为$(n-\delta)^3$,δ 为量子亏损。而增加的里德伯态布居使电离过程增强,放电阻抗减小,产生一个负电压信号。图 8-12 是氩的双光子光电流光谱图。

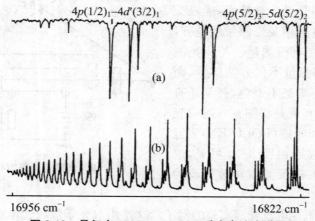

图 8-12 是氩在 17822～16956cm^{-1} 光电流光谱图

图 8.12(a)是空心阴极灯氩的单光子光谱图,图 8.12(b)是放电管氩的双光子光谱图。

三、火焰光电流光谱(LEIS)技术

火焰光电流光谱常被称作为激光增强电离光谱(LEIS),它是一种非光学的元素检测方法。与其他方法相比,它有以下特点:仪器结构简单、仪器噪声小、灵敏度高、选择性好。

1. 火焰光电流信号分析

下面采用简单的速率方程对单光子激发方案的 LEIS 信号进行分析,所用的能级图如图 8-13 所示。

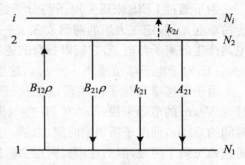

图 8-13　激光增强电离能级图

设在频率为 ν,能量密度为 ρ 的光场作用下,原子得到共振激发,从能级 1 跃迁到能级 2。受激原子将以如下几种途径消激发:①速率为 $B_{21}\rho$ 的受激发射,②速率为 k_{21} 碰撞消激发,③速率为 A_{21} 的自发发射,④速率为 k_{2i} 的碰撞电离。设激发光的脉冲宽度较宽,因此能级 2 与能级 1 上的原子密度可以维持一定的比值 R。根据爱因斯坦能级跃迁理论有

$$R = \frac{N_2}{N_2 + N_1} = \frac{B_{21}\rho}{(B_{21} + B_{12})\rho_\nu + A_{21} + k_{21}} \tag{8-15}$$
$$N_2 = (N_1 + N_2)R$$

设体系的原子总密度为 N_0,电离的原子密度为 N_i,则

$$N_0 = N_1 + N_2 + N_i$$
$$N_2 = R(N_0 - N_i) \tag{8-16}$$

电离原子密度 N_i 的变化速率

$$\frac{\mathrm{d}N_i}{\mathrm{d}t} = k_{2i}N_2 = k_{2i}R(N_0 - N_i) \tag{8-17}$$

式中 k_{2i} 为电离速率常数。对式(8-17)进行积分得

$$N_i = N_0[1 - \exp(-k_{2i}Rt)] = N_0[1 - \exp(-t/\tau_R)] \tag{8-18}$$

式中,$\tau_R = 1/(k_{2i}R)$。设脉冲宽度为 τ_L,则在一个光脉冲时间内产生的离子密度数 N_s 为

$$N_s = N_0[1 - \exp(-\tau_L/\tau_R)] \tag{8-19}$$

光电流信号与光脉冲产生的离子密度 N_s 成正比,由式(8-19)可得如下结论:

(1) 光电流信号与被测原子数密度 N_0 成正比,即与溶液中被测元素的浓度成正比,这点正是光电流光谱技术应用于高灵敏度元素痕量分析的基础。

(2) 光电流信号与 τ_R 有关,即与电离速率常数 k_{2i} 和激发态的原子密度对基态的比值 R

有关，R 与 k_{2i} 越大，光电流信号也越大。

（3）光电流信号与脉冲宽度 τ_L 有关，脉冲宽度 τ_L 越长，信号越大。当光脉冲宽度满足：$\tau_L \gg \tau_R$，由式（8-19）知，$N_s \approx N_0$。此时信号进入饱和状态，原子的电离效率达到 100%，即经激光束照射的原子都可得到电离。

2. LEIS 离子的收集

为了通过 LEIS 来研究原子与分子的光谱，通常用一外加电场来收集电离产生的离子。为简单起见，假定在火焰的两侧放置了一对平板电极。当电极加上电压后，在电场 E 作用下，电离产生的离子与电子，它们以各自的速度分别向阳极与阴极方向移动。对于离子移动速度，$u_i = \mu_i E$；对于电子移动速度，$u_e = \mu_e \varepsilon$，这里 μ_i，μ_e 分别为离子与电子的迁移率。

由于迁移率与粒子的质量成反比，因此电子的迁移率要比离子的大得多。例如，对于 1000 V/cm 的电场来说，Na^+ 在 H_2-空气火焰中的迁移率为 20 $cm^2/(V \cdot s)$，通过 1 cm 距离的时间约 50 μs，而电子所需的时间 $\ll 1\mu s$。由于通过电离产生的离子与电子数是相同的，而电子迅速地飞向了阴极，因而在阳极附近会聚集许多正离子，形成空间电荷区或称正离子鞘。

下面分析一下电极空间的电场分布。设电极间距为 d，外加电压为 V 时，当电极间为真空（包括空气）情况时，电极间为均匀电场强度 $E = V/d$。然而，当电极间存在火焰等离子体介质时，电极间的电场不再为均匀的了。最大的电场出现在阴极附近，随着与阴极间的距离增加，场强直线下降，直到正离子鞘的边界场强降为零。由于正离子鞘的厚度与火焰中易电离的元素的浓度及所加的电压有关。当外加电压大于某一饱和电压时，正离子鞘的厚度小于电极间距，于是在正离子鞘的边界与阳极之间出现一个零电场区，如图 8-14 所示。显然，为了收集电离产生的离子，必须要使电离发生在电场的非零区。为此，必须使激光束在贴近阴极处通过，因为只有这样，电离产生的电子与离子才能在电场的作用下移动成为电流信号。

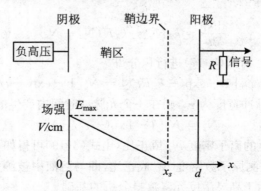

图 8-14　电极间的离子鞘与场强分布

3. LEIS 信号的测量

对 LEIS 信号的测量,根据被测元素的性质,采用单光子激发或和双光子分步激发等方案。由于双光子激发可以进一步提高光谱选择性,因此双光子分步激发被更多地采用。图 8-15 是一种双光子分步激发激光增强光电离信号的测量装置。

由图可见,整个测量装置可分为激光器、原子化器、电极和测量系统等几个部分。其中激光器和测量系统与许多有关的光谱测试中的要求是相同的,这里不再都作介绍。LEIS 的原子化器也与原子吸收光谱中的大体相同。就电极来说,也有许多结构,有一种水冷插入式电极是一种比较理想的电极。它是用 6 mm 直径的不锈钢管加工成椭圆形状,将其插入火焰中并与阳极平行,管内通入冷水。这种电极的优点是可大大降低高浓度的易电离元素的电离干扰,提高 LEIS 信号,而激光束与电极可以靠得很近,使信号不致出现在零场强区,可提高检测灵敏度。装置在运转时,激光在贴近阴极表面约 $1\sim2$ mm 处穿越,正反两束激光接近共线。阴极上加约 1500V 的高压,其阳极通过 10 kΩ 的电阻接地。一般采用空气-乙炔火焰,温度可达 2500 K,对于一些难熔元素,则要采用温度更高的乙炔-氧化氮火焰。

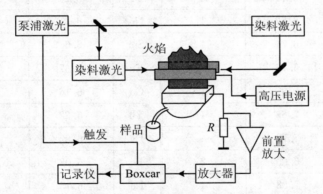

图 8-15　双光子分步激发激光增强光电离信号的测量装置

第三节　原子与分子的光电离光谱

一、原子与分子的光激发电离

一个原子或分子因吸收光而电离,产生自由电子与正电离子,称为光激发电离。如表 8-2 和表 8-3 所列,大多数原子和分子的电离势范围在 5 eV 到 20 eV 之间,或者用波数表示,在 40000 到 160000cm^{-1} 范围内。如上所述,一般不能使用单个紫外光子或可见光波段光子使原子与分子电离。然而,如第五章所述,在高功率密度的激光作用下,原子或分子可以通过吸收多个光子而电离。这种电离可以分为共振的与非共振的两类,由于早期的激光器波长大都是固定的,很难找到与原子能级共振的激发波长,绝大多数工作采用非共振电离方式,因此电离效率较低。直到可调谐激光器问世,通过调谐激光波长,才容易地实现原子分子的多光子共振

表 8-2　部分原子的电离势与光电离方案

元素	电离势(eV)	电离方案	元素	电离势(eV)	电离方案
Li	5.39	1	In	5.79	2
B	8.30	4	Sn	7.34	1
Mg	7.64	3	Ba	5.21	1
Si	8.15	4	La	5.61	2
K	4.34	2	Ce	6.91	2
Ce	6.11	2	Pr	5.76	2
Ti	6.82	1	Nd	6.31	2
V	6.74	1	Sm	5.63	2
Cr	6.76	1	Eu	5.67	1
Fe	7.87	1	Gd	6.16	1
Ni	7.63	1	Yb	6.22	2
Cu	7.72	4	Dy	6.82	1
Ga	6.00	2	Er	6.08	1
Ge	7.88	4	Lu	6.15	1
Rb	4.17	1	Hf	7.0	3
Sr	5.69	1	Ta	7.88	3
Zr	6.84	3	W	7.98	3
Mo	7.10	1	Re	7.87	2
Ru	7.36	1	Tl	6.11	1
Pd	8.33	4	Pb	7.42	4
Ag	7.57	4			

激发,使电离效率有了很大的提高。从能量角度看,原子通过吸收多个光子逐步激发的过程是一种能量的积累过程,原子与分子好似一个能量存储器件,第一束激光将原子激发到一个预定的较低的激发态,受激原子将吸收的光子能量存储起来,第二束激光将其激发到较高的能级,原子再将能量储存,如此原子的能量逐步提高进入高激发态或者电离态。由于大多数原子的基态与第一激发态间的共振跃迁能量在 1 eV 到 5 eV 之间,因此,除了 He 与 Ne 之外,几乎所有原子都可以直接使用可调谐光源实现基态与某个激发态之间共振激发。

表 8-3 部分分子的电离势

分子	电离势(eV)	分子	电离势(eV)	分子	电离势(eV)
H_2	15.427	CH_2	10.396	CH_3	9.83
BH	9.77	NH_2	11.4	NH_3	10.20
CH	11.13	H_2O	12.60	C_2H_2	11.40
NH	13.10	HCN	13.80	CH_2O	10.88
OH	13.17	CHO	9.80	H_2O_2	11.00
HF	15.77	Li_2O	6.80	PH_3	9.98
C_2	12.00	HO_2	11.53	CH_3	12.60
CN	14.30	H_2S	10.40	C_2H_3	9.40
CO	14.013	C_3	12.60	CH_3F	12.85
N_2	15.576	CO_2	13.769	CH_3Cl	11.30
NO	9.25	N_2O	12.894	CH_3Br	12.53
O_2	12.063	NO_2	9.79	CH_3I	9.54
HCl	12.74	O_3	12.30	CCl_4	11.47
F_2	15.70	CF_2	11.80	C_2H_4	10.50
Na_2	4.90	NF_2	11.90	CH_3OH	10.84
Cl_2	11.48	OF_2	13.60	C_2H_5	8.40
Br_2	10.54	COS	11.17	SF_6	19.30
I_2	9.28	SO_2	12.34	C_2H_6	11.50
IBr	9.98	CS_2	10.08	C_6H_6	9.24

依据中间激发态到电离连续态的相对能量位置,Hurst 与 Payne 提出了五种基本的光电

离方式,如图 8-16 所示。第一种方式是中间态的能量位置大于所需电离能量的一半,因此一束激光中的两个光子就可使其电离,其中第一个光子是共振激发的。在第二方式中,原子的中间能级比较高,染料激光的光子必须经倍频后才能进行共振激发,接着用较强的基频光电离。第二~五种方式是根据同样的思想设计的。

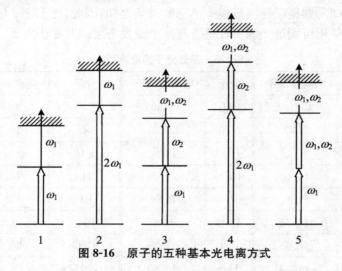

图 8-16   原子的五种基本光电离方式

图 8-17 给出了分子的几种不同电离方案。图 8-17(a)是单光子电离,图 8-17(b)是非共

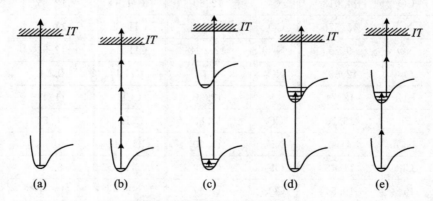

图 8-17   分子的几种不同电离方案

(a) 单光子电离;(b) 非共振多光子电离(5 个光子);

(c)(振动-电子)共振双光子电离;(d)(电子－电子)共振双光子电离;

(e) 共振增强双光子电离(双光子激发与双光子电离)。

振的多光子电离,图中用了 5 个光子,图 8-17(c)是通过基振动态的共振双光子电离,图 8-17 (d)是通过电子激发态的振动态的共振双光子电离,图 8-17(e)是先用双光子激发,再用与双光子电离,这是一种共振增强的双光子电离。需要注意,每个振动态有一组转动态,因此有可能通过连续方式进入电离能级。由于会有这样的复杂情况,在室温下,某些分子的吸收是无结构的宽带吸收,因而也就缺少了光谱的选择性。在此情况下,采用超声射流冷却的方法来获得窄带的可分辨光谱。

由上述讨论可见,大部分元素都可以用可调谐染料激光经倍频后的单光子电离。但是为了覆盖全部原子或分子的电离跃迁,一般需要用两台染料激光器,其中一台工作于倍频方式。为此常用一台大功率激光器作泵浦源,同时泵浦两台染料激光器。目前多数采用大功率的准分子激光器或 Nd:YAG 激光器用作染料激光器的泵浦源。

二、速率方程

这里采用简单的速率方程,推导一下在两步电离中电离原子数 $N_i(t)$ 与入射光流密度的关系。设 $N_0(t)$ 为总原子数,$N_1(t)$ 为第一激发态的原子数,σ_A 为基态到激发态 1 的受激吸收截面,σ_i 为激发态 1 到连续态的电离截面,τ_1 为激发态 1 的自发发射寿命。设激光束为单色的,脉冲波形为宽度 τ_L 的方波,每单位面积与单位时间的光子流为 Φ。我们有

$$\frac{\mathrm{d}N_0}{\mathrm{d}t} = -N_0\sigma_A\Phi + \frac{N_1}{\tau_1} + N_1\sigma_A\Phi \tag{8-20}$$

$$\frac{\mathrm{d}N_1}{\mathrm{d}t} = N_0\sigma_A\Phi - \frac{N_1}{\tau_1} - N_1\sigma_A\Phi - N_1\sigma_i\Phi \tag{8-21}$$

$$\frac{\mathrm{d}N_i}{\mathrm{d}t} = N_1\sigma_i\Phi \tag{8-22}$$

将式(8-20)和式(8-21)相加,以及对式(8-21)微分,

$$\frac{\mathrm{d}^2N_1}{\mathrm{d}t^2} + \left[(2\sigma_A + \sigma_i)\Phi + \frac{1}{\tau}\right]\frac{\mathrm{d}N_1}{\mathrm{d}t} + \sigma_A\sigma_i\Phi^2 N_1 = 0 \tag{8-23}$$

式(8-23)的通解

$$N_1 = \frac{N_0\sigma_i\sigma_A\Phi^2}{\lambda_2 - \lambda_1}\left[\exp(-\lambda_2 t) - \exp(-\lambda_1 t)\right] \tag{8-24}$$

式中

$$\lambda_2 = b + \sqrt{b^2 - \zeta^2}, \quad \lambda_1 = b - \sqrt{b^2 - \zeta^2}$$

$$2b = (2\sigma_A + \sigma_i)\Phi + \frac{1}{\tau}, \quad \zeta^2 = \sigma_A\sigma_i\Phi^2$$

利用式(8-24)和初始条件:$N_1 = 0$ 和 $(\mathrm{d}N_1/\mathrm{d}t)|_{t=0} = N_0\sigma_A\Phi$,对式(8-22)积分,积分区间

为 $t=0 \to T$,得

$$N_i = \frac{N_0 \sigma_i \sigma_A \Phi^2}{\lambda_2 - \lambda_1} \left[\frac{1}{\lambda_2} \{ \exp(-\lambda_2 T) - 1 \} - \frac{1}{\lambda_1} \{ \exp(-\lambda_1 T) - 1 \} \right] \tag{8-25}$$

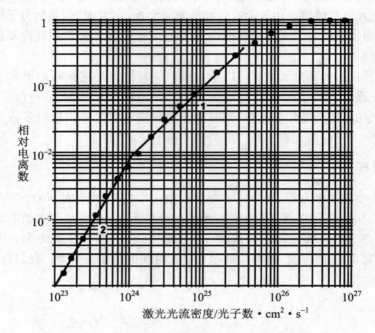

图 8-18　离子数 N_i 与激光流密度的关系

图 8-18 是对式(8-25)的数值计算给出的离子数 N_i 与激光流密度的关系。由图 8-18 可见,曲线的斜率基本上分为三段,在低光子流密度时,斜率为 2,随光子流密度升高,斜率降低到 1,在高光子流密度下进入饱和。在饱和时,所有的原子都已电离了,$N_i = N_0$。产生饱和的条件为

$$\sigma_A \Phi \gg \frac{1}{\tau} \qquad \sigma_i \Phi \gg 1$$

对于不同的跃迁,饱和的条件不同,在束缚-束缚跃迁时,约在 1 mJ/m² 时产生饱和,而对束缚-连续跃迁产生饱和发生在约在 1 kJ/m² 时。

三、电子与离子检测方法

如上所述,光电离光谱是通过检测光诱导产生的电子和离子来描述光与物质的相互作用。在物理实验中,电子与离子的检测已有六十多年的发展历史,发展了诸如脉冲电离室、比例计数器、盖革-弥勒计数器、电子倍增器等检测方法。这些早期的电子与离子的检测器件原则上

都可以应用到光电离光谱中,近年来这些检测器只是在检测灵敏度与时间响应等方面有了进一步的发展。实验中选用哪种检测器主要从灵敏度、时间分辨力、价格、操作的方便性以及实验配置的灵活性等方面进行考虑。下面对几种检测器作些简单介绍。

（1）脉冲电离室。脉冲电离室的检测原理很简单,当脉冲激光从一对加有正负电压的极板间穿过时,在极板间因光电离而产生了电子与离子,它们各向着与其极性相反的电极运动,在到达电极后在外电路中形成电流,通过用检流计对电流的测量,就测出了电子与离子的数目。脉冲电离室在检测中不产生放大作用,检测灵敏度约为 200 个电子。

（2）比例计数器。在光电离光谱技术中比例计数器采用得比较广泛,其结构如图 8-19 所示。如图,当一束激光从电极的一侧通过时,激光与室内气体发生作用使之电离,在电场的作用下电子向电极方向运动。在运动过程中,电子与气体分子发生相碰,结果因碰撞电离而产生新的电子与离子。在电子运动的路程上经过这样多次的碰撞,电子数量便猛增,因此具有了放大作用,比例计数器的放大率可以达到 10^6 左右。

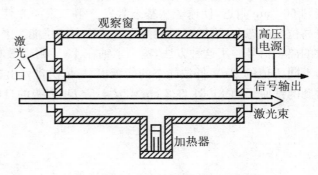

图 8-19　比例计数器

（3）盖革-弥勒计数器。盖革-弥勒计数器的结构与原理与比例计数管类似,常用的为一圆柱形玻璃管,中间有一根细金属丝作为阳极,玻璃管的内壁涂以导电材料、或装入一金属筒作为阴极。管内充以一定量的惰性气体。当激光通过产生电子与离子后,在电场的作用下,也由于电子与气体发生多次相碰电离而具有放大作用。盖革-弥勒计数器从检测器产生输出脉冲的大小与引起脉冲的电子数目无关。

（4）电子倍增器。电子倍增器的原理与光电倍增管的原理相近,它是通过电子倍增极来获得电流增益的。但是电子倍增器初始的信号是电子而不是入射的光信号。此外,与光电倍增管具有相同原理的微通道板（MCP）探测器,在电子检测中获得了日益广泛的应用（MCP 探测器的原理已在第二章中介绍过）。

四、共振电离在光谱学研究中的应用

共振电离光谱（RIS-Resonance Ionization Spectroscopy）以其极高的灵敏度在原子分子学领域有广泛的应用。

1. 原子光谱中的应用

（1）高激发态的鉴别与排列。RIS 的重要应用之一是对锕系与镧系等重元素的高激发态

进行鉴别与排列。在传统上常采用高分辨的发射光谱来对复杂光谱进行标定。例如,将被研究的元素的化合物封闭在有几毛惰性气体气压的石英管中,用微波激发无电极放电灯,用大型光谱仪对接收的发射线分光,用光谱板记录。将所获得的发射线进行排列后,编排出光谱中的最低能态的位置。但是,这样的复杂光谱标定方法对于重元素原子的高位态是不合适的。因为一方面这时光谱的高端非常密集,另一方面在放电状态下只有很少一部分的原子处在高激发态。由于低位态原子数量巨大,高激发态原子很少,每个允许的跃迁所发射荧光平均只有很少几个光子,显然检测是非常困难的。

Carlson 等人较早地应用三束激光对铀原子进行分步激发与电离。他们将第一束激光调谐到 600 nm 附近,使原子从基态激发。第二束激光使第一束激光激发的原子进一步激发到更高位的能态上,第三束激光使原子从这个高位能态上电离,并检测以第二束激光的频率为函数的离子信号。用这种方法,鉴别了铀在 4 eV 附近激发的能级。以 $\Delta J = 0, \pm 1$ 的选择定则,由不同 J 值的 2 eV 低位能态的能级出发,依次排列出这些能级的 J 值。图 8-20 是用此方法得到的铁原子的 45061.327 cm^{-1} $3d^6 4s 5s\ ^5D_3$ 能级的自电离里德伯系列。

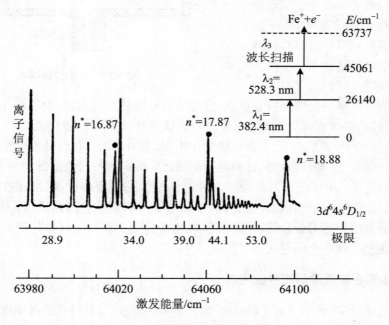

图 8-20　铁原子的自电离里德伯系列

(2) 自电离能级的检测。多步共振光电离允许用来鉴别从激发态出发的窄自电离能级,如惰性气体、铀、镧、镓、碱土、钇、镎和铁元素等。应用三级光电离过程，获得镓的 0.07 cm⁻1 宽度与自电离跃迁截面 8×10^{-16} cm²。与此相反，从原子基态出发的自电离跃迁既宽又弱。这种从激发态出发的很强与很窄的自电离跃迁，表明重原子有数个活性光电子特性。自电离共振的位置与强度对于共振电离质谱、激光同位素分离以及有效的产生光离子束都是很重要的。此外，在镓及钡等少数原子中观察到具有重要应用的自电离能级的斯塔克展宽。

自电离能级对于双光子共振增强四波混频是很重要的。四波混频可在短至 117.4 nm 的波长上产生窄带的连续可调谐辐射。自电离能级的存在可以进一步增强上转换效率。而四波混频中的相位匹配可以作为一种确定跃迁振子强度的精确方法。在激光技术出现以前，跃迁振子强度的精度最好的也只有 10%。

（3）测量跃进截面。RIS 光谱可以用来测量束缚-束缚跃进迁或束缚-自由跃迁的截面。Carlson 等人报道了用时间分辨光电离测量振子强度常简单的方法，其精度达到 5%。该方法的原理是确定态的寿命与对相关的低位态衰减几率的百分数比（即发射分岔比）。先对原子束进行分步激发，第一束激光将原子激发到能量为 2 eV 至 3 eV 附近的态，原子可以从这样的态发生辐射衰减，改变第二束/第三束激光相对于第一束激光的延时，并记录以时间为函数的离子信号，依此测量出态的寿命。分岔比可以从时间分辨光电离中获得。通过适当的实验设计，也可以容易地获得原子束缚-自由跃迁截面。

（4）原子同位素位移的测量。有文献报道，采用多级共振光电离对短寿命的放射性铕的同位素（¹⁴¹⁻¹⁴⁴Eu）位移进行在线测量。

2. 分子光谱中的应用

在分子系统中，共振光电离光谱的优点在那些无法用吸收光谱或荧光光谱测量的能态上体现出来。因为 RIS 光电离过程中涉及两方面的效应，第一，在分子系统的共振光电离光谱中，一般通过吸收两个或更多的光子，先是使分子从基态出发受激发，再使之电离。一旦分子到达了某个激发态，便可用原来光束或另一束激光的光子用来电离。因此，在跃迁选择定则方面，使用了与单光子跃迁中不同的选择定则。于是即使在没有中心对称的分子中，在单光子实验中没有观察的态也可以通过共振光电离光谱研究。

第二个重要特点体现在从激发分子的时间演化中。因为激发态被布居以后，由这个态出发的电离途径还要和其他辐射的或非辐射的消激发机制相竞争。大多数分子的电子态激发以后，要经历一系列快速的能量转移过程，有辐射的，或其他过程，例如电子-振动能量转换。但是分子和原子的里德伯态则不同，因为主量子数很大，激发电子远离核和其他电子，激发电子与它们之间的相互作用很弱。在这些态上的能量不易流失，说明了里德伯态容易电离，容易得到光电离谱。

此外利用质谱来检测分子原子的激光电离，不仅可以获得关于原子和分子的激发与电离的信息,而且可以获得分子离解碎片方面的大量信息,有关内容将在共振电离-质谱检测中介绍。

第四节 光电离质谱检测

把激光光谱技术与质谱仪相结合,将粒子的质量分辨方法引入到光谱学中,便构成了激光质谱检测技术。激光光电离质谱是一种具有广泛应用的超灵敏分析技术。它是近十几年内才发展起来的相对较新的一种光谱分析技术。

质谱仪(Mass spectrometry)是对电离的原子、分子以及分子的碎片进行测量。质谱仪有磁式、四电极的与飞行时间的等多种类型。按照带电粒子在磁场或电场中的漂移,或它们移动能量来确定它们的荷质比。在激光质谱检测中最常用的是四极质谱仪与飞行时间质谱仪,尤其是后者。

一、质谱仪

1. 四极质谱仪

四极质谱仪是用四根相互平行、平直性良好的金属棒电极组成,电极截面为对称双曲面(也可用圆形面代替),电极之间的最近距离为 r_0。相对两组电极上加上大小相等、极性相反的直流与频率为 ω 的射频交流电压,即在 x 方向的电压为:$U+V\cos\omega t$,y 方向为:$-U+V\cos\omega t$,如图 8-21 所示。

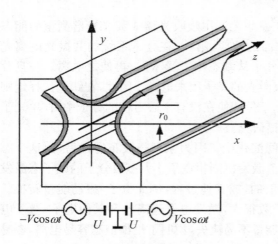

图 8-21 四极质谱仪的结构原理

在电极空间的任意点的电位 ψ 为

$$\psi = (U+V\cos\omega t)(x^2-y^2)/r_0^2$$

$$(8-26)$$

离子束在电极间的中心沿 z 方向射入,电极间的合成电场使电子在飞行过程中在 z 轴周围产生振动。在合成电场作用下,质荷比为 m/e 的离子的运动方程为

$$\frac{d^2 x}{dt^2} + \frac{2e}{mr_0^2}(U+V\cos\omega t) = 0 \quad (8-27)$$

$$\frac{d^2 y}{dt^2} - \frac{2e}{mr_0^2}(U+V\cos\omega t) = 0 \quad (8-28)$$

设 $T=\omega t/2$,$a=8eU/(mr_0^2\omega^2)$,$q=4eV/(mr_0^2\omega^2)$,对上述两式进行变量变换,则式

(8-27)和式(8-28)变为

$$\frac{\mathrm{d}^2 x}{\mathrm{d}T^2} + (a + 2q\cos2T)x = 0 \tag{8-29}$$

$$\frac{\mathrm{d}^2 y}{\mathrm{d}T^2} - (a + 2q\cos2T)y = 0 \tag{8-30}$$

式(8-29)和式(8-30)说明,质量 m,电荷 e 的离子的运动轨迹取决于参数 a 和 q。对于某种质荷比 m/e 的离子,在一定的频率 ω,交直流电压 V 与 U 下,对应一定的 a、q 值。在适当的 a、q 值下,可使该类离子沿 z 轴运动中摆动幅度很小,最终到达离子收集器,而其他质荷比 m/e 的离子则在运动中摆动幅度逐渐增大,最后碰撞到电极而滤除。通常保持 U 值和一定的频率 ω 值,改变 V 值进行质量扫描,收集器就依次捕获不同质量的离子。

2. 飞行时间质谱仪

飞行时间质谱仪(Time-Of-Flight Mass Spectrometry)简称 TOF-MS,也称飞行时间分析器,它是根据不同质荷比 m/e 的离子在零外场的空间中漂移时间的不同而进行分离的检测装置。TOF-MS 通常分直线式与反射式两种,下面介绍它们的基本原理。

(1) 直线式 TOF。这是 TOF-MS 的基本形式,其结构原理如图 8-22 所示,它基本上由四部分组成:激光电离室、离子透镜(也称离子光学)、离子漂移室和离子信号收集器。通常在离子透镜上加直流负高压,由激光电离产生的正离子在能量栅的直流高压 V 作用下,使离子加速而获得一定的动能,从而以一定的速度 v 进入漂移室。通常用微通道板(MCP)作为离子收集器。也可改变离子透镜上直流高压的极性,这样 TOF 就可以对负离子进行分离检测。

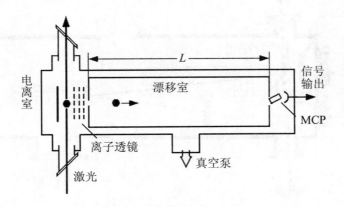

图 8-22　激光-飞行时间质谱仪的结构原理

在直流高压 V 作用下,质量为 m 的正离子获得动能

$$\varepsilon_K = \frac{1}{2}mv^2 = eV$$

因此,漂移室中离子的速度 v 为

$$v = \sqrt{2eV/m} \tag{8-31}$$

设漂移室的长度为 L 则离子所需的漂移时间 t 为

$$t = L/v = L\sqrt{\frac{m}{e}\frac{1}{2V}} \tag{8-32}$$

或离子的质荷比

$$\frac{m}{e} = \frac{2Vt^2}{L^2}$$

实验中常取 $2eV$ 为常数,则由式(8-32),质量为 m 的离子速度 v 反比例于质量的方根 $v \propto \sqrt{1/m}$。可见在一定的加速电势作用下,质量小的离子可以获得较大的速度,所需的漂移时间也短,到达收集器的时间就早。收集器收集得的离子经 MCP 放大后输出。不同质量的离子到达收集器早晚不同,输出的离子信号时间也就前后不同,从而鉴别出了不同质量离子。

(2) 反射式 TOF(RE-TOF)。RE-TOF 是在直线式 TOF 的基础上改进形成的。方法是在离子飞行路程上设置了一个离子反射镜,使离子在飞行一段路程以后反向运动,并在反向运动一段时间之后进入检测器检测,如图 8-23 所示。

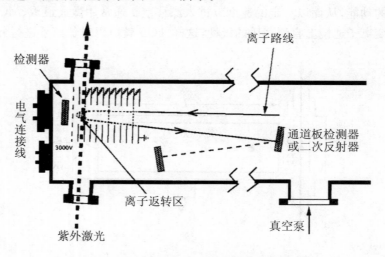

图 8-23　一种反射式飞行时间质谱仪的结构

TOF-MS 的主要指标是质量分辨率 $M/\Delta M$,M 为两相邻峰之一的质量,ΔM 为两相邻峰质量之差。直线式 TOF 的质量分辨率约为 400,直线式 TOF 质量的分辨率受限制的主要原因是激光激发产生的初始离子/中性粒子的能量具有分散性。这是因为:① 母体中性分子的初始动能不同,② 碎裂时形成期间的初始动能差别,③ 空间电荷效应的影响,④ 有限的离子源体积导致在飞行时间上的分散。在反射式 TOF 中,通过对反射电场的特殊设计,使离子在不同的反射场中实现折返运动,大大地克服诸离子的初始能量的分散性,从而有效地提高质量分辨率指标。其主要原理为:能量较大其速度也较大的离子,较深地进入到反射场中,于是在反射场内停留较长时间才被反射出来;而相同质量但能量较小的离子,运动速度小,在较浅的反射场处就被反射出来,在场中停留时间较短。通过选择适当的反射电场大小,质量相同但初始能量不同的离子可以同时地到达收集器了。反射式 TOF 的质量分辨率一般都能达到 4000,而新设计的 RE-TOF 则已达到数万以上。

此外反射式-TOF 还有如下优点:

(1) RE-TOF 可以用来测量光解的延迟时间。因为 RE-TOF 可以工作于不同的方式,例如可以在电离室中采用两束具有相对延时的激光用于光激发与光离解,也可以在一定的延时下,用第三束激光在漂移室中对已经在空间分离开的特定离子进行激发。

(2) 可以抑制能量特别高的离子,因为能量很高的离子可以克服反射电场而投射到反射器的终端极板上而不被反射。对于分辨那些在不同的光子过程中光解产生的但其质量是相同的离子,这一功能尤显重要,因为 RE-TOF 可以仅检测其中一种过程所产生的离子。

二、激光共振电离质谱(RIMS)

激光共振电离质谱(Resonance ionization mass spectrometry-RIMS)是激光共振电离(RIS)与粒子质谱(MS)相结合的一种技术,RIMS 既有 RIS 的优点,又增加了质量选择性,上节关于 RIS 技术的讨论在这里也都是适用的。将 RIMS 应用于元素检测时,也就增加了元素的选择性。早在上世纪七八十年代,利用 RIMS 技术就实现了单原子检测。在对 ^{90}Sr 的检测中,达到了 10^{-18}g 的检测限,其选择性优于 10^{10}。RIMS 现在已被广泛地用于检测长寿命的痕量与低丰度的同位素,具有特别意义的是它能成功地检测长寿命的有毒同位素,使 RIMS 发展为一种重要的环保分析手段。例如,有报道成功地对钚元素进行了检测。RIMS 方法除了能高灵敏与快速检测外,还能测量同位素的丰度,其精度达百分之几,这是用直接辐射的同位素计量中无法做到的。

图 8-24 为铀原子多色 RIMS 的实验装置。铀原子的电离电位较高,为 49958cm^{-1},从基态或其低亚稳态进行电离,至少需用三个可见波长的光子。虽然铀原子可同时吸收三个单色光子达到电离态,但由于是非共振电离,其电离截面非常小。如果采用多个允许跃迁进行多光子电离,则有很大的电离截面。如图所示,在装置中装备了有倍频 YAG 激光泵浦的三台染料

激光器。金属铀用电子束轰击加热产生铀蒸汽。铀蒸汽通过准直孔与激光束交汇于作用区。利用该装置可进行三色三光子/双色三光子/单色三光子等三种共振电离实验。在三色三光子实验时,将染料激光 1 调谐在自基态的第一跃迁波长 620 cm^{-1},然后将染料激光 2 调谐到第一激发态的第二步共振跃迁波长上,再用染料激光 3 进行波长扫描。如挡住染料激光 1,扫描染料激光 3 即可进行双色三光子共振电离实验,如挡住染料激光 1 与 2,扫描染料激光 3,可进行单色三光子共振电离实验。电离的 $^{238}U^-$ 离子进入 TOF 进行质量分辨,输出信号由 Boxcar 处理并输出到记录仪记录。

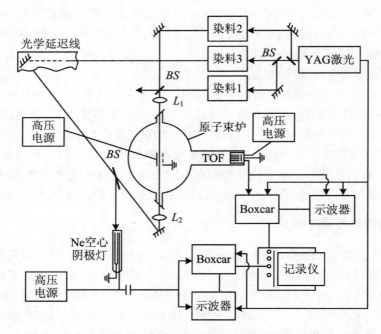

图 8-24　铀原子多色 RIMS 的实验装置

三、激光微探针质谱分析

　　激光脉冲轰击固体产生微等离子体,在第五章中已讨论过激光微等离子体的性质。激光微探针质谱分析(Laser Microprobe Mass Analysis-LAMMA)是用一高功率激光脉冲去轰击固体样品,以质谱仪去分析激光蒸发所产生的离子或离子团簇。这是一种比较简单而有效的直接检测方法。由于在激光溅射或烧蚀过程中,离子的产率往往要比中性原子或分子数目小几个数量级,因此常在第一束烧蚀激光产生了雾气后,再用另一束激光对其进行电离,以获得更高的分析灵敏度。这种技术称为激光电离表面分析技术。LAMMA 的优点是灵敏度极高、分析速度极快,既可对无机物进行质谱分析,也可以应用于有机样品,包括生物样品。

LAMMA 的分析样品装置如图 8-25。分析的样品薄膜置于真空室中,真空室与 TOF 质谱仪直接相联。激光产生的离子经离子透镜进入 TOF 的漂移区进行质谱分离。激光对样品靶有两种照射方式:① 透过式吸收,如图 8-25(a),这时,激光从固体薄膜样品的背面聚焦入射,激光照射产生的微等离子体从薄膜样品的另一面喷射出来;② 反射式吸收,如图 8-25(b),这时,激光的聚焦照射与吸收区,激光照射后产生的等离子体都在样品的前表面,而且,激光形成的等离子体会在聚焦透镜的方向扩散。

图 8-25　激光与样品靶作用的两种方式

这两种方式各有特点。透射式的优点是可以减小从透镜到样品之间的距离。薄膜样品安置在真空样品室中的石英薄盖板下面,它既是显微镜的光学窗,又是真空封口。此外,等离子体只有当样品(面向质谱分析器时)被激光束穿破时才产生扩散,有利于正确地确定飞行时间的零点 $t_0 = 0$。透射式中的激光光斑直径较小,约 $\leqslant 0.8\ \mu m$,穿破样品深度在 $2 \sim 5\ \mu m$。透射式的主要缺点是样品制备困难,质谱中的分子碎片信号相对较强。反射式系统的主要优点是样品不要特别制备,可以直接研究大快固体样品。在分析不同的样品时,较易确定有效的激光分析功率密度,并且样品受有机分子碎片、多原子离子和双电荷离子的污染小,质谱简单,也可以降低达到材料挥发限($0.05\ \mu m$)的相互作用时间。

LAMMA 的分析性能包括:空间分辨率、物质分析能力、灵敏度和质量分辨率。

空间分辨率是指对样品相邻区域分析的分辨率,实际上以光斑的最小尺寸来衡量。现代微激光质谱仪,多用调 Q 的 Nd:YAG 激光器。它的基波波长为 1064 nm,四倍频波长为 266 nm。根据衍射理论,波长越短,聚焦点的光斑越小,于是可以获得较高的空间分辨率。YAG 激光器的四倍频波长为 266 nm,理论上可得四倍频的空间分辨率约为 $0.5\mu m$。实际工作证明,当采用透射式方法工作时,可得横向的分辨率低于 $1\ \mu m$。例如,在生物组织的薄膜样品上曾得到透射穿孔的孔径仅为 $0.4~\mu m$。在反射式工作时,空间分辨率稍差些,这时激光溅射出的坑口直径一般为数微米。

　　LAMMA 的物质分析能力很强,它可对周期表上的全部元素、它们的同位素、分子和分子碎片进行检测,是一种快速的和半定量分析方法。通过扫描,LAMMA 可对固体的样品表面的每一点,提供一个完全的质量分析。LAMMA 收集器收集的是单激光脉冲烧蚀事件产生的粒子,在原则上,对 m/e 检测的数值范围并无限制。不同脉冲的测量的结果会有一定的起伏,有多种因素对其产生影响,但是总的标准偏差优于 8%。

　　LAMMA 具有很高的检测灵敏度。在质谱中,描述灵敏度的参数有:单激光脉冲的浓度灵敏度、单激光脉冲在检测器积累的总离子电荷、离子效率、离子收集效率等。离子效率的定义是:离子与被蚀总原子数之比。离子收集效率的定义是:检测到的离子数与产生的离子数之比,它与通过质谱仪的透射率有关,它经常兼顾质量分辨率。元素检测限在 ppm 量级,材料的耗量仅皮克。在准生物组织薄膜层可提供低于 1 ppm 的检测限。在玻璃微粒中,检测限一般为 10 ppm。在大块金属靶中,以反射式进行分析的检测限为 1～10 ppm。

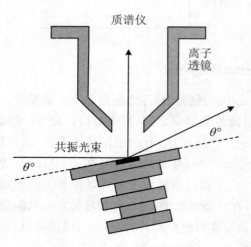

图 8-26　激光共振烧蚀装置

　　激光微探针质谱分析的新近发展是激光共振烧蚀技术,即采用一种特殊的装置使同一束激光既完成烧蚀,又进行共振电离。采用这种方式可使原子的电离数增加数百倍。该装置如图 8-26 所示,一束脉冲可调谐的染料激光以掠射角入射到样品表面,所完成的实验样品为含有微量 Al 的 GaAs,NIST 钢等。染料激光经倍频,将基波与倍频波用 30cm 的透镜聚焦成直径 0.5 mm,照射的样品表面的面积约 $2.5\times10^{-3}~cm^2$,产生出的离子用直线的或反射式的时间飞行质谱仪分析。

　　以激发光的波长为函数,AlGaAs 样品的 Al 的离子信号如图 8-27 所示。由图可见,共振效应非常明显,信号增强了两个数量级以上。从波长校正后可知,中性原子首先从样品表面解吸所出来,再得到共振激发,随后又被同一束激光从气态下电离。

　　与上面的两束激光方法相比,这种单束激光方法使实验装置得到了大大的简化。实验表明,仅用一台小能量(约 20 μJ)的简单脉冲氮分子激光泵浦的染料激光器,就可以对许多元素进行分析,分析灵敏度达到 100 ppb。并且,由于烧蚀过程是非热过程,容易获得高激发态粒子,可以进行从基态不可能达到(自旋与宇称禁戒的)的那些态光谱学研究。

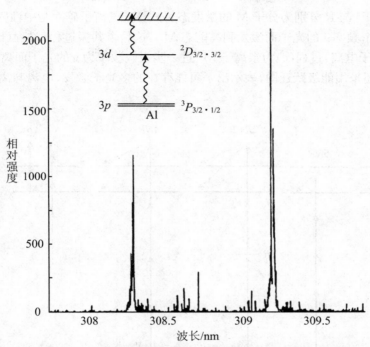

图 8-27　Al 信号与烧蚀波长的关系,3d 能级波长上的增强信号

四、REMPI

REMPI(Resonance-Enhanced Multiphoto Ionization)是分子的共振增强多光子电离,并用质谱仪对分子离子或碎片离子进行质量检测。REMPI 技术常被用来研究分子的光离解动力学与催化反应动力学等光化学过程,是当前一个非常活跃的研究领域。

1. 光离解机理

实验证明,一个分子的电离与离解与激光的功率和波长有着密切的相关。这种关系可以从分子碎片的花样与分布反应中出来。Bernstein 提出,光与分子的多光子相互作用可以表示如下:

$$\text{激发}\qquad M \xrightarrow{nh\nu} M^* \qquad\qquad\qquad\qquad (a)$$

$$\text{电离}\qquad M^* \xrightarrow{qh\nu} M^+ + e^- \qquad\qquad\qquad (b)$$

$$\text{光离解}\qquad M^+ \xrightarrow{\ rh\nu\ } F^+ + R \qquad\qquad (c)$$

这里，M^*、M^+、F^+ 与 R 分别为分子 M 的激发态、分子离子、离子碎片与中性碎片。过程(a)为分子 M 吸收 n 个频率 ν 的光子而激发到高能态 M^*，这是个共振过程；过程(b)为激发态分子 M^* 吸收 q 个光子电离，过程(c)为亲离子 M^+ 进一步吸收频率为 ν 的光子而离解为碎片 F^+。

Bernstein 还采用能级跃迁图，表示出了可能存在的多光子激发、电离与离解的几种情况，如图 8-28 所示。

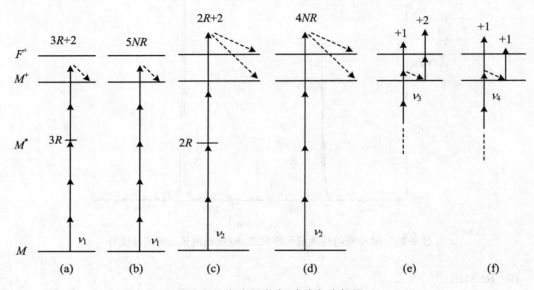

图 8-28　多光子激发、电离与离解图

图 8-28(a)是分子吸收三光子共振激发到中间态，激发态再吸收二个光子而电离；图 8-28(b)是五光子的非共振吸收而电离的情况；图 8-28(c)是一种稍复杂的情况，分子先吸收 $n=2$ 个光子共振激发到中间态，激发态再吸收 $q+r$ 为 2 的光子，将分子送到能量足够高的状态，这时既能形成离子 M^+，也可产生碎片 F^+；图 8-28(d)是分子非共振吸收四光子而产生离子 M^+ 与碎片 F^+ 情况。图 8-28(c)～(d)中形成 M^+/F^+ 的分配比与离解激光束的频率有关。波长越短，过剩能量 M^* 越大，形成的 F^+ 比 M^+ 越多。

图 8-28(e)与(f)是离子再吸收两种情况。图 8-28(e)表明，原离子既可吸收一个光子而形成碎片离子 F^+，也可以通过快速的内弛豫到达离子基态，再从基态吸收 2 个以上的光子形成碎片 F^+。这时激光的功率的大小会强烈的影响到次碎片 d 对原离子 p 之比 d/p。图 8-28(f)是使用激光波长更短时的一种情况，这时不管快速的非辐射跃迁存在与否，单个光子吸收

都给出碎片离子。在 REMPI 质谱中,所用的激光功率往往很高,经常达到原离子的双光子电离饱和极限(图 8-28(e)),这时,次碎片对原离子之比 d/p 与功率无关,在此条件下,原离子很少观察到,而比值 d/p 很大。

2. REPMI 实验

图 8-29 为一台可以进行多种分子光解自由基(CS_2、SF_2、N_2O、SO_2 等)的共振增强多光子电离实验的装置图。该图中包含有脉冲直流放电装置、时间飞行质谱仪、激光系统与数据采集系统。样品气体先从脉冲喷嘴射入腔体,在经过喷嘴下游的脉冲放电针时被引发放电而电离。放电产生的自由基与母体分子及其他碎片继续飞行经过漏勺后进入 TOF 电离室,漏勺的作用是滤去电极放电产生的离子。光电离光源为由三倍频 YAG 激光泵浦的染料激光,染料激光再倍频可获得紫外光区的可调谐激光。在 TOF 电离室,放电产生的自由基被聚焦激光作用,经 REMPI 过程生产离子。离子信号由微通道板检测,信号经放大器与存储示波器放大处理后,由微机采集输出数据。

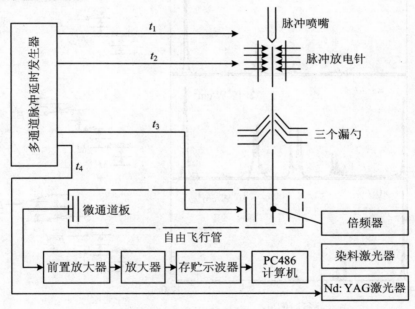

图 8-29 进行光解自由基共振增强多光子电离实验装置图

图 8-30 是在四个不同的激光功率密度下苯的 REPMI 例子,图的左边各个碎片的质谱,右边是能级跃迁图。在入射光低功率密度($10^7\,W/cm^2$)下,苯在吸收了两个 UV 光子后电离了。实验检测到质谱图上主要是苯的母体离子($C_6H_6^+$)峰,其他碎片离子峰很弱或不存在。

随着激光功率密度的增加,苯离子会继续吸收光子而产生碎片离子。在吸收了四个光子以后,除了苯的母体离子($C_6H_6^+$)峰外,还产生碎片离子 $C_4H_4^+$、$C_4H_3^+$、$C_4H_2^+$、C_4H^+、$C_3H_3^+$ 等。在更高的激光功率下,碎片离子也吸收光子而产生更小碎片 $C_2H_x^+$、C^+ 碎片等。如图中的最下图所示,在高激光功率密度(10^9 W/cm^2)下,碎片更多更丰富,而最小的碳离子 C^+ 峰成了最丰富的碎片,而苯的母体离子($C_6H_6^+$)峰则小到可以忽略。

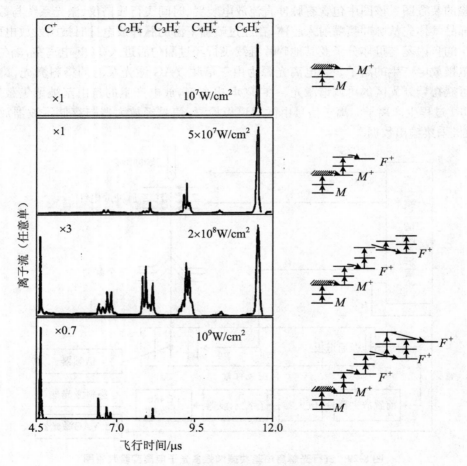

图 8-30　苯的离解碎片与激光强度的关系

五、激光解吸

解吸是指将吸附的原子或分子解吸为气相状态。纯吸附过程的研究属于表面科学范畴,而激光解吸是用强激光短脉冲诱导形成完整的气相分子性离子或中性分子,并以质谱仪用来检测从固体表面解吸出的原子或分子。因此,激光解吸技术与激光微探针质谱有些相似,两者的主要差别在于解吸技术产生的是完整、不破碎的分子。对于热不稳定粒子,例如双分子,这种技术能使之汽化而不产生分解。解吸技术主要应用于多原子复杂的分子,其电离过程是非共振的。因此,除了某些极性分子以外,解吸技术不具有波长选择性。

激光解吸也称为软离化技术。1978 年,Posthumus 等人首次将不易挥发的热不稳定有机分子进行了激光解吸,他们用脉冲 CO_2 激光获得了气相的完整双分子的正离子化粒子。激光解吸有两个发展方向:①基质辅助激光解吸/电离(Matrix-assisted laser desorptoin/ionisation- MALDI),这是采用脉冲紫外激光产生完整的气相分子性离子;②完整的中性分子激光解吸,一般采用脉冲 CO_2 红外激光。因为在 CO_2 红外激光解吸中,激光产生的中性分子数远多于离子数。当解吸产生出的是中性分子时,要用多光子电离后,才能采用 TOF 进行分析。由于 MALDI 成功地应用于高分子量的生物分子的质谱分析,因此它是一种应用更广泛的技术。

1. MALDI

MALDI 是将解吸和电离在组合一起的技术。通常将样品分子精细地分散在有机小分子的固体基质中,利用它们对脉冲紫外激光产生的强烈吸收,样品分子将解吸成完整的气相分子或准分子性离子。这种激光解吸方法构成了 MALDI 质谱技术的基础,现在广泛地用于分子质量在数 10^3 到数 10^6 Dal(Dalton,质量单位,氧原子质量的 1/16)的蛋白质的质量分析。

Tanaka 等人首次证实了有机大分子的基质辅助激光解吸原理。他们使用悬浮着精细金属粉末液体基质,产生了分子量达 35kDal 的蛋白质的质谱。Karas 和 Hillenkamp 第一个使用固体基质,完成了 MALDI 的开创性工作,使 MALDI 成为进行高分子量粒子的质谱分析的标准技术。在 MALDI 中,基质对激光的吸收与样品的解吸与电离,其机理目前尚不很清楚,这里只作些定性的描述。

(1)基质吸收激光辐射。紫外激光辐射被基质分子吸收以后,大量的能量快速的进入到固体基质分析溶液中。这使小块基质分析物产生爆炸性的粉碎,使分析物释放进入蒸汽。

(2)基质隔离分析分子。基质分子的大摩尔与大体积使分析分子相互隔离开来,减小了分子间的相互作用力。便于单个分子的解吸而不是聚合。

(3)基质参与了分析分子的离化过程。在 MALDI 过程中产生的离子一般是准分子性离子,而不是阳离子自由基。这些准分子性离子阳离化为粒子,如质子化的 M-H$^+$,或碱性化(M-Na$^+$)分子性离子。这些离子的形成信息知道得很少。在质子化中,通过基质分子的光激发与光电离,质子传递到分析分子上,基质起了活化作用。碱性化分子很可能产生了气相离子-分子反应。

2. MALDI 实验技术与应用

由于解吸过程中没有波长选择性，因此各种紫外激光器可以使用。MALDI 中的分析分子大部分为一种生物聚合物，它们被分散到有机小分子的基质中，而基质对照射激光产生强烈的吸收作用。由于基质对紫外激光产生了经强烈的吸收，所以样品分子的吸收就可以忽略了。氮分子激光是可以使用的最普通激光器，其波长为 337 nm，此外，Nd：YAG 激光也是经常使用的，它的三倍频为 355 nm，四倍频 266 nm，典型的激光脉宽为 $1\sim200$ ns，功率密度为 10^6 $\sim10^7$ Wcm^{-2}，激光束聚焦的光斑直径为 $30\sim500$ μm。表面的激光照度有一个临界参数值，掌握使用好临界参数值是实现解吸/电离能否成功地的条件，最佳效果的实际照度一般在阈值以上 20%。由激光解吸产生的短脉冲离子应用 TOF 进行分析。

由于 MALDI 中样品分子被分散到有机小分子基质中，因此在制备中首先要选择合适的基质，这是对于成功地实现激光解吸与电离的关键问题。基质选择要注意到应对激光波长有强吸收，并且基质溶液与分析溶液必须是可融合的。一般基质多为带芳环的小分子有机酸，它们在紫外区有强吸收峰，易被激发而汽化。例如，蛋白质的 MALDI，以 2,5-二氢氧化苯酸为基质，常用的激光波长是 337 nm 和 355 nm，而低核苷酸的基质以三氢氧化酸更为适合。常用的基质有：

(1) 芥子酸(sinapinic acid)，它能有选择地电离蛋白质，谱图中的谱峰较尖锐，容易获得较好的分辨率，适合于粗提蛋白及蛋白质的混合物分析。

(2) 肉桂酸类衍生物，如 α 氰基-4-羟基肉桂酸，它无选择地电离蛋白质，能产生较强的信号，信噪比好，适合于测定浓度较稀或样品较少的蛋白质。

当前，MALDI 质谱的主要应用是测量蛋白质的分子量。现在已对分子量达 350000 Dal 的数百种蛋白质的质谱进行了确定。在蛋白质的 MALDI 质谱中，最强的信号一般是单电荷的准分子离子，它们是由分子的质子化形成的，也可以观察到双电荷与三电荷以及多电荷离子信号。在正常条件下，一般观察不到蛋白质主干键断裂的碎片，因此 MALDI 只给出蛋白质分子质量，而不给出蛋白质结构的信息。酶或蛋白质的化学分解产生的缩胺酸混合物的 MALDI 的质量分析，这是阐明蛋白质结构新思路。MALDI 质谱也可应用于其他的生物分子，例如低核苷酸和低聚糖。对低糖核苷酸和小 RNA 分子等也有分析，用激光解吸对核酸检测的最高质量现在已能达到 40000 Da。MALDI 质谱应用也扩展到了聚合物。例如对分子量达 40 kDal 的聚甘醇和平均分子量为 200 kDal 的聚苯乙烯碳酸都成功地进行了分析。为了将 MALDI 应用于更大的与更重要的非极性合成聚合物，必须寻找更多的新基质。例如，用一种硝基苯辛基醚高粘度液体作为基质，已记录了分子量达到 70 kDal 聚苯乙烯的。

六、零动能光谱技术

ZEKE 光谱技术是近年发展起来并还在快速发展的一门新的光谱技术。本章第一节已经讲到，由于弥散场的作用与分子转动与电子的耦合影响，主量子数 $n > 100$ 的高密度里德伯态间将发生态的混合，使原来低 l 值的布居过渡到高 l、m_l 值布居，形成寿命长达 $100\ \mu s$ 以上的零动能（ZEKE）态。ZEKE 态不仅存在于离子基态下，在电离势 IP 之上的各个离子激发态的电离限下面都有 ZEKE 态。和通常光谱测量一样，在有 ZEKE 态的地方可检测到相应的谱峰。人们可以通过测量零动能态来获得位于连续区中的离子态的高分辨信息，这种光谱技术被称为零动能光谱技术。

1. 电离势的测量

分子电离势的测量是 ZEKE 光谱的一项基本应用。在此以前，确定电离势的最好方法是用分子的里德伯系列。里德伯系列收敛于电离势，能级间隔随能量升高越来越小，并通常在电离势前突然中断，由于无法直接获得 IP，通常通过里德伯公式拟合曲线，采用外推方法计算出电离势，但要获得精确电离势需要完成巨大的计算工作量。然而，ZEKE 态非常靠近 IP，人们只要用足够的分辨率测量出 ZEKE 光谱，便轻而易举地获得与里德伯系列外推方法同样精度的电离势。

图 8-31 是一种 ZEKE 电子的测试装置图。如图，分子束以垂直方向入射进电离区，然后用频率为 ν_1 与 ν_2 的激光对进入电离区的分子束进行分步激发。因为和直接电离的分子总数相比，ZEKE 态只占很少的一部分，因此为了测量 ZEKE 态，必需去除直接电离的电子与离子。

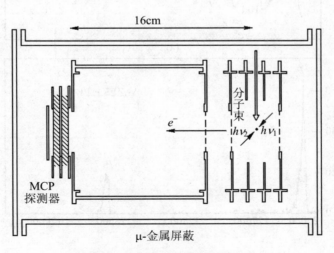

图 8-31　ZEKE 电子的测试装置

为此在激光激发后延迟 $1\sim2~\mu s$，在这延迟时间内，体系中自然存在的弥散电场可将直接电离的电子与离子去除。然后，在电离区加上一个小小的脉冲电场，将非常接近电离限 ZEKE 态上的电子拉出，并使这些电子在无场区域内漂移约 16 cm 后，到达微通道板，最后为微通道板 MCP 所检测。

拉出场的作用可使分子的电离阈值降低。拉出场 F（以 Vcm^{-1} 为单位）与电离阈值降低值 ΔU（以 cm^{-1} 为单位）间的关系：

$$\Delta U = 4\sqrt{F}$$

如将 ΔU 看作为光谱分辨率，当 F 为 $1~Vcm^{-1}$ 时，ΔU 为 $4cm^{-1}$。虽然，由于低 l 值的里德伯态的寿命相对较短，因此提高一些拉出场也不会太大的降低分辨率，但是用较小的拉出场可以提高分辨率，当 F 为 $50~mVcm^{-1}$ 时，ΔU 为 $0.9~cm^{-1}$，一般实验中也取这样的电场值。

图 8-32 是测量 Ar 原子的电离势的一个例子。图 8-32(a) 是总离子电流随光子能量的变

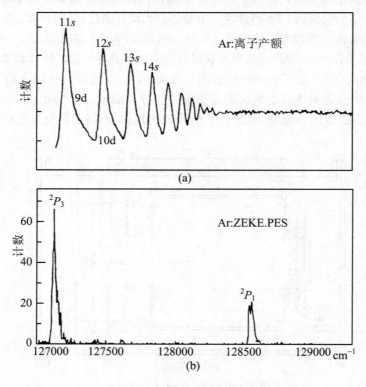

图 8-32　Ar 原子的 ZEKE 谱

化关系,即所谓光电离效率(PIE)谱。随着激发光能量的逐渐增大,当达到 $^2P_{3/2}$ 的电离势时产生电流。进一步增加能量,信号逐渐增加,进入自电离里德伯系列。在更高能量时,里德伯系列消失,收敛于 Ar 离子的第二个态 $^2P_{1/2}$。整个光谱及电流始于 $^2P_{3/2}$ 态,可以观察到收敛于 $^2P_{1/2}$ 的里德伯系列,但并不知道 $^2P_{1/2}$ 的位置,除非采用外推法去获得。但如图 8-32(b),在 ZEKE 测量中,只要在适当延迟后加一个拉出场,就可以将隐藏起来的能级取出,可以看到 $^2P_{3/2}$ 与 $^2P_{1/2}$ 谱峰及其他小峰。

2. 正离子 ZEKE 光谱

正如 REMPI 技术一样,当人们需要获取质量信息时,就需要对试样中的组分进行质量分析,这对于多种组分体系的研究时往往是非常重要的。实验证明,用 ZEKE 光谱技术进行质量分析具有特殊的意义,尤其是采用 ZEKE 质量分析方法可以研究各种弱键体系,例如,在超声射流中产生的团簇或其他一些不稳定的粒子。

首先我们注意一下中性 ZEKE 态分子束。设一入射分子束如果在其飞行路上受到激光激发,激发至 $n>100$ 的里德伯态,由于 ZEKE 态的寿命长达 $100\mu s$ 以上,因此它沿原入射方向飞行而不受外电场或外磁场的影响。在如图 8-33 所示的装置中,中性 ZEKE 分子束可以向前飞行到终端检测器。因为它是中性的,各种弥散场都不会对它产生影响,相反弥散场可以帮助

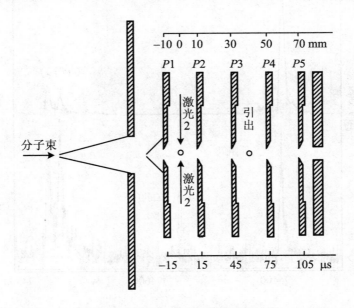

图 8-33　ZEKE 态的质量检测装置

去除直接电离产生的电子或离子。在到达飞行管终端检测器时，如果微通道板处于正高压，将产生 ZEKE 电子信号；如果检测器处于负高压，将产生 ZEKE 离子信号。

中性 ZEKE 态可以经场电离将成为一对 ZEKE 电子与正离子，于是或对 ZEKE 电子进行检测，或对正离子进行质量检测。图 8-33 装置可作为一个前置质谱计，后面与飞行质谱计（TOF 或 RETOF）相连，便可对离子进行质量分析。

除质量信息以外，ZEKE 电子与正离子均可给出同样的 ZEKE 谱，因为二者反映的是相同的过程，只是正离子给出的 ZEKE 谱的信噪比较差，其分辨率也受到一定的影响。其原因在于在进行正离子质量检测中，去除直接电离产生的电子与离子比较困难。测量正离子的目的是要获得质量信息，图 8-34 是苯-氩团簇的两幅质量分析谱对比图。苯-氩团簇可用超声射流的方法产生。两幅图分别对应于质量数为 78 苯离子（下部）和质量数为 118 苯-氩团簇（上部）。从上下两谱的对比可见，超声膨胀产生的苯-氩团簇的质谱与苯的质谱是相同的。对于

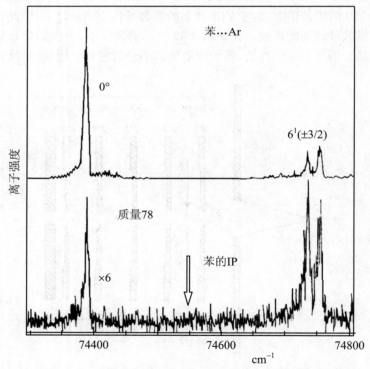

图 8-34　苯离子（下部）与苯-氩团簇（上部）的质量分析谱

苯离子的质谱来说,其左侧的单峰是苯离子的 0° 振动模,其右侧有一双峰,这是苯离子的 $6^1(\pm3/2)$ 振动模数的分裂,由于二次 Jahn-Teller 效应引起的分裂。所以高分辨的 ZEKE 谱分辨出了以前分不出的二次 Jahn-Teller 分裂。

3. 负离子 ZEKE 光谱

负离子光谱有一些与正离子光谱完全不同的特点。最明显的差别是负离子不存在能产生 ZEKE 态的里德伯态,然而对于一些具有大约 1.6 德拜或更高偶极矩的负离子来说,在较低能量下有类似的里德伯态存在。这样的负离子态在能量上是相当接近于剥离阈值的,用传统的电子捕获方法难于产生。

在超声射流中,当一个电子附着到中性粒子上时将形成负离子,负离子也可以通过里德伯电子的转移来产生。负离子的光激发可以导致电子的光剥离并给出光电子剥离谱。在 PIE 测量中,当光子能量超过电离势时也能获得 PIE 光电离曲线,只是它没有像正离子 PIE 曲线的台阶形变化。然而负离子的 ZEKE 谱却仍然是尖锐的谱峰。

质量选择是通过负离子的初始基态得到的。需要注意,通过光电子剥离产生的中性粒子往往是不稳定的,但是它们也能产生 ZEKE 谱,因此这种方法不仅适合于混合物中质量选择的异常中性粒子,也适合于那些很不稳定的粒子。这就提供了一个研究这类体系动力学的方法。

图 8-35 给出了基态中性粒子的质量选择的 ZEKE 跃迁图。负离子 M^- 从较低的能量开始,它激发后形成中性分子 M。如图所示,从负离子的基振动态既可跃迁到中性粒子的基态能级,而且也能跃迁到它的各个振动激发态,这是在通常中性分子光谱中不常见的跃迁,这对于研究中性分子的泛频光谱,特别是研究那些不稳定的中性分子具有重要意义。

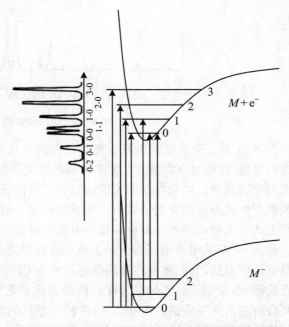

图 8-35　基态中性粒子的质量选择的 ZEKE 跃迁谱

图 8-36 为金二聚物的负离子 ZEKE 光谱。Au_2^- 产生于激光汽化分子束,通过 Au_2^- 的光电子剥离获得中性团簇 Au_2。在对光剥离电子进行阈值测量中,可以获得负离子与中性分子

的光谱数据。假如中性分子 Au_2 的光谱是从 0-0 带开始的,那么当能量增加时就能得到所有 Au_2 中性分子的振动态。由图可看见几个高频泛频跃迁不仅存在,而且强度很大。由相反的跃迁也可能获得负离子 Au_2^- 的振动盘谱。

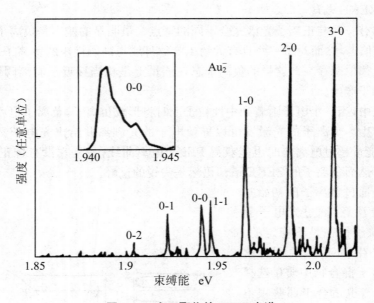

图 8-36　金二聚物的 ZEKE 光谱

图 8-37 是一个典型的负离子光致剥离质量选择实验装置主要部分的示意图。该装置用于进行金属-有机加合物研究。图中未画出负离子的产生方式,实际上负离子是分子束在超声射流的喷嘴前通过捕获电子而生成的。为了提供所需的捕获电子,用一束高功率激光照射金属表面产生高密度的光电子发射。生成的负离子束垂直地被引入到 TOF 质谱计的离子源区,垂直方式引入的目的是为避免在超声射流中可能存在的中性粒子被 TOF 质谱计所检测。

进入 TOF 质谱计离子源区的负离子在脉冲离子透镜的作用下进入漂移管自由飞行。如果没有任何阻挡,它们将被终端的微通道板 MCP 检测器检测。利用该装置曾进行了铁-乙烯加合物研究,希望了解乙烯是怎样和铁结合成复合物的,图 8-37 中右边上面的那条谱图就是该复合物的负离子质谱。但实际上,在离子漂移的路程上设置了一个激光作用区,并装置了一个可控的反射栅网。这样该装置就有了三种不同的工作方式:图 8-37 中方式(a)为激光未照射,反射栅网未加反射电压的情况,这时负离子从离子源区出发直接漂移到检测器,根据不同质量的离子的漂移时间不同,探测器给出所有负离子质谱,如:$FeC_4H_2^-$,C_6^-,…;图 8-37 中方式(b)为在反射栅上加了反射电压,但激光仍未照射的情况,这时在漂移区中的所有的负离子均被反射器反射回来,MCP 探测不到任何离子,因此没有信号输出,如图右边的中间的那条基线;图 8-37 中方式(c)为既在反射栅上加了反射电压,又有激光照射的情况。将激光的照射时刻调节到所选择的负离子(如 $FeC_4H_2^-$)漂移到达激光的聚焦点的时刻,于是就可对该负离子进行剥离电子,并产生中性分子 $FeC_4H_2^0$。这些中性分子将透过反射网到达 MCP 探测器,而其余没有被剥离电子的负离子仍将被反射网所反射,于是在 MCP 的输出质谱中出现中性分子 $FeC_4H_2^0$ 的谱峰,如图右边的下面的那条谱线。此外,如果在光剥离电子处与 TOF 垂直的方向上,设置一个电子检测装置,对剥离电子进行能量测量,在适当的激光频率下,就可以记录到相应能级发射的光电子动能,获得如图 8-37 左上角所示的光电子谱图(PD-PES)。

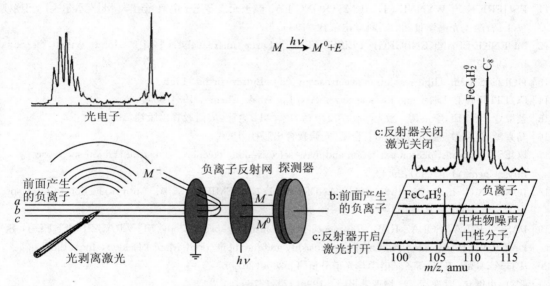

图 8-37 质量选择光致剥离实验装置

本章主要参考文献

[1] PARKER D H. Laser ionization spectroscopy and mass spectrometry[M]//KLIGER D S. Ultrasensitive laser spectroscopy. Academic Press Inc. , 1983.

[2] LEDINGHAM K W D. MuLtiphoton ionization and mass spectrometry[M]//ANDREWS D L, DEMIDOV A A. An introduction to laser spectroscopy. Plenum Press, 1995 .

[3] THORNE A P. Spectrophysics chapman and hall[M]. 1988.

[4] DEMTRÖDER W. Laser spectroscopy[M]. Springer-Verlag,1981.

［5］CAMUS, AVENUE DU HOGGAR, ZONE INSTRIELLE DE COURTABOEUF. Optagalvanic spectroscopy and its applications［M］. B. P. 112, 91944, Les Ulis Cedex, France, 1983.

［6］PIRACHA N K, BAIG M A,KHAN S H, et al. Two-photon optagalvanic spectra：odd parity Rydberg states［J］. Phys. B, At. Mol. Phys. , 1997(30)：1151 .

［7］朱贵云 杨景和. 激光光谱分析法［M］. 2 版. 北京：科学出版社,1985.

［8］LEUCHS G, WALTHER H. 里德伯态精细分裂的研究［M］//霍尔 J L, 卡尔斯登 J L. 激光光谱学Ⅲ. 北京：科学出版社,1985.

［9］莱托霍夫 V S,契勃塔耶夫 V P. 非线性激光光谱学［M］. 沈乃澂,译. 北京：科学出版社,1984.

［10］MAC D. 利文森. 非线性激光光谱学导论［M］. 滕家炽,译. 北京：宇航出版社, 1988.

［11］ESHERICK P, WYNNE J J, ARMSTRONG J A. 碱土元素多光子电离光谱学［M］//霍尔 J L, 卡尔斯登 J L. 激光光谱学Ⅲ. 北京：科学出版社, 1985.

［12］MOENKE-BLANKENBURG, LEISELOTTE. Laser microanalysis ［M］. John Wiley & Sons. Inc. ,1989.

［13］HOLLAS J M. High resolution spectroscopy［M］. Butterworths, 1982.

［14］COTTER R J. Laser and mass spectrometry［J］. Anal. Chem. , 1984(56)：485 .

［15］蔡继业,周士康,李书涛. 激光与化学反应动力学［M］. 合肥：安徽教育出版社,1992.

［16］马兴孝,孔繁敖. 激光化学［M］. 合肥：安徽教育出版社,1990.

［17］BOESL U. MuLtiphoton excitation and mass-selective ion detection for neutral and ion spectroscopy［J］. Phys. Chem. ,1991(95)：29-49.

［18］JONES A C. Laser desorption［M］//ANDREWS D L, DEMIDOV A A. An introduction to laser spectroscopy, Plenum Press, 1995 .

［19］PASINER J A, SOLAZ R W. Resonance photoionization spectroscopy［M］//RADZIEMSKI L J, SOLAZ R W, PAISNER J A. Laser spectroscopy and its application, Marcel Dekker, Inc. ,1987.

［20］史桂珍,杜海,王岚,等. 光谱学与光谱分析［J］. 2000(20)：5.

［21］张群,束继年,谢鲤荔,等. 物理学报［J］. 1998(47)：1776.

［22］E. W. 施拉格. 零动能光谱学［M］. 张冰,译. 北京：化学工业出版社,1999.

［23］JORTNER J, BIXON M, CHEM J. Phys. 1995(102)：5636 .